普通高等教育“十一五”国家级规划教材(高职高专)

纺纱设备与工艺

魏雪梅　主　编
孙　俊　副主编

中国纺织出版社

内 容 提 要

本书共十一章，主要阐述了纺纱基本原理和棉纺设备的主要机构、作用特点、工艺配置、典型机械的传动与工艺计算和提高产品质量的主要技术途径，并介绍了新型纺纱的基本原理和其他纺纱系统及设备。

本书可作为高职高专院校纺织专业教材，也可作为纺织企业管理人员和技术骨干的培训教材。

图书在版编目（CIP）数据

纺纱设备与工艺/魏雪梅主编．—北京：中国纺织出版社，2009.5（2022.4重印）

普通高等教育“十一五”国家级规划教材．高职高专

ISBN 978-7-5064-5377-6

Ⅰ．纺…　Ⅱ．魏…　Ⅲ．①纺纱—纺织工艺—高等学校：技术学校—教材　②纺纱—设备—高等学校：技术学校—教材　Ⅳ．TS104　TS103.2

中国版本图书馆CIP数据核字（2008）第202295号

策划编辑：江海华　责任编辑：王雷鸣　责任校对：楼旭红

责任设计：李　然　责任印制：何　建

中国纺织出版社出版发行

地址：北京市朝阳区百子湾东里A407号楼　邮政编码：100124

销售电话：010—67004422　传真：010—87155801

http://www.c-textilep.com

中国纺织出版社天猫旗舰店

官方微博 http://weibo.com/2119887771

三河市宏盛印务有限公司印刷　各地新华书店经销

2009年5月第1版　　2022年4月第6次印刷

开本：787×1092　1/16　印张：20.5　插页：1

字数：408千字　定价：43.00元

出版者的话

2005年10月，国发[2005]35号文件“国务院关于大力发展职业教育的决定”中明确提出“落实科学发展观，把发展职业教育作为经济社会发展的重要基础和教育工作战略重点”。高等职业教育作为职业教育体系的重要组成部分，近些年发展迅速。编写出适合我国高等职业教育特点的教材，成为出版人和院校共同努力的目标。早在2004年，教育部下发教高[2004]1号文件“教育部关于以就业为导向深化高等职业教育改革的若干意见”，明确了促进高等职业教育改革的深入开展，要坚持科学定位，以就业为导向，紧密结合地方经济和社会发展需求，以培养高技能人才为目标，大力推行“双证书”制度，积极开展订单式培养，建立产学研结合的长效机制。在教材建设上，提出学校要加强学生职业能力教育。教材内容要紧密结合生产实际，并注意及时跟踪先进技术的发展。调整教学内容和课程体系，把职业资格证书课程纳入教学计划之中，将证书课程考试大纲与专业教学大纲相衔接，强化学生技能训练，增强毕业生就业竞争能力。

2005年底，教育部组织制订了普通高等教育“十一五”国家级教材规划，并于2006年8月10日正式下发了教材规划，确定了9716种“十一五”国家级教材规划选题，我社共有103种教材被纳入国家级教材规划，其中本科教材56种，高职教材47种。47种高职教材包括了纺织工程教材12种、轻化工程教材14种、服装设计与工程教材12种、其他9种。为在“十一五”期间切实做好教材出版工作，我社主动进行了教材创新型模式的深入策划，力求使教材出版与教学改革和课程建设发展相适应，充分体现职业技能培养的特点，在教材编写上重视实践和实训环节内容，使教材内容具有以下三个特点：

(1)围绕一个核心——育人目标。根据教育规律和课程设置特点，从培养学生学习兴趣和提高职业技能入手，教材内容围绕生产实际和教学需要展开，形式上力求突出重点，强调实践，附有课程设置指导，并于章首介绍本章知识点、重点、难点及专业技能，章后附形式多样的习题等，提高教材的可读性，增加学生学习兴趣和自学能力。

(2)突出一个环节——实践环节。教材出版突出高职教育和应用性学科的特点，注重理论与生产实践的结合，有针对性地设置教材内容，增加实践、实验内容，并通过多媒体等直观形式反映生产实际的最新进展。

(3)实现一个立体——多媒体教材资源包。充分利用现代教育技术手段，将授课知识点、实践内容等制作成教学课件，以直观的形式、丰富的表达充分展现教学内容。

出版者的话

教材出版是教育发展中的重要组成部分，为出版高质量的教材，出版社严格甄选作者，组织专家评审，并对出版全过程进行过程跟踪，及时了解教材编写进度、编写质量，力求做到作者权威，编辑专业，审读严格，精品出版。我们愿与院校一起，共同探讨、完善教材出版，不断推出精品教材，以适应我国高等教育的发展要求。

中国纺织出版社

教材出版中心

纺织工业作为满足人们日常生活需求的支柱产业，在国民经济中占据重要地位。我国加入WTO以来，经济持续快速发展，高新技术和先进适用技术改造不断发展，产业结构不断调整和升级，使纺织工业的国际竞争力明显增强。为我国适应经济全球化和现代化建设培养大量纺织类高素质技能型人才的需要，编写了本教材。

本书吸取了国内外科技成果，编写时力求删繁就简、主次分明、注重实用、工学结合的原则。重点基于棉纺生产过程，同时考虑到内容的系统性和连续性，仍采取以工序为主独立成章的编写方法。

本书由山东科技职业学院、武汉职业技术学院、常州纺织服装职业技术学院、滨州职业学院、浙江纺织服装职业技术学院联合编写。具体编写人员为：第一章和第六章王俊英，第二章和第三章孙俊，第四章和第七章魏雪梅，第五章蔡中庶，第八章和第九章贺仰东，第十章杨磊，第十一章刘承晋，全书由魏雪梅统稿。

由于编者水平有限，书中错误和不足之处在所难免，希望广大读者批评指正。

主编

2008.12

课程设置指导

本课程设置意义 随着我国经济建设的不断推进，高等教育大众化进程的加快，高等职业教育快速发展。为促进高等职业教育健康发展，全面提高高等职业教育质量，为我国适应经济全球化和现代化建设培养大量高素质技能型人才，编写了本教材。

本课程教学建议 “纺纱设备与工艺”课程作为现代纺织技术专业棉纺织工艺方向的核心课程，建议116课时，每课时讲授字数建议控制在4000字以内，教学内容包括本书全部内容。

现代纺织技术专业“现代纺织信息技术”方向、纺织品设计专业、新型纺织机电技术专业、纺织品检验与贸易专业及染整专业作为必修课，建议学时70课时，每课时讲授字数建议控制在4000字以内，选择与专业有关内容教学。

本课程教学目的 通过本课程的学习，学生应掌握纺纱原料选配、工艺过程和纺纱主要设备的结构、性能、作用原理。熟悉半成品、成品的质量要求、试验手段和控制方法以及提高质量的措施，具备工艺设计、设备维修、质量控制、生产调度和产品开发的专业知识。

目录

第一章　纺纱原理

本章知识点

1. 纺纱的基本原理。
2. 纺纱系统及工艺流程。
3. 原料的开松与梳理作用。
4. 并合作用的原理。
5. 牵伸的基本原理。
6. 加捻原理。

第一节　概　述

一、纺纱基本原理

纺纱就是将纤维混和并制成纱线的过程。纺纱过程可以分为开松、梳理、并合、牵伸和加捻等步骤。

开松是用角钉或刀片把压得比较紧的、较大的纤维块分解成小纤维束。梳理是用梳针把小纤维束分解成单纤维，并使纤维逐步沿纵向顺序排列。开松和梳理的同时，纤维间的杂质暴露出来而被除去。

并合是将梳理后的纤维条多根并合在一起，以提高纤维条的均匀度。

牵伸是将须条抽长拉细，以减轻须条单位长度的重量，从而达到成纱要求的线密度。同时，牵伸提高了纤维的伸直度和平行度，有利于成纱强力等各项机械性能。

加捻是纱条绕着自身的轴线回转，每回转一转，加上一个捻回。加捻的目的是给予纱条一定的强力，以满足加工和使用的需要。

二、纺纱系统

纺纱原料有棉、麻、丝、毛和各种化纤。由于不同原料性能不同，所以在生产中有适合各种原料的四大纺纱系统，即棉纺、麻纺、毛纺、绢纺纱系统。

棉纺纺纱系统的主要原料是原棉和棉型化纤。根据原料不同和成纱的不同要求，棉纺纺纱系统又分为普梳、精梳和废纺。当原料品级不高或成纱质量要求不高时，一般采用普梳纺纱系统；当所纺纱线的线密度很小或对成纱强力、光洁度和均匀度要求较高时，则要采用精梳纺纱系统；废纺系统一般用来纺下脚料。

毛纺纺纱系统的主要原料是羊毛、羊绒和毛型化纤。毛纺纺纱系统根据原料不同和成纱的不同要求分为粗梳毛纺和精梳毛纺两大系统。粗梳毛纺纺纱系统所纺的纱线较粗，选用的原料较差，制成的织物厚实、保暖；精梳毛纺纺纱系统所纺的纱线较细，对原料要求较高，制成的织物轻薄密实，手感滑爽。

绢纺纺纱是将不能缫丝的疵茧和废丝加工制成绢丝或细丝的过程。因蚕丝较长且长度整齐度较差，为便于后工序的梳理和牵伸，需要把蚕丝切成一定的长度，然后经精梳梳理排除短纤维、杂质和疵点，并制成精绵，经绢丝纺纱系统纺成绢丝。其下脚料由细丝纺纱系统纺成细丝。

麻纺常用的原料有苎麻、黄麻和亚麻，相应的纺纱系统有苎麻纺纱系统、黄麻纺纱系统和亚麻纺纱系统。

上述纺纱系统中，棉纺纺纱系统应用最广泛，其工艺流程如下。

1. 普梳纯棉纺纱工艺流程

原料→开清棉→梳棉→并条（二道）→粗纱→细纱→后加工

2. 精梳纯棉纺纱工艺流程

开清棉→梳棉→精梳准备→精梳→并条（二道）→粗纱→细纱→后加工

3. 精梳涤棉混纺工艺流程

棉：开清棉→梳棉→精梳准备→精梳

涤纶：开清棉→梳棉→涤预并

→头道混并→二道混并→三道混并→粗纱→细纱→后加工

第二节　开松与梳理

一、开松

（一）开松的目的

纺纱用的各种原料，如原棉、羊毛、化学纤维等，大多是以压紧成包的形式进入纺纱厂的，因此必须将这些原料进行开松，即将压紧的大纤维块松解成小纤维束。

（二）开松方法

原料开松的方法有角钉扯松和打击开松两种，而打击开松又包括自由打击开松和握持打击开松两种形式。

1. 角钉扯松　角钉扯松是指通过角钉的撕扯作用，大纤维块被分解成小纤维块，从而实现开松作用。角钉扯松可以由一个角钉对原料进行撕扯和松解，也可以由两个角钉在相对运动时对原料进行撕扯和松解。角钉扯松的特点是开松作用缓和、纤维不易损伤、杂质不易破碎，但开松不均匀。

A006B 型自动混棉机的开松作用如图 1－1 所示。角钉帘 1 抓着棉块向上运动，先与压棉帘 2 相遇，压棉帘与角钉帘的运动方向相同，但角钉帘的运动速度比压棉帘快，而且角钉帘与压棉帘之间的距离较小，所以棉块受到两个方向相反的力（F_1 和 F_2）的撕扯作用，在纤维联系较弱处分解。角钉帘 1 与均棉罗拉 3 相遇时，均棉罗拉的运动方向与角钉帘相反，加上角钉帘与均棉罗拉之间的距离也较小，所以均棉罗拉上的角钉便抓住棉块反方向运动，棉块受到两个方向相反的力（F_3 和 F_4）的撕扯作用，在纤维联系较弱处被分成两部分，一部分由角钉帘带走；另一部分由均棉罗拉抛向压棉帘带回储棉箱。

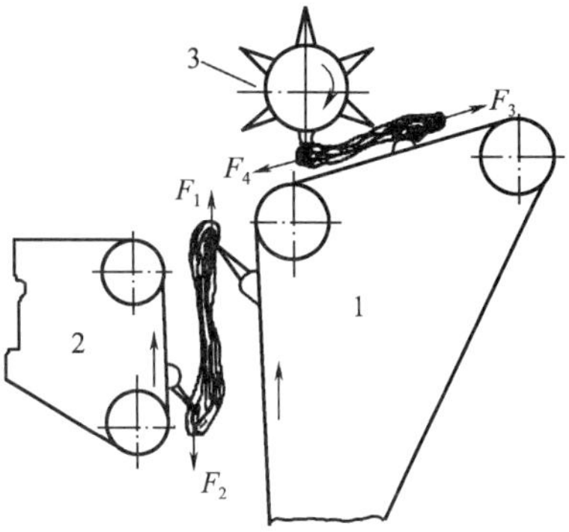

图 1－1　角钉扯松作用

2. 自由打击开松　自由打击开松是原料在非握持状态下接受高速回转的打击机件上的刀片、角钉或针齿的打击，造成纤维块震荡，破坏纤维与纤维之间的联系，从而达到松解纤维的目的。自由打击开松的特点是开松作用缓和、纤维不易损伤、杂质不易破碎，但开松除杂效果稍差。

如图 1－2 所示，假设一纤维块是由彼此相互联系着的 m_1 和 m_2 两部分纤维块组成，它们的质量中心分别在 A 点、B 点。在 A 点有打击力 P 作用，其方向是沿打手运动轨迹的切线方向，力 P 可分解为分力 P_1 和分力 P_2，分力 P_1 的方向是沿着 A、B 之间连线的延长线方向，并在其作用下，m_1 部分的纤维块受到瞬时撕扯，力图与 m_2 分离，如果 m_1、m_2 两部分之间的联系力较小，则纤维块就分解成两部分，即一个大的纤维块便开松成两个较小的纤维块；若 m_1、m_2 两部分之间有足够大的联系力而不能撕开时，整个纤维块或者沿打手速度方向运动或者在分力 P_2 的作用下绕 B 点旋转，避开打手的作用，故可减少打手对纤维的损伤。

3. 握持打击开松　握持打击开松是原料在握持状态下接受高速回转的打击机件上的刀片、角钉或针齿的打击，造成纤维块震荡，破坏纤维与纤维之间的联系力，从而达到松解纤维的目的。握持打击的特点是打击力大、开松除杂作用强，但杂质容易破碎、纤维容易损伤。所以，工艺上一般先安排自由打击开松，后安排握持打击开松。

如图 1－3 所示，棉层由给棉罗拉缓慢喂入机内，打手高速回转打击喂给的棉层，棉层受到

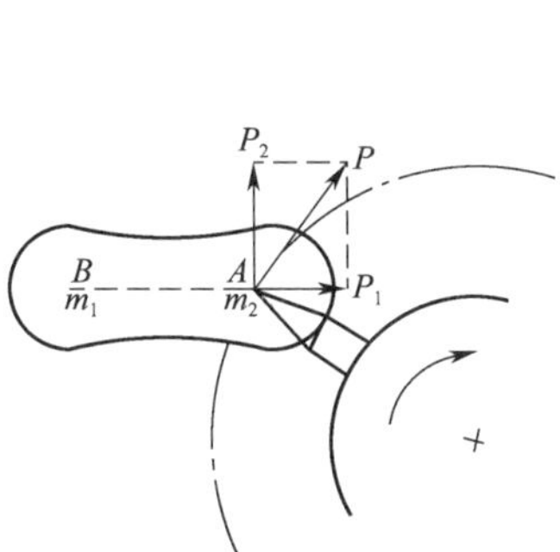

图 1－2　纤维块自由打击的作用分析

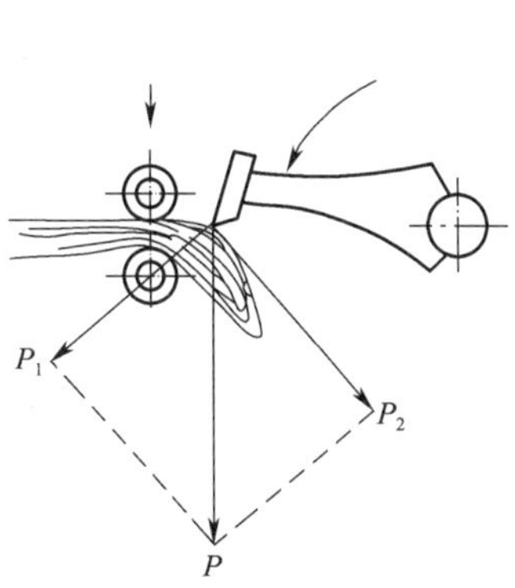

图 1－3　纤维块握持打击的作用分析

打手的打击和撕扯。为了克服须丛中纤维间的联系力，打击力必须有一定的冲量，打手打击力 P 的方向是沿着打手运动轨迹的切线方向。打击力 P 可分解为分力 P_1 和分力 P_2。在分力 P_1 作用下，须丛受到压缩而紧密。分力 P_2 有强烈地撕扯须丛中纤维束的作用。当分力 P_2 和喂给钳口握持力均大于纤维间联系力时，棉束便从须丛中扯下，棉块得到开松；当分力 P_2 大于喂入钳口握持力而小于纤维间联系力时，整块棉块被打手拖入机内，不发生开松作用。因此，当纤维间的联系力较大时，不但要有较大的打击力，还必须有较大的喂给钳口的握持力，才能使原料得到开松。

二、梳理

梳理是用梳针把小的纤维束分解成单纤维，并继续清除纤维束中残留的杂质和疵点。梳理机主要有盖板式和罗拉式两种。盖板式梳理机一般用于较短纤维纺纱，如纯棉、棉型化纤的纯纺和混纺；罗拉式梳理机一般用于较长纤维纺纱，如毛、麻、绢及毛型化纤的纯纺和混纺。

梳理机是利用两针面对纤维的相互作用来完成其分梳纤维和转移纤维的。两针面间要对纤维产生作用，必须满足以下三个条件。

（1）两针面有一定的针齿密度，以便对纤维产生足够的握持力。

（2）两针面间要有较小的隔距，使纤维能够与两针面针齿充分接触。

（3）两针面间要有相对运动。

根据两针面针齿配置及两针面相对运动的方向不同，针面对纤维可产生分梳作用、剥取作用和提升作用。

（一）分梳作用

两针面的针齿相互平行配置，且彼此以本身的针尖迎着对方的针尖相对运动，则两针面间发生分梳作用，如图 1－4（a）所示。图中 $v_1 > v_2$，假设纤维和针齿间的作用力为 R，且其可分解为平行于针齿工作面方向的分力 P 和垂直于针齿工作面方向的分力 Q，分力 P 使纤维沿针齿向针根方向运动，分力 Q 使纤维压向针齿，无论对哪一针面来说，在分力 P 作用下，纤维都有沿针齿向针根方向移动的趋势，即两个针面都有握持纤维的能力，从而使纤维在两针面间受到梳理。图 1－4（b）和（c）的针面作用都是分梳作用。在梳棉机上，锡林与盖板间、锡林与道夫间的作用，均为分梳作用。

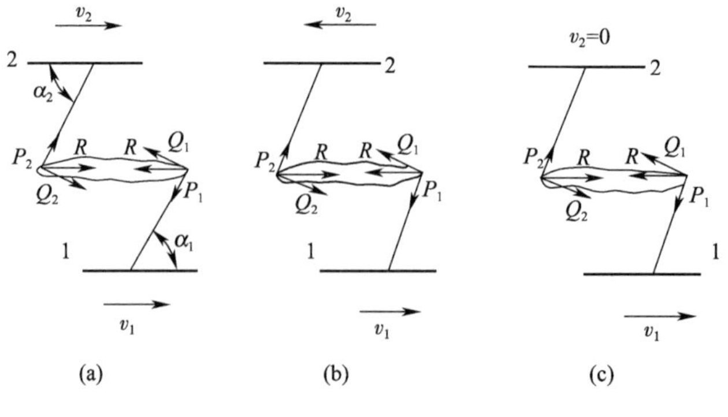

图 1－4　分梳作用

(二)剥取作用

两针面的针齿交叉配置,且一个针面的针尖沿另一针面针齿的倾斜方向运动,则前一针面的针齿从后一针面的针齿上剥取纤维,如图 1-5(a)所示。图中 $v_1 > v_2$,假设两针面相对运动对纤维产生作用力 R,将 R 分解为平行于针齿工作面方向的分力 P 和垂直于针齿工作面方向的分力 Q。对针面 1 来说,纤维在分力 P 的作用下有沿针齿向齿根方向移动的趋势;对针面 2 来说,纤维在分力 P 的作用下有沿针齿向齿尖方向移动的趋势,所以针面 2 上的纤维被针面 1 所剥取。图 1-5(b)表示针面 1 剥取针面 2 上的纤维,图 1-5(c)中 $v_1 < v_2$,表示针面 2 剥取针面 1 上的纤维。在梳棉机上,锡林与刺辊之间的作用就是剥取作用。

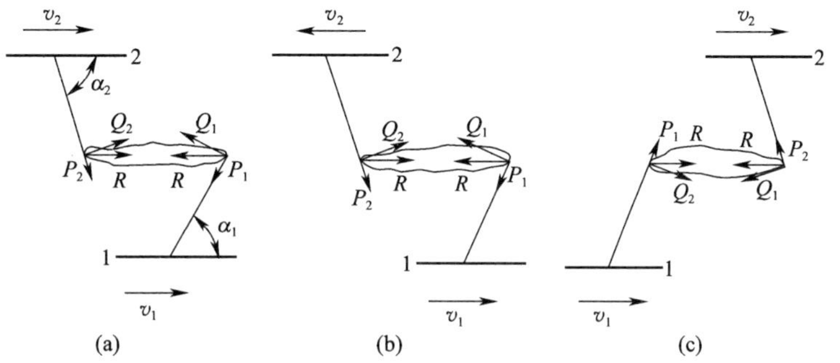

图 1-5　剥取作用

(三)提升作用

两针面上的针齿平行配置,且一个针面的针背从另一个针面的针背上超越时,则两针面间发生提升作用,如图 1-6所示。图中 $v_2 > v_1$,若针面 1 原来带有纤维,则从力的分析可知两针面作用的结果是两针面上的纤维都会向针尖方向移动,即两个针面上的针齿都没有抓取纤维的能力,针面 1 上的纤维只是被针面 2 提升到针面 1 的表面,仍然随针面 1 运动。在采用弹性针布的罗拉梳理机上,锡林与刺辊间的作用属于提升作用。

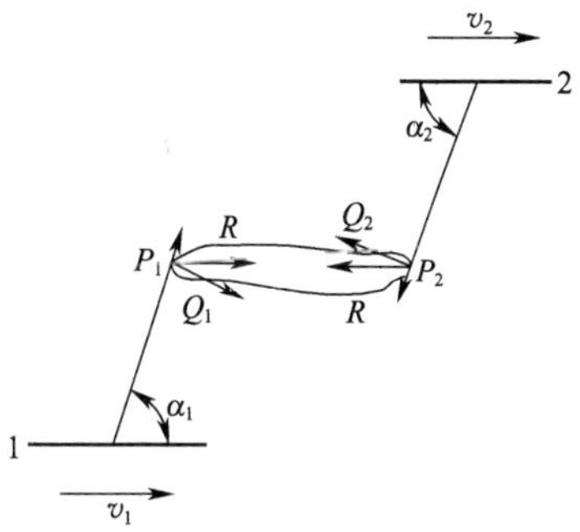

图 1-6　提升作用

第三节　并　合

一、并合作用的原理

当两根须条并合时,由于并合的随机性可产生四种情况,如图 1-7 所示。

(1)一根条子的粗段与另一根条子的细段相遇。

(2)一根条子的粗段与另一根条子的粗细适中段相遇。

(3)一根条子的细段与另一根条子的粗细适中段相遇。

(4)一根条子的粗段与另一根条子的粗段相遇或细段与细段相遇。

并合后经拉伸,前三种情况都可以使条子横截面间的纤维根数差异减小,条子的均匀度得到改善,后一种情况虽不能使条子均匀度改善,但也不会恶化。如果不考虑其他因素的影响,须条并合根数越多,粗段与粗段、细段与细段相遇的机会就越少,其他情况相遇的机会就越多,改善产品均匀度的效果就越好。

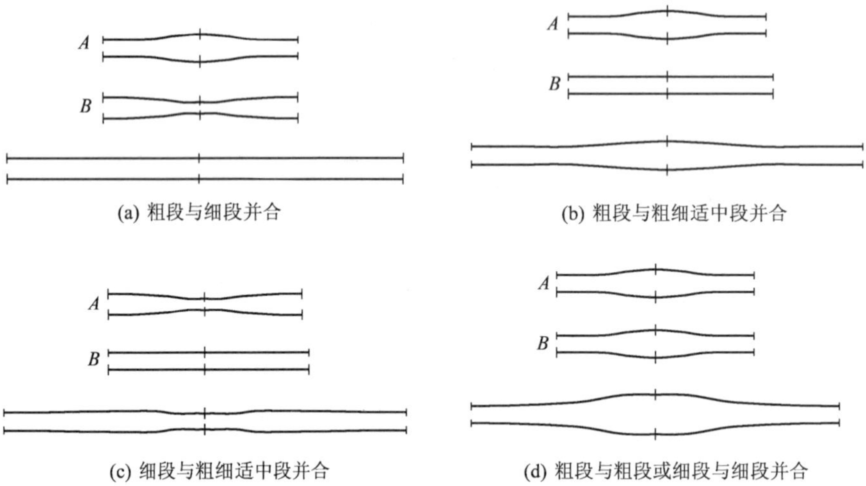

图1－7 并合的均匀效果

二、并合根数与须条不匀率的关系

假设有 n 根须条,它们5m长度片段平均重量及不匀率 H_0 都相等,用数理统计的方法可以推证,并合后产品的不匀率 H 为:

$$H=\frac{H_0}{\sqrt{n}}$$

$$\frac{H}{H_0}=\frac{1}{\sqrt{n}} \tag{1－1}$$

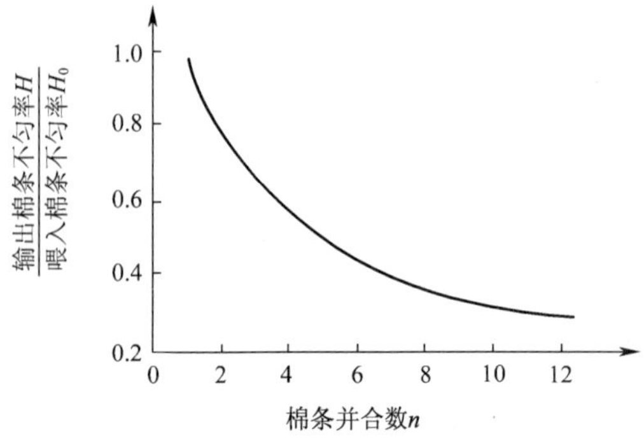

图1－8 并合效果与并合根数的关系

以并合根数 n 为横坐标,以 $\frac{H}{H_0}$ 为纵坐标,其关系曲线如图1－8所示。可以看出,并合根数越多,并合后条子的均匀度越好;曲线前段陡峭,后段平滑,说明并合根数较少时,增加并合数,并合效果比较明显,当并合根数超过一定范围,再增加并合数,并合效果就逐渐不明显了。而且,并合根数越多,牵伸倍数越大,牵伸装置对纤维运动的控制越差,须条的条干越不均匀。所以一般在并条机上多采用6～8根并合。

第四节　牵　伸

一、牵伸概述

(一)牵伸的定义及目的

在纺纱过程中,将须条抽长拉细的过程称为牵伸。通过牵伸可使须条单位长度的重量变轻,并使纤维伸直、平行和分离。凡借助表面速度不同的回转罗拉来实现牵伸的,称为罗拉牵伸。

(二)实现罗拉牵伸的条件

(1)有两个能积极握持须条的钳口,且钳口必须对纤维具有一定的握持力。

(2)两个钳口间的距离要大于纤维的品质长度,以利于牵伸顺利进行。

(3)两个钳口要有相对运动,即前一对罗拉的表面速度要大于后一对罗拉的表面速度。

(三)机械牵伸与实际牵伸

须条被抽长拉细的倍数,称为牵伸倍数,一般用 E 来表示。如图1－9所示为牵伸作用示意图,假设牵伸过程中,各对罗拉与须条间不产生滑溜、没有纤维散失,则单位时间内牵伸区输出的须条质量,应与喂入的须条质量相等,牵伸倍数 E 可用下式表示:

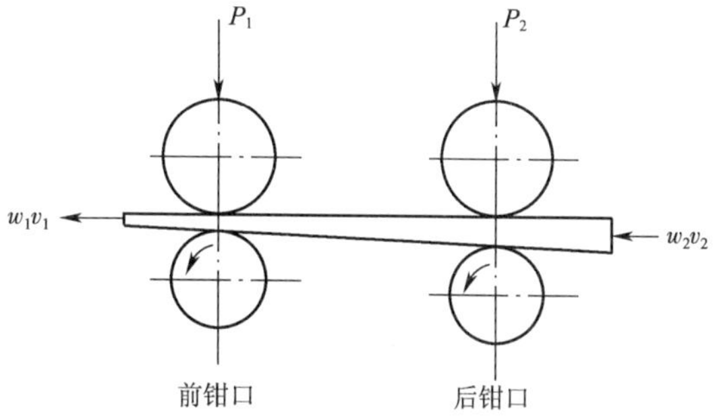

图1－9　牵伸作用示意图

$$v_1w_1 = v_2w_2$$

$$E = \frac{v_1}{v_2} = \frac{w_2}{w_1} \tag{1-2}$$

式中:v_1——输出罗拉的表面速度;

v_2——喂入罗拉的表面速度;

w_1——输出须条的定量;

w_2——喂入须条的定量。

实际上,牵伸过程中既有纤维的散失,胶辊也有滑溜现象,前者使实际牵伸倍数增大,后者使实际牵伸倍数减小。用输出、喂入罗拉表面速度之比求得的牵伸倍数,称为机械牵伸倍数。

$$E = \frac{v_1}{v_2} \tag{1-3}$$

用牵伸前、后须条的实际线密度或定量之比求得的牵伸倍数，称为实际牵伸倍数，一般用 E_P 表示。

$$E_P = \frac{w_2}{w_1} \tag{1-4}$$

实际牵伸倍数与机械牵伸倍数之比称为牵伸效率，一般用 η 表示。

$$\eta = \frac{E_P}{E} \times 100\% \tag{1-5}$$

在工艺设计中，首先根据喂入、输出须条的定量计算出实际牵伸倍数，再根据实践经验确定牵伸效率，计算机械牵伸倍数，然后根据机械牵伸倍数与牵伸变换齿轮的关系确定牵伸变换齿轮齿数，就能纺出符合规定的须条。

在纺纱过程中，牵伸效率常小于1，为计算方便，生产上计算机械牵伸倍数时，常采用下面公式。

$$E = \frac{1}{\eta} \cdot E_P \tag{1-6}$$

式中：$\frac{1}{\eta}$ ——牵伸配合率，是牵伸效率的倒数。

（四）总牵伸倍数与部分牵伸倍数

一个牵伸装置通常由几对牵伸罗拉组成，前罗拉与后罗拉之间的牵伸倍数称为总牵伸倍数，相邻两对牵伸罗拉之间的牵伸倍数称为部分牵伸倍数。

如果由四对罗拉组成三个牵伸区，每个牵伸区的牵伸倍数依次为 e_1、e_2、e_3，有：

$$e_1 = \frac{v_1}{v_2} \quad e_2 = \frac{v_2}{v_3} \quad e_3 = \frac{v_3}{v_4}$$

则总牵伸倍数 E 为：

$$E = e_1 \cdot e_2 \cdot e_3 = \frac{v_1}{v_2} \cdot \frac{v_2}{v_3} \cdot \frac{v_3}{v_4} = \frac{v_1}{v_4} \tag{1-7}$$

由式(1-7)可知总牵伸倍数等于各部分牵伸倍数的乘积。

二、牵伸区内纤维的运动

牵伸的实质是使须条中纤维与纤维之间产生相对位移，使纤维分布到更长的片段上去。试验表明，经牵伸后的须条条干均匀度恶化了，如熟条条干不匀率大于生条条干不匀率，这说明牵伸对条干均匀度起着不良的影响。为此，有必要研究牵伸过程中纤维的运动规律，以控制或改善须条的条干均匀度。

（一）牵伸过程中纤维的分类

纤维在牵伸区中可分为受控纤维和浮游纤维。处于前罗拉或后罗拉控制下，并以该罗拉表面速度运动的纤维称为受控纤维。不被前、后罗拉控制，处于浮游状态的纤维称为浮游纤维。根据纤维在牵伸区中的速度不同，又可分为慢速纤维和快速纤维。慢速纤维是指以后罗拉表面速度运动的纤维；快速纤维是指以前罗拉表面速度运动的纤维。

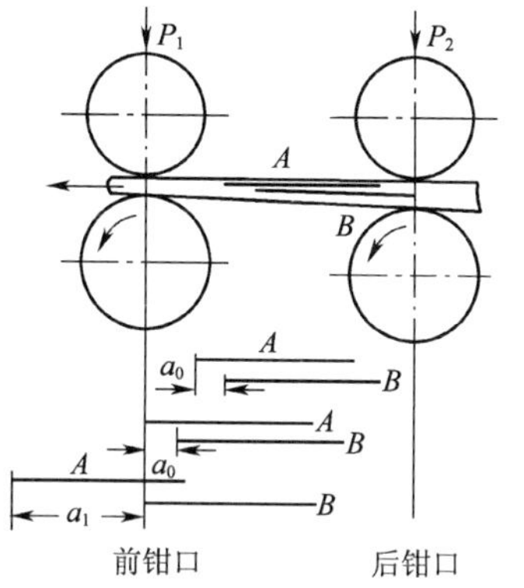

图1－10　牵伸后纤维的正常移距

（二）牵伸后纤维的正常移距

如图1－10所示是两对罗拉组成的牵伸区，牵伸区的须条中有两根伸直平行且等长的纤维 A 和 B。假设牵伸前纤维 A、B 头端的距离为 a_0，而且这两根纤维在同一界面（前钳口线处）变速。变速前两根纤维都以后罗拉表面速度 v_2 向前运动，纤维 A 的头端先到达变速界面，开始以前罗拉的表面速度 v_1 快速向前运动，而纤维 B 仍然以后罗拉表面速度 v_2 慢速运动。经过时间 t 后，纤维 B 的头端才到达变速界面，并开始和纤维 A 一起以前罗拉的表面速度 v_1 快速向前运动。此时纤维 A 和纤维 B 间的头端距离已增大为 a_1。

由于 $a_0 = v_2 t$，则：

$$a_1 = v_1 t = v_1 \frac{a_0}{v_2} = E a_0 \tag{1-8}$$

由式（1－8）可知经过 E 倍牵伸后两根纤维头端距离增大 E 倍。由此可见，如果牵伸过程中各根纤维都在同一界面变速，那么牵伸前须条的条干是均匀的，牵伸后须条的条干也应该是均匀的。Ea_0 称为牵伸后纤维的正常移距。

（三）移距偏差

事实上，喂入须条是不均匀的，须条中纤维长度并不相等，也并不完全伸直，须条经牵伸后，不匀率总是增加，这说明在牵伸过程中纤维在同一界面变速与实际情况不符，于是人们用各种方法去探求牵伸区内纤维运动与输出须条不匀的关系。最简单的方法是移距实验，将两根颜色纤维夹在须条内进行牵伸，牵伸前纤维头端移距为 a_0，经 E 倍牵伸后，纤维移距为 a_1，且有时 $a_1 > Ea_0$，有时 $a_1 < Ea_0$，很少有 $a_1 = Ea_0$ 的情况。这说明在实际牵伸中大多数纤维不在同一个界面变速，从而使牵伸后须条的条干均匀度恶化。

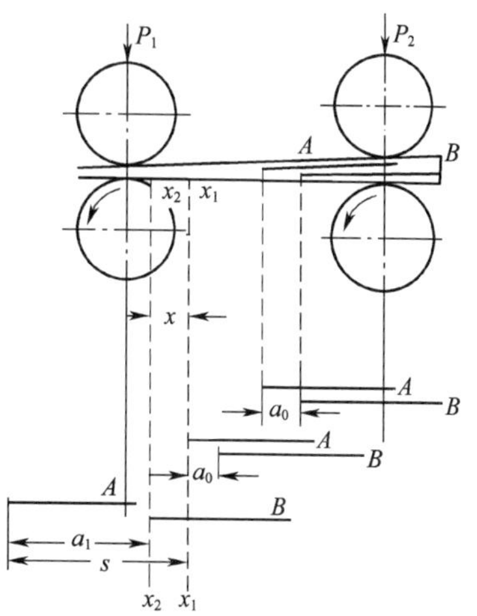

图1－11　纤维头端在不同界面变速的移距

如图1－11所示，假设纤维 A 在 x_1—x_1 界面

上变速,纤维 B 在 x_2—x_2 界面上变速,两变速界面间的距离为 x。纤维 A 在 x_1—x_1 界面上变速后,纤维 B 尚需以速度 v_2 向前移动一段距离(a_0+x)才变速,需要时间 $t=\frac{a_0+x}{v_2}$,同一时间纤维 A 向前移动的距离是(a_1+x),即:

$$a_1+x=v_1\frac{a_0+x}{v_2}=E(a_0+x)$$

$$a_1=E(a_0+x)-x=Ea_0+(E-1)x \tag{1-9}$$

由式(1-9)可知,前面的纤维变速较早,后面的纤维变速较晚,须条被牵伸后,纤维移距比正常移距大。

如果纤维 A 在 x_2—x_2 界面上变速,纤维 B 在 x_1—x_1 界面上变速,变速后纤维的移距 a_1 则为:

$$a_1=E(a_0-x)+x=Ea_0-(E-1)x \tag{1-10}$$

由式(1-10)可知,前面的纤维变速较晚,后面的纤维变速较早,须条牵伸后,纤维移距比正常移距小。

综合上述两种情况,两根纤维在不同界面上变速后,头端的移距为:

$$a_1=Ea_0\pm(E-1)x \tag{1-11}$$

$(E-1)x$ 称为移距偏差。在实际牵伸过程中,由于大多数纤维不在同一界面上变速,从而产生了移距偏差,形成须条的附加不匀。移距偏差为"+"时,产生细节;移距偏差为"-"时,产生粗节。纤维变速位置越分散(即 x 值越大),移距偏差越大,条干越不均匀;牵伸倍数 E 越大,移距偏差也越大,条干也越不均匀。

(四)纤维变速点的分布

试验结果如图1-12所示。

(1)在牵伸过程中,纤维头端的变速界面离前钳口的距离有大有小,各个变速界面上变速纤维的数量也不相等,因而形成一种分布,即为纤维变速点分布,如图1-2中曲线1。

(2)同样长度的纤维其头端也不在同一位置变速,同样呈现一种分布。长纤维变速点分布较集中且靠近前钳口(图1-12中曲线2);短纤维变速点分布较分散且距前钳口较远(图1-12中曲线3)。

(3)在牵伸倍数一定的条件下,随着牵伸区隔距的增大,变速点分布的离散性越大,且变速点离前钳口越远。在隔距相同的条件下,随着牵伸倍数的增大,变速点分布的离散性越大,且变速点离前钳口越远。

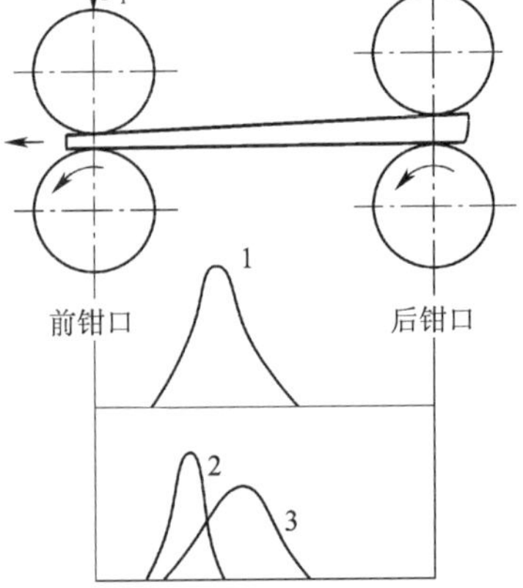

图1-12　牵伸区内纤维变速点分布

为了获得均匀的产品，应尽量使移距偏差缩小，或变速界面离前钳口的距离趋于零，即使纤维变速位置尽可能向前钳口靠近且集中。

三、牵伸区内纤维数量的分布

在牵伸区内，越靠近前钳口，快速纤维数量越多，须条截面内的纤维数量越少；在前钳口，所有的纤维均变为快速纤维。所以从后钳口到前钳口须条截面内的纤维数量由多变少形成一种分布，可用切段称重法得到纤维数量分布曲线，如图1-13(a)中的$N(x)$曲线所示。后钳口的纤维数量等于喂入须条横截面内的平均纤维根数N_2，前钳口的纤维数量等于输出须条横截面内的平均纤维根数N_1，且$N_2/N_1=E$。用夹持梳理法除去牵伸区中的浮游纤维以后，可得到前、后钳口握持的纤维（简称前纤维或后纤维）；再用切段称重法得到前钳口握持的纤维数量分布曲线$N_1(x)$和后钳口握持的纤维数量分布曲线$N_2(x)$。

如果以$N(x)$曲线为基准，将前钳口握持的纤维数量分布曲线$N_1(x)$离底线的垂直距离相应的移至$N(x)$曲线下，得到图1-13(b)，上部和下部阴影部分分别为前纤维和后纤维在牵伸区内的数量分布，介于两者之间的空白部分，表示浮游纤维的数量分布。

牵伸区内，在罗拉握持可靠的条件下，前纤维为快速纤维，后纤维为慢速纤维，而浮游纤维速度取决于所接触的快、慢速纤维的数量。在后钳口附近，浮游纤维周围多为慢速纤维，所以浮游纤维以慢速向前运动；前钳口附近，浮游纤维周围多为快速纤维，则浮游纤维以快速运动。按前、后纤维的比例，把浮游纤维分配成快速纤维和慢速纤维两部分，再分别和前、后纤维相加，得到图1-13(c)中的快速纤维数量分布曲线$k(x)$和慢速纤维数量分布曲线$K(x)$。

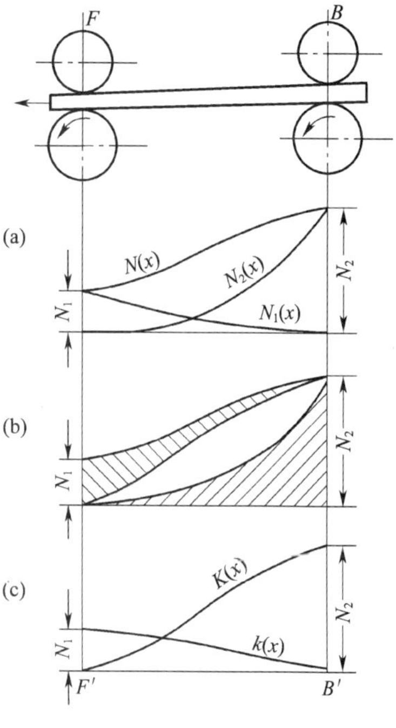

图1-13　牵伸区内纤维数量分布

四、牵伸过程中纤维运动的控制

（一）牵伸区内须条的摩擦力界及其分布

在牵伸区中，纤维与纤维之间、纤维与牵伸部件之间的摩擦力所作用的空间称为摩擦力界。摩擦力界具有一定的强度、长度和宽度。在牵伸区中，纤维各点上的摩擦力界强弱不同而形成一种分布，称为摩擦力界强度分布，简称摩擦力界分布。

如图1-14(a)所示为罗拉钳口沿须条轴向的摩擦力界分布，即纵向分布。如图1-14(b)所示为罗拉钳口沿须条横截面方向的摩擦力界分布，即横向分布。当胶辊加压后，由于胶辊富有弹性而变形，须条完全被包围，中部的须条压缩得紧密，摩擦力界强度最大，两侧的须条，由于胶辊变形，也受到较大的压力，所以横向摩擦力界的分布比较均匀，而通常讨论的摩擦力界分布，大多指的是纵向分布。

如图 1－14(a)所示的摩擦力界纵向分布中，在胶辊与罗拉中心线 O_1O_2 位置，胶辊对须条施加的压力最大，纤维接触最紧密，纤维间的摩擦力最大，摩擦力界的强度最大，曲线 m_1 出现峰值。在中心线 O_1O_2 两侧，胶辊作用于须条的压力逐渐减小，摩擦力界的强度也逐渐减小，曲线 m_1 逐渐降低，形成一种中间高、两端低的分布。在远离中心线 O_1O_2 的 ab 线的左方和 cd 线的右方，胶辊对须条的压力趋近于零，但由于纤维间抱合力的存在，仍然具有一定的摩擦力界。

影响摩擦力界分布的因素主要有以下几个方面。

1. 胶辊加压 胶辊压力增加，钳口下须条压强增加，须条中纤维与纤维之间、纤维与罗拉和胶辊之间的摩擦力增大，摩擦力界的强度增大；同时，胶辊压力增加，胶辊和罗拉与须条的接触面积增大，摩擦力界向两侧幅度扩展。如图 1－14(a)中的曲线 m_2 的形态。

2. 罗拉直径 罗拉直径增大，而胶辊压力不变，则同样大的压力被分配到较大的面积上，摩擦力界的强度降低，但罗拉与须条的接触面积增大，摩擦力界的范围扩展。如图 1－14(a)中的曲线 m_3 的形态。

3. 棉条定量 棉条定量增加，加压后须条的宽度与厚度均有所增加，加大了与胶辊和罗拉的接触面积，摩擦力界的强度降低、长度扩展，与曲线 m_3 的形态相似。

如图 1－15 所示，$F(x)$ 是由两对罗拉各自形成的纵向摩擦力界连在一起构成的简单罗拉牵伸区摩擦力界分布曲线。曲线中间位置较低，即牵伸区中部摩擦力界的强度较弱，控制纤维的能力较差，致使较短的纤维变速点不稳定，须条的条干均匀度差。如果采用“紧隔距，重加压”的工艺原则，就可使牵伸区中部摩擦力界的强度增加，从而加强牵伸区中部纤维的控制，以改善须条的条干。

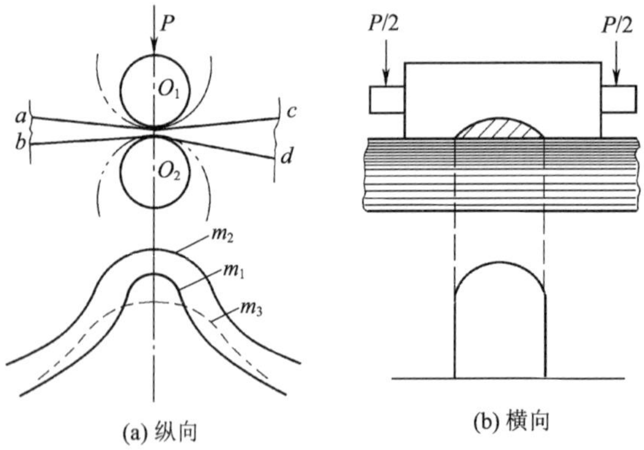

图 1－14 罗拉钳口下摩擦力界分布

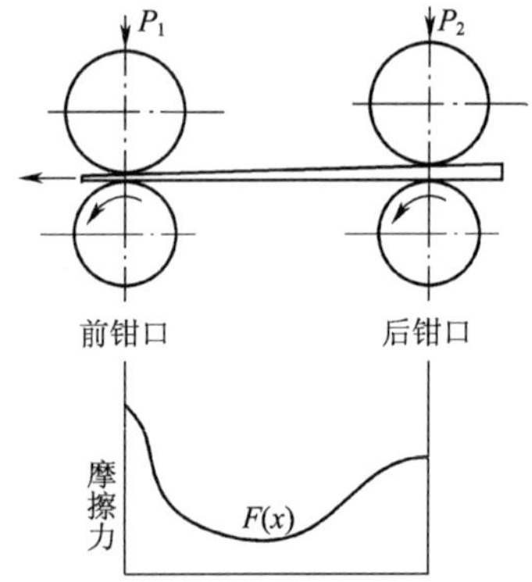

图 1－15 简单罗拉牵伸区摩擦力界分布

(二)控制力和引导力

牵伸区内任意一根浮游纤维，被周围的快速纤维和慢速纤维所包围。快速纤维对浮游纤维产生的摩擦力称为引导力，它使浮游纤维加速；慢速纤维对浮游纤维产生的摩擦力称为控制力，它阻止浮游纤维变速。当纤维脱离后钳口控制成为浮游纤维逐渐向前运动时，所接触的慢速纤维的数量越来越少，而接触的快速纤维的数量越来越多，因此它所受到的控制力逐渐减小，而引导力逐渐增加。在某一瞬时当它受到的引导力大于控制力，浮游纤维就变为快速纤维。

一根浮游纤维所受到的引导力和控制力的大小，主要与该纤维所接触的快速纤维和慢速纤维的数量、摩擦力界强度分布和该纤维的长度有关。

(三)合理布置摩擦力界

由于简单罗拉牵伸区中部摩擦力界的强度比较小，对纤维的控制比较弱，牵伸能力受到限制。为有效控制牵伸区内纤维的运动，提高牵伸装置的牵伸能力，在牵伸区内除了罗拉钳口造成的摩擦力界外，利用附加机件(如压力棒、胶圈等)或改变罗拉的几何配置等因素所产生的摩擦力界，称为附加摩擦力界。附加摩擦力界有助于加强对牵伸区中后部浮游纤维的控制，使纤维变速点前移而集中，又不阻碍快速纤维顺利抽出，保证了牵伸质量。

五、牵伸力和握持力

(一)牵伸力

牵伸过程中，前钳口所握持的快速纤维从慢速纤维中抽出时，所有快速纤维受到的摩擦力总和称为牵伸力。影响牵伸力的因素主要有以下几个方面。

1. 纤维性质　喂入须条的纤维长度长，快速纤维从慢速纤维中抽出时受到的摩擦阻力大、牵伸力大；喂入须条的纤维线密度小，同样线密度的须条截面中纤维根数多，纤维的比表面积大，纤维与纤维之间的抱合力大、牵伸力大；纤维卷曲多或纤维表面摩擦因数较大时，则摩擦力大、牵伸力大。

2. 牵伸倍数　当喂入须条的线密度不变时，牵伸力与牵伸倍数的关系如图 1－16 所示，当牵伸倍数等于 1 倍时，纤维间没有相对滑动，牵伸力为零。随着牵伸倍数的提高须条呈张紧状态，纤维接触紧密，牵伸力随着牵伸倍数的增大而急速增大。牵伸倍数接近 E_c 时，快速纤维和慢速纤维间开始产生滑动，牵伸力增加缓慢。当牵伸倍数超过 E_c 后，随着牵伸倍数的增大，前钳口下的快速纤维数量减少，牵伸力下降。牵伸力最大时的牵伸倍数称为临界牵伸倍数。实验表明，须条的临界牵伸倍数 E_c 一般为 1.2～1.3 倍。

当输出须条的线密度不变时，牵伸倍数越大，说明喂入须条的线密度越大，即慢速纤维的数量增加，使快速纤维从慢速纤维中抽出时受到的阻力增加，牵伸力也随之增加。

3. 罗拉隔距　罗拉隔距与牵伸力的关系如图 1－17 所示，罗拉隔距很大时，随着隔距的缩小，牵伸力变化不大；隔距继续缩小，快速纤维从慢速纤维中抽出时受到的摩擦阻力越来越大，牵伸力缓慢增加；当隔距小到一定程度(R_c)后，因有部分快速纤维的尾端还未脱离后钳口控制，快速纤维不仅要克服慢速纤维的摩擦阻力，还要从后钳口抽出，引起牵伸力急剧上升。

4. 胶辊加压　胶辊压力增加，牵伸区摩擦力界的强度增加，牵伸力随之增加。

5. 喂入须条的厚度　喂入同样线密度的须条，如果须条厚度变厚，宽度变窄，则须条摩擦力界强度增加，幅度扩展，牵伸力增大。实验证明，当其他条件不变时，两根棉条并列喂入，牵伸力为单根棉条的 2 倍；两根棉条上下重叠喂入，牵伸力为单根棉条的 3.2 倍。单根棉条线密度比原来大 1 倍时，牵伸力为原来单根棉条的 2.9 倍。

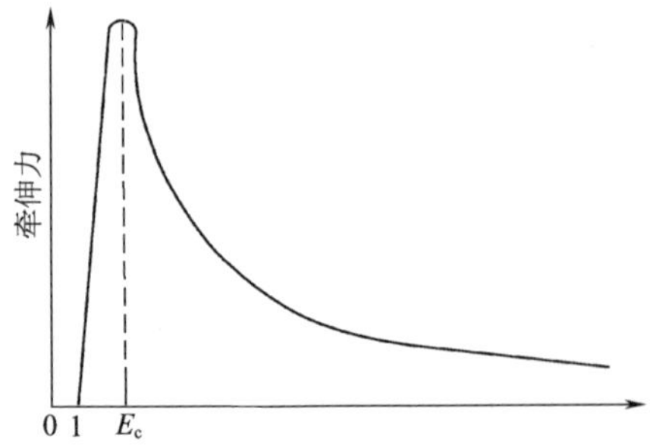

图1－16　牵伸倍数与牵伸力的关系

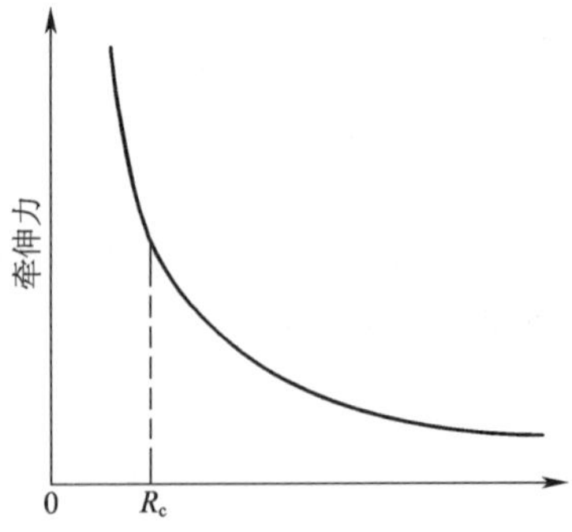

图1－17　罗拉隔距与牵伸力的关系

6. 附加摩擦力界　牵伸区中的附加摩擦力界会使须条紧密度增加，牵伸力增大。

7. 喂入须条的结构　喂入须条中纤维伸直度较差且互相交错纠缠的排列状态，牵伸力大；纤维越是平行伸直，牵伸力越小。

8. 温湿度　温湿度与牵伸力密切相关。温度升高时，棉蜡融化，纤维间摩擦因数小，牵伸力降低；相对湿度增大，纤维间摩擦因数增加，牵伸力大，但相对湿度在34%～76%的范围内，相对湿度增加，牵伸过程中纤维易于平行伸直，牵伸力反而降低。

（二）握持力

握持力是指罗拉钳口对须条的摩擦力，其大小取决于钳口对须条的压力及上下罗拉与须条间的摩擦因数。影响握持力的因素主要有以下几个方面。

1. 胶辊加压　胶辊加压大小是决定罗拉握持力的主要因素。压力越大，胶辊对须条握持力越大。

2. 胶辊硬度　胶辊表面包有丁腈橡胶，既有一定的硬度，又有一定的弹性。硬度越大，弹性越差，胶辊对须条的握持力越小。

3. 胶辊和罗拉的表面摩擦因数　胶辊和罗拉的表面摩擦因数越大，钳口与须条的摩擦力越大，握持力越大。

4. 胶辊的机械状态　胶辊的机械状态不良，如胶辊磨损中凹、胶辊芯子因缺油而回转不灵等，都会影响罗拉钳口握持力的大小。

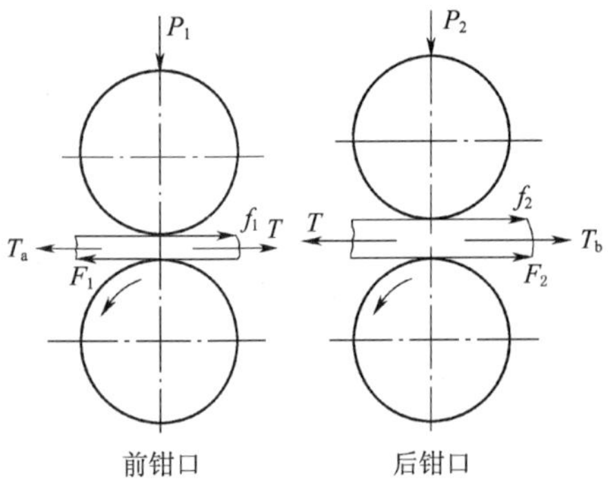

图1－18　罗拉钳口下须条上的作用力

（三）罗拉钳口下须条的受力分析

为使牵伸顺利进行，罗拉钳口对须条要有足够的摩擦力，否则须条将在罗拉钳口下打滑，引起条干不匀。如图1－18为须条在两对简单罗拉构成的牵伸区钳口下的受力分析。在前钳口，须条有向后滑动的趋势，前罗拉作用于须条的摩擦力 F_1 与运动方向相同，而胶辊是摩擦传动，胶辊对须条的摩擦力 f_1 与须条的运动方向相反，牵伸力 T 与须条的运动方向相反。为保证正常牵伸，防止须条在前钳口下打滑，前钳口握持须条的条件如下。

$$F_1 - f_1 \geqslant T$$

后钳口处，后罗拉作用于须条的摩擦力 F_2 的方向与须条的运动方向相反，后胶辊对须条的摩擦力 f_2 也与须条的运动方向相反。为保证正常牵伸，防止须条在后钳口下打滑，后钳口握持须条的条件如下。

$$F_2 + f_2 \geqslant T$$

由以上两式可知，为使牵伸顺利进行，前后钳口的实际握持力（$F_1 - f_1$）和（$F_2 + f_2$）均需同牵伸力相适应，故 $F_1 > F_2$，所以前胶辊上的压力 P_1 应略大于后胶辊上的压力 P_2，而且前罗拉转速高，前胶辊易打滑、跳动，前胶辊上也应该加重压力。

（四）对牵伸力和握持力的要求

牵伸力反映了牵伸区中快速纤维与慢速纤维之间的联系力，由于这种联系力的作用使须条张紧，并引导慢速纤维在张紧伸直的状态下转变速度，因此牵伸力应具有适当数值，并保持稳定，这是保证牵伸区中纤维运动稳定的必要条件。但牵伸力不应过大，过大说明快速纤维与慢速纤维联系非常紧密，快速纤维易带动慢速纤维过早地变速，使纤维变速点分布离散度增加，恶化须条条干；如果牵伸力大于握持力，会使须条在罗拉钳口下打滑，须条牵伸不开；如果牵伸力不稳定，会出现短粗节，条干恶化。

综上所述，影响罗拉握持力和牵伸力的因素较多，必须掌握这些因素的内在联系，结合实际生产条件，处理好牵伸力和握持力的关系，努力做到牵伸力稳定，保证正常牵伸。当生产条件发生变化而引起牵伸力波动、出现牵伸力与握持力不相适应的情况时，可以通过调整牵伸工艺参数，使牵伸力与握持力相适应，达到稳定生产、保证产品质量的目的。

六、纤维的伸直平行作用

纤维的伸直平行作用是牵伸的主要任务之一。纤维伸直平行的效果如何，直接影响到纱条的结构，从而影响到成纱条干、强力和毛羽。须条中纤维的伸直度和平行度越好，在牵伸过程中，变速点越稳定，须条的条干均匀度越好，强力越高，毛羽越少。

（一）纤维伸直平行的基本概念

1. 单纤维的伸直度和平行度　单纤维的伸直度是指一根纤维向任一平面的最大投影长度对该纤维在空间真实长度比值的百分率，一般用 ξ 来表示。单纤维的平行度是指一根纤维向任一平面的最大投影长度对该纤维前后两端连线的比值，即 $\cos\theta$，一般用 p 来表示，如图1－19所示。

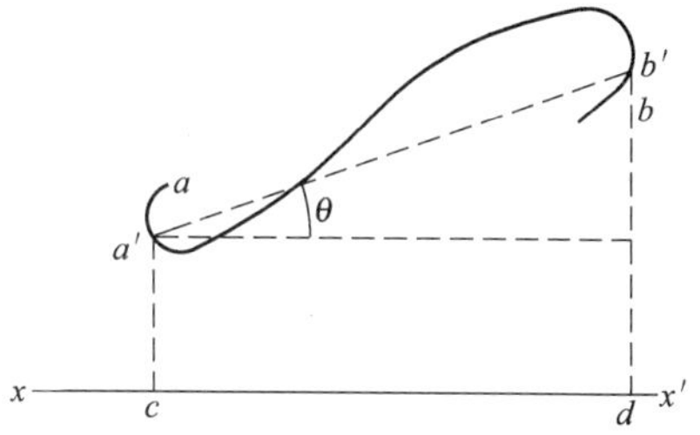

图1－19　单纤维平行与伸直度

$$\xi = \frac{cd}{ab} \times 100\% \tag{1-12}$$

$$p=\cos\theta=\frac{cd}{a'b'}\times100\% \qquad (1-13)$$

2. 束纤维的伸直度和平行度 束纤维的伸直度和平行度是单纤维伸直度和平行度的加权平均数。在牵伸过程中，随着纤维伸直度的不断提高，纤维与须条轴线方向的平行度也在提高。

（二）牵伸区内纤维的伸直过程

在须条中纤维的形态一般分前弯钩纤维、后弯钩纤维和无弯钩的屈曲纤维。

在牵伸过程中，纤维伸直作用大小取决于伸直过程的延续时间，而延续时间与纤维最大可能性的变速界面 R' 位置有关，R' 即为快慢速纤维数量相等的一点，快速和慢速纤维的数量分布分别为 $k(x)$ 和 $k(x)$，如图 1－20 所示。

屈曲纤维的伸直过程，如图 1－20（a）所示，当屈曲纤维头端进入变速界面 R' 后，头端以快速 v_1 向前运动，纤维的其他部分仍受周围慢速纤维的控制，以慢速 v_2 向前运动，这样，纤维的头端与后面部分发生相对运动，纤维的屈曲被拉直。

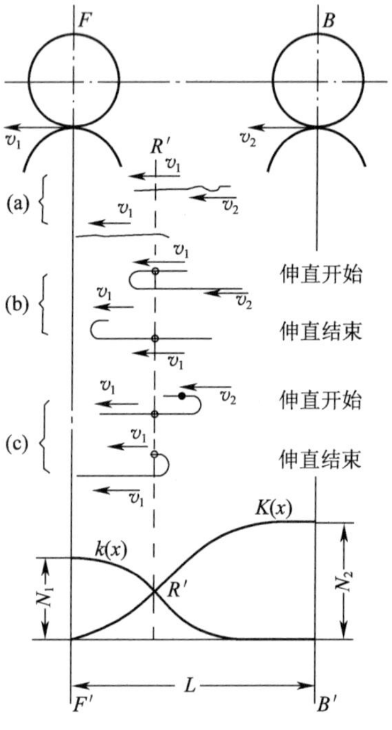

图 1－20 纤维的伸直过程

弯钩纤维的伸直过程，如图 1－20（b）和（c）所示。将弯钩纤维的较长部分称为“主体”，较短部分称为“弯钩”。弯钩位于须条前进方向一端的为前弯钩，位于另一端的为后弯钩。R' 为快慢速纤维数量相等的界面，称为纤维变速最大可能性的位置。对于前弯钩纤维，如图（b）所示，当“弯钩”部分的中点到达 R' 变为快速而“主体”仍为慢速时伸直作用开始，当“主体”部分的中点到达 R' 也变为快速时，伸直作用结束。但当前弯钩纤维伸直发生后，由于弯曲点很快进入前钳口，迫使整根纤维做快速运动，使伸直过程提前结束，因此缩短了弯钩伸直的延续时间，降低了伸直效果。对于后弯钩纤维，如图（c）所示，当“主体”部分的中点到达 R' 变为快速而“弯钩”仍为慢速时伸直作用开始，当“弯钩”部分的中点到达 R' 也变为快速时，伸直作用结束。事实上由于后弯钩纤维的主体部分较长，它的中点还未到达 R' 时，其头端可能已进入前钳口线 FF'，由于前钳口的握持力迫使主体部分提前变速，因此延长了弯钩伸直的延续时间，提高了伸直效果。所以，当“弯钩”与“主体”速度相同时，纤维不产生伸直作用；当两者有速度差时，才会产生伸直作用。即弯钩纤维的伸直过程实际上是“主体”与“弯钩”发生相对运动的过程。因而，纤维伸直必须具备速度差、延续时间和作用力这三个条件。

（三）影响纤维伸直平行效果的主要因素

1. 牵伸倍数 牵伸倍数的大小对弯钩纤维的伸直效果有直接关系。不同的牵伸倍数对前、后弯钩纤维的伸直效果是不一样的。各种牵伸倍数下前弯钩纤维的伸直效果如图 1－21 所示。η 为纤维原始伸直系数，即发生伸直作用前纤维的伸直系数，反映的是纤维的伸直度。

$$\eta = \frac{主体部分的长度}{纤维的实际长度}$$

η'为结果伸直系数，即伸直作用结束后纤维的伸直系数。图1－21中横坐标表示牵伸倍数E，纵坐标表示结果伸直系数η'，各条曲线表示各种原始伸直系数的纤维在不同牵伸倍数下的伸直效果。图像共分三个区域，第①区域表示在牵伸倍数较小时，伸直效果随牵伸倍数的增大而提高；第②区域表示在牵伸倍数增大时，伸直效果先增后减，伸直效果不显著；第③区域表示在牵伸倍数更大时，各线段趋于水平，无伸直效果。

如图1－22所示，表示各种牵伸倍数下后弯钩纤维的伸直效果，图中①②③三个区域的图像表明各种原始伸直系数的纤维，其结果伸直系数都随牵伸倍数的增大而增大，即牵伸倍数越大，后弯钩纤维的伸直效果越好。

由此看出，牵伸对后弯钩易于伸直，牵伸倍数越大，对后弯钩纤维的伸直效果越好；而对前弯钩较难伸直，只有在牵伸倍数较小时，前弯钩才有一定的伸直效果。

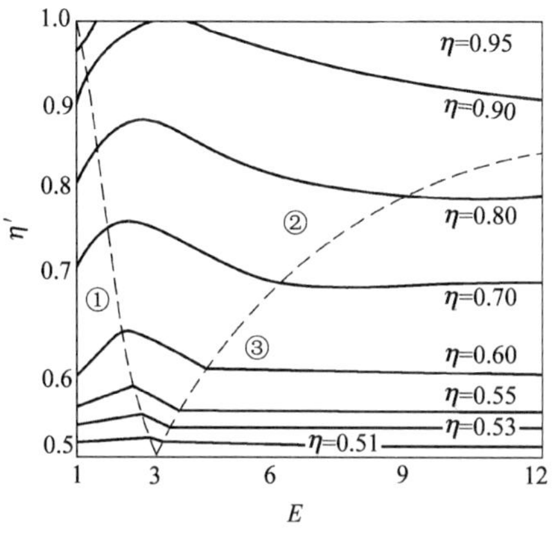

图1－21　前弯钩纤维伸直效果的函数图像

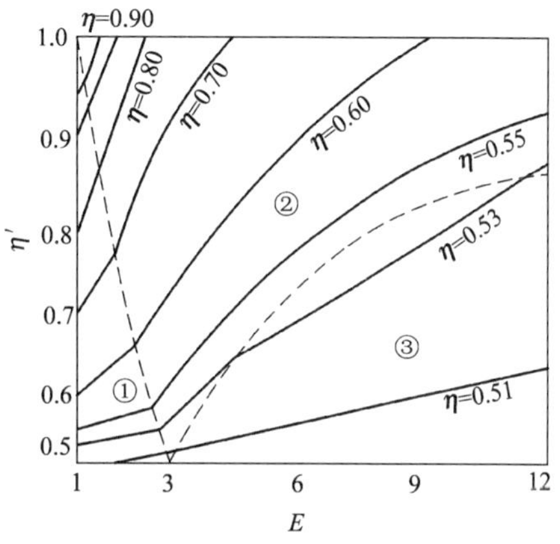

图1－22　后弯钩纤维伸直效果的函数图像

2. 牵伸形式　不同的牵伸形式，其牵伸区内摩擦力界的分布不同，对弯钩纤维的伸直效果也不一样。牵伸区中后部摩擦力界强，对纤维的控制能力强，纤维伸直过程的持续时间长，纤维的伸直效果好。

3. 工艺道数　细纱工序是纺纱的最后一道工序，而且细纱机的牵伸倍数最大，有利于消除后弯钩，因此应该使喂入细纱机的粗纱中后弯钩纤维居多，所以在普梳纺纱工艺流程中，梳棉机与细纱机之间的设备道数应为奇数。

第五节　加　捻

一、纱条的加捻

将纱条的一端握持，另一端绕自身轴线回转，回转一周，纱条上便得到一个捻回。加捻的实质就是利用纱条横截面间产生相对角位移,使原来伸直平行的纤维与纱轴发生倾斜来改变纱条结构,从而使纱条的紧密度增加,并具有一定的强力、弹性、伸长等机械性能。

二、加捻指标

(一)捻度

纱条单位长度上的捻回数称为捻度。捻度有特数制捻度、公制捻度和英制捻度。我国捻度的法定计量单位是特数制捻度,一般用 T_{tex} 表示。

$$T_{tex}=\frac{n_s}{v}\times 10 \tag{1-14}$$

式中:v——前罗拉表面速度,m/min;

n_s——锭子(翼)转速,r/min。

生产上改变捻度一般是通过改变捻度变换齿轮来调整前罗拉的输出速度而实现的,因此捻度的大小影响产量,即捻度大,产量就低。

(二)捻回角

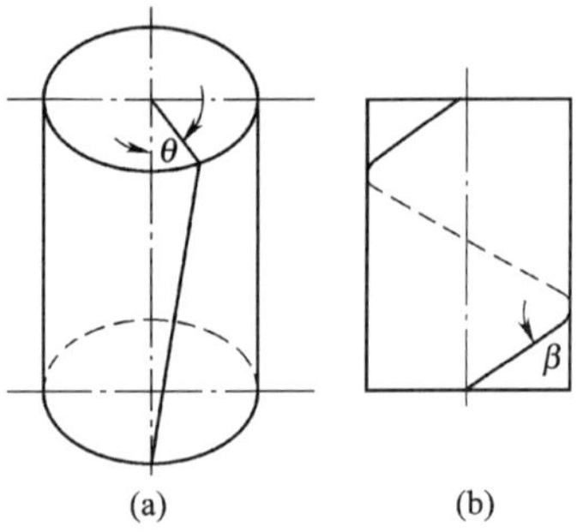

图 1-23 捻回角

纱条加捻前纤维基本上平行于纱条的轴线,加捻后由于加捻力矩的作用,纱条横截面间产生角位移 θ,使原来平行于纱轴的纤维发生倾斜。加捻后纤维与纱条轴线所夹的锐角 β 称为捻回角,如图 1-23 所示。捻回角越大,纺出纱条的结构越紧密。因此捻回角的大小,反映了纱条的加捻程度。捻回角 β 越大,纱条的加捻程度越大,所以不同线密度的纱条虽具有相同的捻度,但加捻程度并不相同。

(三)捻系数

捻回角在生产中使用不方便,通常用捻系数 α_t 来表示纱条的加捻程度,它是捻回角正切的函数。捻系数与纱条线密度、捻度之间的关系可以用下面的式(1-15)表示。

$$T_{tex}=\frac{\alpha_t}{\sqrt{\mathrm{Tt}}} \tag{1-15}$$

式中:T_{tex}——纱条的捻度,捻/10cm;

Tt——纱条的线密度,tex。

生产上,当纱条捻系数 α_t 确定后,可以用上式计算出纱条的捻度,从而计算出捻度变换齿轮的齿数。

(四)捻向

纱条的捻向是指纱条加捻后表面纤维倾斜的方向,有 Z 捻和 S 捻之分,如图 1-24 所示。纱条表面纤维的倾斜方向与字母 Z 中部的倾斜方向一致,即为 Z 捻;纱条表面纤维的倾斜方向与字母 S 中部的倾斜方向一致,即为 S 捻。为方便挡车工操作,在棉纺粗纱机和细纱机上一般采用 Z 捻。

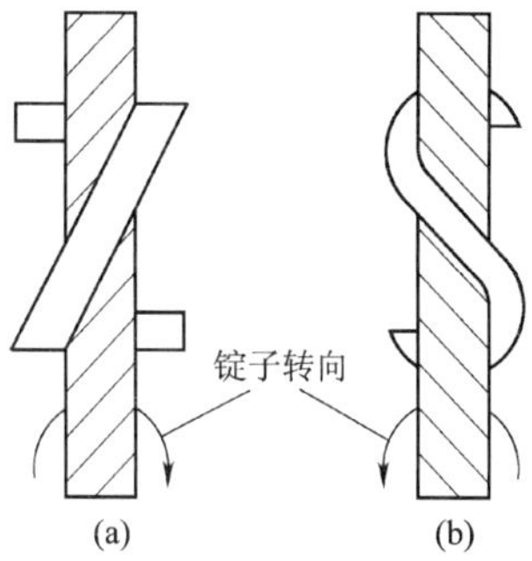

图 1-24 纱条的捻向

三、假捻

(一)假捻的目的

在正常加捻时,捻回是由加捻点向握持点传递的,但离加捻点较远处捻度较小,须条强力较低,易产生意外伸长而造成须条条干不匀。一方面,由于须条是松散的介质,捻回传递有滞后现象,即离加捻点越近,捻度越大;离加捻点越远,捻度越小。另一方面,在加捻区中如果有外界阻力作用,就会使捻回传递受阻,这种现象称为捻陷现象,外界阻力点称为捻陷点。由于捻陷现象的存在,使握持点与捻陷点间捻度减小。为了增加握持点与捻陷点之间须条的捻度,以增加其强力,在纺纱机上一般采用假捻,如粗纱机上锭翼顶孔处加装假捻器,以增加前罗拉钳口与锭翼顶孔之间纱条的捻度,减少由于纱条抖动而产生的意外伸长。转杯纺纱机上采用假捻盘,来增加剥离点与引纱管入口间纱条的捻度,以减少断头。

(二)假捻原理

假捻原理如图 1-25 所示。纱条两端(A、C)被握持,在纱条中间(B 点)加捻,加捻点两侧的纱条上获得数量相等、方向相反的捻回。外力去除后加捻点两侧的捻回相互抵消,纱条上的捻回消失,这种暂时存在的捻回称为假捻。

生产上运用假捻,是在运动的纱条上选取一点作为加捻点,如图 1-26 所示,纱条沿 AC 方向运动,取 B 点作为加捻点,AB 为输入段,BC 为输出段。设须条的线速度为 v,加捻点 B 的回转速度为 n,则输入段的捻度 $T_{tex}=n/v$;输出段得到的捻回分为两部分,一部分来自加捻点 B,捻回数大小与 n 相等,捻向与输入端相反;另一部分是输入段输入的捻回数 $n=T_{tex}v$,输出段得到的总捻回数 $n'=T_{tex}v-n=0$,则输出段的总捻度 $T'_{tex}=n'/v=0$。由此可知输出段的纱条上没有捻回。

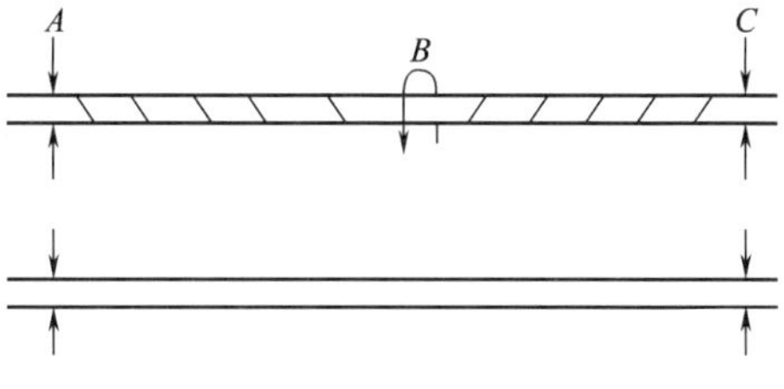

图 1-25 假捻

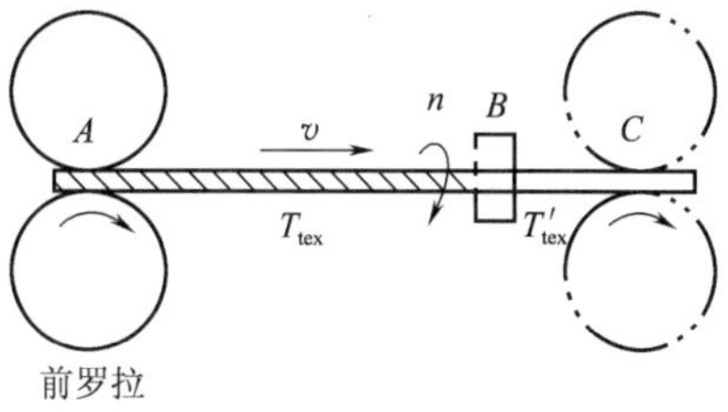

图 1-26 动态纱条上的假捻

上述在运动的纱条上设加捻点,使输入端有捻,而输出端无捻的现象称为假捻效应。输入端的捻回称为假捻,产生假捻的部件称为假捻器。

四、股线的捻合

（一）股线捻合的目的

有时单纱不能充分满足某些工业用品或高档织物的要求，而需要将两根或更多根单纱并合加捻，形成合股线，以改善其强力、弹性、手感和光泽。

（二）股线捻合后性质的变化

1. 改善条干 根据并合原理，多根单纱并合后不匀率可以降低，条干得到改善。

2. 提高强力 股线的强力超过单纱强力的总和，一般双股线中的单纱平均强力是普通单纱强力的1.2～1.5倍，三股线中的单纱平均强力是普通单纱强力的1.5～1.7倍。

3. 弹性增加 单纱中的纤维排列成螺旋线状，在拉伸不大时能表现出较大的伸长特性。股线的捻回使各单纱相互扭成螺旋线状，在较大张力下能表现出更大的弹性伸长。

4. 耐磨性增加 由于股线条干均匀，截面比较圆整，在使用中受到各向摩擦，即使表面纤维局部磨损，而纤维相互间仍有稳定的结构关系，股线仍有一定强度，因此有较好的耐磨性能。

5. 光泽改变 纱线的光泽取决于表面纤维的轴向平行程度。单纱捻度越多，纤维倾斜越大，轴向平行度越差，光泽越暗淡。同向加捻的股线，使表面纤维的轴向平行度降低，光泽差；反向加捻的股线，使表面纤维的轴向平行度提高，光泽好。另外，股线条干均匀、截面圆整、表面光洁，可使外观和光泽获得改善。

6. 手感改变 反向加捻的股线结构外松内紧，手感柔软；同向加捻的股线外紧内松，手感坚实。

（三）股线的股数

一般衣着用线两股并合已能达到要求，股数太多既不经济，也不实用。对强力及圆整度要求高的股线需用较多的股数，如缝纫线一般用三股。当股数超过五股以上时，容易使某根单纱形成芯线，使纱受力不均匀，降低捻合效果。采用复捻方式制成的缆线，强力高、耐磨、抗挠、抗压性能好，捻回比较稳定，如帘子线、渔网线等。对要求比较厚实、硬挺而且紧密的织物，如帆布、水龙带等，可采用单捻方式。

（四）股线的捻向对股线性质的影响

单捻时，股线的捻向有反向加捻和同向加捻两种。反向加捻是指股线捻合的方向与单纱的捻向相反；同向加捻是指股线捻合的方向与单纱的捻向相同。大多数股线采用反向加捻。为操作方便，在细纱机上单纱多采用Z捻，所以股线多采用S捻。

复捻时，为使股线的捻回比较稳定，通常有两种捻向，即ZZS或ZSZ，且通常需根据其用途和要求确定捻向。

思考题

1. 常用的纺纱系统有哪些？写出棉纺纺纱系统的工艺流程。
2. 原料开松的方法有哪些？各有什么特点？
3. 梳理机两针面对纤维产生哪些作用？其作用条件是什么？

4. 说明并合可以降低棉条不匀率的原因及并合根数与棉条不匀率的关系。
5. 什么是牵伸？牵伸的目的是什么？
6. 实现罗拉牵伸必须具备哪些条件？
7. 什么是机械牵伸倍数？什么是实际牵伸倍数？两者关系如何？
8. 总牵伸倍数与部分牵伸倍数有什么关系？
9. 用移距偏差的概念说明牵伸过程中产生条干不匀的原因。
10. 什么是摩擦力界？影响摩擦力界分布的因素有哪些？
11. 两对简单罗拉组成的牵伸区内摩擦力界有什么特点？为加强对纤维的控制，采取什么措施？
12. 什么是引导力？什么是控制力？浮游纤维变速的条件是什么？
13. 什么是牵伸力？什么是握持力？正常牵伸时两者的关系如何？
14. 影响牵伸力和握持力的因素有哪些？
15. 说明卷曲纤维和弯钩纤维的伸直过程？影响纤维伸直的主要因素有哪些？
16. 说明前弯钩纤维和后弯钩纤维的伸直效果与牵伸倍数的关系。
17. 简述纱条如何加捻？
18. 什么是捻度？什么是捻回角？捻度、捻回角和捻系数间有什么关系？它们能否反映不同粗细纱条的加捻程度？
19. 什么是捻陷现象？捻陷现象有哪些危害？
20. 什么是假捻和假捻效应？叙述假捻的目的和假捻原理。
21. 股线捻合后性质发生了怎样的变化？
22. 股线的捻向对股线性质有哪些影响？

第二章　原料的选配与混合

本章知识点

1. 原棉选配。
2. 化纤选配。
3. 原料混合方法选用及混料计算。

第一节　原棉的选配

棉花的品种、产地、生长条件、轧工质量不同，则原棉的长度、线密度、成熟度、强力、含杂、含水等指标有较大差异，这些性质指标影响到纺纱工艺与成纱的质量。

配棉是纺纱工程的前期工作，它是根据纺纱实际要求，合理选择多种原棉搭配使用，充分发挥不同原棉的特点，达到提高产品质量、稳定生产、降低成本的目的。

一、配棉的目的

（一）合理使用原棉，满足纱线产品的实际要求

通过多种原棉混合纺纱，充分发挥各种原棉的特性，相互取长补短，能满足不同品种、不同用途纱线的质量要求。

（二）保持生产和成纱质量的相对稳定

如采用单唛（一批）原棉纺纱，当一批原棉用完调换另一批原棉时，大幅度地调换原料，势必造成生产和成纱质量的波动。通过结合成纱要求和原料性能搭配使用原棉，可以保持生产过程和成纱质量的相对稳定。

（三）节约用棉，降低原棉成本

质量好的原棉并非所有指标和纺纱性能都好，而质量差的原棉并非纺纱性能都差。如在纤维较短的混合棉中，适当混用一定比例长度较长的低级棉，在纤维线密度较粗时，混用部分成熟度较低、线密度较细的低级棉，不仅成本降低，节约用棉，还使成纱质量有所提高。

二、配棉依据

（一）棉纱的种类与要求

棉纺厂为满足社会需求进行多品种生产，每一品种对质量都有相应要求，在配棉时应全面

考虑。不同品种纱线对原棉性质要求见表 2－1。

表 2－1　不同产品用途对原棉性质的要求

项 目	类 别	对原棉主要性质的要求	混合棉品级、长度范围
成纱细度	特细、细特纱	长绒棉或原棉品级高;纤维细、长,含杂和含短绒较少	1.7～2.5 级、29.4～30.4mm
	中、粗特纱	比上述要求可低些,并可混入部分低级棉和再用棉	2.4～3.9 级、8.4～29mm
纺纱系统	精梳纱	纤维长度长、品级高、成熟度适中、含水率低、轧工较好(棉结少)的原棉	1.9～2.1 级、29～29.8mm
	粗梳纱	纤维长度较精梳纱为短,品级适中	1.9～2.5 级、8.4～29.4mm
成纱股数	单纱	原棉品级较高,短绒率较低,纤维强力较高	与成纱特数有关
	股纱	成纱特数相同时,相对单纱原棉品级可较低,短绒率和含杂率较高,纤维强力可低	与成纱特数有关
经纱纬纱	经纱	纤维细、长,成熟度适中,强力较高,原棉结杂质可允许稍高	与成纱特数有关
	纬纱	原棉绵结杂质要少,纤维可粗而短,纤维强力可稍低,外观手感要好	与成纱特数有关
织物密度	高密	原棉品级要高,短绒率、含水率要低,纤维细、长,强力要高	与成纱特数有关
	一般密度	比高密度织物的原棉要求较低	与成纱特数有关
加工方法	染色	原棉品级较高,纤维成熟度较好;含有害疵点较少	与成纱特数有关
	漂白	原棉品级可低	与成纱特数有关
	印花	对原棉品级要求较低,并可配用部分低级棉	与成纱特数有关
纱线用途	针织纱	原棉品级较高,棉结杂质小而少,产区要稳定,纤维较细、长,单强较高	2.1～2.6 级、28～29mm
	起绒纱	纤维粗而短,可混用部分低级棉或精梳落棉	3.3～4.3 级、27～28mm
	毛巾纱	纤维细而长,单强较高,原棉含短绒率要低些	3.3～4.3 级、28～29mm

(二)成纱的质量指标

国家标准规定,纱线品等以单纱断裂强力变异系数、百米重量变异系数、条干均匀度及 1g 内棉结杂质粒数评定。选用长度长、细度细、强度高的原棉,可提高纱线的品质指标。减少混合棉中原棉性质差异,可降低纱线的重量不匀。特别是要控制好接批棉的性质差异,选用细度细、杂疵和短纤维含量少的原棉,可改善条干均匀度。选用成熟度正常、有害疵点和短纤维含量少的原棉,则对减少棉结杂质有好处。

三、配棉方法

(一)原棉的分类

原棉的分类就是根据原棉的性质和各种成纱的不同要求,把适纺某类纱的原棉划为一类,组成适纺该种纱线的混合棉。原棉分类时,先安排特细和细特纱,后安排中、粗特纱;先安排重点产品,后安排一般或低档产品,同时还应注意以下问题。

1. 原棉资源 分类时要考虑棉季变动和到棉趋势,并结合考虑各种原棉的库存量,要做到瞻前顾后,留有余地,对库存量逐渐减少的原棉少用,对到棉趋势好的原棉尽量多用。

2. 气候条件 严冬干燥季节,为使挡车工操作方便,需适当选配强力高,细而长的纤维以提高成纱强力。梅雨季节,可在混棉中适当混用成熟度好,棉结、杂质较少的原棉。适当的调度便可稳定生产。

3. 机械性能 当使用的机器型号和性能不同时,应针对开松、除杂、牵伸效率等的不同,合理选用原棉。

4. 原棉性质差异 采取"短中加长"、"粗中加细"的配棉方法,有利于改善成纱条干和成纱强力,但一般情况下,混合棉中原棉性能间差异不要太大,接批棉间的性质差异也越小越好,具体控制范围见表 2-2。

表 2-2 原棉性质差异控制范围

控制内容	混合棉中原棉性质间差异	接批原棉性质差异	混合棉平均性质差异
产地	—	相同或接近	地区变动≤25% (针织纱≤15%)
品级	1~2级	1级	0.3级
长度	2~4mm	2mm	0.2~0.3mm
含杂	1%~2%	含杂率1%以下疵点数接近	含杂率0.5%以下
线密度 (公制支数)	0.07~0.09dtex (500~800公支)	0.12~0.15dtex (300~500公支)	0.02~0.06dtex (3050~150公支)
断裂长度	1~2km	接近	不超过0.5km

注 混合棉平均性质可按混合棉中各原棉性质和混用重量百分率加权平均计算。

(二)排队

排队就是在分类的基础上将同一类原棉分成几个队,把地区、性质相近的原棉排在一个队内,当一批原棉使用完时,将同一队内另一批原棉接替上去,保证生产稳定。排队时应注意以下问题。

1. 主体成分 配棉时选择若干队性质相近的原棉为主体成分,一般主体成分占70%。可以产地为主体,或以长度、线密度为主体。

2. 队数与混用百分率 一般选用5~8队,队数多,生产管理麻烦;队数少,则混用百分率高,接批后混合棉性质差异大。每队原棉最大混用百分率应控制在25%以内。

3. 交叉抵补 当接批混合棉中某一唛头某项指标太差或太好时,应选用另一队对应质量较好或较差的唛头同时接批以便互相弥补。同一天调换唛头不宜超过2个,比例不宜超过25%。

4. 勤调少调 要求接批时每次调动的比例小些,调动的次数多些,使混合棉质量稳定。如一批原棉混用25%,接近用完前,先将后批原棉用上15%左右,当前一批原棉用完后,再将后一批原棉增到25%,避免混合棉性质突变。

（三）回花和再用棉的使用

纺纱过程中的回卷、回条、粗纱头、胶辊花等称回花，经处理打包后可以与混合棉混用，但混用量不宜超过5%。再用棉包括开清棉机的车肚落棉（俗称统破籽）、梳棉机的车肚花、斩刀花和抄针花、精梳落棉等。开清棉机落棉中可纺纤维少，纤维短，含大杂多，经处理后常混于线密度较大的纱或副牌纱中；斩刀花一般降级混用，精梳落棉在粗特纱中混用5%～20%，在中特纱中也可混用1%～5%。

四、配棉实例

具体配棉实例见表2－3。

第二节　化学纤维原料的选配

一、选配的目的

1. 提高产品的质量和服用性能　充分利用化学纤维的各种特性，取长补短，提高使用价值。

2. 增加花色品种　通过不同纤维的纯纺或混纺，制成各种风格、各种用途的产品，满足社会需要。

3. 改善可纺性能　在合成纤维中混用吸湿性能较高的棉或粘胶纤维，可改善可纺性能。

4. 降低产品成本　在保证质量前提下，混用部分价格低廉的纤维，可降低生产成本。

二、化纤品种的选择和混比确定

1. 化纤纯纺　化纤纯纺有单唛和多唛之分，单唛纺不易产生色差，多唛纺时必须进行染色试验，按色泽深浅程度排队，供选配时参考。主要品种有纯涤纱、纯腈纱、纯粘纤纱等。

2. 化纤混纺　主要品种有涤粘纱、涤腈纱等。随着新型纤维的出现，大豆纤维、牛奶纤维、竹纤维等两种及两种以上纤维混纺的纱线不断出现。

3. 棉与化纤混纺　主要品种有涤棉纱、腈棉纱、维棉纱、粘棉纱等。棉起到提高产品吸湿性、可纺性和服用性能的作用。

4. 混纺比的确定　混纺纱的常用混比有50/50、55/45、60/40、65/35，也有部分产品采用20/80、30/70等混纺比或倒比例。比例多的纤维，其纤维性质对纱线的性质影响较大。比例的确定主要考虑成本、强力、织物要求及纺纱性能等因素。

三、化纤原料性质的选配

化纤品种和混纺比例确定以后，还应考虑纤维的长度、线密度、强度、伸长度等性质指标，才能确定产品的实际性能。

1. 长度和线密度 化学纤维的长度和线密度相互配合构成棉型、中长型、毛型等不同规格。棉型纤维的长度有32mm、35mm、38mm，线密度为1.1～1.7dtex，常用于生产细特纱和质地较紧密的薄型织物；中长型纤维的长度为51～76mm，线密度为2.2～3.3 dtex，常用于生产中特纱和质地较厚的毛型风格织物。棉纺设备生产主要使用棉型或中长型化纤原料。纤维长度L(mm)和线密度Tt(dtex)的比值一般为23左右。当$L/\mathrm{Tt}>23$时，织物强度高，手感柔软，可纺更细的纱，生产细薄织物，比值过大时，纺纱过程易产生绕罗拉，绕胶辊、绕胶圈现象，成纱棉结增多。当$L/\mathrm{Tt}<23$时，织物挺括并具有毛型风格，可生产外衣织物，比值过小时，成纱发毛，可纺性差。

2. 强度和伸长率 化纤的强伸度对成纱强力有一定影响，当混纺纱受拉伸时，断裂伸长率低的纤维先断裂，使成纱强力降低，所以应选断裂伸长率相近的纤维进行混纺，对提高成纱强力有好处。同时，两种纤维的混比选择也应尽量避开临界混纺比。

3. 与成纱结构有关的纤维性质 两种纤维混纺时，纤维细长、卷曲小、初始模量小的纤维容易分布在纱条的内层；纤维粗短、卷曲大、初始模量大的纤维易分布在纱条的外层。外层纤维影响织物的表面性能，因此要适当选配纤维性质，使某些纤维处于纱条外层；另一种纤维处于纱条内层，充分发挥纤维的性能特点。

4. 热收缩性 多唛混用时，应使不同型号纤维的热收缩性相接近，避免成纱在蒸纱定捻时，或印染加工受热后，产生不同的收缩率，造成印染品出现布幅宽窄不一，形成条状皱痕。

5. 色差 原纱的色差，会使印染加工染色不匀，产生色差疵布。在化纤配料时，对染色性能差异大的原料，应找出合适的混纺比，减少原料的白度差异，接批时要做到勤调少调和交叉抵补。一般选1～2种可纺性较好的纤维为主体成分，在原料供应充分的情况下，最好采用同一牌号化纤多包混配。

第三节 原料的混合

一、混料方法

若原料混合不匀不仅影响纱线的机械性能，还影响织物的染色均匀性，降低服用性能。目前，生产中常用的混合方法有如下几种。

1. 棉包混合 将配棉表所规定的各种成分的棉包按排包图置于抓棉机的平台上，经抓棉机打手抓取的混合方法称棉包混合，适用于纯棉纺纱、纯化纤纺纱、化纤混纺纱。此混合方法使清梳工序生产顺利、管理方便，由于棉包松紧差异，打手在各处抓取能力不同，混纺比不易控制，混合效果稍差。当混纺纤维落棉差异大时，更难控制混纺比。

2. 条子混合 将不同种类的纤维分别经过开清棉、梳棉、精梳(化纤或普梳纱不需经过精梳)工序加工成条子后，在并条机上进行混合的方法称为条子混合，适用于棉与化纤混纺。此方法有利于控制混纺比，混合均匀，但需经过三道并条工艺才行。

3. 称重混合 将几种纤维成分按混合比例称重后混合的方法称为称重混合，适用于混纺比要求较高的化纤混纺。

4. 两步法混合　维/棉混纺、丙/棉混纺时，为使混纺比准确，采用条子混合，但纯维纶、纯丙纶的可纺性差，所以可先用少量的棉与维（丙）纶混合，生产出维/棉（丙/棉）混纺条，再与纯棉条进行充分比例的条子混合，即为两步法混合，此法兼顾了保证混纺比准确和提高可纺性的特点，但生产管理麻烦。

二、配料计算

（一）混纺比的计算

1. 棉包混合、称量混合时的混纺比计算　化纤混纺时以干重为准，根据设计的干重混纺比和实测的回潮率求湿重混纺比。纤维湿混纺比的计算公式如下。

$$x_i = \frac{y_i(100 + W_i)}{\sum_{i=1}^{n} y_i(100 + W_i)} \tag{2-1}$$

式中：x_i——第 i 种纤维的湿混纺比；

y_i——第 i 种纤维的干混纺比；

W_i——第 i 种纤维的实际回潮率；

n——混纺纤维的种数。

例：涤/粘混纺设计干混纺比为65/35，若涤纶的实际回潮率为0.4%，粘胶纤维的实际回潮率为11%，求两种纤维的湿重混纺比。

解：将已知数据代入式（2－1）得：

$$x_1 = \frac{65 \times (100 + 0.4)}{65 \times (100 + 0.4) + 35 \times (100 + 11)} = 62.68\%$$

$$x_2 = \frac{35 \times (100 + 11)}{65 \times (100 + 0.4) + 35 \times (100 + 11)} = 37.32\%$$

即投料时涤纶按62.68%，粘胶纤维按37.32%的湿重混比计算重量和包数。

2. 条子混合时的条子干定量　条子混合时，在初步确定条子根数后，计算各种纤维条子的干定量。条子干定量的计算公式如下。

$$\frac{y_1}{N_1} = \frac{y_2}{N_2} : \frac{y_3}{N_3} : \cdots : \frac{y_n}{N_n} = G_1 : G_2 : G_3 : \cdots : G_n \tag{2-2}$$

式中：$y_1, y_2, y_3, \cdots, y_n$——各种纤维的干混比；

$N_1, N_2, N_3, \cdots, N_n$——各种纤维条的混合根数；

$G_1, G_2, G_3, \cdots, G_n$——各种纤维条的干定量，g/5m；

n——混合纤维条的种数。

采用两种以上纤维条混时，都可采用上式（2－2）计算。

例：涤/棉混纺设计干混比为65/35，在并条机上混合，初步确定用4根涤纶条和2根棉条喂入头道并条机，涤纶条的干定量为18g/5m，求棉条的干定量。

解:将已知数据代入式(2-2)得:

$$\frac{65}{4}:\frac{35}{2}=18:G_2$$

$$G_2=19.38(g/5m)$$

即在涤棉混纺时,采用4根涤条,2根棉条混合,棉条干定量为19.38g/5m。

当两种纤维混纺,需采用回花时,如果回花混入第二种纤维条中,则条子定量的计算公式如下。

$$\frac{G_1}{G_2}=\frac{N_2}{N_1}\times\frac{y_1}{y_2}\times(1-m) \tag{2-3}$$

式中:m——回花使用率(回花占第二种纤维料量的百分率)。

(二)混合体性能指标的计算

配棉时的混合棉和化纤配料时的混合料称混合体,混合体的各项性能指标以混合体中各原料性能指标和混用重量百分比加权平均计算,采用的计算公式如下。

$$X=X_1A_1+X_2A_2+X_3A_3+\cdots+X_nA_n=\sum_{i=1}^{n}X_iA_i \tag{2-4}$$

式中:X——混合体的某项性能指标;

X_i——第i种纤维的某项性能指标;

A_i——第i种纤维的混用百分比。

思考题

1. 何为配棉?配棉的目的是什么?
2. 简述棉纤维的性能与纺纱质量的关系?
3. 何为分类排队?分类排队有什么意义?
4. 为保证原棉混合质量,分类排队时应采取哪些措施?
5. 何为回花、再用棉?生产中怎样使用?
6. 化纤选配的目的是什么?有哪些要求?
7. 原料混合方法有几种?怎样合理选用?

第三章　开清棉

本章知识点

1. 开清棉工序的任务及工艺流程。
2. 国产新型抓棉机、混棉机、开棉机、清棉机的结构、工艺过程及作用。
3. 典型机台的工艺配置和工艺计算。
4. 开清棉联合机的连接、联动与组合。
5. 开清棉工序的质量控制。

第一节　开清棉概述

一、开清棉工序的任务

将原棉或各种短纤维加工成纱线需经过一系列纺纱过程，开清棉工序是纺纱工艺过程的第一道工序。开清棉工序的任务如下。

1. 开松　通过开清棉联合机各单机中的角钉、打手的撕扯、打击作用，将棉包中压紧的块状纤维松解成0.3～0.5g的小棉束，为除杂和混和创造条件，为分离成单纤维做准备。开松过程中应尽量减少杂质碎裂和纤维损伤。

2. 除杂　在开松的同时，利用开松除杂装置去除原棉中50%～60%的杂质，尤其是棉籽、籽棉、不孕籽、砂土等大杂。应减少可纺纤维的下落，节约用棉。

3. 混和　将各种原料按配棉比例进行充分混和。原棉开松越好，混和也越均匀。

4. 均匀成卷　制成一定重量、一定长度且均匀的棉卷，供下道工序使用。当采用清梳联合机时，则不成卷，直接输出棉流到梳棉工序各台梳棉机的储棉箱中。

二、开清棉机械的组成

为完成开松、除杂、混和、均匀成卷四大作用，开清棉联合机由各种作用的单机组合而成，按作用特点一般分为四类机械。

1. 抓棉机械　抓棉机从棉包或化纤包中抓取棉束和棉块，在抓取的同时也有开松、混和作用，在气流作用下喂给前方机械。

2. 混棉机械　此类机械有自动混棉机、多仓混棉机、双棉箱给棉机等。它们的主要作用是充分混和原料或均匀给棉,并有开松和除杂作用。

3. 开松除杂机械 此类机械简称开棉机,有多辊筒、豪猪、轴流开松等多种形式。其主要作用是利用打手对原料进行开松,在原料松解的情况下,利用气流的作用通过尘棒间隙除杂。

4. 清棉、成卷机械 此机械通过较细致的打手机件,使输入原料得到进一步的开松和除杂,并利用均匀成卷机构制成均匀棉卷或化纤卷。采用清梳联合机时,则输出均匀的纤维流,供梳棉机加工使用。

三、开清棉联合机的工艺流程

目前成熟的开清棉机械工艺流程有如下几种。

(1)适纺各种等级原棉的流程:

FA002 型圆盘式抓棉机┐
FA002 型圆盘式抓棉机┘→ TF37 型手动配棉器→ AMP3000 型金属火星及重杂物探除器→ FA103A 型双轴流开棉机(附 FA051A 型凝棉器、TF2407 凝棉器高架)→ FA022—6(8 或 10)型多仓混棉机→ FA106 型豪猪开棉机(附 FA051A 型凝棉器)→ FA135—Ⅱ型气动配棉器
┌→FA046 型振动棉箱给棉机(附 FA051A)→ FA141 型单打手成卷机
└→FA046 型振动棉箱给棉机(附 FA051A)→ FA141 型单打手成卷机

FA002 型圆盘式抓棉机可用 FA006 型往复式抓棉机代替,FA103A 型双轴流开棉机可用 FA113B、FA113C 型单轴流开棉机代替,若原棉较好,FA103A 和 FA022—6 可用 FA018 混开棉机代替。

(2)适纺棉型化纤及 76mm 以下中长纤维的流程:

FA002 型圆盘式抓棉机(或 FA006 往复抓棉机)┐
FA002 型圆盘式抓棉机┘→ TF37 型两路配棉器→ AMP3000 型金属火星及重杂物探除器→ ZFA017 型预混棉机(附 FA051A 型凝棉器)→ FA111A—120 型清棉机或 FA108E 型清棉机(附 TF 34 型吸铁装置)→ FA135—Ⅱ型气动两路配棉器
┌→FA046 型振动棉箱给棉机(附 FA051A)→ FA141 型单打手成卷机
└→FA046 型振动棉箱给棉机(附 FA051A)→ FA141 型单打手成卷机

以上工艺流程的六辊筒开棉、豪猪开棉机间设有间道装置,可根据原棉性质、质量来设定开棉机械的工作台数。纺化纤的工艺流程不设置六辊筒开棉机,而豪猪开棉机的台数减至一台,打手换成梳针打手。

第二节 抓棉机

抓棉机位于开清棉联合机或清梳联合机的第一道工序,按其结构特点分环行式(圆盘式)和直行往复式两类。其作用是完成自动喂棉和对原棉进行初步开松、混和。

一、FA002 系列圆盘式自动抓棉机

(一)FA002 系列圆盘式自动抓棉机的结构和工艺过程

FA002 型圆盘式自动抓棉机结构与工艺过程如图 3－1 所示,由地轨 1、外墙板 3、抓棉小车 4、伸缩管 5、输棉管 6、小车升降链轮 7、内墙板 8 等组成。抓棉小车包括抓棉打手 2 和肋条 9 等机件,由支架联接沿地轨作顺时针方向运行,它的运行或停止受下一台机械光电管控制,根据棉箱棉量高度决定是否运行,同时小车每回转一周下降 3～6mm,打手小车下降量使用 PLC 控制,准确可靠(老机型下降的距离由单轮行程开关开动的时间长短来控制)。抓棉小车的升降由齿轮减速电动机通过链轮、链条、四只螺母、四根丝杆传动,小车运行到上、下极限位置时受限位开关控制。抓棉小车运行时,肋条紧压棉包,抓棉打手伸出肋条部分逐包抓取棉块,由下台机械上的凝棉器风机或输棉风机产生的气流经输棉管道输送至下台机器。抓棉小车连接的垂直部分输棉管道可随小车的升降而缩伸。当抓棉打手因绕花堵车而降速到 500r/min 时,机架上的离心开关发出信号,使抓棉打手和小车电动机立即停转,通过人工排除故障后再重新启动。

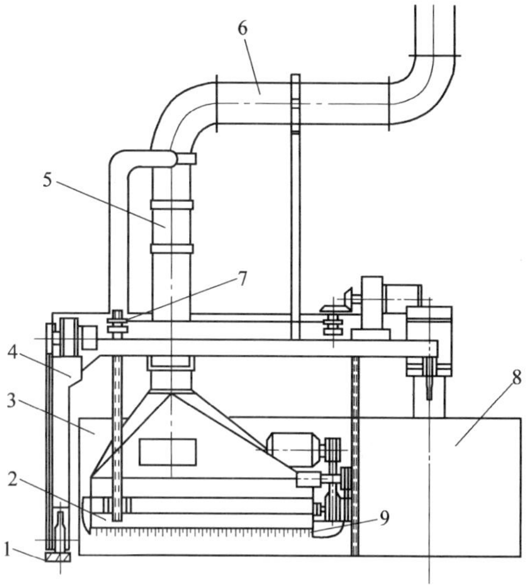

图 3－1　FA002 型圆盘式自动抓棉机

FA002B 型圆盘式自动抓棉机机架无外圈地轨,安装方便,机外墙板可根据用户情况选用,方便上包;机架具有摆动功能,抓棉压力均匀。

为提高混棉效果,可采用两台 FA002 型圆盘式自动抓棉机并联配置于开清棉流程中同时工作,其中一台自动抓棉机满包高度工作;另一台自动抓棉机半包高度工作,使混棉抓棉包数达 50 包左右。

(二)抓棉打手的结构

FA002 型圆盘式自动抓棉机打手的结构如图 3－2 所示,由打手轴、隔盘、锯齿刀片、端盘等组成。锯齿刀片的齿数自里向外由稀到密分为三组,第一组为 9 齿/片,第二组为 12 齿/片,第三组为 15 齿/片,使抓取的纤维束更小而均匀,有利于后机台混和、除杂。

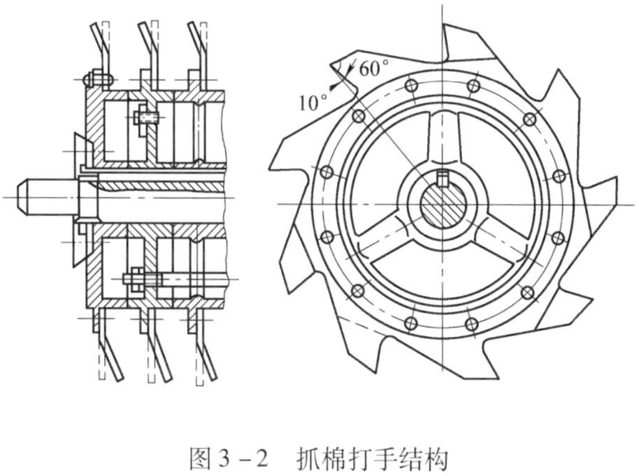

图 3－2　抓棉打手结构

(三)圆盘式抓棉机技术特征(表3-1)

几种圆盘式抓棉机的主要技术特征见表3-1。

表3-1　几种圆盘式抓棉机的主要技术特征

项目＼机型	FA002	A002D
产量(kg/h)	800	
堆放棉包重量(kg)	4000(两台并联同时工作)	2000(单台工作)
外墙板直径(mm)	4760(地轨5132)	
内墙板直径(mm)、型式	1300、转动式	
小车机架(mm):长×宽×高	2640×800×1425	
小车回转速度(r/mm)	0.59~2.96(无级变速)	1.7，2.3
小车升降范围(mm)	最高1110,最低30	
小车间歇下降范围(mm)	3~6	
打手形式	单打手锯齿式	
打手直径(mm)	385	
打手工作宽度(mm)	1618	
锯齿伸出肋条距离(mm)	2.5~7.5(可调式)	
打手转速(r/mm)	740	
锯齿参数	抓取角10°,刀尖角60°,宽度4mm	
总高度(mm)	4155	
总功率(kW)	4.17	3.8
适纺原料	各种原棉、棉型化纤、76mm以下中长化纤	

二、FA006系列往复式自动抓棉机

(一)FA006型往复式自动抓棉机结构和工艺过程

FA006型往复式自动抓棉机适用于各种等级的原棉和棉型化纤,其结构与工艺过程如图3-3所示,由抓棉小车8、转塔7、抓棉器2、打手3、肋条4、压棉罗拉5、伸缩输棉管6、卷绕装置9、覆盖带10、输棉道11、光电管1等组成。棉包堆在轨道两则,抓棉器在一侧抓棉的同时;另一侧准备堆包。抓棉小车通过四个行走轮在地轨上做双向往复运动。间歇下降的抓棉头打手在随转塔做往复运动的同时,从棉包顶部对棉包做顺序抓取,被抓取的棉束在前方机台凝棉器或输棉风机的抽吸作用下经输棉管向前方机台输送。

本机采用PLC加单片机控制,电气控制柜安装在转塔内,控制面板设置在转塔上,工作区外侧设有控制台,可实现机器附近及外侧的控制。本机具有分组抓取功能,即X轴和Y轴记忆能力的机器人功能。每侧可分2~4组排列不同原料的棉包,工作时做自动分组抓取,以实现一台抓棉机同时供应2~3条开清棉生产线。不同高度的棉包需同时生产时,可分组排列并由抓棉机在抓取时自动找平。本机产量高,抓取棉束重量轻、自动化程度高。

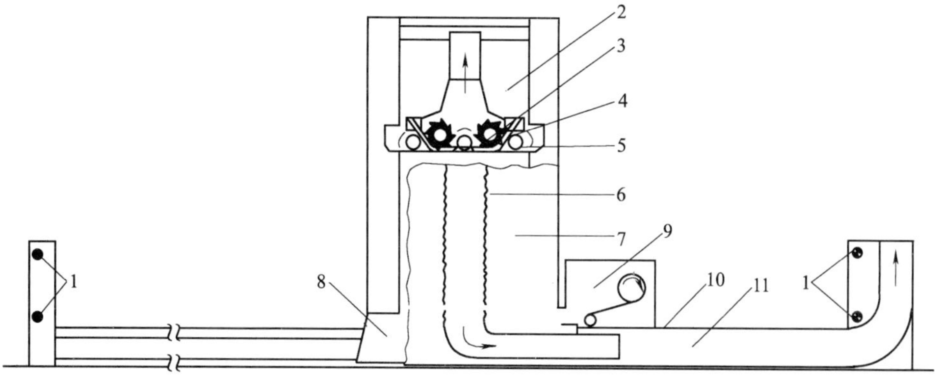

图 3－3　FA006 型往复式自动抓棉机

(二)往复式自动抓棉机技术特征

几种往复式自动抓棉机的主要技术特征见表 3－2。

表 3－2　几种往复式自动抓棉机的主要技术特征

项目 \ 机型	FA006	FA006A	FA006C
产量(kg/h)	1200		
堆包长度(m)	基本为 20.3,可根据需要递增递减		
有效抓取宽度(mm)	1600(或 2180)		
最大抓取高度(mm)	1700		
打手刀尖距地面距离(mm)	最低 30		
打手间歇下降量(mm)	0.1～19.9		
打手刀尖与肋条底边隔距(mm)	－3		
打手形式	双打手锯齿刀片		
打手直径(mm)	300(两只)		
压棉罗拉数量和直径(mm)	共三只,分别为 130、116、130		
覆盖带形式	往复拖拉式/卷绕式		
棉包找平功能	无		有
分组抓棉功能	无	有	
抓棉器回转	手动		自动
小车行走记忆	无	有	
总功率(kW)	9.43		9.8

三、影响开松、混和的因素

(一)影响撕扯、开松作用的因素

1. 抓棉打手的转速　适当增加抓棉打手转速可提高棉块的开松效果,使棉块的平均重量变轻,但对机械传动和打手的动平衡要求高。

2. 打手锯齿刀片伸出肋条的距离 刀片伸出肋条的距离小，抓取棉块的平均重量轻，开松效果好。反之，开松效果差。

3. 抓棉小车间歇下降的距离 抓棉小车每圈（或往复）下降距离大，抓棉机产量高，抓取棉块重量大，开松效果差。在满足产量的条件下，应尽量减小小车每次下降距离，提高开松效果。

4. 抓棉小车运行速度 适当提高小车运行速度，单位时间内抓取的原料成分增多，有利于混和，同时产量提高。

（二）影响混和作用的因素

抓棉小车回转一周按配棉方案比例顺序抓取不同成分的原棉，实现不同原料的初步混和。影响抓棉机混和效果的因素有以下几个方面。

1. 抓棉小车的运行效率

$$运行效率=\frac{测定时间内抓棉小车运行的时间}{测定时间内成卷机运行的时间}\times 100\%$$

一般抓棉小车的运行效率不低于80%。运行效率高，打手单位时间内抓取的原料成分多，混和效果好。提高运行效率的方法是采取抓棉打手"勤抓少抓"的工艺原则。

2. 上包工作 棉包的排列原则是避免同一成分原料重复抓取，即排包时做到横向错开，纵向分散，打手轴向不同位置各成分的平均等级差异尽量减小，使平均等级接近。上包操作过程中，要做到削高填逢，平面看齐，回花、再用棉分散嵌在棉包之间，最好打包后使用。

第三节 混棉机

混棉机械有棉箱式和多仓式。

一、FA022型多仓混棉机

（一）FA022型多仓混棉机结构与工艺过程

FA022型多仓混棉机的结构与工艺过程如图3－4所示，经初步开松的原棉由输棉风机2送入输送管道，经活门4的开闭逐个进入储棉仓1，气流透过网孔板5经回风道3进入混棉道9。当棉仓内的原料达到一定高度时，原料将仓前后隔板上部分网孔板堵塞，该仓静压升高，当气压升至某一定值时，微压差开关控制气动机构关闭活门，同时自动打开下一棉仓的活门，原料进入下一仓。如此顺序喂料直到喂满最后一仓。在第二仓观察窗上装有光电管6，当最后一仓喂满原料而第二仓原料存量低于光电管高度时，则喂料工作转入第一仓，本机开始下一循环工作。当光电管仍被原料遮住，则总活门关闭，直到原料低于光电管高度才重新开始喂棉。在各仓底部均有一对给棉罗拉8和一只打手7，原料经开松后落入混棉通道内被前方气流输出。

（二）FA022型多仓混棉机技术特征

本机有4仓、6仓、8仓、10仓之分，适用于经初步开松的各种等级的原棉、棉型化纤和76mm

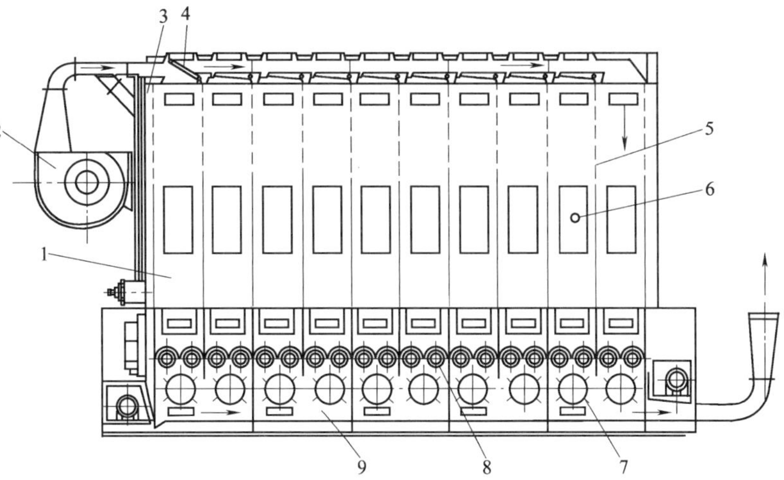

图 3－4　FA022 多仓混棉机

以下的中长化纤，对不同品质、等级的纤维进行充分的混和，该机主要技术特征见表 3－3。

表 3－3　FA022 型多仓混棉机的主要技术特征

项目 \ 机型	FA022—4	FA022—6	FA022—8	FA022—10
产量(kg/h)	600	800	1000	1200
机幅(mm)	1400			
外形尺寸(mm)：长×宽×高	4735×2600×3805	5735×2600×3805	6735×2600×3805	7735×2600×3805
打手直径(mm)、形式	420、六翼齿形钢板			
打手转速(r/min)	260,330,400		260,330	
罗拉直径(mm)	200、六翼钢板			
罗拉转速(r/min)	0.14～1.1	0.1,0.2,0.3		
输棉风机直径(mm)	500			
输棉风机转速(r/min)	1200, 1440, 1728			
进、出棉管直径(mm)	300			
罗拉间的隔距(mm)	30			
罗拉与打手间的隔距(mm)	11			
总功率(kW)	7.75	12.2		

（三）混和作用特点

该机采取逐仓喂入原料、梯度储棉、同步输出、多仓混棉。在混棉通道内不同时间喂入的原料获得混和，即"时差混和"，时差越大，混和效果越好。由于气流输送原料，使原料密度增加而提高"时差"混和效果。适当降低第二仓光电管位置，可增加时差；但是如果过低，易造成空仓现象。仓位数多，"时差"增大，混和效果提高，但机台造价增高，占地面积增加。

二、其他混棉机械

(一)FA025 型多仓混棉机

1. FA025 型多仓混棉机结构和工艺过程 FA025 型多仓混棉机的结构与工艺过程如图 3-5所示,上机台输出的棉流经顶部输棉风机吸入进入喂棉管道 1,在导向叶片作用下,同时均匀喂入六只棉仓 2、气体由棉仓上网眼孔板排出。各仓原棉由弯板处转 90°后叠加在水平导带 7 向前输送,受角钉帘 5 的逐层抓取作用撕扯成小棉束输出,均棉罗拉 4 回击过厚的棉块落入小混棉箱 3 内产生细致混和,剥棉罗拉 6 剥取角钉帘上棉束喂入下一机台。

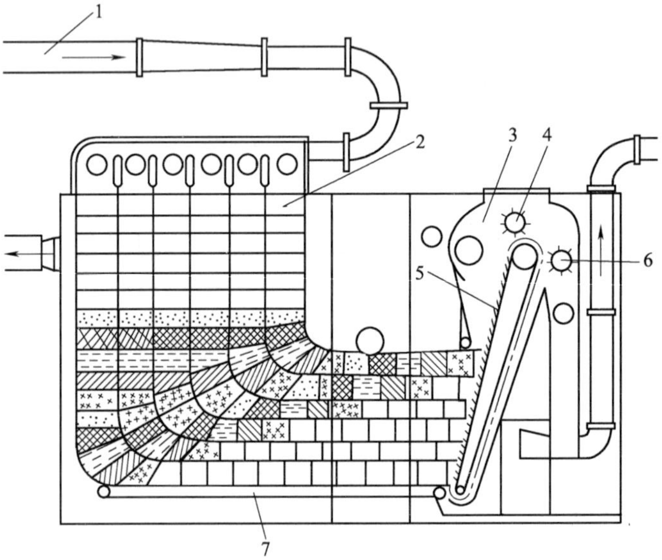

图 3-5 FA025 型多仓混棉机

2. FA025 型多仓混棉机技术特征 该机的工作特点是同时喂入,各仓堆棉高度相同,各仓瞬时混和,多层混和,角针撕扯开松。其主要技术特征见表 3-4。

表 3-4 FA025 型多仓混棉机的主要技术特征

项目	技术特征	项目	技术特征
产量(kg/h)	150~600	输棉风机输棉量(kg/h)	800
适合加工的原料	棉和化纤	均棉罗拉至角钉帘隔距(mm)	15~39
仓数	6	剥棉罗拉至角钉帘隔距(mm)	3~16
水平帘线速度(m/min)	0.23~0.79	配棉头可调角度	前倾:5°30′, 8°31′, 14°,0°,后倾:5°30′
角钉帘线速度(m/min)	60~100		
均棉罗拉直径(mm)	250	外形尺寸(mm):长×宽×高	6250×1600×4118
剥棉罗拉直径(mm)	280	—	—

(二)FA028C 型多仓混棉机

1. FA028C 型多仓混棉机的结构和工艺过程 FA028C 型多仓混棉机的结构与工艺过程如

图 3－6 所示,棉流经进棉管 1 送至配棉道 4,各棉仓 3 上部的配棉活门 2 开启后,配棉道与此棉

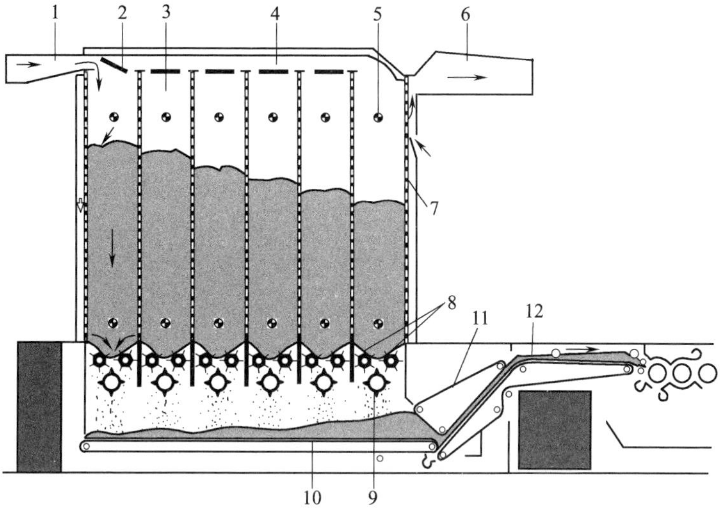

图 3－6　FA028C 型多仓混棉机

仓形成进棉通道,可向此棉仓喂棉。配棉道进棉口处有一通气孔通过气管与压力传感器相连以在线检测此棉仓压力,随着此棉仓棉量的增加,棉仓前后网眼板 7 上的网眼通气孔会逐渐被堵塞而引起仓内压力上升,当在线检测出的棉仓压力达到设定压力时,该棉仓的配棉活门关闭,同时后一个棉仓的配棉活门开启,开始喂棉,这样依次进行,完成一个喂棉过程。设定压力可根据实际需要,在操作屏上设定。配棉道底部从第二仓向后各仓上的配棉活门都由气缸拉杆推动,配棉活门的开、闭动作随棉仓压力的变化由 PLC 可编程控制器控制。

棉仓之间由隔板分开,用于分开原料形成独立棉仓,棉仓上部隔板为网眼板,气流穿过网眼板通过排风口 6 排走。在每个棉仓的中上部装有光电装置,当任一棉仓储棉量低于光电装置 5 位置时,电气控制系统向抓棉机发出要棉信号,开始向第一仓喂棉。

每个棉仓下部装有一对给棉罗拉 8,给棉罗拉由法兰、翼片、轴和密封装置组成,翼片、法兰、轴焊接成一个整体。12 根罗拉由同一变频减速电动机传动。打手 9 位于每对给棉罗拉的下部中央,每个打手由打手翼、轴、堵头、密封装置组成,前端为锯齿形的打手翼、堵头、轴焊接成一个整体。六个打手由同一电动机传动,最前和最后打手设有转速监测装置,当打手转速低于设定工艺转速时,给棉罗拉停止给棉,发出停车信号。打手下方装有一套毛刷装置,用来及时把勾挂在打手齿上的纤维刷下来,防止打手缠花。

输棉帘由平帘 10、斜帘 12、压棉帘 11 组成,平帘由平帘输棉电动机传动,斜帘、压棉帘由下一机台的电动机传动,输棉帘速度随下一机台给棉速度变化而变化。

该机适用于各种原棉、棉型化纤、中长化纤的混和。喂棉混和过程和作用同 FA022 型多仓混棉机的时差混和。本机最大特点是通过一组输棉帘将筵棉直接喂入清棉机给棉罗拉,给棉帘与清棉机给棉罗拉速度同步,保证筵棉喂入均匀。通过输棉帘与清棉机直接连接,减少占地面积,采用光电和气压控制后方机台供棉,使用触摸屏、PLC 控制技术,参数设定、显示、操作方便直观。

2. FA028C 型多仓混棉机技术特征(表 3 – 5)

表 3 – 5　FA028C 型多仓混棉机的主要技术特征

项　　目		技术特征	
最大进棉量(kg/h)		800	1000
机幅(mm)		1200	1600
单仓最大容量(m^3)		1.26	1.68
单仓最大容量(kg)		37.8	50.4
仓数		6 仓	
打手形式		六翼齿形钢板	
打手直径(mm)		ϕ250	
打手转速(r/min)		576,672,768	
给棉罗拉形式		翼片式	
给棉罗拉直径(mm)		200	
给棉罗拉转速(r/min)(变频控制)	Ⅰ档	0.034 ~ 0.34	
	Ⅱ档	0.043 ~ 0.43	
	Ⅲ档	0.047 ~ 0.47	
	Ⅳ档	0.054 ~ 0.54	
除尘风量(m^3/h)		4000 ~ 4600	4200 ~ 5600
除尘风压(Pa)		–80 ~ –110	–90 ~ –150
除尘量(kg/h)		1	1.5
装机功率(kW)	打手	5.5	
	给棉罗拉	1.5	
	输棉帘子	1.1	
机器外形尺寸(mm):长×宽×高		4664.5×2752×4000	4664.5×3352×4000
全机总重(kg)		5000	5500
进棉方式		左进棉或右进棉	

(三) A006BS 型、CS 型自动混棉机

1. A006BS 型、CS 型自动混棉机的结构与工艺过程

A006BS 型、CS 型自动混棉机结构与工艺过程如图 3 – 7 所示,原料通过其上凝棉器 10 吸入本机,在摆斗 9 的作用下,将棉块横向铺放在水平输棉帘 5 上,成为多层横铺的混和棉堆。光电管 8 控制储棉箱 7 棉量高度,当高度达到要求时,控制抓棉机的抓棉小车停车,低于要求高度时,控制抓棉小车运行,使棉箱中的存棉量保持稳定。在机身外调节混棉比斜板 6 的角度(22.5° ~ 40°)可控制混棉量和混棉效果。压棉帘 11 与输棉帘同速,将棉块夹持并逐渐压缩送入角钉帘 13,角钉帘速度快,角钉针尖向上,而压棉帘速度慢,针尖向下,于是两者间对棉块产生了撕扯作用。角钉帘向上带动棉块时,又受到均棉罗拉 12 上角钉的撕扯和打击作用,并将多余棉块回击到压棉帘上,重新进入棉箱混和。角钉帘上棉块运行到剥棉打手 14 位置时,棉块受打手作用被

剥下并撞击到尘格 2 上,部分大杂被抛出。被撕扯打击后的小棉块受前方机台凝棉器上风机的作用,经磁铁装置 3 除去部分铁杂后到前方机台,或根据工艺要求,利用间道隔板 1 从上出棉口输送到前方机台。A006CS 型自动混棉机用于纺化纤,只有上出口。图中 4 为角钉帘下方的尘棒。

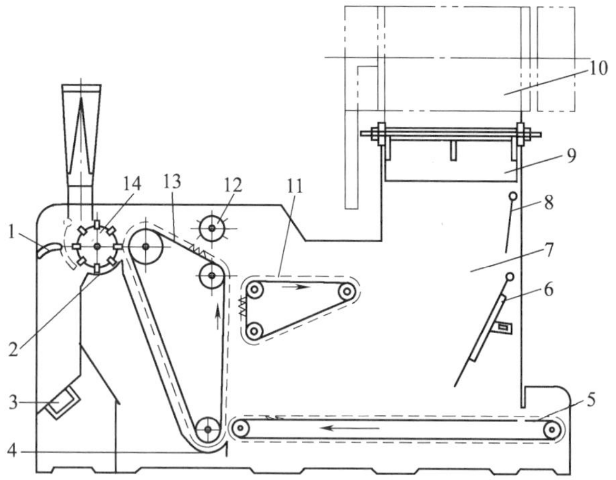

图 3 –7　A006BS 型自动混棉机

2. A006BS 型、CS 型自动混棉机的技术特征(表 3 –6)

表 3 –6　A006BS 型、CS 型自动混棉机的主要技术特征

项　目		技术特征	项　目	技术特征
产量[kg/(h·台)]		600 ~ 800	剥棉打手直径(mm)	400
输棉帘线速度(m/min)		1,1.25,1.5,1.75	剥棉打手转速(r/min)	430
角钉帘线速度(m/min)		60,70,80,100	尘棒形式	扁钢尘棒
压棉帘线速度(m/min)		1,1.25,1.5,1.75	尘棒根数	21
角钉规格	纵间距(mm) × 横间距(mm)	64.5 × 38	尘棒间距(mm)	10 ~ 13
			摆斗摆动次数(次/min)	19 ~ 25
	角度(°)	40	磁铁装置	A006BS 型有,A006CS 型无
均棉罗拉直径(mm)		260	出棉方式	A006BS 型上、下出棉;A006CS 型上出棉
均棉罗拉转速(r/min)		335		

(四)A092AST 型双棉箱给棉机

1. A092AST 型双棉箱给棉机的结构与工艺过程　A092AST 型双棉箱给棉机结构与工艺过程如图 3 –8 所示,原棉在凝棉器作用下进入棉箱 10,调节板 12 调节棉箱容量,光电管 2 控制棉箱存棉高度,角钉罗拉 9 的运行或停止受中部棉箱棉量多少控制,当棉量少时,摇板 11 通过拉耙(机外)使角钉罗拉回转喂棉,当棉量多时,则角钉罗拉不转。在输棉帘 8、角钉帘 5、均棉罗拉 6、清棉罗拉的共同作用下,原棉得到翻滚混和。剥棉打手 4 将角钉帘上棉块剥下落入振动棉箱内。通过振动板 3 的振动作用,原棉密度得到均匀。出棉罗拉 1 将棉层输送到成卷机。

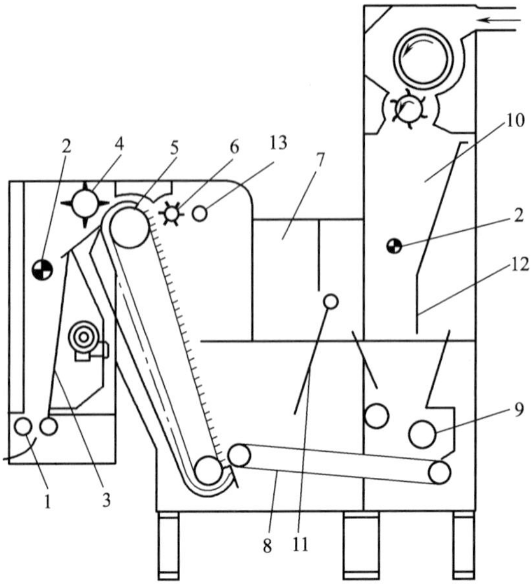

图 3－8　A092AST 型双棉箱给棉机

2. A092AST 型双棉箱给棉机的技术特征(表 3－7)

表 3－7　A092AST 型双棉箱给棉机的主要技术特征

<table>
<tr><th>项　目</th><th>技术特征</th><th>项　目</th><th>技术特征</th></tr>
<tr><td>产量(kg/h)</td><td>250</td><td>剥棉打手直径(mm)</td><td>320</td></tr>
<tr><td>适合加工的原料</td><td>棉和化纤</td><td>剥棉打手线速度(m/min)</td><td>458</td></tr>
<tr><td rowspan="2">输棉帘、压棉帘线速度(m/min)</td><td rowspan="2">10.4,12.6,14.5</td><td>清棉罗拉直径(mm)</td><td>190</td></tr>
<tr><td>清棉罗拉线速度(m/min)</td><td>420</td></tr>
<tr><td>角钉帘线速度(m/min)</td><td>50,60,70</td><td>均棉罗拉与角钉帘隔距(mm)</td><td>0～20</td></tr>
<tr><td>均棉罗拉直径(mm)</td><td>260</td><td rowspan="2">外形尺寸(含凝棉器)(mm):长×宽×高</td><td rowspan="2">3950×1570×3585</td></tr>
<tr><td>均棉罗拉线速度(m/min)</td><td>335</td></tr>
</table>

三、混和效果的评定

常用下面三种方法评定混和效果。

1. 混入有色纤维法　在混和原料中混入一定数量的染色纤维,经机械混和处理后取样,用手拣法分拣出有色纤维,称其重量,计算有色纤维百分率的平均数、均方差、变异系数等,进行对比分析混和效果。

2. 切片法　将条子或纱线切片,放在显微镜下观察,分析混和效果。

3. 染色评定法　此方法多用于化纤混纺产品。它是将成纱或织成布后再经染色,由染色的结果来分析混和效果。

第四节　开棉机

开棉机械的主要作用是对原料进行开松和除杂。原棉的开松和除杂作用过程是相辅相成的，在将原棉松解的同时，使纤维与杂质分离，通过机械落杂部分完成除杂作用。在开棉机械的工艺设置时，应根据原棉性质和成纱质量要求合理配置工艺参数，避免过度打击造成纤维损伤和杂质碎裂，以防可纺纤维下落造成浪费。

开棉机根据开松打击状态，分为自由打击开棉机和握持打击开棉机两种。

一、自由打击开棉机

（一）FA104 型六辊筒开棉机

1. FA104 型六辊筒开棉机的结构与工艺过程　FA104 型六辊筒开棉机的结构与工艺过程如图 3－9 所示，原棉在凝棉器的作用下喂入棉箱，光电管 1 控制后方机台给棉或停止给棉来稳定棉箱储棉高度，给棉罗拉 2 将原棉喂入辊筒 4，原棉从第一辊筒开始依次向上接受六只辊筒的打击开松，从纤维中分离出的杂质从尘格 5 的间隙落入下部尘箱，而纤维被下一机台的凝棉器吸走。在两辊筒间的上方装有“V”字形剥棉刀 3，以防止辊筒返花。

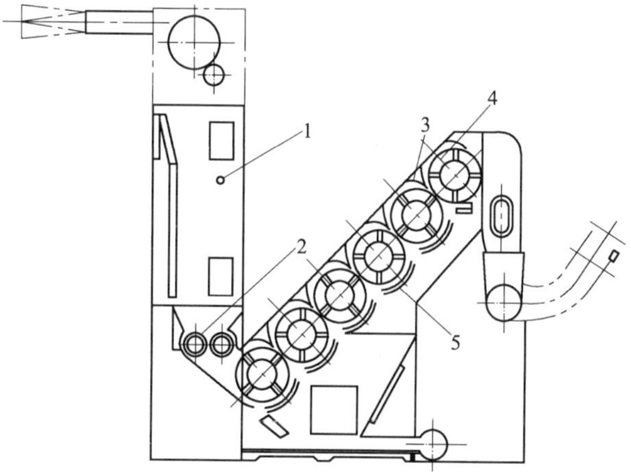

图 3－9　FA104 型六辊筒开棉机

2. FA104 型六辊筒开棉机的技术特征（表 3－8）

表 3－8　FA104 型六辊筒开棉机的主要技术特征

项　目	技术特征	项　目	技术特征
产量（kg/h）	800	辊筒转速（r/min）	第一档：448、492、545、572、632、698；第二档：均为 400；第三档：均为 492
适合加工的原料	棉		
尘棒根数（根）	第一，第二，第三组为 35，第四、第五组为 39	尘棒形式及安装角范围	振动式扁钢尘棒 ±15°
		给棉罗拉转速（r/min）	5、4、4、95、4、5、4. 05
尘棒隔距（mm）	第一，第二，第三组为 10，第四、第五组为 8	辊筒与尘棒隔距（mm）	第一、第二、第三组为 8，第四、第五组为 12
辊筒形式及排列倾角	四排圆锥体角钉，向上倾斜 45°	外形尺寸（mm）：长×宽×高	3440×1430×2875
辊筒直径（mm）	455		

3. 影响开松和除杂作用的因素

(1)辊筒转速:辊筒转速设有两个均档和一个逐渐递增档。辊筒转速高,开松和除杂作用强,但转速过高,易造成返花,形成束丝和落棉增加,而落棉含杂率降低,应根据原棉品级和含杂率而定。

(2)辊筒与尘棒间隔距:每个辊筒与尘棒间隔距设置是进口大、中间小、出口大,在工艺上以中间最小处隔距为依据。通过升降辊筒轴承座位置来调节隔距大小,调完此隔距后应校核剥棉刀与辊筒的隔距(约1.5mm),避免碰撞。隔距小,开松和除杂作用强,但隔距过小易造成通道堵塞和损坏尘棒。第六个辊筒的下方为弧形托板,隔距为18mm,起托持纤维作用。

(3)尘棒间隔距:为了实现先落大杂、后落小杂、减少大杂的碎裂,提高落棉含杂率,尘棒间的隔距应由大到小配置,一般第一、第二、第三辊筒的尘棒间隔距采用10mm,第四、第五辊筒的尘棒间隔距采用8mm。生产中通过观察尘箱中的落棉情况,调节机外手轮变化尘棒安装角来改变此隔距。尘棒间隔距大,落棉率提高,除杂作用增强。

此外,前方机台风扇速度也影响开松、除杂效果,风速快,原棉在机内停留时间短,开松除杂效果差。

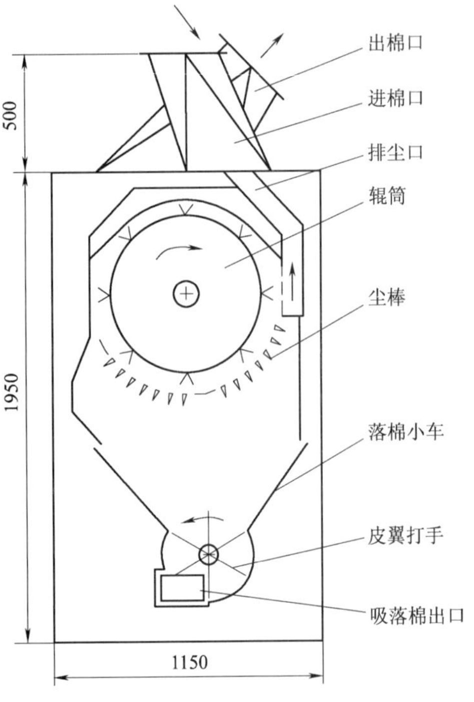

图3-10 FA105A型单轴流开棉机

(二)FA105A型单轴流开棉机

1. FA105A型单轴流开棉机的结构与工艺过程 FA105A型单轴流开棉机的结构与工艺过程如图3-10所示,在前方机台凝棉器风机和辊筒的回转作用下,棉流从进棉口进入机内,绕辊筒螺旋运动,棉块受辊筒的角钉打击和撞击尘棒而分离,杂质通过尘棒间隙落入尘箱内,在落棉小车、皮翼打手的作用下,大尘杂从吸落棉出口处排出,含尘气流从排尘口处送入除尘系统。可选择间歇式或连续式吸落棉装置排杂。棉流绕辊筒回转两周半后沿出棉口输入下台机械。

2. FA105A型单轴流开棉机的技术特征 本机适用于各种等级原棉的处理,除杂效率高,原料在自由状态下经受V形角钉多次均匀、密集、柔和的弹打,获得充分开松,特殊的除杂设计加强了微尘和短绒的排除。其主要技术特征见表3-9。

(三)FA103A型双轴流开棉机

1. FA103A型双轴流开棉机的结构和工艺过程 FA103A型双轴流开棉机的结构与工艺过程如图3-11所示,被加工的原料借助于本机上方的凝棉器或前方风机的抽吸经进棉口进入本

表 3-9　FA105A 型单轴流开棉机的主要技术特征

项　　目	技术特征	项　　目	技术特征
产量(kg/h)	1000	尘棒形式	可调三角尘棒
工作宽度(mm)	1600	装机功率(kW)	11.37
辊筒打手直径(mm)	750	外形尺寸(mm):长×宽×高	2300×1150×1950
辊筒打手转速(r/min)	480~800(变频调速)	机器净重(kg)	1500

机,沿切线方向喂入围绕打手外表面螺旋前进,打手由 50 根角钉以 8 列双螺旋线形式排列在筒体上,在双角钉辊筒的自由打击作用下,纤维得到开松,并与杂质分离。开松后的纤维再沿打手切线输出,被尘格分离的杂质落在尘箱内,由自动吸落棉装置排至滤尘系统。两打手均有约三分之一的尘格包围,尘棒间隔距可根据落杂情况机外手动调节,调节方便。

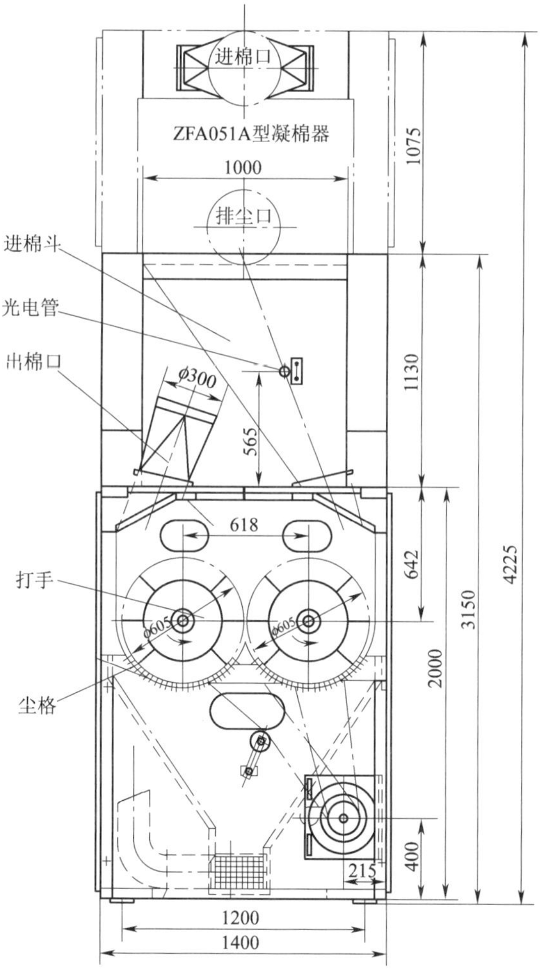

图 3-11　FA103A 型双轴流开棉机

2. FA103A 型双轴流开棉机的技术特征 本机适用于对各种等级的原棉、化学纤维和混和原料进行开松除杂，一般安装在抓棉机与混棉机之间，用于除去纤维中的较大杂质。本机采用管道连接喂给和凝棉器配 TF2407 型凝棉器连接架装置喂给两种喂棉方式。其主要技术特征见表 3－10。

表 3－10 FA103A 型双轴流开棉机的主要技术特征

项目	技术特征	项目		技术特征
产量(kg/h)	800	排杂管尺寸(mm)		ϕ160
工作宽度(mm)	1300	进棉口风量(m^3/h)，风压(Pa)	管道连接喂入方式	2000～3000，－100～－720
辊筒打手直径(mm)	605		凝棉器配 TF2407 的喂入方式	1800～2500，0～－400
辊筒打手转速(r/min)	610(变频调速)			
尘棒形式	可调三角尘棒	排杂口风量(m^3/h)		1200～1320
尘棒根数	2×23	排杂口风压(Pa)		－530
尘棒间隔距(mm)	3.5～8	出棉口与进棉口间的压差(Pa)		100～320
打手角钉与尘棒间隔距(mm)	18～23	外形尺寸(mm)：长×宽×高		1844×1464×2110
进棉口尺寸(mm)	ϕ300	装机功率(kW)		11.37
出棉口尺寸(mm)	ϕ300	机器净重(kg)		约 2000

(四)FA101 型四刺辊开棉机

1. FA101 型四刺辊开棉机的结构和工艺过程 FA101 型四刺辊开棉机的结构与工艺过程如图 3－12 所示，该机采用四个表面包锯条的辊筒，对原棉进行自由打击。原棉在凝棉器的作用下进入储棉箱 1，其储棉高度由光电管控制，输棉帘 7 向前输送纤维，经一对锯齿开棉辊 6 开松后由清棉刺辊 4 转移输出，部分杂质从尘格 5 落入尘箱，由除杂帘子 8 输出。未被抓取的纤维由回击辊 2 击回棉箱。剥棉刀 3 可防止返花。

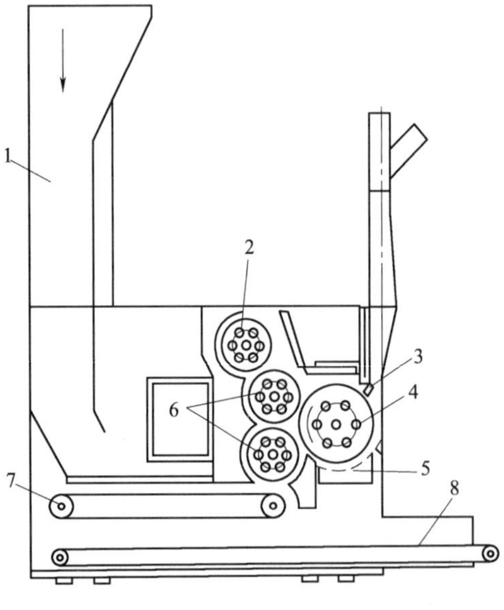

图 3－12 FA101 型四刺辊开棉机

2. FA101 型四刺辊开棉机的技术特征 本机的开松作用主要发生在两只开棉辊间，开棉辊锯齿工作角小、齿顶角小，抓取穿刺能力强，开棉辊间距小(3～5mm)，分梳、开松细致。该机常与 FA061 强力除尘器配套用于除微尘要求高的转杯纺的开清棉流程中。主要技术特征见表3－11。

表3-11 FA101型四刺辊开棉机的主要技术特征

<table>
<tr><th colspan="2">项 目</th><th>技术特征</th><th colspan="2">项 目</th><th>技术特征</th></tr>
<tr><td colspan="2">产量(kg/h)</td><td>500</td><td colspan="2">适合加工的原料</td><td>棉</td></tr>
<tr><td colspan="2">开棉辊直径(mm)</td><td>300</td><td rowspan="4">开棉辊</td><td>齿距(mm)</td><td>5</td></tr>
<tr><td colspan="2">开棉辊转速(r/min)</td><td>400</td><td>工作角</td><td>60°</td></tr>
<tr><td colspan="2">开棉辊形式</td><td>锯齿辊筒式</td><td>齿顶角</td><td>30°</td></tr>
<tr><td colspan="2">回击辊直径(mm)</td><td>300</td><td>齿密(齿/2.54cm)</td><td>30.5</td></tr>
<tr><td colspan="2">回击辊转速(r/min)</td><td>800</td><td rowspan="4">回击辊</td><td>齿距(mm)</td><td>5.5</td></tr>
<tr><td colspan="2">回击辊形式</td><td>锯齿辊筒式</td><td>工作角</td><td>113.5°</td></tr>
<tr><td colspan="2">清棉辊直径(mm)</td><td>424</td><td>齿顶角</td><td>75.5°</td></tr>
<tr><td colspan="2">清棉辊转速(r/min)</td><td>500</td><td>齿密(齿/2.54cm)</td><td>27.7</td></tr>
<tr><td colspan="2">清棉辊形式</td><td>锯齿辊筒式</td><td rowspan="4">清棉辊</td><td>齿距(mm)</td><td>5.5</td></tr>
<tr><td rowspan="7">工艺隔距(mm)</td><td>尘棒间</td><td>12</td><td>工作角</td><td>100°</td></tr>
<tr><td>开棉辊间</td><td>3</td><td>齿顶角</td><td>65°</td></tr>
<tr><td>开棉辊与回击辊</td><td>3</td><td>齿密(齿/2.54cm)</td><td>27.7</td></tr>
<tr><td>开棉辊与清棉辊</td><td>1</td><td colspan="2" rowspan="3">外形尺寸(含凝棉器)(mm):
长×宽×高</td><td rowspan="3">2460×1900×3990</td></tr>
<tr><td>开棉辊与输棉帘</td><td>20</td></tr>
<tr><td>清棉辊与剥棉刀</td><td>1</td></tr>
<tr><td>清棉辊与尘棒</td><td>5</td><td colspan="2">全机重量(kg)</td><td>3000</td></tr>
</table>

二、握持打击开棉机

(一)FA106型豪猪式开棉机

1. FA106型豪猪式开棉机的结构与工艺过程 FA106型豪猪式开棉机的结构如图3-13所示,原棉在凝棉器作用下,进入棉箱1,光电管2控制储棉高度,通过改变调节板3的位置来调节储棉厚度,木罗拉4使原棉初步压缩后送至金属给棉罗拉5,给棉罗拉受弹簧加压紧握棉层接受豪猪打手6的打击、分割和撕扯。被打下的棉块沿打手圆弧切线方向投击到尘棒7上,在打手与尘棒之间受到反复开松作用,杂质分离后从尘棒间落入尘箱,被下一机台凝棉器吸走。

豪猪打手结构如图3-14所示,打手轴上装有19个圆盘,每个圆盘上装有12把矩形刀片,刀片厚6mm,12把刀片以不同的角度向圆盘两侧倾斜,保证打手回转一周,对整个棉层宽度都有打击作用。刀片倾斜的大小呈不规则排列,避免棉块产生轴向运动。加工棉型化纤时采用全梳针打手。

尘棒的结构如图3-15所示,尘棒截面为不等边三角形,*acdf*为工作面,作用是反射撞击在上面的杂质,以利排出;*abef*为顶面,用来托持纤维,*bcde*为底面,α为清除角,也称工作角。α减小，开清作用增强，托持作用降低。另外，打手法线与尘棒工作面的夹角称为尘棒安装角 θ，用机外手轮调节，调节范围为 40°～18°，尘棒安装角小，尘棒间隔距增大，落棉率增加，落棉含杂率降低。

2. 打手部分气流的运动规律 本机棉块依靠前方机台凝棉器风扇和打手高速回转所产生的气流向前输送。在打手室与尘棒间的气流状态和气流速度影响开松、除杂及落棉量。正常情况下，受打击的棉块由于气流对棉块和杂质的阻力不同，促使棉块与杂质分离。杂质比重大、体积小，易从尘棒间下落，而棉块蓬松、体积大，易受尘棒和气流托持，同时尘棒间的气流也有进有出，补进的气流使下落的长纤维得到回收。根据流体力学定律，气流在管道中连续流动时，其各截面处的流量相等，则补入打手室的风量 Q_1 等于风扇吸取的风量 Q_2 和排出的风量 Q_3 之和。

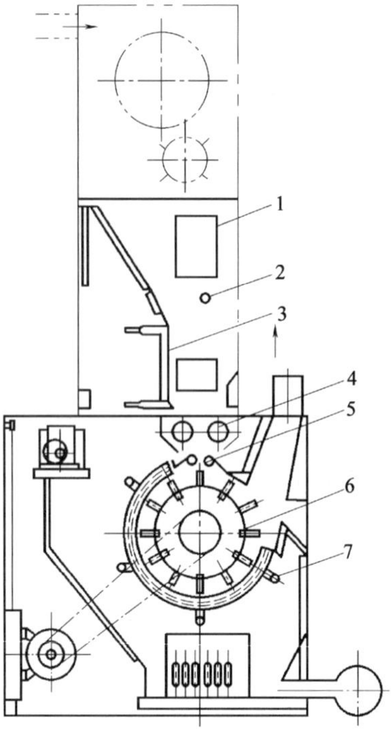

图 3－13　FA106 型豪猪式开棉机

$$Q_1 = Q_2 + Q_3$$

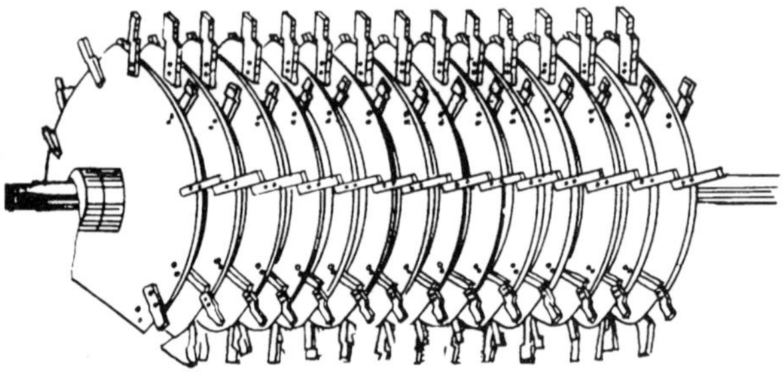

图 3－14　豪猪打手结构

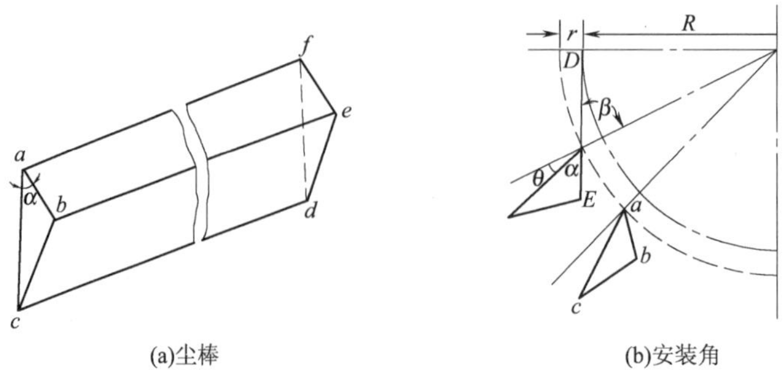

图 3－15　尘棒的结构

尘棒间气流运动情况如图 3－16，在尘棒之间气流有进有出，打手纵向由试验得出，在给棉罗拉进口附近的 2～3 根尘棒处形成负压区，气流从后进风处补入。此后，气流向外流动多，补入少，形成正压区，该区为主要落杂区（死箱区）。靠近出口处，受前方机台凝棉器风扇的影响，尘棒间补入气流多，出现负压区（活箱区），此区可回收部分下落的可纺纤维，为回收区。在死、活箱的交界处，气流压力不稳定，也可回收少量可纺纤维。

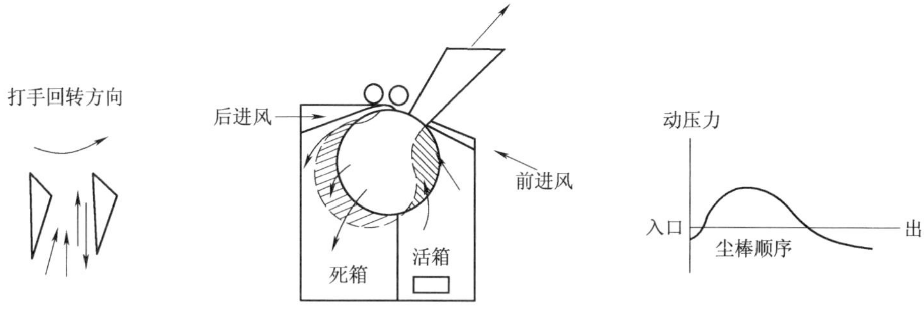

图 3－16　豪猪开棉机尘棒间气流运动规律

3. FA106 型系列豪猪开棉机的技术特征（表 3－12）

表 3－12　FA106 型系列豪猪开棉机的技术特征

项目＼机型		FA106	FA106A
产量[kg/(h·台)]		800	600
适合加工的原料		棉	棉型化纤
打手形式		矩形刀片	全梳针辊筒
打手直径(mm)		610	600
打手转速(r/min)		480,540,600	
给棉罗拉直径(mm)		76	
给棉罗拉转速(r/min)		14～70	
给棉罗拉传动方式		单独电动机，无级变速器	
给棉罗拉与打手隔距(mm)		6	11
尘格形式		四组尘格，机外手轮调节	三组，机外手轮调节
尘棒根数		63	49
进口一组尘棒间隔距(mm)		11～15(14 根)	弧形光板
中间两组尘棒间隔距(mm)		6～10(17 根)	6～10(17 根)
出口一组尘棒间隔距(mm)		4～7(15 根)	4～7(15 根)
打手至尘棒间隔距	进口一组(mm)	10～14	弧形光板
	中间两组(mm)	11.5～15.5,13～17	15～19
	出口一组(mm)	14.5～18.5	19～23.5
存棉高度控制方法		光电管	

4. 影响开松除杂作用的主要因素

(1)打手速度:当给棉量一定时,打手速度高,开松除杂作用强,落棉率增加。但打手速度过高,易损伤纤维,杂质易破碎,落棉含杂率降低,甚至出现束丝。当纤维长度长、成熟度差、强力低时,打手速度应偏低配置;反之,可偏高配置。

(2)尘棒间隔距:一般情况下此隔距设置是入口部分隔距大,便于补入气流,大杂先落。此后逐渐缩小尘棒间隔距或反装尘棒,落小杂。尘棒间隔距应根据原棉含杂多少、杂质性质和加工要求来配置。

(3)打手与给棉罗拉间隔距:该隔距小,刀片深入棉层深,开松作用强。过小,易损伤纤维;过大,开松效果差。该隔距应根据纤维长度而定。纤维长度短于38mm以下的纤维,此隔距取6~7mm;长度38~51mm的纤维,取8~9mm;长度51~76mm的纤维,取10~11mm。

(4)打手与尘棒间隔距:该隔距小,棉块受尘棒阻刮作用强,开松作用强,落棉率也高。由于纤维逐渐松懈,体积逐渐增大,此隔距的配置是从进口至出口逐渐增大。同时,产量高通过纤维量多,隔距也适当放大。

(5)打手与剥棉刀的隔距:为防止打手返花,隔距以小为宜,一般小于2mm。

(6)气流控制:在豪猪开棉机中与外界隔绝的落棉箱部分称"死箱",主要起落杂作用,而与外界连通的落棉箱部分称"活箱",主要起回收作用。当原棉含大杂较多时,在增加后"死箱"处尘棒间隔距的同时,通过前活箱可回收落下的可纺纤维。加工化纤时可采用全"活箱",减少纤维下落。

(二)FA109A型三刺辊开棉机

本机适用于加工各种等级的原棉,对经过初步开松和混合的原棉进行精细开松,具有较高的除杂效率,尤其适合去除带纤维籽屑一类的杂质。本产品需与FA028B型系列多仓混棉机或TF2409A型系列棉箱联接使用,主要用于清梳联流程,在产量匹配的情况下,也可用于成卷流程。对原棉含杂中等(2%~5%)的中粗纤维,推荐使用FA109A型三辊筒开棉机。

1. FA109A型三刺辊开棉机的结构和工艺过程 FA109A型三刺辊开棉机的结构如图3-17所示,输棉帘1呈水平状态,二只星型压棉罗拉2将后方送来的棉层进行初步压紧并送入两给棉罗拉5组成的钳口。上给棉罗拉为沟槽罗拉,两端轴承座处采用碟型弹簧加压,下给棉罗拉为锯齿罗拉,在保证对棉层有均匀握持力的同时,又使纤维具有可放性,减少对纤维的损伤,当喂入棉层过厚时,上给棉罗拉上移,触及限位开关,停止给棉,以防止堵车。原棉被角钉辊筒9打击开松,之后依次受粗锯齿辊筒10,细锯齿辊筒11的打击开松。除尘刀8切割气流,吸口4吸取尘杂,分梳板6进一步开松纤维,并在除尘刀处设有调节板7,可根据所纺原棉和除尘杂要求,调节开口的大小以控制落棉和落棉含杂量。被开松后的原棉在前方机台风扇作用下通过出棉口12向前输出。三只清棉辊筒分别由三只交流异步电动机单独传动,其转速以1.7∶1的比例递增,并可根据需要,由变频器进行无级调节,以利于纤维的开松和转移。角钉辊筒下方装有两把除尘刀,两把除尘刀之间装有两组分梳板,粗锯齿辊筒上方装有一把除尘刀和一组分梳板,细锯齿辊筒下方装有一把除尘刀。在每个辊筒左侧皮带轮上,均装有测速盘,上方装有接近开关,检测辊筒转速,当机器内有异物或棉层过厚时,转速下降，自动停车，以保证辊筒不被轧坏。排杂系统由吸尘管、调节板及排杂管组成，在清棉辊筒的各除尘刀处，均装有吸尘管，并与机器两侧的排杂管相连，清棉系统分离的尘杂落在吸尘管内，即被连续抽吸的气流抽至滤尘设备。3 为电控箱，13 为排杂口，14 为减速电动机，15、16、17 为电动机。

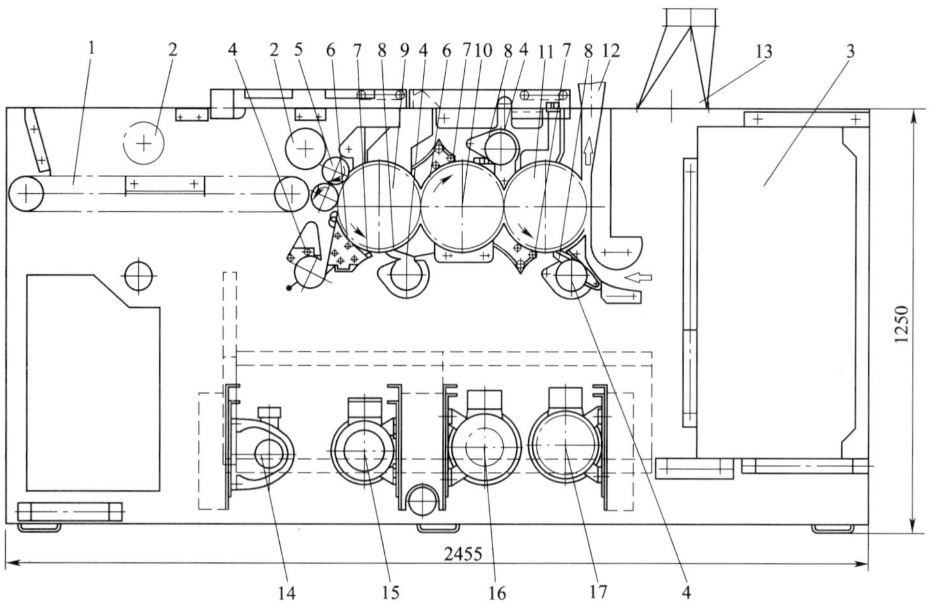

图 3－17 FA109A 型三刺辊开棉机

2. FA109A 型三刺辊开棉机的技术特征 FA109A 型三刺辊开棉机主要特点是采用钢板焊接结构，长期运转不变形；采用梳针、锯齿结构相结合的打手，实现顺向转移、以梳代打，逐步开松除杂，对纤维损伤小；采用除尘刀，预分梳板，连续吸口结构积极除杂，具有较高的除杂效率和除去带纤维籽屑的能力；具有落杂量机外调节、棉层过厚保护、自动停车功能；PLC 控制、触摸屏操作、同步带传动、变频控制，工艺调整方便。其主要技术特征见表 3－13。

表 3－13 FA109 型三刺辊开棉机的技术特征

类别 \ 机型		FA109A—120	FA109A—160
机幅（mm）		1200	1600
最高产量（kg/h）		600	800
第一辊筒	直径（mm）	250	
	最高转速（r/min）	1196（变频调节）	
第二辊筒	直径（mm）	250	
	最高转速（r/min）	2105（变频调节）	

续表

类别 \ 机型		FA109A—120	FA109A—160
第三辊筒	直径(mm)	250	
	最高转速(r/min)	3416(变频调节)	
上给棉罗拉	直径(mm)	80.5	
	转速(r/min)	14~142(变频在线自动调节)	
下给棉罗拉	直径(mm)	80	
	转速(r/min)	14~143(变频在线自动调节)	
压棉罗拉	型式	星型	
	直径(mm)	125	
	转速(r/min)	7~76(变频在线自动调节)	
输棉帘	速度(m/min)	2.9~29(变频在线自动调节)	
出棉口	风量(m^3/h)、压力(Pa)	3000+10%,-470	4000+10%,-480
排杂口	风量(m^3/h)、压力(Pa)	2×1700+10%,-490	2×2200+10%,-840
尘杂排出量(kg/h)		34	45
电动机	第一辊筒	AEEF—4P—5HP 3.7kW 1445r/min	
	第二辊筒	AEEF—2P—5HP 3.7kW 2880r/min	
	第三辊筒	AEEF—2P—5HP 3.7kW 2880r/min	
	给棉	U8—B6—1.1—80 1.1kW 80r/min	
外形尺寸(mm):长×宽×高		2455×1700×1250	2455×2200×1250
机器净重(kg)		约2450	约2650

三、开松和除杂效果的评定

(一)开松效果的评定方法

1. 称重法 取试样拣出棉块称重,求出棉块的平均重量,计算最大和最小棉块所占重量比例,进行比较。

2. 压缩法 取试样放入一定容积的容器,加一定压力后比较受压缩高度的变化。

3. 比体积法 将试样放满于5000mL的烧杯,再在试样上放置250g有机玻璃盖,经过20s后,迅速读出刻度数,再称重,求平均值,计算出试样比体积,共试验十次求比体积平均数,通过纤维相对密度按公式(3-1)即可求出开松度。

$$开松度=比体积\times相对密度 \tag{3-1}$$

4. 仪器测定法 将一定重量的试样放入气流仪内测定,进行压力值的比较,压力值高,开松度好。

(二)除杂效果的评定

评定除杂效果的指标有如下五项。

1. 落棉率　反映开松除杂机械的落棉数量,通过试验称重,按公式(3-2)计算。

$$\text{落棉率} = \frac{\text{落棉重量}}{\text{喂入原料重量}} \times 100\% \qquad (3-2)$$

2. 落棉含杂率　反映落棉中落杂的数量,通过纤维杂质分析机把落棉中的杂质分离出来称重,按公式(3-3)计算。

$$\text{落棉含杂率} = \frac{\text{落棉中杂质重量}}{\text{落棉重量}} \times 100\% \qquad (3-3)$$

3. 落杂率　也称绝对除杂率,反映喂入原棉中杂质去除的数量,按公式(3-4)计算。

$$\text{落杂率} = \frac{\text{落棉中杂质重量}}{\text{喂入原料重量}} \times 100\% \qquad (3-4)$$

4. 除杂效率　反映除去杂质的效能,与原料含杂率有关,按公式(3-5)计算。

$$\text{除杂效率} = \frac{\text{落杂率}}{\text{原棉含杂率}} \times 100\% \qquad (3-5)$$

5. 落棉含纤率　反映纤维损失量,用纤维杂质分析机分离出落棉中纤维并称重,按公式(3-6)计算。

$$\text{落棉含纤维率} = \frac{\text{落棉中纤维重量}}{\text{落棉重量}} \times 100\% \qquad (3-6)$$

第五节　清棉机

原棉经抓棉机、混棉机和开棉机作用后,还含有一定数量的细小杂质和疵点,清棉机的作用就是对原棉进行更细致的开松,进一步去除细小杂质,并制成符合质量要求的均匀棉卷或棉流。

一、FA141 型单打手成卷机

(一)FA141 型单打手成卷机的结构和工艺过程

FA141 型单打手成卷机的结构如图 3-18 所示,A092AST 型双棉箱给棉机输出的棉层均匀地铺放在本机输棉帘上,经角钉罗拉 15 引导,棉层在天平罗拉 14 和天平曲杆 16 的握持下喂给,并接受高速回转的打手 12 的撕扯和打击,棉束在打手的打击下抛向周围尘棒 13 受撞击被松解,部分杂质从尘棒间隙落入尘箱。棉束在风机 11 的作用下向前输送,并被吸附在回转的双尘笼 10 表面上,经尘笼滚压形成棉层,而细小尘杂和短绒透过尘笼表面网眼由两侧风道排至除尘设备。上下尘笼凝集的棉层经剥棉罗拉9,凸凹防黏罗拉8送到四个紧压罗拉7压紧,再由导棉罗拉6送给棉卷罗拉5,卷绕在棉卷辊上制成一定长度的棉卷。压卷罗拉4对棉卷加压,随棉卷卷绕直径的增大,渐增加压装置3通过压卷罗拉对棉卷的加压量增加,保证有效加压量稳定。满卷后,自动落卷装置将棉卷落下、拔辊和重新生头继续卷绕。拔辊后棉卷扦插在棉卷中间,棉卷落在电子秤1上进行称重。图中2为棉扦架。

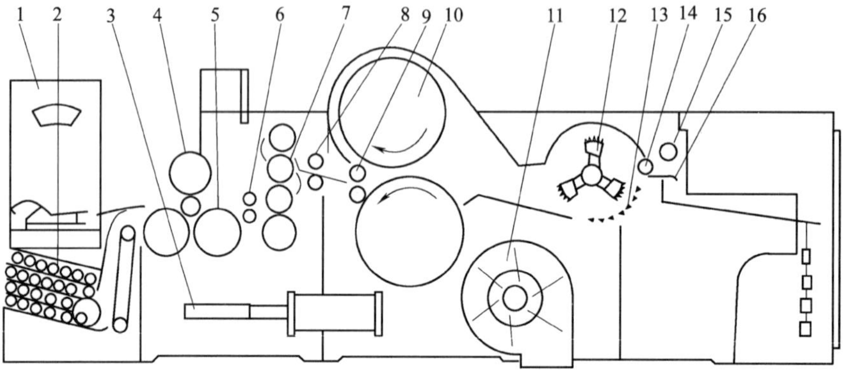

图3－18　FA141型单打手成卷机

(二)主要机构及作用

1. 天平调节装置　天平调节装置的结构如图3－19所示,以刀口棒2为支点,并排放有16根天平曲杆3,天平罗拉1位于天平曲杆上方,与天平曲杆共同握持喂给棉层,当天平罗拉和天平曲杆间的棉层厚薄发生变化时,天平曲杆的尾端上下运动。由于棉层横向各处厚度不一,使

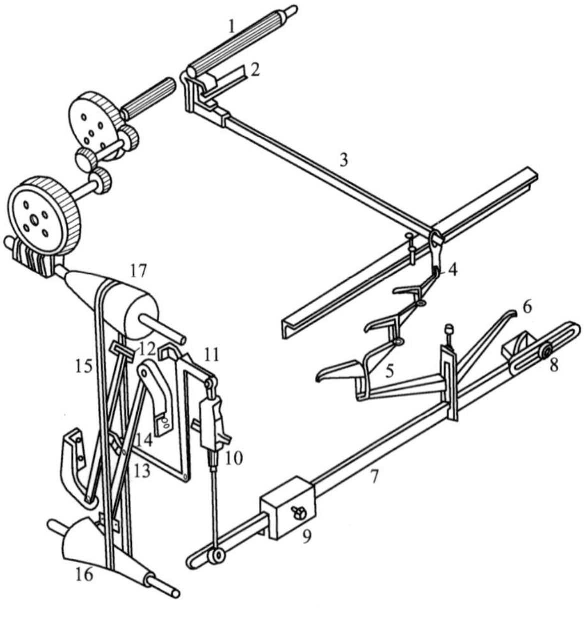

图3－19　天平调节装置

各根天平曲杆的尾端上下动程也不同，通过小连杆 4 和中连杆 5 可取得平均动程，最终将棉层的平均厚薄变化反映到总连杆 6 上。总连杆的升降使平衡杠杆 7 以 8 为支点上下运动，通过调节螺杆 10 带动双臂连杆 11，连杆 13 以 12 为支点摆动，从而带动铁炮皮带叉 14 和铁炮皮带 15 左右运动。由于主动铁炮 16 是恒速，被动铁炮 17 的转速则随铁炮皮带位置的变化而变化，被动铁炮的转速又通过齿轮机构传动天平罗拉。即通过天平罗拉与天平曲杆的棉层变厚时，铁炮皮带向主动铁炮小直径处移动，天平罗拉转速相应变慢；反之，天平罗拉转速变快，使单位时间内的喂棉量保持一致。

调节螺杆内有螺帽，当温湿度变化或开松作用不稳定或原棉成分变动较大时，使棉层密度发生变化，此时通过调螺帽，变化铁炮皮带的位置，可使铁炮的速度适应棉层密度的要求。

当棉卷定量需要调整时，有两种工艺调整方法可实现。一种方法是变化重锤平衡杠杆的支点位置，即通过变化杠杆比例系数，来改变天平罗拉转速，从而使棉卷定量符合要求。另一种方法是通过改变牵伸变换齿轮的齿数，改变主动铁炮与天平罗拉间的传动比，以实现输出符合要求的棉层定量。

新机安装或机台大修后，采用“正卷校正法”校正天平调节装置的杠杆比，即变化喂入的棉量，如果生产的棉卷重量仍在要求范围内，说明杠杆比是正确的，否则需调节杠杆支点的位置。

2. 机电一体自调匀整装置 铁炮是机械式变速机构，对棉层喂给量的均匀调整能力有限，并有很大的滞后性，喂入棉层厚度频繁变化和过分不匀时，很难达到理想的均匀程度。

SYH301 型系列机电一体的自调匀整装置，结构原理如图 3－20 所示，天平曲杆尾端总连杆挂有重锤 3，重锤上装有精度较高的位移传感器，棉层厚薄变化由位移传感器转化成电压信号送匀整仪 2 处理，调节电动机 1 变速来改变天平罗拉的转速，达到匀整的目的。该装置反应灵敏，调速范围宽，变速控制有效。

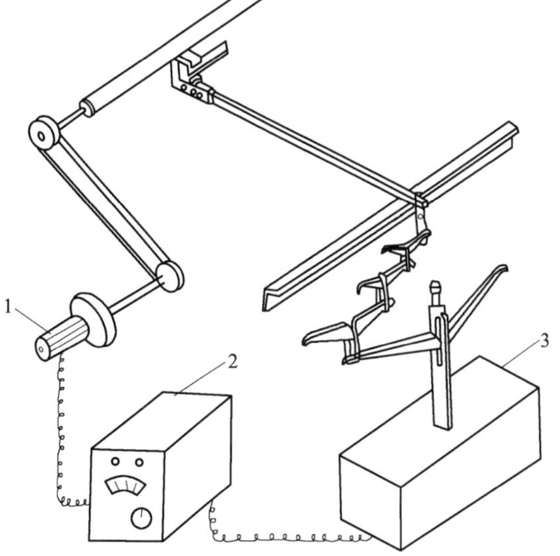

图 3－20 自调匀整装置

3. 综合打手 综合打手的结构如图3－21所示，打手有三只翼，翼的前端装有刀片2，对棉块的打击冲量大，能较好地去除不孕籽、破籽等较大杂质，翼的后部装有梳针1，通过梳针刺入棉层内部进行撕扯、梳理，使内外棉层开松差异小、棉束小而均匀，并去除籽屑、叶屑等细小杂质。刀尖角为70°，梳针直径为3.2mm，梳针倾角为20°，梳针密度为1.42枚/cm^2。梳针长度从头排至末排依次递增，以逐步加强对纤维层的梳理作用。刀片可以根据工艺要求进行拆装和更换梳针护板4，即改成梳针打手使用。综合打手下方约1/4圆周外装有由尘棒组成的尘格，尘棒之间的隔距用机外手轮调节。图中3为托板。

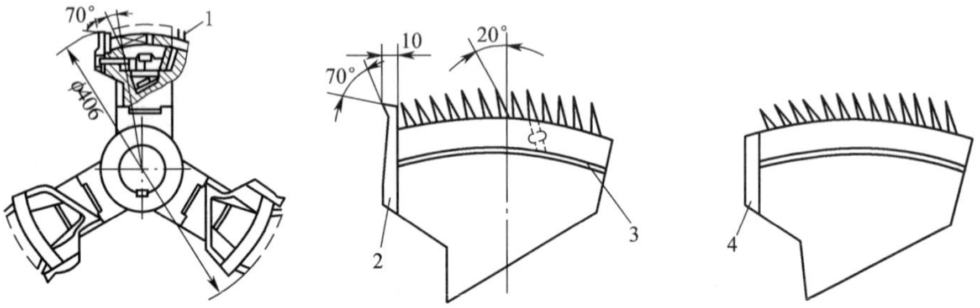

图3－21　综合打手的结构

4. 尘笼和风机 尘笼的结构如图3－22所示，上、下尘笼6和5由网眼钢板制成，尘笼的两端出风口1与排风道2相连，在风机的作用下，吸在尘笼表面的细小尘杂和短绒，通过网眼从排风道经风机7、排风口4送到除尘设备处理。吸附在上下尘笼表面的棉流合成一定厚度的棉层输出。

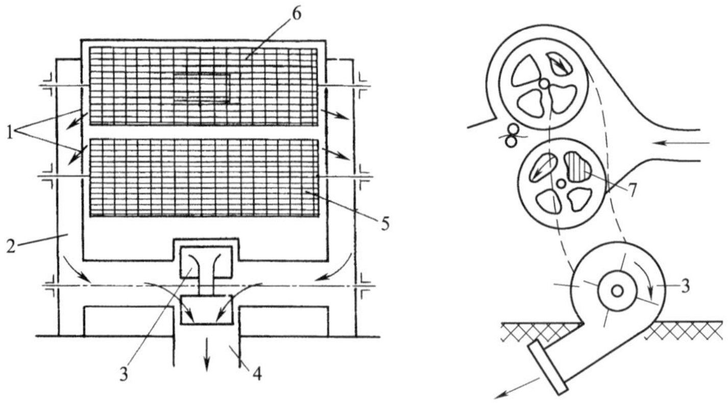

图3－22　尘笼与风机

尘笼与打手通道的横向气流速度分布直接影响输出棉层的横向均匀，气流速度分布与打手形式、打手速度、风机速度、吸风方式等有关，但不是简单的叠加。为均匀输棉和均匀凝棉，要保持打手通道－19.6～－49Pa的静压，靠近风机的尘笼风道为－196～－294Pa的静压，风机速度大于综合打手速度的10%～25%。如果风机速度过大，横向两边风速高，造成棉层两边厚；风速过小，也会造成横向不匀。

5. 气动加压系统　如图 3－23 所示，空气压缩机 10 产生的压缩空气经分水滤气器 9、调节阀 8、油雾器 7 后分成两路。一路气流经调压阀 6、电磁阀 4 进入左、右紧压罗拉加压气缸 2 和 3。如图 3－24 所示，气缸内的活塞推动加压杆 3 以支轴 2 为支点，对四只紧压罗拉 1 加压，使通过的棉层被反复加压。另一路是通过压卷罗拉对棉卷进行渐增加压，成卷时电磁阀 11 动作，气流经渐增加压阀 15 进入棉卷压钩升降气缸 1 的 A 腔 ，活塞向 B 腔运动，棉卷压钩产生的压力通过压卷罗拉作用在棉卷上。渐增加压阀的动作原理如图 3－25 所示，随棉卷直径增大，棉卷压钩上升，固装在左压钩 1 上的导板 2 推动渐增加气阀 3，使压力随棉卷直径增大而逐渐增大，制成的棉卷内外层松紧一致，厚薄均匀。图中 5 为压力表，12 为节流阀，13 为调压阀，14 为单向阀。

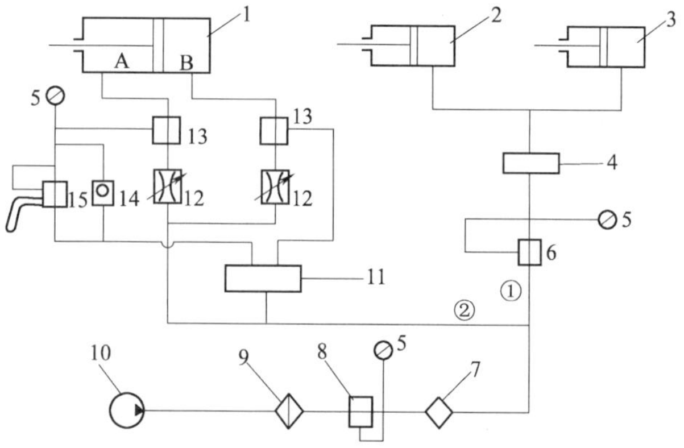

图 3－23　气动加压系统

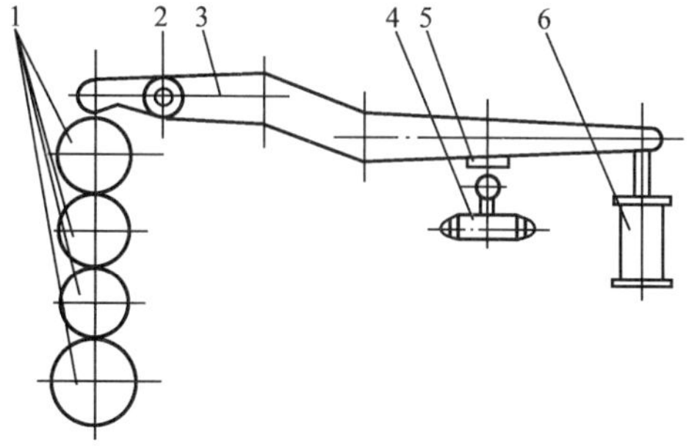

图 3－24　紧压罗拉加压装置

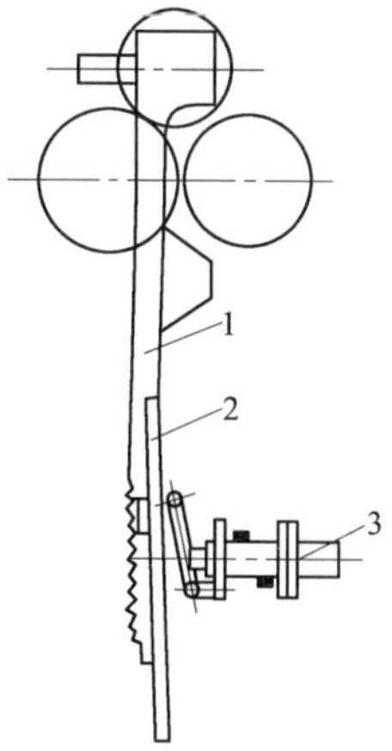

图 3－25　棉卷渐增加压装置

6. 自动落卷装置　当棉卷长度卷绕到规定长度时，YH401B 型计数器发出满卷信号，清棉机完成落卷、生头等过程，即棉卷压钩气缸活塞推动压钩积极上升，棉卷释压，棉卷罗拉加速，棉卷滚离棉卷罗拉；压钩上升一定位置碰行程开关，开始下降；棉卷罗拉加速停止，放棉卷辊，压钩落底，开始自动生头，加压成卷；称卷。

（三）成卷机的技术特征

几种成卷机的主要技术特征见表 3－14。

表 3－14　几种成卷机的主要技术特征

<table>
<tr><th>项目 \ 机型</th><th>A076E</th><th>A076F</th><th>FA141</th><th>FA141A</th><th>FA142</th></tr>
<tr><td>产量（kg/h）</td><td colspan="5">250</td></tr>
<tr><td>机幅（mm）</td><td colspan="5">1060</td></tr>
<tr><td>棉卷宽度（mm）</td><td colspan="2">980</td><td colspan="3">960</td></tr>
<tr><td>棉卷长度（m）</td><td colspan="2">30.62 ～ 40.18</td><td colspan="3">30 ～ 80</td></tr>
<tr><td>棉卷重量（kg）</td><td colspan="2">13 ～ 20</td><td colspan="3">16～30</td></tr>
<tr><td>化纤卷重量（kg）</td><td colspan="5">13</td></tr>
<tr><td>棉卷直径（mm）</td><td colspan="2">365 ～ 457</td><td colspan="3">≤ 500</td></tr>
<tr><td>成卷时间（min）</td><td colspan="2">3.18 ～ 5.83</td><td colspan="2">3.22 ～ 10.27</td><td>3.22 ～ 10.27</td></tr>
<tr><td>棉卷罗拉直径（mm）</td><td colspan="5">230</td></tr>
<tr><td>棉卷罗拉转速（r/min）</td><td colspan="2">10 ～ 13</td><td colspan="2">10 ～ 12</td><td>12.3</td></tr>
<tr><td>尘笼数量（只）</td><td colspan="4">2</td><td>1</td></tr>
<tr><td>尘笼直径（mm）</td><td colspan="4">560</td><td>500</td></tr>
<tr><td>综合打手直径（mm）</td><td colspan="5">406</td></tr>
<tr><td>综合打手转速（r/min）</td><td colspan="4">900、1000</td><td>820</td></tr>
<tr><td>风机直径（mm）</td><td colspan="4">550</td><td>450</td></tr>
<tr><td>风机转速（r/min）</td><td colspan="4">1200、1300、1400</td><td>1400、1600、1800</td></tr>
<tr><td>棉卷加压方式</td><td colspan="2">重锤加压</td><td colspan="2">气动加压</td><td>气动油压加压</td></tr>
<tr><td>喂入匀整方式</td><td>铁炮调节</td><td>自调匀整</td><td>铁炮调节</td><td>自调匀整</td><td>自调匀整</td></tr>
<tr><td>总功率（kW）</td><td>9.6</td><td>10.15</td><td>7.79</td><td>9.44</td><td>9.44</td></tr>
<tr><td>外形尺寸（mm）：长×宽×高</td><td colspan="2">3745×2710×1520</td><td colspan="2">5400×2060×1514</td><td>4170×1730×1200</td></tr>
<tr><td>机器净重（kg）</td><td colspan="2">约 4300</td><td colspan="2">约 4500</td><td>约 400</td></tr>
</table>

二、影响清棉机开松除杂作用的主要因素

1. 综合打手转速　转速高，开松除杂效果好，但加工长纤维或成熟度差的原棉时，过高的打手转速易产生束丝。一般转速为 800～1000r/min。

2. 天平罗拉转速　当喂入棉层厚度一定时，天平罗拉转速快，产量增加，但开松梳理作用降低；反之，有利开松除杂。

3. 综合打手与天平罗拉间隔距　该隔距小，开松效果好，但过小隔距易损伤纤维，并造成天平曲杆振动。一般隔距为 7～10mm，且需要根据纤维长度确定。

4. 综合打手与尘棒间隔距　该隔距小，开松除杂效果好，但过小易造成通道阻塞，产生疵点。此隔距由进口到出口应逐渐放大，一般进口隔距为 8 ~ 10mm，出口隔距为 16 ~ 18 mm。

5. 尘棒间隔距　该隔距大小视纤维含杂情况而定，一般为 5 ~ 8 mm。

三、FA141 型单打手成卷机的传动和工艺计算

（一）传动系统

FA141 型单打手成卷机传动系统由三只电动机分别传动，如图 3 - 26 所示。

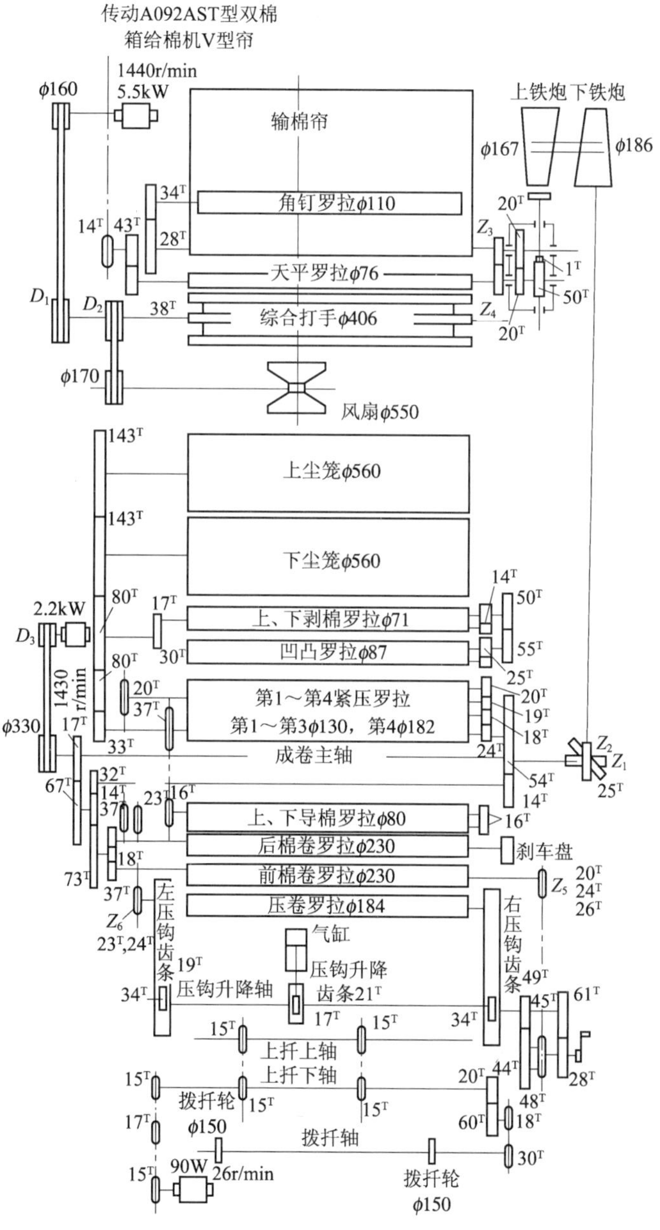

图 3 - 26　FA141 型单打手成卷机传动系统

电动机(5.5kW)→综合打手→风扇

电动机(2.2 kW)→成卷主轴→第四紧压罗拉→第三紧压罗拉→第二紧压罗拉→第一紧压罗拉
第二紧压罗拉→前后棉卷罗拉
第二紧压罗拉→压卷罗拉
第四紧压罗拉→剥棉罗拉→凹凸罗拉
第四紧压罗拉→尘笼
第四紧压罗拉→导棉罗拉
成卷主轴→棉卷罗拉→棉卷压钩升降轴
成卷主轴→铁炮→天平罗拉→输棉帘→角钉罗拉

电动机(0.09kW)→上扦轴→拨扦轴

(二)工艺变换皮带轮和变换齿轮

FA141 型单打手成卷机的变换皮带轮和变换齿轮见表 3－15。

表 3－15　FA141 型单打手成卷机的变换皮带轮和变换齿轮

名　　称		变换范围	变换内容
打手皮带轮(D_1)(mm)		230,250	综合打手速度
风扇皮带轮(D_2)(mm)		180、200、220、240、250	风扇速度
电动机皮带轮(D_3)(mm)		100、110、120、130、140、150	棉卷罗拉速度
牵伸变换齿轮	(Z_1/Z_2)	24/18、25/17、26/16	改变棉卷罗拉与天平罗拉之间的牵伸倍数
	(Z_3/Z_4)	21/30、25/26	
棉卷罗拉传动齿轮(Z_5)		20、24、26	棉卷罗拉加速
压卷罗拉传动齿轮(Z_6)		23、24	压卷罗拉速度

(三)工艺计算

1. 主要机件的速度(r/min)

$$棉卷罗拉转速\ n_1=\frac{1430\times17\times14\times18}{330\times67\times73\times37}\times D_3=0.10258D_3 \qquad (3-7)$$

$$天平罗拉转速\ n_2=\frac{1430\times Z_1\times186\times1\times20\times Z_3}{330\times Z_2\times167\times50\times20\times Z_4}\times D_3=0.09653\times D_3\times\frac{Z_1\times Z_3}{Z_2\times Z_4} \qquad (3-8)$$

2. 牵伸计算　棉卷罗拉与天平罗拉之间的牵伸倍数为 E。

$$E=\frac{18\times14\times17\times Z_2\times167\times50\times20\times Z_4\times230}{37\times73\times67\times Z_1\times186\times1\times20\times Z_3\times76}=3.216\times\frac{Z_2\times Z_4}{Z_1\times Z_3} \qquad (3-9)$$

牵伸变换齿轮齿数与牵伸倍数 E 的关系见表 3－16。

表 3-16　变换齿轮与 E 的关系

Z_4/Z_3 \ Z_2/Z_1	18/24	17/25	16/26
30/21	3.446	3.124	2.827
26/25	2.508	2.274	2.058

3. 棉卷长度计算　FA141 型单打手成卷机采用 YH401B 型计数器控制棉卷长度，计数器由导棉罗拉传动，导棉罗拉每转一转计数器跳过一个数字，当达到预置的数字时发出落卷信号。

设棉卷计算长度为 L_1(m)，则：

$$L_1 = \text{导棉罗拉转数} \times \text{导棉罗拉周长} \times \text{棉卷罗拉与导棉罗拉之间的张力牵伸倍数}$$
$$= n \times 0.08 \times \pi \times 1.02 = 0.2564n \quad (3-10)$$

棉卷在卷绕过程中略有伸长，其实际长度为 L(m)，则：

$$L = L_1 \times (1 + \text{伸长率}) \quad (3-11)$$

4. 理论产量计算 G_L[kg/(台·h)]

$$G_L = \frac{n_1 \times \pi \times d_1 \times 60 \times g}{1000 \times 1000} \quad (3-12)$$

式中：n_1——棉卷罗拉转速，r/min；

d_1——棉卷罗拉直径，mm；

g——棉卷定量，g/m。

第六节　开清棉机械的连接、联动与组合

开清棉工序机台类型多，在整个工艺流程中，通过凝棉器、气流输棉管道把逐个单机互相衔接起来，组成一套连续加工的系统。此外为了平衡产量，原棉经开棉机开松后，要把棉流分配给清棉机，故设有配棉机械。

一、开清棉机械的连接

(一)凝棉器

1. A045B 型与 A045C 型凝棉器的结构和工艺过程　凝棉器的作用是利用输棉管道将上一台机器输出的棉流输送给另一台机器，并除去其中的细小杂质。A045B 型与 A045C 型凝棉器如图 3-27 所示，当尘笼 2 一侧的风机高速回转时，空气不断被排出，使进棉管 1 内形成负压区，棉流即由输入口向尘笼表面凝聚，部分细小尘杂和短绒则随气流穿过尘笼网眼，经风道排入滤尘设备，凝聚在尘笼表面的棉层由剥棉打手 3 剥下，落入储棉箱中。

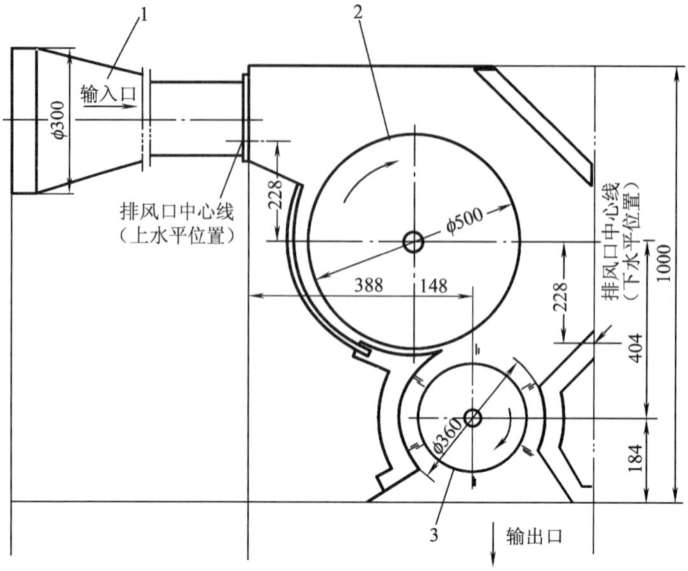

图3－27　A045B型、C型凝棉器

2. FA051A型凝棉器的结构和工艺过程　如图3－28所示，风机由八片双进风径向直叶片和叶轮中间盘经铸铝成型，并与轴紧配形成一个整体，风机2工作时蜗壳经两侧风管与机架左右墙板相连，通过两侧罩壳实现对两端吸风，使尘笼1内形成负压，棉流向尘笼表面凝聚，部分细小尘杂和短绒则随气流穿过尘笼网眼，经风道排入滤尘器设备。尘笼由网眼板弯制而成，尘笼外圆与尘笼护板之间最小隔距4mm（进口），最大隔距12mm（出口），尘笼两端采用双吸风双密封结构，不仅提高尘笼表面纤维凝聚横向均匀度，而且密封可靠，有效地防止纤维损伤。凝聚在尘笼表面的棉层由皮翼打手3剥下，打手采用筒体和六个聚氨脂橡胶片结合而成。

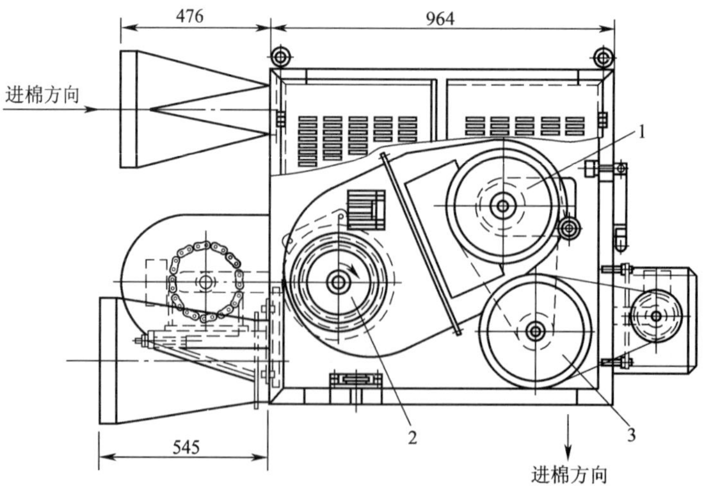

图3－28　FA051A型凝棉器

3. 凝棉器的技术参数(表 3-17)

表 3-17 凝棉器的主要技术参数

项目 \ 机型	A045B	A045C	FA051A (5.5)	FA051A (7.5)	FA051A—120 (5.5)	FA051A—120 (7.5)
间道装置	无	有				
产量(kg/h)	800		800		1000	
机幅(mm)	1060		1000		1200	
尘笼直径(mm)	500		490			
尘笼转速(r/min)	85、100		113			
打手形式	六排聚氨酯胶翼式					
打手直径(mm)	360		300			
打手转速(r/min)	260、310		368			
风扇直径(mm)	500		410			
风扇转速(r/min)	1200、1400、1600		1490、1670、1900、2130、2290、2420			
总功率(kW)	4	5.5	6.25	8.25	6.25	8.25
机器净重(kg)	约 600		约 600		约 650	
外行尺寸(mm):长×宽×高	1728×800×1000	1728×800×1100	1440×1400×1025		1440×1600×1025	

(二)配棉器

配棉器是将棉流均匀地分配 2~3 台棉箱给棉机,以保证生产的连续性。配棉器主要由配棉头和进棉斗组成,A062 型电气配棉器的结构如图 3-29 所示,其主要技术参数见表 3-18。

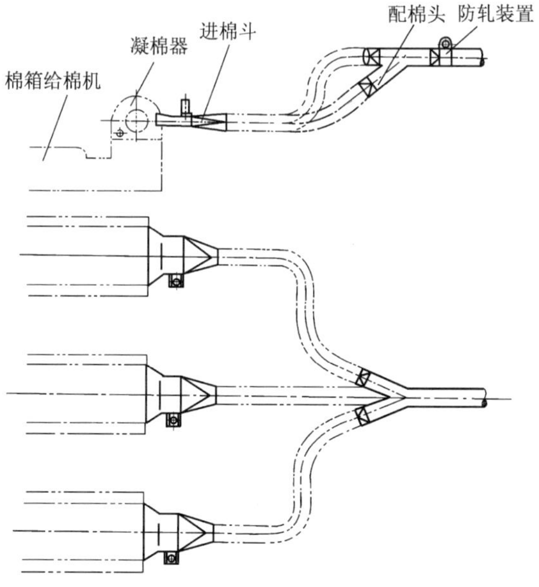

图 3-29 A062 型电气配棉器

表 3-18 A062 型电气配棉器的主要技术参数

项　　目	技术特征	
	两路配棉	三路配棉
产量(kg/h)	500	800
配棉头型式	Y 式三通	品式四通
进棉管直径(mm)	300	300
出棉管直径(mm)	250	250
进棉斗风门(mm):宽×高	700×100	700×100
磁铁形式	MQZ72—45 型	MQZ72—45 型
磁铁个数	2	3

1. 配棉头　配棉头为三通或四通管道，采用两路配棉时 Y 式三通，采用三路配棉时为品式四通。配棉头装有调节板，以改变棉流的分配量。

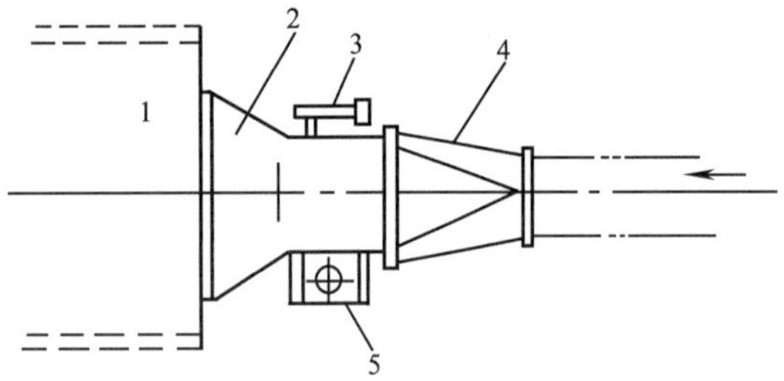

图 3-30　进棉斗

2. 进棉斗　进棉斗由一级扩散管 4、二级扩散管 2、进棉活门、直流电磁铁 5 等组成，如图3-30所示。当 A092AST 型双棉箱给棉机的进棉箱需要棉时，通过光电管使电源接通，磁铁上吸进棉斗活门(即活门开启)，棉流通过凝棉器进入棉箱；若 A092AST 型双棉箱给棉机的进棉箱的棉堆高于光电管不需要棉时，电源断开，磁铁释放，进棉活门借重锤的作用而关闭，停止给棉。当 2 台(或 3 台)A092AST 型双棉箱给棉机的进棉箱全部充满时，通过电气控制使 2 个(或 3 个)进棉斗的活门全部开启，同时使豪猪式开棉机停止给棉，让管道余棉同时进入各台 A092AST 型双棉箱给棉机，而后关闭。图中 1 为凝棉器，3 为重锤杠杆。

(三)输棉管道

棉流依靠管道输送。为了保证棉块顺利输送，管道中气流须有一定的流速。流速过小时，棉块易下沉管底，易形成管道堵塞；流速过大时，动力消耗大。所以要合理选择流量、流速、管径等参数。

1. 棉流在输棉管道中的流动　棉流在输棉管道中的输送有垂直输送和水平输送两种。

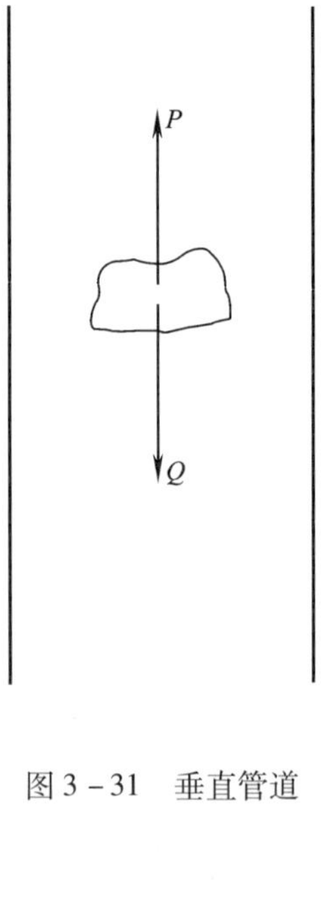

图 3-31　垂直管道

棉块在垂直管道中的输送情况如图 3-31 所示，棉块在运动中受空气阻力、重力及浮力的作用。若棉块所受的压力差形成的托力，以及空气与棉块黏滞摩擦而产生阻力的总和为 P，棉块的重力为 Q，则当P等于Q时，棉块即在悬浮中向上输送，此时的流速称为悬浮速度。其大小与棉块的体积、重量有关，棉块的悬浮速度一般为1.5m/s左右。

棉块在水平管道中的流动如图3－32所示，棉块在运动中除受气流的压力向前运动外，还会因本身的重量G下降管底。当棉块下降管底后，气流主要从棉块的上部流过，造成在棉块上下两面的流速不同，使棉块产生旋转。此时，棉块的上部气流速度大于下部气流速度，故棉块上下出现压力差，促使棉块上升。如棉块的上升力超过其本身的重力，则棉块腾空而起，此时的气流速度称为腾空速度，腾空速度比悬浮速度大3倍左右。棉块升起后，其上下的气流速度逐渐一致，压力差减少。当上升力小于重力时，棉块重新下落，形成跳跃前进。由此可见，棉块在水平管道中的运动情况易滚动、上升、下降，形成循环往复跳动前进。

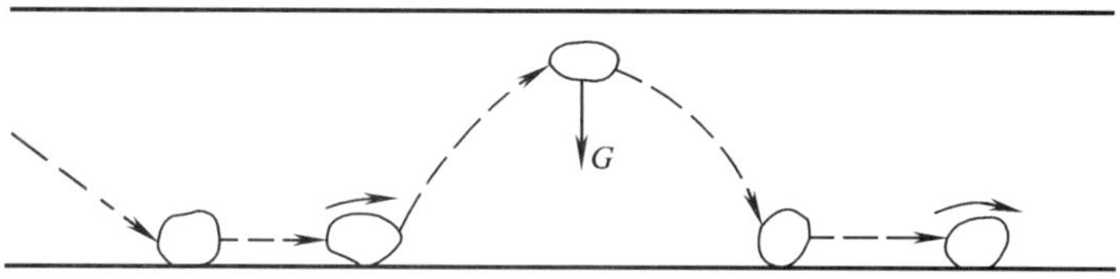

图3－32 水平管道

2. 棉气比的确定 棉气比是指被输送的棉块质量与输送棉块所需空气的质量之比。一般输送棉块的棉气比为0.2～0.5。棉气比愈大，即单位质量空气输送的棉块愈多，则棉块与棉块、棉块与管壁撞碰的机会增多，摩擦阻力增加，易出现絮凝现象，严重时还会造成管道堵塞。一般棉气比小些为宜，但过小则不经济。

3. 管径与流速的选用 当流量一定时，管径与流速成反比，但由于棉流在管道中为非均匀分布，而且棉块的大小和体积不同，为了防止管道堵塞，输送棉块的管径不能太小，输送速度也不能低于腾空速度。此外，输送速度还与棉气比有关。如选用棉气比较大时，要求输送速度大些。但输送速度大时，摩擦阻力大、压力损失多、动力消耗大。一般流速应选用10mm/s、管径为250～300m。

二、开清棉机械的联动

为了保证开清棉机械的连续化生产，开清棉联合机组用一套联动装置联系起来，前后呼应，控制整个给棉运动。当棉箱内棉量充满或不足时以及落卷停车或开车时，使前后机械及时给棉或停止给棉，以保证定量供应和连续生产，此外联动装置还要保障工作安全，防止单机台因故障而造成机台堵塞、损坏或火灾危险等。

1. 控制方法 联动装置在构造上可分为机械式和电气式两种，后者的控制较为灵敏、正确。国产开清棉联合机采用机械和电气相结合的控制装置。机械式如拉耙装置、离合器等；电气式如光电管、按钮连续控制开关等。

控制方法可分逐台控制、循序控制和联锁控制三种。逐台控制即为分段控制，如前方机台不需要原棉时，可以控制其后方的机台停止给棉，但后方更远的机器仍可给棉。联锁控制就是把某台机器的运动或某个机器的几种运动联系起来控制，如自动抓棉机打手的上升与下降，当打手正在下降时需要改为上升，应先停止打手下降，然后使打手上升，否则即使按动上升按钮，打手也不能上升。采用这种控制可避免两相线路同时闭合而造成短路停车事故。循序控制是对开清棉机械开车、关车的次序进行控制。

2. 开关车的顺序　一般是先开前一台机器的凝棉器，再开后一台的打手，达到正常转速后，再逐台开给棉机件。如果前一台机器的凝棉器未开，则喂入机台的打手不能转动；若机台的打手不启动，则给棉机件无法开动。关车顺序与开车顺序相反，即先停给棉，再关打手，最后关凝棉器。

三、开清棉机械的组合

1. 组合的目的和意义　开清棉工序的开松、除杂、混和、均匀等作用是通过一系列单机逐步完成的，且每台单机各有侧重，如有的以混和为主、有的以开松为主等，因此在处理不同的原料时，必须选用不同的单机组合才能适应不同的要求。开清棉联合机的组合就是根据工厂的生产任务，选用合适的单机（包括单机的类型和数量），合理安排它们的前后次序和连接方式等。组合正确与否，不但直接决定产品质量的优劣，而且还对用棉、用料、成本以及看管用人等有很大的影响，开清棉机械的组合是一项牵涉面广和影响较大的工作，该项工作一般在新厂设计和老厂改造时进行。在日常生产中，仅能在已定流程的基础上利用间道做部分调整，由于确定后不易经常变动，因此在组合时必须慎重考虑，恰当安排。

2. 组合要求　开清棉联合机的组合要求应与开清棉工序的工艺要求相符合。为提高产品质量、正常生产，组合时要满足以下要求。

（1）贯彻"多包细抓、混和充分、成分准确、打梳结合、多松少返、早落少碎、防火防爆、棉卷均匀、结构良好"等工艺原则。

（2）合理配置开清点数量，以适应不同原料的含杂。化纤蓬松、不含杂、含疵点少，开清点数量可少。不同含杂率时原料开清点数量见表3－19。化纤原料的开清点一般为2～3个。

表3－19　原料含杂不同时开清点的数量

原棉含杂率（%）	3以下	3～5	5以上
开清点数量	2～3	3～4	4～5或预处理

（3）合理选择打手型式和打击方式，先自由状态打击后再握持状态打击，以达到逐步开松的目的。

（4）配置一定数量的棉箱机械，一般2～3箱，采用多仓混棉机，更能提高混和效果，使棉卷结构均匀、染色均匀。

（5）流程的输棉管道中需设置间道装置，以适应开清点和棉箱机械数量的配置，使单机组合更具有灵活性和适应性，且机组中须安置防铁装置或除金属装置。

第七节　棉卷的质量控制

棉卷质量直接影响各工序半制品的质量及成纱质量。棉卷质量包括:棉卷均匀度、棉卷含杂率和含杂内容、棉卷结构。棉卷质量不仅与原棉有关,而且与工艺调整、机械维修、操作管理、温湿度控制等都有密切关系。为提高棉卷质量,一方面要充分发挥开清棉工序各单机的作用;另一方面也要制定必要的棉卷质量检验项目和控制指标,以便及时发现问题,加以纠正,确保成纱质量的稳定。

一、棉卷含杂的控制

(一)清梳除杂分工

在整个纺纱过程中,清除原棉中杂质、短绒的任务主要由开清棉和梳棉两个工序来承担。如果开清棉工序清除杂质多,则梳棉工序除杂负担就可减轻。原棉中含杂内容不同,清除的难易程度也不同。有的杂质不易在开清棉工序中清除,若多落这部分杂质,便会有很多可纺纤维随着落下,落棉含杂率低,对节约用棉不利。所以必须对清梳两工序进行适当分工,使其合理负担。大杂质和黏附力很小的杂质,如棉籽、籽棉、砂土、棉枝等,尽量在开清棉中除去,与纤维具有一定黏附力的较大杂质,如不孕籽、僵片、破籽等,也要尽量除去;对那些与棉纤维黏附力大、质量轻的杂疵,如带纤维籽屑、软籽表皮、短绒等,可留给梳棉工序清除。

总之,必须充分发挥开清棉工序各单机的除杂作用,使棉卷含杂率尽可能降低。在清梳合理分工的前提下,开清棉工序的总除杂效率要求达到表3-20的水平。

表3-20　开清棉工序的总除杂效率

原棉含杂率(%)	除杂效率(%)	落棉含杂率(%)	棉卷含杂率(%)
1.5以下	40	50	0.9以下
1.5~1.9	45	55	1
2~2.4	50	55	1.2
2.5~2.9	55	60	1.4
3~4	60	65	1.6

(二)除杂原则

棉卷含杂率的控制,应视原棉的含杂数量和内容而定。根据生产实践经验,除杂工艺原则有两条,一是不同原棉不同处理;二是贯彻早落、少碎、多松、少打的原则。

不同原棉不同处理,就是根据原棉的性质、含杂率、含水率、包装、轧工等情况合理配置开清工艺。如当纤维成熟度、含杂率、线密度不同时,打击开清点的数量也不一样。原棉的含水率和包装密度对开松、除杂也有影响。含水率高的原棉,纤维间的联系力大、不易开松,杂质与纤维黏附力大，不易清除，因此对含水率超过 11% 的原棉必须先开包或采用烘干处理，使含水率降至 10% 以下再进行生产。对紧包棉的除杂，关键在于开松，一般紧包棉要进行预松处理；个别包装很紧而含杂高的原棉应采用棉箱预处理。对含杂过多的原棉，也应经预处理，然后再混用；也可以分别处理后采用棉条混和。

对易碎杂质，如不孕籽、带纤维破籽、僵片等，若处理不当，大粒杂质可能碎裂成几粒或几十粒；又如棉籽和籽棉，本属易除杂质，若不及早除去，在握持打击时易被罗拉压碎成破籽和带纤维破籽，再碎裂就成为籽屑和带纤维籽屑，开清棉工序就难以清除，从而增加梳棉工序的除杂负担，而且使生条和成纱的棉结杂质粒数增加，因此要尽量减少杂质的碎裂。对于棉籽、籽棉、不孕籽等大而易落的杂质，必须在自动混棉机和六滚筒开棉机上及早排除，实行“早落、多落”的原则。同时要充分发挥豪猪式开棉机和清棉机排除不孕籽、带纤维破籽和僵片等杂质的效能。

二、棉卷的均匀度控制

（一）棉卷的均匀度

棉卷不匀分纵向不匀和横向不匀，在生产中以控制纵向不匀为主。纵向不匀是反应棉卷单位长度的重量差异情况，它直接影响生条重量不匀率和细纱的重量偏差，通常以棉卷 1m 长为片段，称重后算出其不匀率的数值。棉卷不匀率的控制应根据所纺原料而定，一般棉纤维控制在 1% 以下，棉型化纤控制在 1.5% 以下，中长化纤控制在 1.8% 以下。在棉卷测长过程中，通过灯光目测棉层横向的分布情况，如破洞及横向各处的厚薄差异等。横向不匀过大的棉卷，在梳棉机加工时，棉层薄的地方，纤维不能处在给棉罗拉与给棉板的良好握持下进行梳理，容易落入车肚成为落棉。另外，生产上还应控制棉卷的重量差异，即控制棉卷定量或棉卷线密度的变化。一般要求每个棉卷重量与规定重量相差不超过正负 200g，超过此范围作为退卷处理。退卷率一般要求不超过 1%，即正卷率需在 99% 以上。

（二）棉卷均匀度控制方法

为了使制成的棉卷均匀、重量一致，必须做好如下工作。

1. 原料 原料的回潮率和含油率差异过大或配棉成分中原棉、回花、再用棉间的密度差异过大，如果不均匀混和，还会影响天平罗拉下棉层密度的变化，从而使输出棉量不均匀。

2. 工艺 加强开松、充分混和是提高棉卷均匀度的先决条件，因开松越好、混和越充分，原料的密度差异越小，越有利于棉卷均匀度的改善。

提高开清棉工序各单机运转率，稳定棉箱中存棉的密度要保证棉卷均匀，以控制各单机单位时间的给棉量及输出量稳定。正确选用打手和尘笼的速度，使尘笼吸风均匀。

3. 机械状态 天平调节装置工作状态正常、动作灵敏，如有变形和磨灭，要及时修理；支点位置和重锤位置应按要求调整好；皮带张力适当，以减少滑溜跑偏；皮带不能过宽，并经常处于铁炮中央位置，以保证传动正确，速度合乎要求。

4. 车间温湿度 控制车间温湿度的变化，使棉卷回潮率及棉层密度趋于稳定，以保证棉卷的正卷率；开清棉车间温度夏季控制在 31 ~ 32℃，冬季控制在 20 ~ 22℃，相对湿度一般为 55% ~65%。

5. 操作管理 抓棉机值车工排放的棉包是否合理，将影响混棉的均匀性；成卷部分值车调试天平调节装置的熟练程度直接影响棉卷均匀度的好坏；落卷时棉卷的生头质量将影响棉层不均匀率与棉卷结构。

思考题

1. 开清棉工序的任务是什么？
2. 试述开清棉联合机的分类及其作用。
3. 自动抓棉机有哪几种形式？试说明工艺过程并比较它们的特点。
4. 影响自动抓棉机开松作用的因素有哪些？
5. 比较几种混棉机的结构和作用特点。
6. 影响混和作用的因素有哪些？
7. 什么是自由打击？什么是握持打击？各有什么特点？
8. FA104 型六辊流开棉机有什么特点？影响开松除杂的因素有哪些？
9. 简述 FA105A 型单轴流开棉机的工艺过程？
10. FA101 型四刺辊开棉机有哪些特点？
11. 简述 FA106 型豪猪开棉机的特点？
12. 影响 FA106 型豪猪开棉机开松除杂作用的因素有哪些？
13. FA109 型三刺辊开棉机有哪些特点？
14. 除杂指标有哪些？各有什么作用？
15. FA141 型清棉机有什么作用？
16. 简述天平调节装置的工作原理。它有哪些特点？
17. 影响 FA141 型清棉机开松除杂作用的因素有哪些？
18. 简述开清棉联合机开、关车的控制过程。正常生产时各机之间又是怎样进行联动控制的？
19. 生产中怎样控制棉卷含杂指标？
20. 生产中怎样控制棉卷均匀度？

第四章 梳 棉

本章知识点

1. 梳棉工序的任务和梳棉机的工艺过程。
2. 梳棉机的主要机构及作用。
3. 梳棉机的工艺配置及工艺计算。
4. 清梳联和自调匀整。
5. 生条质量控制。
6. 清、梳工序除尘。

第一节 梳棉概述

一、梳棉工序的任务

原棉经开清棉联合机加工成的棉卷或棉层中，纤维多数呈松散棉块、棉束状态，并含有40% ~50%的杂质，其中多数为较小的带纤维或黏附性较强的杂质和棉结。为满足后道工序的要求，梳棉工序的任务如下。

1. 分梳 对棉层进行细致而彻底的分梳，使束纤维分离成单纤维状态。

2. 除杂 在使纤维充分分离的基础上，继续清除残留在棉层中的杂质和疵点。

3. 均匀混和 利用纤维在梳理机件间的转移和棉网汇合，使纤维在单纤维状态下进行充分混和并分布均匀。

4. 成条 制成一定规格和质量要求的均匀棉条（生条），并有规则地圈放在条筒中，供下道工序使用。

二、国产梳棉机的主要技术特征

几种国产梳棉机的主要技术特征见表4-1。

三、梳棉机的工艺过程

FA231A型梳棉机的工艺过程如图4-1所示，棉卷由棉卷罗拉4喂入，再经给棉罗拉5和

表 4-1 梳棉机的主要技术特征

项目 \ 机型		A186C	FA231A	FA224	FA225
适纺范围(mm)		24~42,15~76	22~76	22~76	22~76
喂入定量(g/m)		—	400~800	350~720	清梳联
输出定量(g/m)		—	3.5~6.5	3.5~6.5	4~6.5
总牵伸倍数		68.5~122.6	98~177	70~130	70~130
实际产量(kg/h)		15~25	最高 70	30~55	40~85
实际出条速度(m/min)		—	89~200	最高 220	最高 265
给棉罗拉直径(mm)		70	100	100	100
刺辊	工作直径(mm)	250	250	250	172.5×3
	转速(r/min)	1014,1105	674~959	600,900,950,1060	695~1305,901~1747,1194~2274
锡林	工作直径(mm)	1289	1288	1290	1290
	转速(r/min)	335,365	326,356,428	280,350,400	280,353.5×405.8,458.2×497.5,549.8
道夫	工作直径(mm)	706	706	700	700
	工作转速(r/min)	15~28	24~63	—	最高 75
盖板	工作区根数/总根数	41/106	30/82	30/80	30/80
	工作速度(m/min)	棉 68~274 化纤 84~137	79~316	—	与锡林反向 106~424
固定盖板根数		—	前 3 后 3	前 4 后 4	前 2 后 1
道夫变速形式		双速电动机	变频电动机	变频电动机	变频电动机
棉网清洁器		—	前 1 后 1	前 1 后 1	前 3 后 3
剥棉形式		四罗拉	三罗拉	倾斜式三罗拉	倾斜式三罗拉
适用条筒规格(mm)		ϕ600×900(1100)	ϕ600×1100	ϕ600×900(1100)	ϕ600×900(1100)
装机总功率(kW)		4.7	约 6.8	8.69	15.06
吸尘点		2~3	多吸点集中连续吸		
占地面积(mm)		3749×1979	4165×2641	4741×2625	4683×2315

给棉板 6 的共同握持喂给刺辊 9 进行分梳。由刺辊分梳后的纤维随同刺辊向下经过刺辊分梳板 8 的梳理、除尘刀 7 的清除后，纤维经过三角小漏底 10 由锡林 16 剥取。杂质与短绒等在给棉板、除尘刀、分梳板、三角小漏底之间落下。由锡林剥取的纤维随同锡林向上经过后固定盖板 13 的梳理，进入锡林盖板工作区。经锡林与盖板 15 针齿的作用后，充塞到盖板针齿内的纤维和杂质在走出工作区后由盖板花吸点 11 吸走；由锡林带出的纤维通过锡林与前固定盖板 19 的梳理后，部分凝聚到道夫 22 表面上，由剥棉罗拉 24 剥取后经导棉装置 25 收拢成条，由大压辊

27 输出,通过圈条器 28,有规则地圈放在条筒内。图中 1 为控制柜 ,3 为棉卷架,2、11、12、14、19、20、23 为吸点。

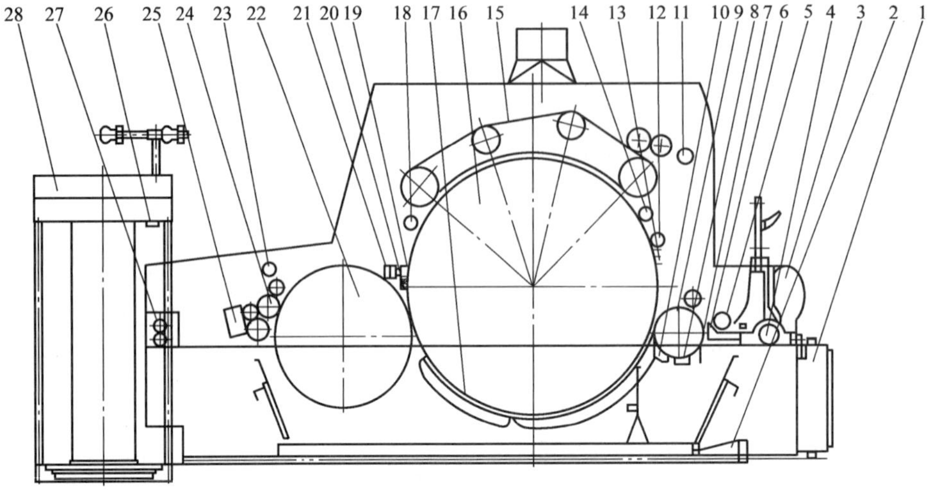

图 4 - 1　FA231A 型梳棉机

第二节　给棉刺辊部分

一、给棉刺辊部分的机构及其作用

给棉刺辊部分由棉卷罗拉 1、给棉板 2、给棉罗拉 3、直接加压机构、厚卷自停装置、刺辊 4、除尘刀 5、刺辊分梳板 6、小漏底 7 等组成,如图 4 - 2 所示。该部分的主要作用是喂给、握持棉层进行梳理,并排除杂质和短绒。

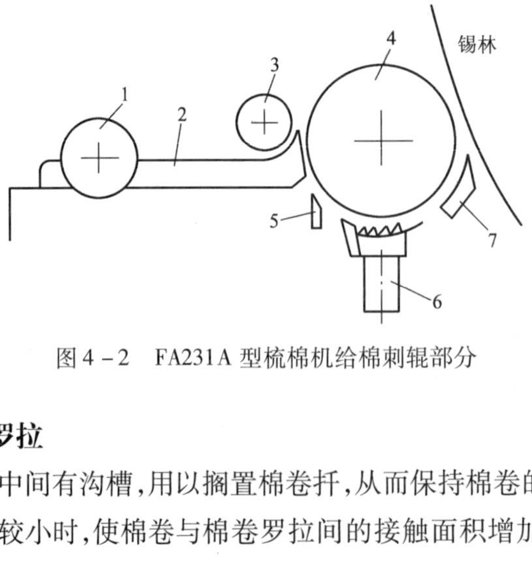

图 4 - 2　FA231A 型梳棉机给棉刺辊部分

(一)棉卷架和棉卷罗拉

棉卷架由生铁制成,中间有沟槽,用以搁置棉卷扦,从而保持棉卷的中心位置。沟槽槽底倾斜,其目的是在棉卷直径较小时,使棉卷与棉卷罗拉间的接触面积增加,从而使棉卷正常退解,减小意外牵伸。顶端凹槽上放置备用棉卷,中间凹孤在调换备用棉卷时作临时放置之用。

棉卷罗拉亦由生铁制成,直径为152mm,且空芯,宽度与锡林相同,棉卷搁置其上。当棉卷罗拉回转时,依靠摩擦力使棉卷退解。棉卷罗拉表面有凹槽,以避免棉卷打滑。

(二)给棉板与给棉罗拉

给棉罗拉与给棉板鼻尖共同对棉层形成强有力的钳口,握持棉层并向刺辊喂给,使刺辊在整个棉层横向进行开松与分梳。

给棉方式有顺向喂入和逆向喂入两种,如图4-3所示,给棉板前沿斜面长度称为给棉板工作面长度。逆向喂入给棉板有直线面、双直线面和圆弧面三种类型,如图4-4所示。图中R为给棉板与给棉罗拉构成棉层通道的曲率半径,L为给棉板工作面长度,H为棉板高度。

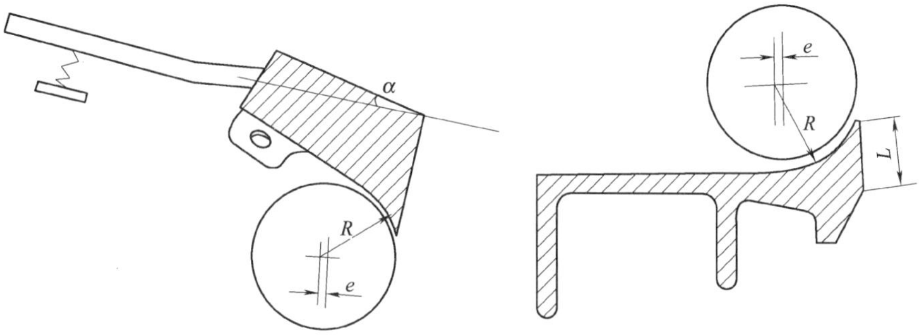

(a)顺向喂入　　(b)逆向喂入

图4-3　给棉形式

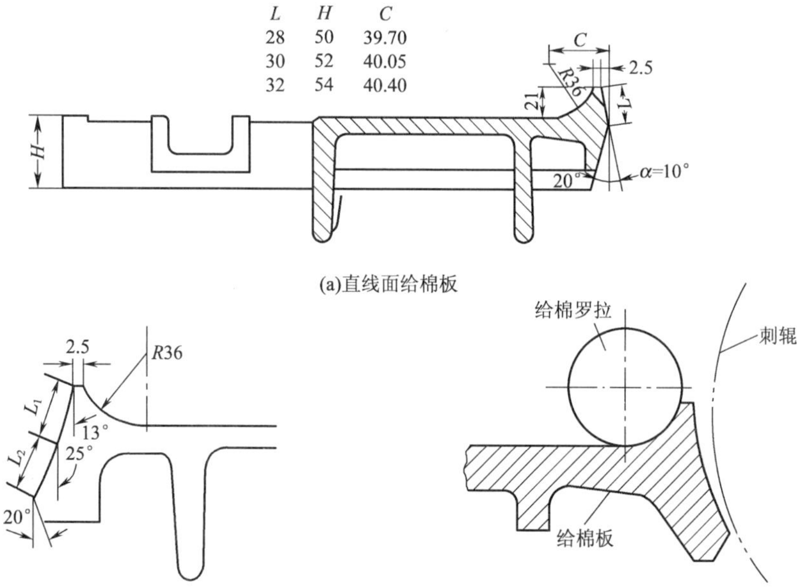

(a)直线面给棉板

(b) 双直线面给棉板　　(c)弧面

图4-4　给棉板

为使棉层握持牢靠,给棉罗拉表面有齿形沟槽、菱形凸起或包卷锯齿,且在罗拉两端施加压力。FA231A 型梳棉机的给棉罗拉加压采用机上杠杆偏心式弹簧加压机构,如图 4－5 所示。加压手柄按下,弹簧被压缩,加压机构通过给棉罗拉对棉层加压。抬起手柄,即可卸压。给棉罗拉的加压可以调整,总压力为 2080～3000N(含给棉罗拉自重为 700N),且压力方向偏向给棉板鼻端。给棉板置于给棉罗拉上方的梳棉机,采用铰接支点、弹簧加压以解决变形问题,如图 4－6 所示。

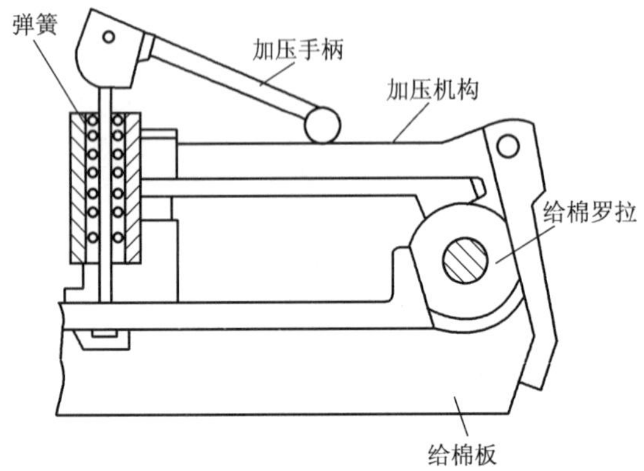

图 4－5　FA231A 型梳棉机给棉罗拉加压机构

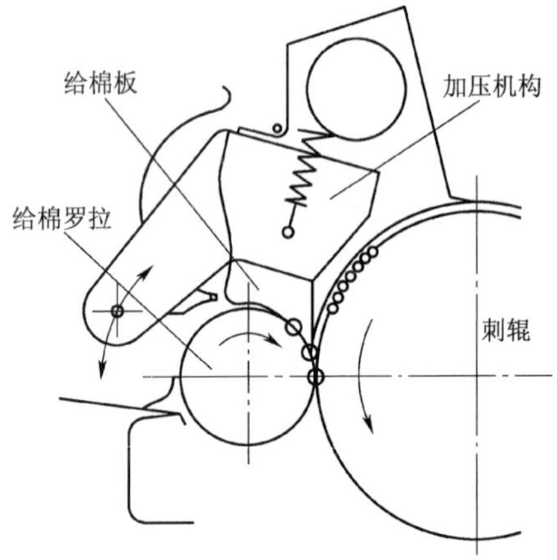

图 4－6　上置式给棉板加压机构

刺辊分梳棉层时,要求棉束的尾端能得到强有力的握持,即最大握持点应在给棉板的鼻尖 B 点,如图 4－7 所示。在圆弧 AB 段内,棉层逐渐被压缩。握持力应逐渐增强。所以,给棉罗拉与给棉板的隔距自入口点 A 至出口点 B 应逐渐减小。为满足以上要求,给棉罗拉中心 O' 对给棉板圆弧中心 O 的相对位置应向鼻尖偏过一个适当的距离 OO' 为 0.513mm。

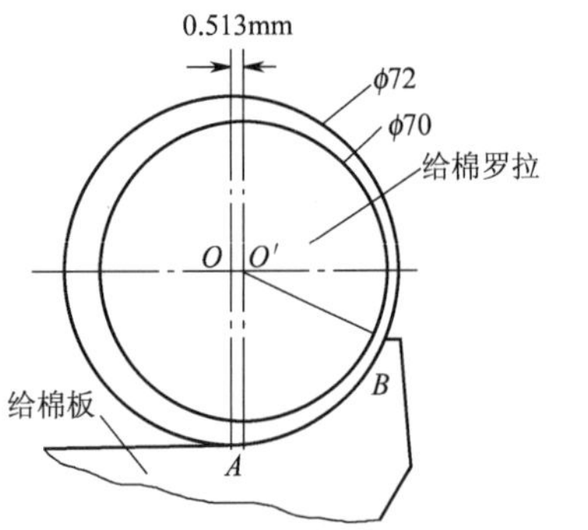

图 4－7　给棉罗拉与给棉板间的隔距

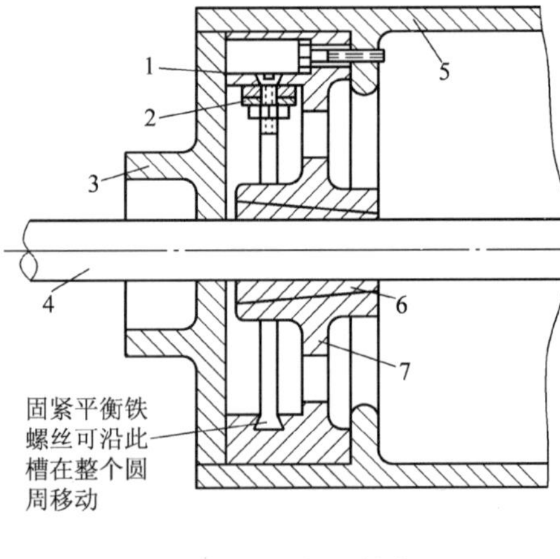

图 4－8　刺辊结构

(三)刺辊

刺辊的主要作用是对棉层进行梳理并除去部分杂质、短绒等。刺辊由滚筒和锯条组成,其结构如图 4－8 所示。滚筒 5 是由铸铁制成或用钢板包卷而成的圆筒，滚筒表面有螺旋线沟槽，用以嵌入分梳锯条。滚筒两端采用一对锥形套筒 6 与两端堵头（法兰）7 紧固，堵头则固定在刺辊轴 4 上，以保证刺辊筒体与轴的同心度。沿堵头内侧圆周有槽底大槽口小的梯形沟槽，平衡铁螺丝 1 可沿沟槽在整个圆周上移动，平衡铁 2 可固紧在需要的位置上。平衡铁放置在外，不需拆卸堵头，保证了平衡的精度，校好平衡后用罩盖 3 封闭。

刺辊工作直径为 250mm，转速为 1200r/min 左右。由于刺辊速度较高，同相邻机件的隔距很小，因此对于刺辊筒体和锯齿面的圆整度、刺辊圆柱锯齿面与刺辊轴的同心度以及整个刺辊的动平衡都有较高的要求。

锯条为刺辊的分梳元件，其材料、规格及技术状态，对刺辊的梳理作用影响甚大，所以锯条大多采用中碳钢加工而成，齿尖向下 2mm 内需要淬火，且刺辊表面包覆的锯条表面要求平整。有代表性的锯条形状如图 4－9 所示。

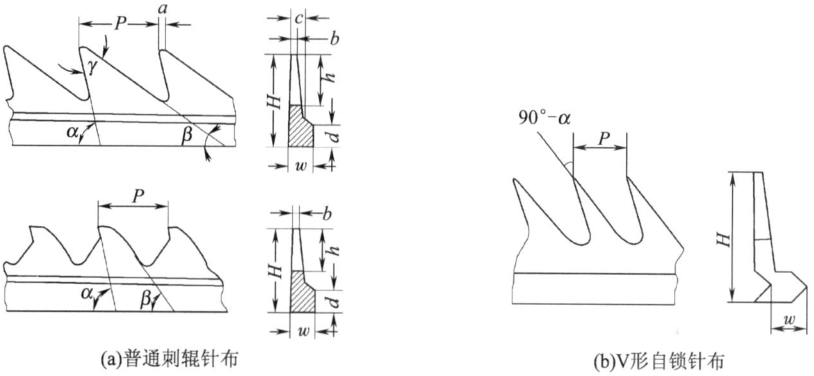

图 4－9 刺辊锯条的形状规格

α—锯齿工作角 β—齿背角 γ—齿尖角 H—齿总高 h—齿尖深 a—齿尖宽度
b—齿尖厚度 c —齿根厚度 d—基部高度 P—纵向齿距 w—基部厚度

（四）刺辊车肚附件

刺辊车肚附件的主要作用是除杂、分梳和托持纤维。不同型号的梳棉机车肚附件形式不同，但基本上由除尘刀、分梳板和小漏底组成。

FA231A 型梳棉机刺辊下设一套新型预分梳板、一把单独除尘刀及一个弧形光板小漏底。分梳板由分梳板主体、除尘刀 1、螺钉 2、导棉板 4 和分梳板支承组成，如图 4－10 所示。分梳板主体由一组或两组锰钢齿片 3 组成，齿片间以铝合金隔片间隔，并以螺钉固装在分梳板支承上，再用胶合树脂固定在外壳上，其齿条采用进口钢丝、引进设备加工而成，针齿锐度及耐磨性较好。除尘刀用螺钉固装在分梳板主体的前侧。导棉板固装在分梳板主体的后侧，有 10mm、15mm、20mm、25mm 四种不同长度的导棉板。导棉板与除尘刀表面有若干个长圆孔，可以单独进行调节其与刺辊之间的隔距。机左设有刺辊转速检测机构。

预分梳的作用是增加纤维原料的除杂与开松，提高分梳效能，防止大块棉束进入锡林针布及盖板针布，以延长针布的使用寿命。

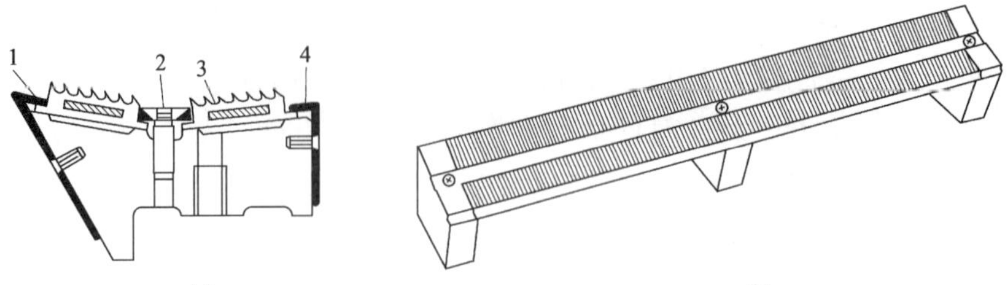

图4-10　锯齿分梳板

二、给棉刺辊部分的分梳作用

(一)分梳过程

给棉刺辊部分的分梳过程可分为握持分梳和自由分梳两个阶段。

1. 握持分梳　棉层被给棉罗拉和给棉板有效握持,经给棉钳口缓慢地喂进刺辊锯齿的作用弧内,如图4-11所示。高速回转的刺辊以其锯齿自上而下地打击、穿刺和分割棉层,棉层在刺辊锯齿的抓取和摩擦作用下逐渐被锯齿带走,被带走的纤维或纤维束的尾端在相邻纤维束的摩擦力控制下滑移,受到分离与伸直。因为棉层在给棉罗拉与给棉板间受到较大圆弧面的控制,同时刺辊有较大的齿密,对棉层的作用齿数较多,加上刺辊与给棉罗拉的速度差异可达千倍左右,所以棉层中70%~80%的棉束被刺辊分解成单纤维状态。

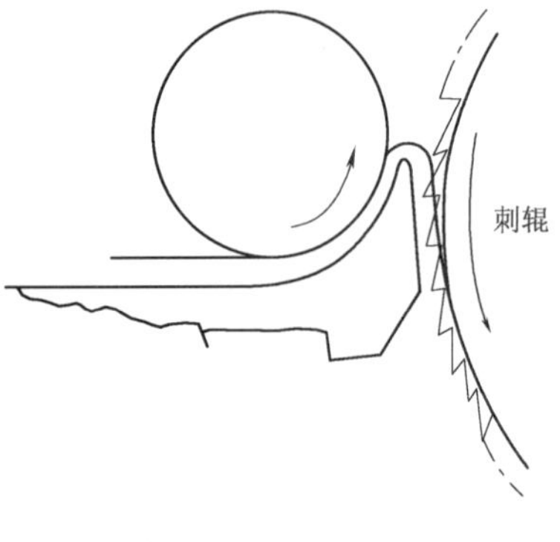

图4-11　握持分梳过程

2. 自由分梳　自由分梳作用发生在刺辊和分梳板之间,当刺辊带着纤维经过分梳板时,纤维尾端从锯齿间滑过,使位于刺辊纤维层表面在握持分梳时,受到较弱梳理作用的纤维束和小棉块得到分梳,从而减少了进入锡林工作区的纤维束和棉束长度,提高了纤维的分离程度,为锡林盖板工作区的细致分梳创造了有利条件。

(二)影响分梳效果的因素

1. 给棉握持方面

(1)给棉罗拉表面形式:不同的给棉罗拉表面形式,决定不同的握持状态。当直线沟槽罗拉握持时,齿峰与齿谷交替通过给棉板鼻端,会导致棉层纵向相邻片段握持力及握持位置的变化,造成棉须纵向分梳作用的差异,同时导致棉条短片段周期性不匀恶化。采用螺旋沟槽时,因握持点连续而上述情况有所改善;采用菱形凸起表面时,因其左右螺旋沟槽的导程不等,握持点具有一定的连续性,故落棉中长纤维较少,棉条不匀有所降低;采用表面包有锯条时,加用隔条限制齿顶伸出长度,由齿顶构成的握持点多且分布均匀,使棉层在横向受压缩的同时,纵向部分纤维受到压缩和拉伸,有利于刺辊梳直纤维并减少纤维损伤,故罗拉加压量可适当减轻,锯齿给棉罗拉有利于加工纤维长度差异较大的原料。

(2)给棉钳口加压量:当机型一定时,给棉钳口加压量应随刺辊转速、喂入棉层定量、纤维品种的变化而调整。当转速高、定量大、纤维与罗拉的摩擦因数小时,应增加加压量。

(3)给棉方式:给棉罗拉与给棉板相对位置的变化,构成了不同的握持喂给方式。顺向喂给,即棉层喂给方向与刺辊分梳方向相同。若配以锯齿罗拉弹性握持,则刺辊分梳时锯齿握持的较长纤维尾端可从握持钳口中顺利抽出以避免损伤。逆向喂给,即棉层喂给方向与刺辊分梳方向相反。刺辊分梳时,锯齿所带纤维尾端受到的阻力大,纤维易被拉断。

(4)给棉分梳工艺长度:给棉分梳工艺长度是指给棉罗拉与给棉板握持点 a 到给棉罗拉(或给棉板)与刺辊最小隔距点 b 间的距离,如图 4-12 所示。

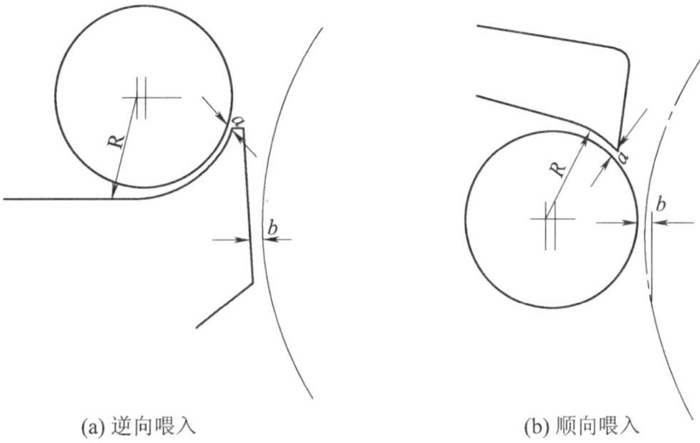

(a) 逆向喂入　　(b) 顺向喂入

图 4-12　给棉分梳工艺长度

给棉板分梳工艺长度直接决定刺辊的开始分梳点(简称始梳点)的高低。如分梳工艺长度缩短,始梳点位置升高,纤维被握持分梳的长度增加,刺辊的分梳作用增强,但纤维损伤大;如分梳工艺长度太长,始梳点过低,纤维被握持分梳的长度较短,梳理后棉束的重量百分率增加。因此,给棉板分梳工艺长度的选择应兼顾分梳效果和纤维受损程度两个因素。生产实践证明,当给棉板分梳工艺长度大于纤维主体长度时,纤维损伤少,但未分梳开的棉束多,对分梳与除杂不利;当给棉板分梳工艺长度等于纤维主体长度时,分梳效果好,纤维损伤也不显著;当给棉板分梳工艺长度小于纤维主体长度时,分梳、除杂效果好,但纤维损伤大。所以,给棉板分梳工艺长度应与纤维主体长度相适应。调整给棉板的高低位置可改变分梳工艺长度。逆向喂入直线面的梳棉机,给棉板工作面长度的选择见表 4-2。

表 4-2　给棉板规格的选用　　单位:mm

给棉板工作面长度	给棉板分梳工艺长度	适纺纤维的主体长度
28	27~28	29 以下
30	29~30	29~31
32	31~32	原棉 33 以上,化纤 38
46	45~46	中长化纤:51~60
60	59~60	中长化纤:60~75

给棉板的工作面改成半径为127mm的弧面，因而在隔距点以上的隔距变化小且缓和，有利于分梳与除杂，使用正确并不会损伤纤维。但当纤维长度有较大的变化时，难以调节给棉板的分梳工艺长度。双直线面给棉板也可减少锯齿对棉须里外层分梳的差异。

2. 刺辊分梳方面

(1)刺辊转速：刺辊转速高，分梳作用强，棉层内单纤维含量高，但转速太高，不仅会损伤纤维，而且会影响锡林与刺辊间的速比，从而影响锡林顺利剥取刺辊表面的纤维。

(2)刺辊形式与针齿规格：刺辊有梳针和锯齿两种类型，梳针对纤维的作用比较缓和，开松能力强，有利于纤维和杂质的分离，并在梳理中不易打碎杂质，且在使用时不易变形，使用寿命长，但加工难度大，维修不方便，所以目前国内外大多数用锯齿型刺辊。

锯齿工作角 α 的大小，直接影响锯齿对棉层的穿刺能力和刺辊的除杂作用。工作角小，针齿握持棉层的能力强，有利于锯齿对棉层的穿刺、分梳，但不易抛落杂质，刺辊落棉有所减少。工作角过小会造成刺辊返花多，棉结增多。因此，锯齿工作角的大小，要兼顾分梳和除杂两方面。纺棉时一般选用75°~80°，纺化纤时采用较大的工作角。

锯齿密度是指单位面积的齿数，包括纵向密度和横向密度。横向密度与刺辊螺旋沟槽导程有关，纵向密度与齿距 P 有关。齿距小，则密度大。锯齿密度大时，每根纤维受到的作用齿数增多，有利于分梳，但损伤纤维的可能性增大，而且锯齿密度加大后，锯齿对纤维的握持力增强，这对纤维由刺辊向锡林转移和抛落杂质不利，因而锯齿密度增大的同时，要适当放大工作角，即较大的工作角与较大齿密配合，较小的工作角与较小齿密配合，以兼顾分梳、落棉与转移。

锯齿的齿顶厚度分为厚型(0.4mm)、中薄型(0.2~0.3mm)、薄型(0.2mm以下)三种。薄齿穿刺能力强、分梳效果好、纤维损伤少、刺辊落棉率低、落棉含杂率高，但薄齿强度低，易轧伤、倒齿。

锯齿的齿高 h 小，强度高，纤维向锡林转移好，但 h 应与棉层厚度相适应，一般为2.7~4.0mm。锯齿的总高 H 是其基部高度 d(1.5~1.6mm)和齿高 h 的和，一般为5.60~5.85mm。

刺辊锯条是朝薄齿、高密的方向发展，以便在不过多提高刺辊转速的情况下，提高对棉层的穿刺能力，保证分梳质量。

(3)刺辊与给棉罗拉(或给棉板)间的隔距：刺辊与给棉板间的隔距偏大时，棉须底层不受锯齿直接分梳的纤维增多，分梳效果差。在机械状态良好的条件下，此隔距以偏小掌握为宜，一般采用0.18~0.30mm。在喂入棉层偏厚、给棉板工作面长度偏短或加工纤维的强力偏低等情况下为了减少短绒，可适当放宽此隔距。

三、刺辊部分的除杂作用

(一)刺辊部分的气流附面层

刺辊在高速回转时，锯齿带动它周围的空气流动，由于空气分子之间的摩擦和黏性，里层空气带动外层空气，层层带动，在刺辊周围形成气流附面层(简称附面层)。附面层具有一定厚度，在一定范围内，附面层厚度与附面层形成点的距离呈正比，离形成点越远，附面层越厚。在附面层内,受空气黏滞阻力的影响,距运动物体表面距离不同的各点上的气流速度不同。距运动物体越近,速度越大;距运动物体越远,速度越小。

纤维和杂质在附面层中的运动规律不同,如图 4 – 13 所示。刺辊对棉层进行分梳时,纤维和杂质被锯齿带走,并随其作回转运动,部分纤维与杂质,一旦离开锯齿,即悬浮于附面层中。悬浮在附面层中的纤维和杂质,由于自重而向下降落,同时受附面层气流影响,又随气流作回转运动。杂质由于质量大、体积小,在附面层中下落速度快,受气流的影响较小,因而快速向附面层外侧移动,尤其是较大杂质,可直接冲过附面层落下。而纤维由于质量小、体积大,在附面层中下落速度慢,易随附面层气流运动,因而多数分布在附面层内层。生产上利用这种分布规律,对附面层给以不同程度的切割,以达到去杂保纤、调节落棉的目的。

(二)刺辊部分的除杂

1. 落杂区的划分 梳棉机机型不同,则刺辊车肚附件不同,落杂区的划分也各不相同,一般为 2 ~3 个落杂区。FA231A 型梳棉机给棉板至单独除尘刀之间为第一落杂区,单独除尘刀至分梳板入口之间为第二落杂区,导棉板至弧形光板小漏底入口之间为第三落杂区。

2. 刺辊车肚的气流与除杂 如图 4 – 14 所示,在刺辊与给棉板隔距点处,因隔距很小,又有棉须,故可看作是刺辊带动附面层的形成点。在第一落杂区内,刺辊带动的气流逐渐增加,厚度也随着增厚。要求自给棉板下补入气流,补入气流对刺辊上的纤维起一定的托持作用,而增厚的附面层至独立除尘刀处,因除尘刀与刺辊的隔距很小,大部分气流被除尘刀阻挡而沿刀背向下流动,部分杂质和短纤维可随之下落。另一部分气流通过除尘刀后进入第二落杂区内,附面层又开始增厚,除尘刀下需补入气流,对刺辊上的纤维起一定的托持作用。分梳板上的除尘刀对附面层进行分割,部分气流沿刀背向下流动,杂质和短纤维亦随之下落;另一部分进入刺辊与除尘刀隔距的气流通过分梳板的导棉板后又开始增厚,并要求从导棉板下补入气流,同样对刺辊上的纤维起一定的托持作用。增厚的附面层又被小漏底除尘刀切割,部分气流折入车肚,气流中的尘杂也随之落入车肚,另一部分气流与锡林带动的气流汇合,通过刺辊与锡林的隔距点后分为两部分,一部分气流进入刺辊罩壳,被刺辊吸尘罩吸出,另一部分气流进入锡林后罩板。

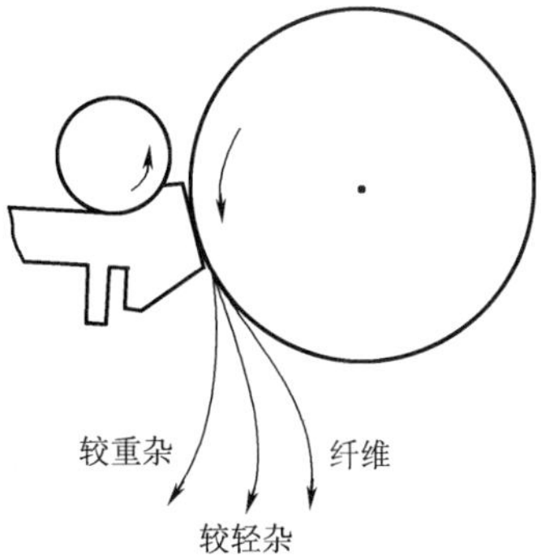

图 4 – 13 纤维与杂质的运动轨迹

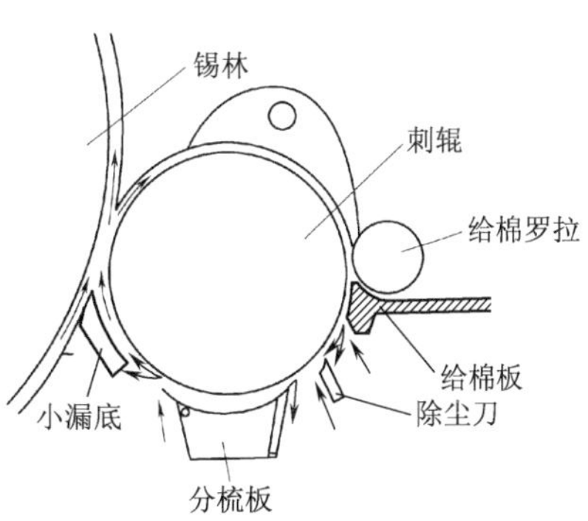

图 4 – 14 刺辊车肚气流与除杂

（三）影响刺辊落棉的因素

1. 刺辊速度 提高刺辊速度，有利于分解棉束、暴露杂质、加强抛落作用。提高刺辊速度后，锯齿上的纤维和杂质的离心力增加，空气阻力也增加，但杂质体积小、质量大，所受的空气阻力小，离心力大，容易被抛出而进入落棉，除杂作用增强。但刺辊速度增加后，应注意保持锡林、刺辊间一定的速比关系，同时分梳板、除尘刀和漏底工艺也应作必要的调整。

2. 锯齿工作角 在其他条件不变时，增大锯齿工作角 α，有利于短纤维和杂质的排除。

3. 刺辊直径 增大刺辊直径，有利于除杂区分梳除杂附件的安排，使吸尘点增多。如马佐里 C501 型梳棉机刺辊直径增大到 350mm（一般为 250mm），刺辊下可安排三组带除尘刀的吸风装置、两把偏转刀以及两块分梳板，使刺辊部分可承担梳棉机 90% 的除杂任务。

4. 落杂区分配 当喂入棉卷含杂量或含杂内容发生改变时，可以通过调整除尘刀、导棉板位置或规格来调整前、后落杂区的长度分配与后车肚的落棉量。

当原棉含杂量较高时，可适当增加第一落杂区长度，以保证杂质抛出的时间，使该区的附面层厚度增加，附面层中悬浮的杂质量增多，除尘刀可分割较厚的附面层以排除较多的杂质。第一落杂区长度增加后，第二落杂区的长度减小，落棉量减少，但刺辊车肚总落棉量增加；第二落杂区的长度增加，也有利于排除杂质，但刺辊车肚总落棉量减少。如 FA231A 型梳棉机后车肚落杂区的长度可通过前后移动分梳板位置及更换前侧托棉板长度予以调整，纺棉及纺化纤分梳板后侧分别配有除尘刀及托棉板，用户可根据实际需要调整各落杂区长度，具体调整方法见表 4－3。

表 4－3　FA231A 型梳棉机后车肚落杂区长度调整

落杂区			长度（mm）	调整
第一落杂区 S_1	纺棉		44.6	除尘刀（A186F—1119）平机架，与机架水平面成 90°
	纺化纤		30	除尘刀（A186F—1119）高机架 13mm，与机架水平面成 95°
第二落杂区 S_2	纺棉	最大	63	分梳板调至机前侧，分梳板后装除尘刀 QF T204—0011
		最小	50	分梳板调至机后侧，分梳板后装除尘刀 QF T204—0011
	纺化纤	最大	62	分梳板调至机前侧，分梳板后装托棉板 QF T204—0000—2，长度 $L=30$
		最小	48.5	分梳板调至机后侧，分梳板后装托棉板 QF T204—0000—2，长度 $L=30$
第三落杂区 S_3	纺棉纺化纤	最大	33	分梳板调至机后侧，分梳板前装托棉板 FA231—1101A，长度 $L=10$
			28.5	分梳板调至机后侧，分梳板前装托棉板 QF T204—0008，长度 $L=15$
			23.5	分梳板调至机后侧，分梳板前装托棉板 QF T204—0009，长度 $L=20$
			18.5	分梳板调至机后侧，分梳板前装托棉板 QF T204—0010，长度 $L=25$
		最小	20	分梳板调至机前侧，分梳板前装托棉板 FA231—1101A，长度 $L=10$
			15	分梳板调至机前侧，分梳板前装托棉板 QF T204—0008，长度 $L=15$
			10	分梳板调至机前侧，分梳板前装托棉板 QF T204—0009，长度 $L=20$
			5	分梳板调至机前侧，分梳板前装托棉板 QF T204—0010，长度 $L=25$

5. 除尘刀、小漏底入口与刺辊间的隔距　除尘刀、小漏底入口与刺辊间的隔距缩小，切割的气流附面层厚度增加，车肚落棉量增加，有利于排除尘杂。若隔距过小，将会切割较厚的气流附面层，使落棉中可纺纤维含量增加，不利于节约用棉。一般刺辊与除尘刀隔距为0.25～0.30mm，刺辊与小漏底隔距为0.6～1.5mm。

四、锡林与刺辊间纤维的转移

刺辊对喂给的棉层进行握持分梳后，应将其表面的全部纤维顺利地转移给锡林，所以锡林与刺辊两针面间配置成剥取作用。如果剥取纤维不完全，则会造成刺辊返花，纤维充塞锯齿，影响刺辊的分梳作用，同时还会搓出棉结或产生棉网云斑，影响棉网质量。影响纤维转移的主要因素如下。

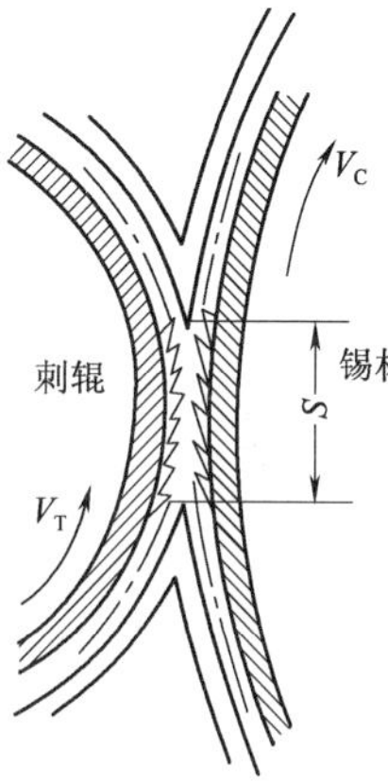

图4－15　纤维由刺辊向锡林转移

1. 锡林与刺辊的速比　如图4－15所示，设小漏底鼻尖和后罩板底边为转移区，纤维长度为L，锡林表面速度为V_C，刺辊表面速度为V_T，则刺辊上某一点经过转移区S的时间为t。如果在转移区开始时即被锡林针齿抓住另一端，在接近后罩板底部时以伸直状态转移至锡林，则在t时间内，锡林某针齿抓取的纤维除通过S长度外，还应走过一段纤维长度的距离，即$S+L$长的距离，则：

$$\frac{S}{V_T}=\frac{S+L}{V_C}$$

即：

$$\frac{V_C}{V_T}=\frac{S+L}{S} \tag{4-1}$$

由式(4－1)可知，锡林与刺辊的速比与转移区的长度和纤维长度有关。依靠刺辊离心力和进入转移区的气流作用，纤维在速比较小时也能被锡林剥下，但由于纤维在转移过程中伸直作用差，从而影响锡林针面纤维层的结构，关车时因离心力较小而造成刺辊返花较多，因此锡林与刺辊的速比应根据原料性能和工艺要求来确定，通常纺细绒棉时速比为1.4～1.7，纺长绒棉、棉型化纤或中长化纤时为1.8～2.4。

2. 刺辊与锡林的隔距　该隔距小，锡林针尖抓取刺辊锯齿上纤维的机会多，有利于纤维的转移。FA231A型梳棉机上一般采用0.12～0.20mm。在两者偏心小、针面平整、运转平稳条件下，隔距宜小，有利于纤维向锡林针面转移。

第三节　锡林、盖板和道夫部分

锡林、盖板和道夫部分由锡林、回转盖板、固定盖板、道夫、锡林前后罩板和大漏底等组成，其作用是对刺辊梳理过的原料作进一步细致的梳理，并除去部分细小杂质和短绒，道夫将锡林与盖板梳过的纤维凝聚成纤维层。

一、锡林、盖板和道夫部分的机构及其作用

(一)锡林

锡林是梳棉机的主要机件，其作用是将刺辊初步梳理过的纤维转移并带入锡林盖板工作区，作进一步细致的梳理，伸直和均匀混和，并将纤维转移给道夫。锡林由滚筒和梳理齿条组成，滚筒的结构如图4－16所示。在滚筒1两端，用堵头(法兰)3和裂口轴套5将滚筒和锡林轴4连接在一起。FA231A型梳棉机采用整体式锡林，将堵头和筒体合二为一，提高了锡林筒体的精度，锡林轴与筒体采用夹紧配合结构。机右设有锡林转速检测机构防止锡林挤车。锡林与刺辊、回转盖板、固定盖板及道夫之间的隔距很小。因锡林的直径较大，表面速度较高，所以对锡林的圆整度、锡林与轴的同心度以及锡林滚筒的动平衡等要求较高。为减小锡林滚筒包卷齿条后的变形程度，锡林滚筒内壁有5条加高加宽的梯形筋2以增加筒体的刚性。

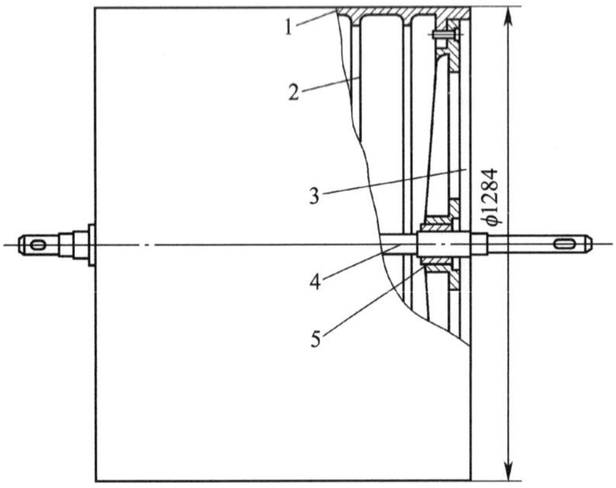

图4－16 锡林滚筒结构

(二)大漏底(锡林车肚罩板)

大漏底(锡林车肚罩板)的主要作用是托持锡林上的纤维，并排除部分杂质和短绒。FA231A型梳棉机大漏底分前、后两段，漏底的中部为尘棒，前、后两端为平滑弧形板，部分短绒和杂质在锡林离心力的作用下通过尘棒间隙落下。FA224型梳棉机锡林下装有12块光滑的弧形板和两只吸口来取代大漏底，如图4－17所示。锡林车肚罩板由铁皮或经过防棉蜡和增柔剂黏结处理的光铝板制成，它的入口前缘呈圆形以避免挂花，出口和小漏底衔接。

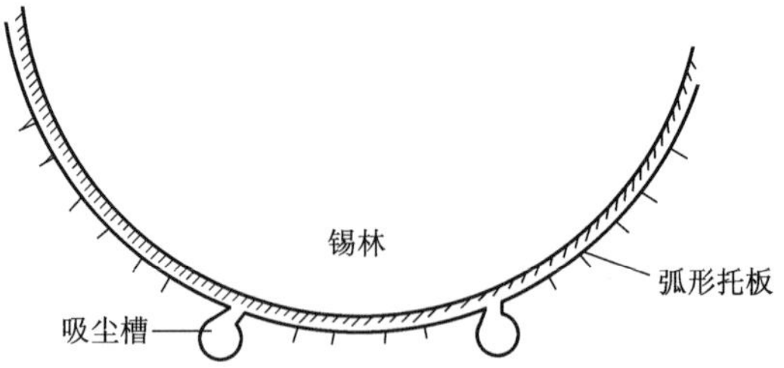

图4－17 锡林弧形托板及吸尘槽

(三)活动盖板

盖板的作用是与锡林配合对纤维作进一步细致的梳理，并有伸直纤维、均匀混和以及除去部分杂质和短绒的作用。不同型号的梳棉机，活动盖板的根数不同，基本为80～106根，其中工作盖板为28～41根，FA231A型梳棉机活动盖板总根数为82根，工作盖板为30根。所有活动盖板用链条或齿形带链接起来构成回转盖板，由盖板传动机构传动，沿着锡林墙板上的曲轨慢

速回转。调节曲轨相对墙板的高低位置，就可调节盖板与锡林间的隔距。

盖板由盖板铁骨和针布组成，铁骨是一狭长铁条，工作面包覆盖板针布，其宽度为22mm。为了增加铁骨的刚性，防止其弯曲变形，铁骨截面呈“T”形，且铁骨两端各有一段圆脊，相当于链条的滚子，以接受盖板机构的推动。盖板铁骨两端的扁平部搁在曲轨上，曲轨支持面为踵趾面，如图4－18所示。由于踵趾面厚度不同，即 $t > h$，使盖板针布底部位置形成斜面 FF'，h 端下倾。因为曲轨表面 PP' 与锡林表面 CC' 平行，所以盖板针布的表面 ww' 亦形成斜面，使锡林与每根盖板之间的隔距形成入口大、出口小。FA231A型梳棉机的盖板采用0.56mm小踵趾差，并带3mm小平面，且回转方向与锡林相反，使纤维得到充分细致的梳理。

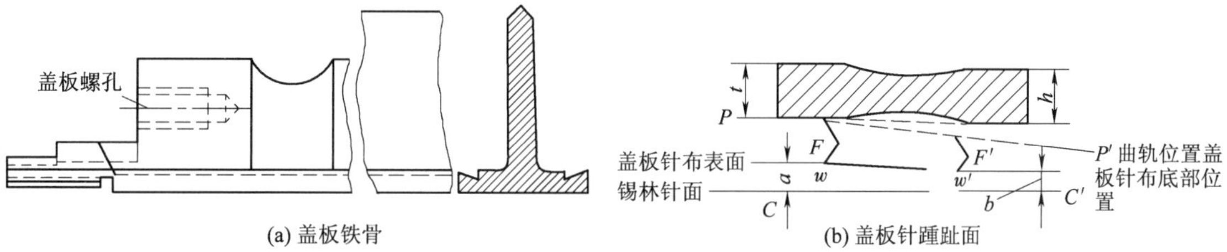

图4－18　盖板铁骨和盖板踵趾面

有的梳棉机配置了铝制模件制造的盖板铁骨，减轻了盖板重量，同时采用同步齿形带通过其上的定位销固定盖板，减小盖板运行阻力，降低了盖板踵趾及曲轨的磨损。而且采用圆柱体代替盖板踵趾面，使盖板运转更加平稳，针面与锡林针面间隔距校调更为精确，如图4－19所示。

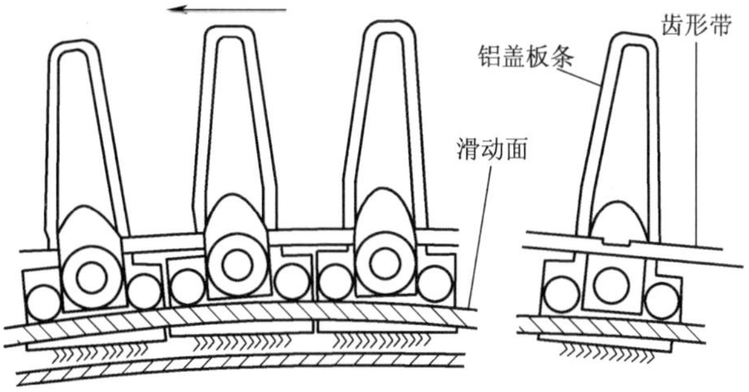

图4－19　新型盖板及传动

（四）固定盖板

固定盖板分前固定盖板和后固定盖板，后固定盖板可对纤维进一步开松及除杂，减轻锡林针布和盖板针布的梳理负荷，延长针布的使用寿命。前固定盖板的作用是加强梳理，减少棉结，提高纤维的伸直度。

固定盖板的结构如图4－20所示，后固定盖板安装在后下罩板上部，每块盖板均包覆有金属针布，其齿尖密度配置自下而上逐渐由稀到密。前固定盖板位于前上罩板和抄针门之间，安装在左右两侧的垫板上，其与锡林之间的隔距可以通过调节垫片进行调节。FA231A 型梳棉机设有 3 根前固定盖板和 3 根后固定盖板，其密度分别为 240 齿/(25.4mm)^2 和 140 齿/(25.4mm)^2。在前、后固定盖板上方均装有棉网清洁器（除尘刀及吸风系统），进一步加强了梳棉机对杂质、短绒、微尘的排除作用。

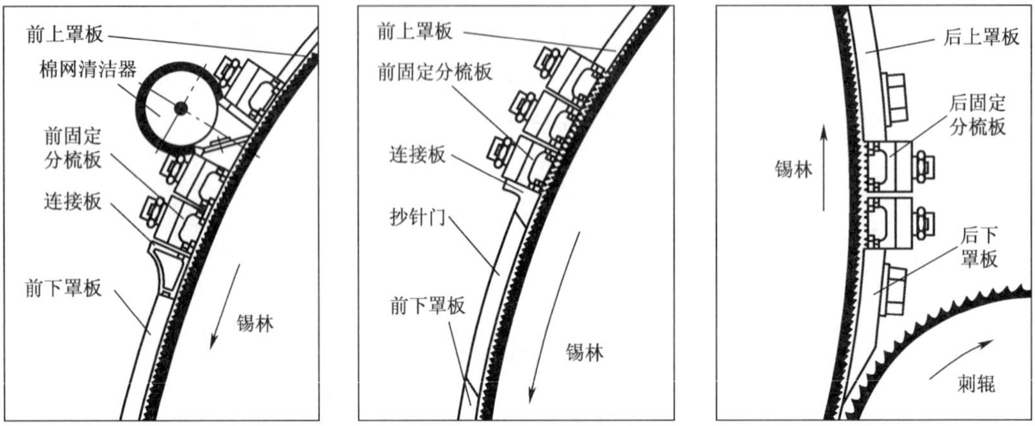

(a) 前三固定分梳板带棉网清洁器　　(b) 前三固定分梳板　　(c) 后二固定分梳板

图 4 - 20　固定盖板位置示意图

（五）前、后罩板

前、后罩板包括前下罩板、前上罩板、后下罩板和后上罩板，其主要作用是防止锡林针面上的纤维飞散。前、后罩板用厚 4 ~ 6mm 的钢板制成，上、下呈刀口形，中间较厚以增加其刚度。后罩板位于刺辊上方，其下缘与刺辊罩壳相接，调节后罩板与锡林间入口隔距的大小，可以调节小漏底出口处气流静压的高低，从而调节后车肚落棉。前上罩板位于盖板出口处，其高低及与锡林间的隔距大小，直接影响纤维由盖板向锡林的转移，从而可以控制盖板花的多少。

（六）锡林墙板和盖板清洁装置

锡林墙板为一圆弧形铁板，和锡林轴承为一体，固定于锡林两侧的机框上。其上安装有曲轨、弓板盖板调节支架、抄磨针托架和调节刺辊、道夫的螺钉等部件。如图 4 - 21 所示，曲轨是由生铁制成的弧形铁轨，装在墙板上，左右各一根，其表面光滑并具有弹性，盖板在曲轨上缓慢滑行，曲轨上有短轴和槽孔，利用托脚及螺栓装在墙板上，可借调节螺丝来调节曲轨的高低位置，以改变盖板与锡林间的隔距。

盖板清洁装置由一根全部包有弯脚钢丝针布的毛刷辊和一根包有直脚钢丝针布的清洁辊及吸风罩组成，如图 4 - 22 所示。当活动盖板走出工作区时，由毛刷辊将盖板上的盖板花刷下，转移给清洁辊后由吸风口吸走。毛刷辊与盖板间的相对位置可调，清洁辊由单独电动机传动。

（七）道夫

道夫的作用是将锡林表面的纤维凝聚成纤维层并在凝聚过程中，对纤维具有梳理和均匀混和作用。

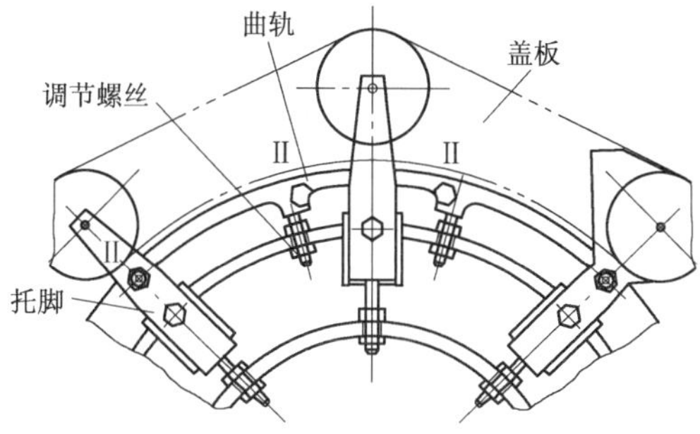

图 4－21　曲轨与盖板托脚

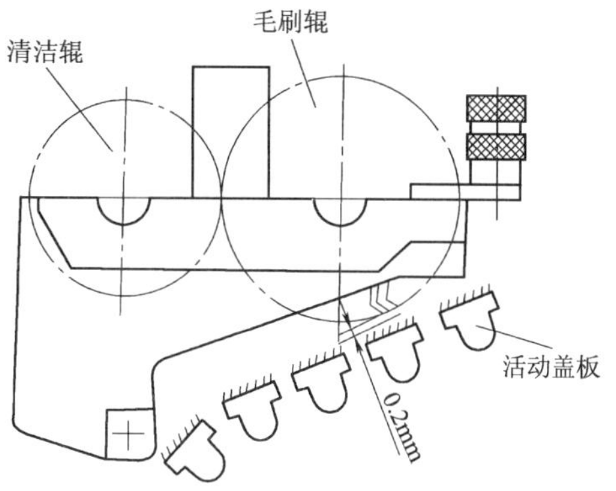

图 4－22　盖板清洁装置

道夫结构与锡林相似，由滚筒和针布组成。FA231A 型梳棉机道夫筒体采用整体式，使堵头与筒体合二为一，提高了道夫筒体的精度，道夫轴与堵头采用夹紧配合结构。道夫滚筒直径为 698mm，工作直径为 706mm。由于道夫直径较小，因而对其动平衡、包卷针布后滚筒的变形及轴与轴承的要求都比对锡林的要求低。

为了解决高产梳棉机高速生产和低速生头的需要，设置道夫变速装置。变速装置采用双速电动机、变频电动机和双速电磁离合器等机构。FA231A 型梳棉机采用 FO3PS132—6（左）1.5kW 变频电动机拖动，慢速生头、快速运行。

（八）针布

针布分为金属针布和弹性针布两大类。针布的规格型号、工艺性能和制造质量，影响梳棉机的分梳、除杂、混和与均匀作用，因此梳棉机对使用针布的要求有以下四个方面。

（1）具有良好的穿刺和一定的握持能力，使纤维受到两个梳针面的积极分梳。

（2）具有良好的转移能力，即剥取时，使纤维易从一个针面向另一个针面转移。

（3）具有良好的齿形和适当的齿隙容纤量，使梳棉机具备应有的吸放纤维能力，促进纤维的分梳和均匀混和。

（4）钢针或针齿应锋利、光洁、耐磨，针布齿面要平整，有利于正确校正隔距，提高分梳和转移效率，同时防止碰针而造成针布损坏。

1. 金属针布

（1）金属针布规格参数：金属针布是用优质高碳钢或低碳合金钢耐磨材料经拉制、冲切和热处理等制成的，如图 4－23 所示。在规格参数中，以工作角、齿形、齿密和齿深较为重要。

①工作角 α 亦称齿面角，是针齿工作面与底面的夹角。针齿工作角 α 的大小直接影响针齿对纤维的握持分梳和转移性能。若 α 偏大，则针

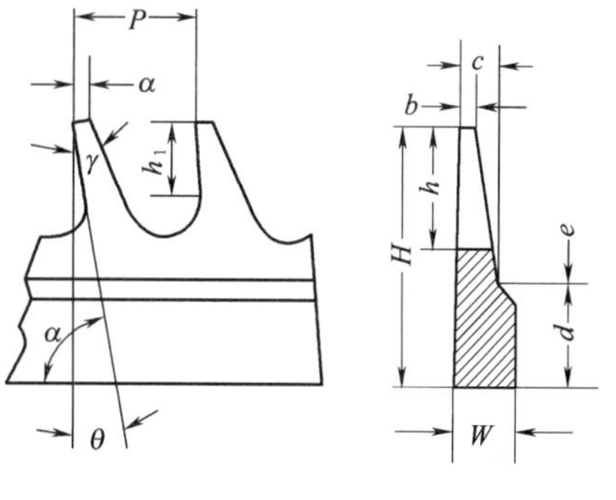

图 4－23　金属针布

H—总齿高　h—齿尖高（齿深）　h_1—齿尖有效高
α—工作角　θ—齿前角　γ—齿尖角　P—纵向齿距
W—基部厚度　a—齿尖宽度　b—齿尖厚度
c—齿根厚度　d—基部高度　e—台阶高度

齿对纤维的握持力差,纤维易脱落,分梳作用不好;若 α 过小,纤维易滑向齿根,沉入针隙,造成分梳和转移不良。

②针齿的齿形影响针齿对纤维的握持分梳和转移能力,同时影响齿条的强度。为适应不同纤维、不同品种的要求,设计了不同规格的针齿,如图 4-24 所示。浅齿和带有负角的齿条,纤维不易沉入齿根,有利于分梳、转移,弧背针齿强度较大,不易弯曲。

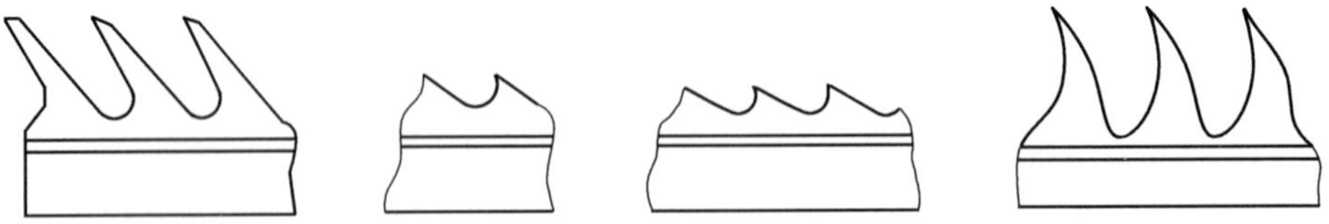

(a) 直齿圆底形　(b) 直齿平底形　(c) 折齿负角形　(d) 双弧线形

图 4-24　不同齿形针布齿条

③齿尖密度影响分梳和转移。如锡林齿尖密度适当增加,则作用于每根纤维上的平均齿尖数增加,有利于增强分梳除杂作用,改善棉网结构,提高梳理质量。

金属针布的齿尖密度由横向密度和纵向密度组成,基部厚度 W 越小,横向密度越大。齿尖距 P 越小,纵向密度越大。对梳理质量的影响以横向密度更为显著。一般横向密度与纵向密度之比为 1.5∶1 ~ 2∶1,国外最大的比例达 4∶1。

④齿总高 H 与基部高度 d 和齿尖深 h 有关。基部高度太大,包卷时不易弯曲帖服于铁胎,包后平整度较差,且易倒条;基部高度太小,包卷时容易伸长并易产生"跳刀"。一般锡林针布 H 在 2.5 ~ 3.6mm,道夫针布 H 在 4 ~ 4.7mm。

锡林齿深 h 小,充塞在齿隙下部的纤维少,处在齿尖承受积极分梳的纤维多,转移率高,分梳质量好,生条棉结有所减少;同时浅齿能提高齿尖强度,抗轧性能好;浅齿还具有不易嵌塞破籽的特点,同时由于齿高较矮,产生气流较弱,从而减少气流外溢。锡林齿深在 0.5 ~ 1mm 左右。齿尖较深,齿隙容量较大,有利于提高道夫抓取纤维并能较好地疏通锡林道夫三角区的气流,促使纤维正常转移,道夫齿深在 1.4 ~ 2.5mm 之间。

⑤齿顶面积为齿尖宽度 a 和厚度 b 的乘积。齿顶越小,越锋锐,梳理时产生棉结少。国产新的针布 $a \times b$ 选用 0.1 × 0.15mm。

齿尖角 γ 越小,齿越尖,针齿穿刺性能强,分梳效果好;γ 过小,齿尖脆弱易断,淬火时易氧化。一般 γ 在 15° ~ 30°左右,高产重定量时 γ 应稍大。另外,针尖的耐磨度关系到其锋利度的持久性和针布的使用寿命。

(2)金属针布型号的标记方法:金属针布型号的标记方法由适纺纤维类别代号、被包卷部件代号、齿总高 H、齿前角 β、齿距 P、齿基厚 W 和基部横截面代号顺序组成。适纺纤维类别代号棉纤维为 A、毛纤维为 B、麻纤维为 C、丝纤维为 D。被包卷部件代号锡林为 C,道夫为 D,刺辊为 T,固定盖板为 G,剥棉罗拉为 S。如 AC3515 × 01680 型的针布,表示适纺棉纤维、锡林针布、齿总高为 3.5mm、齿前角为 15°、纵向齿距为 1.6mm、基部厚度为 0.8mm。

(3)锡林、道夫、刺辊、固定盖板用针布:在现代高产梳棉机上,锡林、道夫、刺辊、固定盖板均采用金属针布。由于各机件的作用特点不同,对针布的齿形及规格要求不同。

锡林针布的设计向着矮、浅、薄、密、尖、小的方向发展,以提高梳理效果和均匀混和作用。锡林针齿总高由原来的3.2mm减小至3.0mm、2.8mm,甚至减小到1.5mm,齿深由1.2mm减少到0.6mm、0.4mm。采用薄齿后,齿密增加,基部厚度一般为0.6~0.7mm,甚至0.4mm。采用小工作角,一般在65°~75°,有的甚至50°,握持分梳能力增强。齿顶由原来的0.07mm×0.05mm减少到0.05mm×0.03mm,甚至更小,针布的穿刺能力增强。纺化纤用的锡林针布,针齿工作角要适当增大、齿高较小、齿密较稀、齿形为弧背负角,以增强对纤维的释放和转移能力,并能有效地防止纤维缠绕锡林或轧伤针布,有利于纤维向道夫凝聚转移。

为了能更好地从锡林针面抓取纤维,并较好地疏通锡林、道夫三角区气流,凝聚纤维层,道夫的针齿较高,密度较稀,工作角较小,道夫针齿的工作角一般在58°~65°。道夫针布采用双弧线形齿形,这种齿形具有较好地抓取、转移纤维的能力,同时抗轧能力较强。道夫齿高普遍采用4.0mm、4.5mm、5.0mm。道夫针齿侧面用阶梯形、沟槽形以增强握持转移,采用鹰嘴形齿尖减小了齿尖部分的工作角,大大增强了转移能力及抗轧性。加工化纤时,道夫用金属针布必须与锡林针布配套,一般应适当提高道夫的凝聚能力,以降低锡林针面负荷、减少棉结。所以,道夫针布的针齿工作角要小,其与锡林针齿工作角的差值比纺棉时为大,并减小齿密、增大齿高,齿形选用直齿形,以增大针齿容量,提高道夫凝聚纤维的能力。

刺辊锯条规格参数的选配与后车肚落棉率的控制和预分梳质量要求密切相关,主要参数以齿前角和齿尖密度最为重要。因刺辊分梳棉层较厚,要求锯条强度高,因此锯齿厚度较厚、高度较高,一般总高嵌条式在5.6~5.8mm,自锁式为5.0mm。纺棉时刺辊锯条一般齿前角采用15°居多;纺化纤时齿前角选用偏小,齿密一般采用36齿/(25.4mm)^2。锡林、道夫和刺辊针布齿形如图4-25所示。

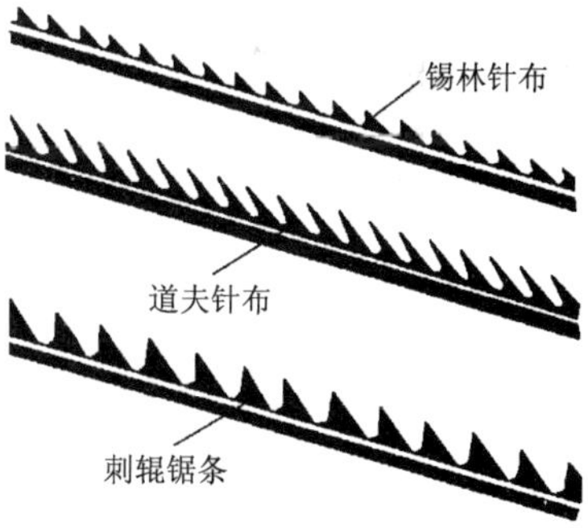

图4-25 锡林、道夫和刺辊针布

固定盖板为附加分梳机构,无除杂作用,只起补充分梳作用,所以采用“山”形锯齿,如图4-26所示。

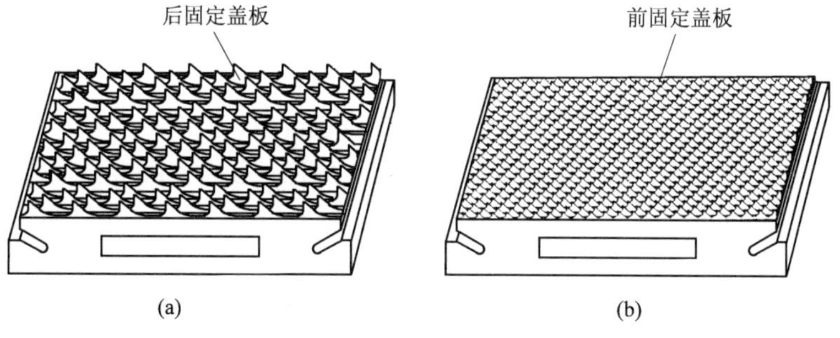

图4-26 固定盖板针布

2. 弹性针布 弹性针布由底布和梳针组成，它是将钢丝折成“U”形梳针，按一定的工作角和分布规律植于带状底布上，如图4－27所示。梳针有两种形式，一种为弯膝状，如图中(a)所示；另一种为直脚状，如图中(b)所示。直脚梳针在分梳时受分梳力的作用易向后倾仰，使针尖沿弧状升起，引起两针面间的隔距变化，故需增强底布握持力和梳针刚度来减少后仰角。弯膝状梳针可利用下膝部分后仰使针尖降低，以抵消上膝部分后仰引起的针尖升高。梳针有不同的规格(如针高、密度、工作角等)，为了增强梳针的抗弯刚度，加工成各种非圆形截面形状，供用户选用。

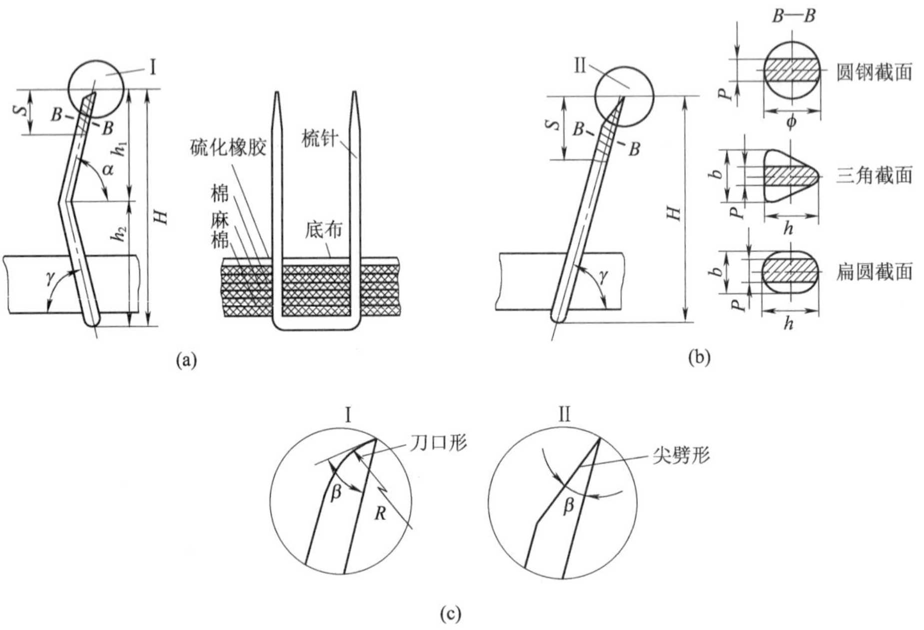

图4－27 弹性针布的结构和参数规格

h_1—上膝高度 h_2—下膝高度 S—侧磨深度 d—动角(工作角) γ—植针角

β—针尖角 h—针截面长度 b—针截面宽度 p—针尖宽度 H—针高

针布的底布是植针的基础，一般由硫化橡胶(V)、棉织物(C)和麻织物(L)等多层织物胶合而成，以保证底布具有强力高、弹性好、伸长小的特点。

活动盖板与锡林共同对进入锡林盖板工作区的纤维进行分梳，同时将嵌入针隙的短绒和杂质带出工作区予以清除。为充分发挥盖板花的除杂作用，活动盖板必须有足够的容量，因此采用弹性针布。

梳针截面形状由圆形、三角形、扁圆形发展到现在的双凸形、椭圆形、卵形等，提高了梳针的抗弯刚度，减少了梳针分梳时的弯曲变形，钢针的握持能力随之提高，梳理能力大大加强。为了提高针尖的锋利度，针尖采用切割加工，梳针针尖呈尖劈形，针齿的穿刺能力和分梳效果好。672型和702型盖板针布的尖劈角为22°，有的能达到16°。针高为7.5～8mm，梳针的抗弯刚度较大，能承受较大分梳力的作用，针间充塞的纤维少。底布一般采用半硬性针布，用橡皮面或中橡皮，使底布耐油、耐温、弹性好，嵌塞纤维容易抄清。底布层次多、厚度厚，可提高针布的强力、弹性和握持力。

盖板针布的植针排列有传统的斜纹、缎纹和双列式，后又开发了稀密排列和花型排列。为了使盖板趾端针尖密度较稀，踵端针尖密度较密，采用条纹和缎纹结合型（双称稀密型）的排列，其目的是使锡林与盖板分梳时，趾端不易因为充塞纤维和破籽而影响分梳效能。

加工化纤时，盖板针布一般应选用齿密较稀、钢针较粗、针高较低的无弯膝双列盖板针布，如702型双列盖板针布梳针的抗弯能力强，能适应产量高、强分梳的要求，针布中间少植八列针，不易充塞纤维，盖板花较少。

二、锡林、盖板和道夫部分的分梳作用

（一）锡林与盖板的分梳作用

1. 锡林与盖板间的分梳过程 刺辊上的纤维被锡林剥取，经过后固定盖板的分梳后进入锡林盖板工作区，由于锡林与盖板针面“平行”配置，且锡林速度远大于盖板，相对运动方向又迎着对方针尖，且隔距很小，所以两针面间对纤维产生分梳作用，两针面均具有各自抓取纤维的能力，若两针面的抓取力大于纤维束间的联系力，纤维束被分解。由于两针面对纤维的握持能力不断发生变化，从而使纤维从一个针面转移到另一个针面，纤维两端被交替反复梳理。锡林与盖板的工作区域约占锡林一周的1/3，因而纤维在锡林盖板工作区中停留的时间长，在两针面间发生反复分梳转移，得到比较充分而细致的分梳。

2. 锡林盖板纤维层的形成和特点 在对纤维分梳过程中，锡林、盖板针面上均有纤维层，如图4－28所示。由刺辊转移给锡林的新纤维和锡林针面上原有的纤维层一起进入锡林盖板工作区，经两针面分梳后，部分纤维转移至盖板形成盖板纤维层，其余纤维随锡林进入锡林道夫工作区。部分纤维凝聚到道夫针面上，形成道夫纤维层，剩余纤维随锡林返回，与喂入的新纤维并合后重新进入锡林盖板工作区。纤维层在单位针面上的质量称为针面负荷。针面负荷大小在一定程度上反映了不同针布和不同工艺参数条件下针面对纤维的握持、分梳和转移能力。针面负荷由两种纤维量组成，一种是沉入针齿间隙不能参加分梳转移的内层纤维量；一种是握持在针齿顶部能够参加分梳转移的自由纤维量。自由纤维量是梳棉机停止给棉后由锡林盖板针面上放出、经道夫输出的纤维量。内层纤维量则必须通过抄针和走出自由纤维量后的盖板花获得。

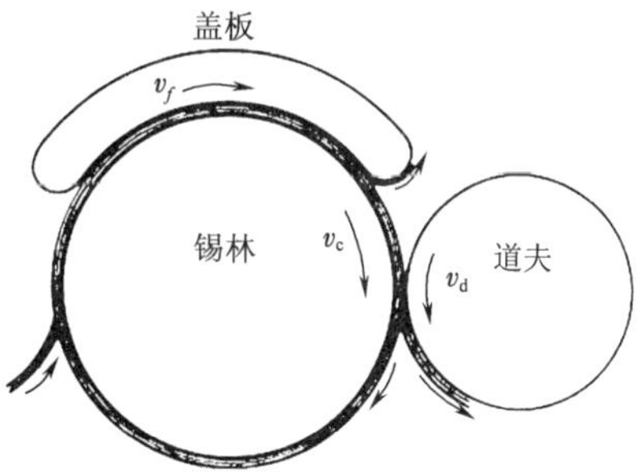

图4－28 各针面纤维层的形成

锡林所用金属针布的齿隙容纤量少，且纤维不易沉入针根，所以锡林针面纤维层中自由纤维量所占的比例大，内层纤维量很少，因此锡林针面负荷小，在开车几秒钟内就可以形成，且针面负荷与开车时间的延长无关。但锡林表面各部分针面负荷分布不同，锡林进入锡林刺辊工作区从刺辊上剥取纤维后针面负荷较大。进入锡林盖板工作区，由于部分纤维转移到盖板上，使锡林针面负荷减小。当锡林走出锡林盖板工作区进入锡林道夫工作区，部分纤维又会转移到道夫表面，使锡林的针面负荷再次减小。没有转移到道夫的纤维被锡林带走，在大漏底（锡林下

罩板)处有少量短绒和杂质排除,针面负荷又会减小,再次遇到刺辊又从刺辊上剥取纤维。这样周而复始,随着运转时间的延长,嵌塞在针隙间的破籽、叶屑会增多,这就需要抄针。

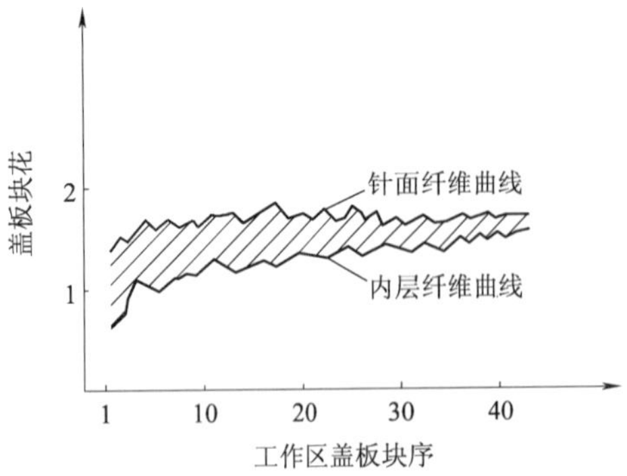

图 4-29　盖板针面负荷与自由纤维量

盖板以清洁针面进入锡林盖板工作区,从锡林针面抓取纤维形成盖板纤维层。由于盖板运动缓慢,处于工作区不同位置的盖板因进入工作状态时间的不同针面负荷及内层纤维量不同,如图 4-29 所示。针面负荷曲线和内层纤维曲线所夹的阴影部分为自由纤维量。从图中可以看出,刚进入工作区的几块盖板因针齿清洁,对纤维的抓取能力强而盖板花量逐块迅速增加,且自由纤维量多,随着工作时间的延续,内层纤维量增加而自由纤维量减少,但针面负荷增加到一定值后趋于饱和,因此盖板纤维层的特点有以下三个方面。

(1)盖板负荷因锡林离心力的作用和齿隙容量大而比锡林大。

(2)盖板上纤维层较厚,且走出工作区处盖板上的纤维层沉入较深。

(3)盖板针齿握持纤维呈棉须状态,每块盖板的盖板花头端厚,尾端薄,且尾部须尾与下一块盖板花相连。受锡林离心力的影响,盖板纤维层中的含杂率比锡林高。

3. 锡林盖板工作区纤维转移成分与分梳质量　根据锡林、盖板针面纤维层的形成过程,从刺辊转移到锡林表面上的纤维进入锡林盖板工作区,一部分转移到盖板上,另一部分转移给道夫,剩下的由锡林带回,与刺辊转移过来的新纤维再一起进入锡林盖板工作区参与分梳和转移,因此在锡林盖板工作区,有以下几种分梳成分。

(1)进入锡林盖板工作区后,纤维一端受锡林针面握持,另一端受到盖板的梳理,由锡林带出工作区后随即转移给道夫,或者纤维在两针面间相互转移,转移次数少,在盖板上停留时间短,并在锡林转一圈的时间内由锡林带出工作区转移给道夫。纤维仅在锡林转一圈的时间内经过一次工作区梳理,称为"锡林一转,一次工作区分梳",所以纤维受到的梳理程度不充分。

(2)纤维在锡林与盖板间发生转移,并在盖板上停留的时间较长,在锡林多转甚至几十转后被锡林第一次带出工作区转移给道夫,称为"锡林多转,一次工作区分梳",纤维受到的梳理比较充分。

(3)纤维在锡林、盖板间多次转移,经锡林带出工作区后未转移给道夫,再经过若干次工作区梳理后才转移给道夫,即"锡林多转,多次工作区分梳"。多次工作区分梳使纤维分梳充分,棉网中纤维束较少,但多次返回搓擦增加,易产生疲劳,导致棉结增加。

(4)纤维沉入针齿间隙,不能转移给道夫,成为盖板花或抄针花。

由锡林转移至道夫的纤维层中,包含上述前三种分梳成分,即锡林某转向道夫转移的纤维中,包含本转、前一转、前两转……和前 n 转从刺辊剥取的纤维。但锡林各转转移纤维在道夫纤维中所占的比例是不同的。由于锡林某转转移给道夫的纤维中"一次工作区分梳"的纤维大多处于锡林针面的表层,有较多机会转移给道夫,所以在棉网中所占比例较其他纤维大得多。这对棉网分梳质量不利，必须提高锡林、盖板针齿对纤维的握持、分梳和转移能力，从而提高“一次工作区分梳”纤维的分梳质量，适当控制“多次工作区分梳”的纤维比例，以减少棉结的产生。

（二）锡林与道夫间的分梳作用

锡林针面上的纤维在离开锡林盖板工作区后，受到了前固定盖板和棉网清洁器的进一步梳理和清洁除尘。受锡林高速回转离心力的作用，部分升浮于针面或尾端翘起。进入锡林道夫三角区后，两针面间配置分梳作用，同时在离心力和道夫气流罩的共同作用下，被道夫针齿所抓取，随着锡林、道夫间隔距的逐渐缩小，纤维与道夫针齿的接触增多，使纤维在隔距点上下一弧段内被分梳和转移。由于道夫为清洁针面，且工作角小，齿深大，抓取握持能力强，所以使大部分受梳纤维从锡林针面转移到道夫针面。当离开分梳区时，受大漏底气流及锡林附面层增厚补入气流的影响，锡林的握持力增强，转移至道夫上的部分纤维返回锡林，如图 4－30 所示。由于锡林与道夫的作用区较短，作用时间较少，所以纤维反复转移的概率较小。

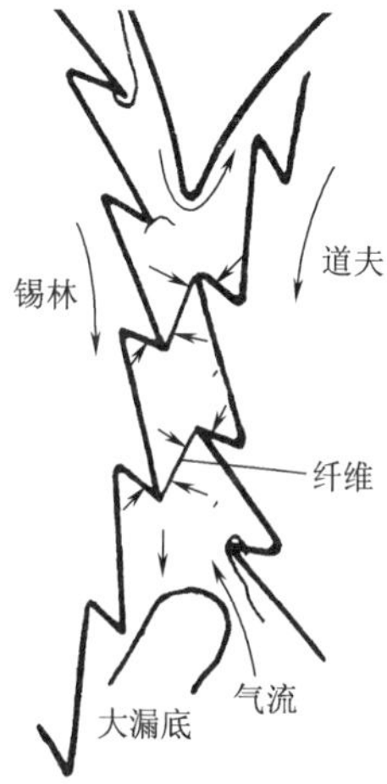

图 4－30　锡林至道夫的纤维转移

锡林的表面速度大大高于道夫的表面速度，道夫在一个单位面积上的纤维是从锡林很多个单位面积上转移、聚集得来的。如锡林与道夫表面速度之比为 26 时，则在道夫纵向 1m 长的面积上的纤维，是从锡林 26m 长的面积上凝聚而来 的，所以锡林与道夫之间的作用为凝聚作用。由于锡林与道夫间为分梳配置，两针面都具有握持纤维的能力，所以道夫针面仅能凝聚锡林纤维层的部分纤维。

在凝聚过程中被道夫握持的纤维另一端受到锡林快速的梳理，输出时被梳理伸直的一端在前，被道夫握持的一端在后而形成后弯钩，所以生条中的后弯钩纤维较多。

（三）影响分梳效果的因素

1. 锡林转速与直径　锡林转速升高，单位时间内针齿对纤维的作用齿数增加，针面对纤维的分梳作用增强，同时纤维向道夫转移的能力也增强。锡林直径小，表面线速度降低，纤维单位时间受到的作用齿数减少，分梳效果降低。

2. 产量　产量增加而锡林刺辊速度不变时，生条中棉束数量随产量的增加而增加，分梳效果差。原因是产量增加，针齿在单位时间内作用的纤维量增加，针齿对纤维的接触概率减小，从而削弱了针齿对纤维的握持、分梳作用，使未经过分梳而走出锡林盖板工作区的纤维束增多，因此要增加产量且保证质量，必须相应提高锡林与刺辊的速度，即高产必须高速。

3. 针布规格　在分梳过程中，针齿规格应与针面的作用相适应。盖板需嵌入盖板花来清除短绒与杂质，所以齿较深且稀；锡林针布则采用较高的齿密来增加对纤维的握持分梳能力，并且齿矮且齿较浅，有利于纤维向道夫转移；道夫针布则齿高且稀，有利于转移纤维。针齿工作角影响纤维的分梳与转移，工作角小，抓取纤维能力强。为了加强纤维在锡林盖板间的相互转移，两针面的针齿工作角应相接近；为了使纤维从锡林向道夫转移，道夫针面的工作角应比锡林针齿工作角小。

4. 两针面间的隔距　两针面间隔距小，有利于针齿较深刺入纤维层，接触的纤维多，纤维被针齿握持的长度长，两针面间转移的纤维量多，分梳效果好，而且浮于两针面间的纤维少，纤维不易被搓擦成结，所以在机械状态良好、针面平整、针齿锋利的基础上，两针面间应采用较小的隔距。

锡林与盖板间的隔距分为五点隔距或四点隔距，一般配置为 0.25mm、0.23mm、0.2mm、0.2mm、0.23mm（10/1000 英寸、9/1000 英寸、8/1000 英寸、8/1000 英寸、9/1000 英寸），紧隔距时为 0.2mm、0.17mm、0.15mm、0.15mm、0.17mm（8/1000 英寸、7/1000 英寸、6/1000 英寸、6/1000 英寸、7/1000 英寸）。加工化纤时，五点隔距的配置一般为 0.38mm、0.33mm、0.28mm、0.28mm、0.33mm（15/1000 英寸、13/1000 英寸、11/1000 英寸、11/1000 英寸、13/1000 英寸）。在机械状态良好时，可缩小至 0.30mm、0.28mm、0.23mm、0.23mm、0.28mm（12/1000 英寸、11/1000 英寸、9/1000 英寸、9/1000 英寸、11/1000 英寸）。中长纤维一般选用 0.40mm、0.36mm、0.36mm、0.36mm、0.40mm（16/1000 英寸、14/1000 英寸、14/1000 英寸、14/1000 英寸、16/1000 英寸）。

5. 锡林周围附加分梳元件的数量 增加锡林周围的附加分梳元件，使纤维进入锡林盖板工作区前受到较充分的梳理与除杂，有利于减少带入锡林盖板工作区的纤维束数量，减轻工作区的梳理负担，为锡林盖板进行更细致充分的梳理创造条件。

6. 活动盖板的回转方向 盖板的回转方向有顺向和反向。顺向回转，即在锡林盖板工作区锡林与盖板运动方向一致，反向时则相反。

盖板顺向回转时，后区头几块盖板针面清洁，抓取纤维能力强。随着工作时间的延续，纤维充塞盖板针隙，盖板内层纤维量增多，纤维在工作区内所受到的梳理作用逐渐减弱，最后在出口处，纤维易浮于针面之间被搓擦成结。盖板反向回转，锡林带着纤维进入工作区时，由于后区头几块盖板上针面负荷趋于饱和，对纤维的握持能力差，所以对锡林带入的纤维层只起梳理作用，随着纤维进入时间的延续遇到的盖板针面负荷逐根减少，针齿对纤维的分梳、转移作用逐渐加强，在工作区出口处的几块盖板为清洁针面，其分梳作用最强，故纤维不会浮于针面而被搓成棉结，所以反向回转盖板因纤维在工作中受到的分梳作用逐渐加强而梳理效果较好。

三、锡林盖板部分的除杂作用

（一）除杂过程

进入锡林盖板工作区的纤维经锡林盖板细致的分梳后，细小杂质和疵点与其分离，在锡林离心力的作用下，被抛到盖板纤维层上，由于短纤维和杂质较短小，没有被锡林再次抓取的机会，被盖板带出工作区。盖板花里有较多的杂质，其中大部分杂质为带纤维籽屑、软籽表皮和僵片，还有一部分棉结、短纤维，短于 16mm 的纤维约占盖板花的 40% 以上，按顺序逐根检验工作盖板的含杂内容及含杂量结果如图 4－31 所示。

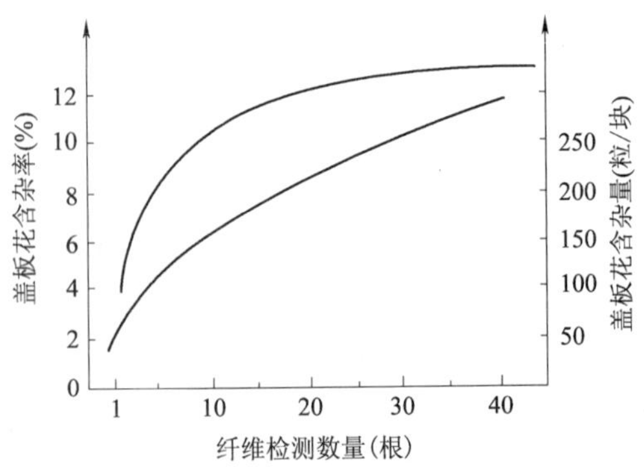

图 4－31　工作区盖板的除杂量

顺向回转的盖板对纤维的分梳作用由强逐渐减弱，杂质多处于盖板花表面；逆向回转的盖板对纤维的梳理作用逐渐加强，由于纤维在工作前区才被充分分解而与杂质分离，此处几块盖板的针面负荷较小，因此杂质处于盖板花内部。

（二）影响盖板除杂的因素

1. 盖板速度 盖板速度较快时，虽然盖板在工作区停留的时间短，每块盖板的盖板花有所减少，但单位时间内走出工作区的盖板根数增加，盖板花总量和除杂效率增加。如盖板速度增加1倍时，每块盖板在工作区中运行的时间缩短为原来的1/2，若每块盖板的盖板花量由0.5g减少到0.4g，其含杂率由10%降低到8%，但在相同时间内，盖板走出工作区的块数增加1倍，相应带出盖板花量为2×0.4g，而慢速仅为0.5g。两者相比，增速后盖板花量增加了60%，盖板花的绝对除杂量提高了28%。

2. 前上罩板的位置

（1）前上罩板上口与锡林的隔距：如图4－32所示，当携带较长纤维的盖板行进到工作区出口处最前1、2块盖板的位置时，因纤维的尾端离开盖板针面，接触到前上罩板的上口，纤维被迫弯曲而贴于锡林表面，增强了锡林针齿对纤维的握持作用，同时使纤维容易沿着盖板针齿工作面方向脱落。当前上罩板上口与锡林的隔距减小时，纤维被前上罩板压下，使纤维与锡林的接触齿数增多，有利于锡林抓取纤维，盖板花少；相反，隔距大则盖板花多。此隔距一般选用0.47～0.65mm（19/1000～26/1000英寸）。

（2）前上罩板高低位置：如图4－32（c）所示，当前上罩板位置较高时，其效果和缩小前上罩板与锡林间的隔距相似，盖板花减少；当前上罩板的位置较低时，盖板花增多。

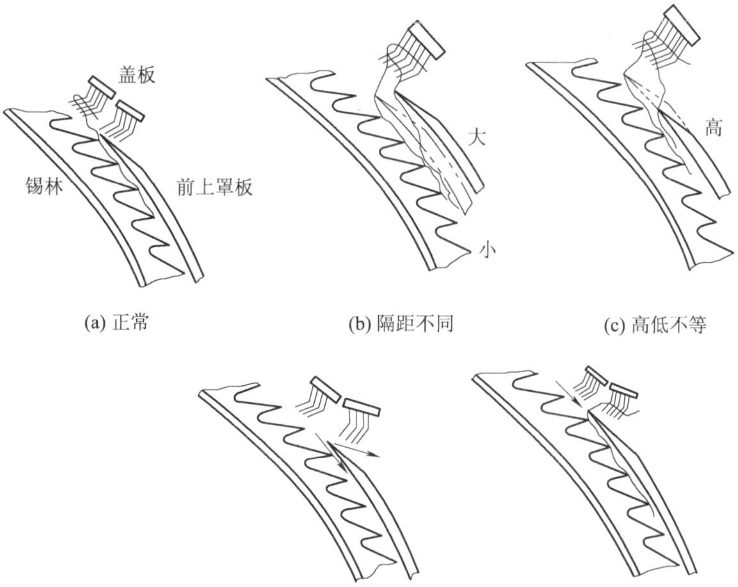

(a) 正常 (b) 隔距不同 (c) 高低不等

(d) 罩板低时气流 (e) 罩板高时气流

图4－32 前上罩板位置对盖板花的影响

四、锡林、盖板和道夫部分的均匀混和作用

(一) 混和作用

锡林、盖板和道夫部分的混和作用可以通过混色试验进行观察。在正常生产的白棉卷后面整齐地接上红色棉卷喂入,观察道夫输出的棉网,并不是界限分明地改变颜色,而是先输出红白相混的淡红色棉网,随后颜色逐渐加深,输出 10 ~ 20m 长度后才变为红色。这个试验说明锡林、盖板和道夫部分有良好的混和作用。

产生混和作用的原因是由于道夫转移率一般不超过 15%,锡林将大部分纤维带回,与从刺辊上剥取的纤维多次重叠后,一起进入盖板工作区,使纤维在梳棉机停留的时间不同,而同时喂入的纤维分布在不同时间输出的棉网中。同时纤维在锡林与盖板之间反复转移和交替分梳,实现了单纤维间的混和。

锡林、盖板和道夫部分的混和作用充分与否,通常用混色棉网片段长度和红白纤维混和分布的均匀细致程度进行鉴别。前者表示纤维长片段的混和作用,其作用好坏主要取决于自由纤维量的多少,且自由纤维量多时,混色棉条片段长度长、长片段的混和作用好;后者反映纤维短片段的混和作用,其作用主要取决于锡林与盖板间的分梳与反复转移能力。

(二)均匀作用

如将正常生产的梳棉机,突然停止给棉,可看到棉网并不立即中断,输出的生条只是逐渐变细而后中断。如在棉条变细的过程中恢复给棉,棉条也不会立即达到正常的定量,而有一个逐渐增重的过渡阶段。这种吸收或放出纤维是锡林、盖板和道夫部分针面间分梳和反复转移纤维而产生的结果。吸放纤维可以减缓生条短片段不匀,被称为梳棉机的均匀作用。

均匀作用产生的原因主要是纤维在锡林和盖板间分梳转移所引起的吸放纤维,使锡林走出盖板工作区时针面上的纤维分布比进入盖板工作区时均匀得多。其次,在锡林向道夫转移纤维时,具有 20 ~ 30 倍的凝聚、并合机会,使输出棉网在短片段上较喂入棉层均匀。另外,在棉网汇合成条时,棉网的横向不匀和纵向不匀又得到进一步的改善。

在正常生产情况下,喂入棉层短片段上有厚有薄,有的地方还出现小破洞,通过刺辊分梳后转移到锡林针面上,纤维分布也不均匀,因此梳棉机的均匀作用对改善生条短片段不匀是极为有利的。但当喂入纤维量的波动足以引起锡林和盖板针面负荷发生较大变化时,生条的重量也随之发生波动,梳棉机的均匀作用只是使其波动减缓一些罢了。

第四节 剥棉、成条和圈条部分

一、剥棉装置

剥棉装置的作用是将凝聚在道夫上的纤维层剥取成网。要求剥棉装置能顺利剥取并保持棉网的结构均匀,以及不增加棉结等。当工艺条件变化时,剥棉装置要能稳定剥棉。此外要求机构简单,便于使用和维修。剥棉装置主要有四罗拉剥棉和三罗拉剥棉两种形式。

（一）四罗拉剥棉装置

四罗拉剥棉装置由一只剥棉罗拉、一只转移罗拉和一对轧辊组成，如图 4－33 所示。剥棉罗拉和转移罗拉上均包覆“山”字形锯齿的锯条。道夫表面的大部分纤维，尾端被道夫针齿握持，头端则浮于道夫表面，当其与剥棉罗拉相遇时，由于道夫与剥棉罗拉之间的隔距很小，剥棉罗拉与棉网接触产生摩擦力，加上纤维之间的黏附作用，因而被剥棉罗拉剥离。剥棉罗拉与道夫之间配置略大于 1 倍的张力牵伸，以增加棉网对剥棉罗拉的黏附力，保证棉网能连续从道夫上剥下并转移到剥棉罗拉上。转移罗拉与剥棉罗拉的作用同剥棉罗拉与道夫间的作用基本相同。上轧辊与转移罗拉之间隔距较小，下轧辊与转移罗拉之间隔距较大。上轧辊与转移罗拉间配置大于 1 倍的张力牵伸，其作用为拉剥。生头时，转移罗拉表面的棉网在上轧辊处受到摩擦而被剥离并由轧辊输出。上、下轧辊间隔距很小，对棉网中的杂质有压碎作用。

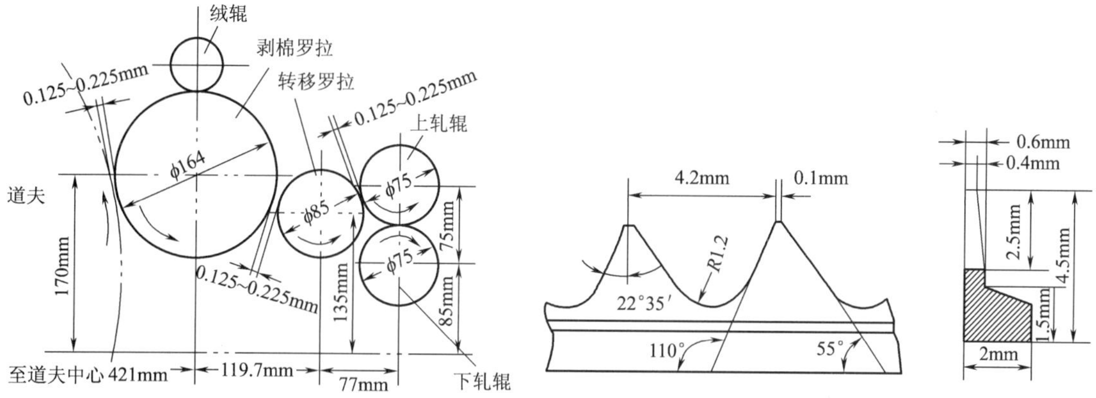

图 4－33　四罗拉剥棉装置

（二）三罗拉剥棉装置

三罗拉剥棉装置由一只剥棉罗拉和一对轧辊组成，其结构较四罗拉剥棉装置简单，但剥棉作用基本相同。如图 4－34 所示。三罗拉剥棉装置的上轧辊直径较四罗拉剥棉小，而下轧辊的直径较大，且有螺纹沟槽。上、下轧辊倾斜配置，对剥棉罗拉剥下的棉网有一定的托持作用，并使棉网以较小的下冲角输出，避免了棉网下坠引起的断头。

三罗拉剥棉装置的剥棉罗拉上方装有一包有直脚钢丝弹性针布的安全清洁辊，用以防止剥棉罗拉返花轧伤道夫针布。安全清洁辊由单独电动机传动，当发生剥棉罗拉返花时，清洁辊以高速将剥棉罗拉上的返花打碎，并由清洁辊吸罩吸走打碎的飞花，以防止飞花进入道夫锡林三角区轧伤道夫针布。

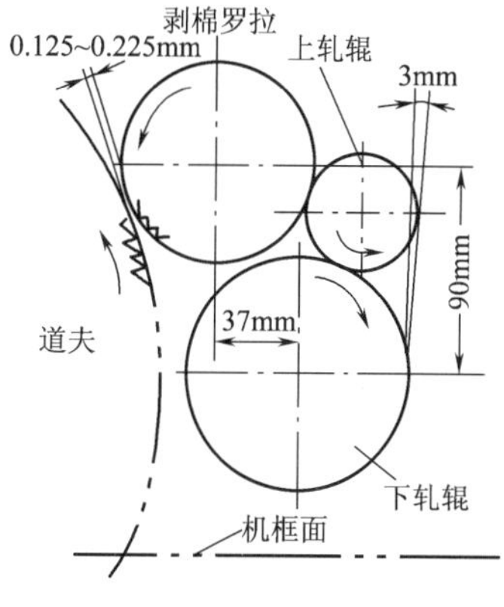

图 4－34　三罗拉剥棉装置

二、成条装置

成条装置主要由大喇叭口和大压辊组成。棉网由剥棉装置剥离后，经喇叭口集合、大压辊压缩成条。由于轧辊钳口线各点到集合器的距离不同，从而实现了纤维的混和、均匀作用。

喇叭口收拢棉网而成条，喇叭口直径应与生条定量配合。口径过小，棉条在喇叭口与大压辊间造成意外牵伸，影响均匀度；口径过大，达不到收集棉条的目的。喇叭口的出口截面是长方形，它的长边与压辊钳口线垂直交叉，可使棉条四面受压以增加棉条紧密度。

压辊有上压辊和下压辊，表面光滑，可适应自调匀整检测，设有弹簧加压装置，压力可根据纺纱品种予以调节，棉条加压后，紧密度加大，表面光滑，可适当增加条筒容量和生条强度，减少并条断头率。国内外有用沟槽压辊、双压辊等增加条筒容量的措施。

FA231A 型梳棉机还采用双胶圈导棉集束装置，可有效减少棉网破边、断头现象，适应高速输出。该装置机构简单，可方便地打开以观察棉网的质量，并减少断头率。

三、圈条器

（一）圈条器的结构与作用

圈条器的作用是将压辊输出的棉条，有序地圈放在棉条筒中，以便储运和供下道工序使用。它由圈条喇叭口、小压辊、曲线斜管轮、回转底盘和圈条器传动部分等组成。

（二）圈条工艺

1. 对圈条器的工艺要求

（1）圈条斜管齿轮每回转一转圈放的棉条长度，应为小压辊同时送出的长度与圈条牵伸倍数的乘积。

（2）圈条斜管齿轮转速与底盘齿轮转速之比，称为圈条速比。圈条速比的大小，应保证在斜管齿轮转一圈时，底盘齿轮在以偏心距为半径的圆周上转过的弧长与棉条直径相当，以保证棉条一圈挨一圈铺放，相邻棉条不叠不离，外形整齐。

（3）棉条圈放应层次清晰，互不黏连，中心气孔竖直并贯穿全高，外缘与筒壁的间隙应大小适当，棉条在下道工序能顺利引出。

（4）在圈条器提供的几何空间条件下，合理配置圈条工艺，提高条筒容量，减少换筒次数，以提高设备利用率和劳动生产率。

（5）圈条器应适应高速运转，且运转时负荷轻、噪声小、磨灭少、不堵条、便于保养。

2. 工艺选择

（1）大、小圈条 棉条圈放有大、小圈条之分。棉条圈放直径大于条筒半径者称为大圈条；棉条圈放直径小于条筒半径者称为小圈条，如图 4－35 所示。大圈条每层圈条数少于小圈条，重叠密度也小于小圈条，所以在同样条筒直径时，大圈条的条筒容量比小圈条少。同时，大圈条圈条斜管直径大，会造成机构笨重，动力消耗多，惯性力大，但大圈条曲率半径大，纤维伸直好，可减少黏条，并保持棉条光滑，圈条质量好。一般情况下，大筒采用小圈条，小筒采用大圈条。

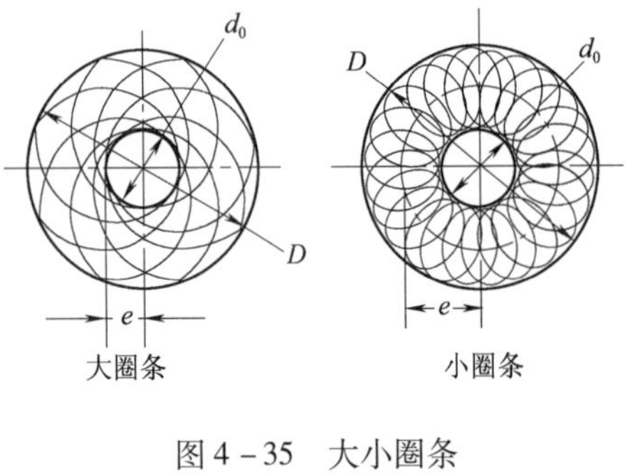

图 4－35　大小圈条

(2)偏心距:圈条斜管齿轮与圈条底盘两回转轴线之间的垂直距离称为偏心距,用 e 表示,如图 4－36 所示。偏心距大小是根据条筒直径、棉条圈放半径及气孔直径等决定的。

$$e = \frac{D}{2} - \left(\frac{d}{2} + r + c\right) \tag{4-2}$$

式中:D——条筒直径,mm;

r——圈条盘斜管入口中心到出口中心的距离,一般将它看做是圈条轨迹半径的近似值,mm;

d——受压后的棉条宽度,mm;

c——棉条与条筒内壁间的间隙,mm,一般为 3mm。

(3)圈条速比:圈条斜管齿轮与圈条底盘间的转速比,用 i 表示。合理选择圈条速比,可使相邻棉条不叠不离,外形整齐,有利于增加条筒容量。如图 4－37 所示,圈条斜管转一转为 2π 弧度,圈条底盘应转过 θ 角,θ 角的大小应使圈条底盘在以偏心距 e 为半径的圆周上转过的弧长 $\overset{\frown}{AB}$,恰好等于棉条宽度 d,即 $\theta = d/e$,因此圈条速比为:

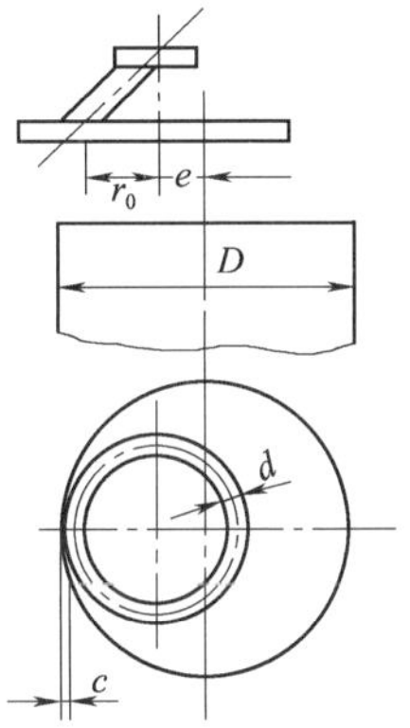

图 4－36 圈条器偏心距

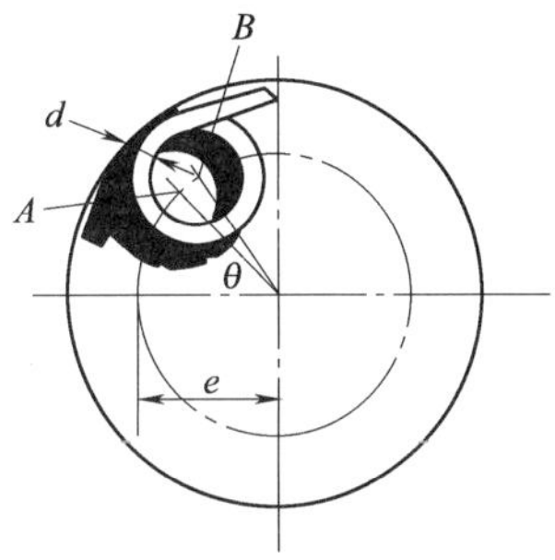

图 4－37 圈条速比

$$i = \frac{2\pi}{\theta} = \frac{2\pi d}{e} \tag{4-3}$$

(4)圈条牵伸:同一时间内圈条斜管铺放的棉条长度与小压辊输出长度的比值称为圈条牵伸。圈条牵伸过小,易堵塞斜管;过大,易产生意外伸长,且棉条表面易拉毛,影响棉条结构和质量。一般纯棉的圈条牵伸倍数为 1～1.06 倍,纺化纤时,因为化纤的弹性回缩,其圈条牵伸小于 1 倍。

第五节 梳棉机的传动和工艺计算

一、梳棉机的传动

(一)梳棉机传动系统的要求

一般要求电动机直接拖动负荷中心,再按功率消耗由大到小、速度由快到慢的路线传动,现

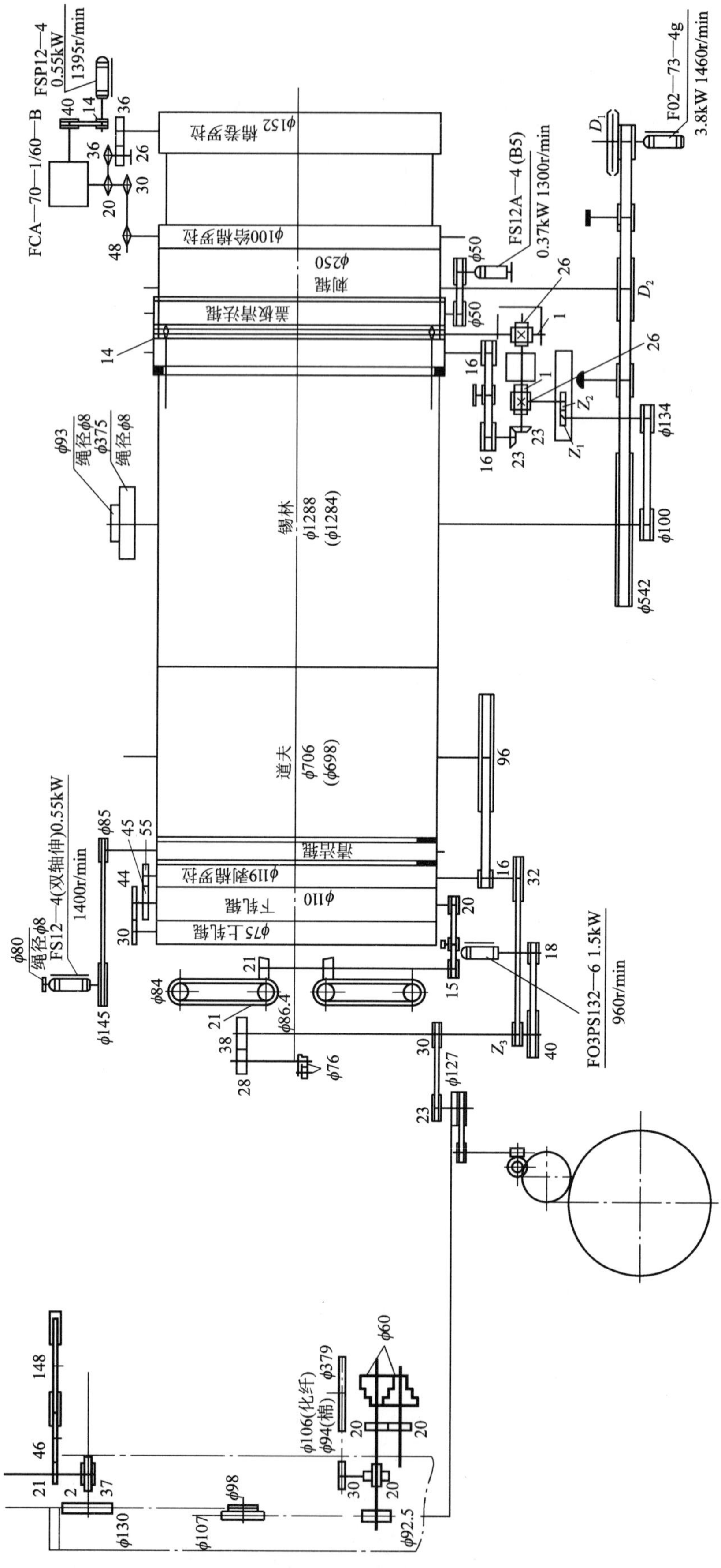

图 4－38　FA231A 型梳棉机的传动图

代梳棉机采用多台电动机传动。工艺运转对梳棉机的传动要求有以下三个方面。

1. 调整工艺参数方便 在传动系统的适当部位，设置变换带轮和变换齿轮，以便根据质量、产量和消耗要求，调整速度、牵伸倍数等工艺参数，且各种调整应具有独立性。

2. 便于运转操作 梳棉机高速后，生头操作时道夫需要慢速，在向快速运转转换时，道夫应有一个逐步增速的过程；锡林传动应有良好的启动性，并便于启动操作，同时还应给抄磨针准备传动轮。

3. 设置质量和安全保证措施 高速生产时为防堵轧，喂入机件必须与输出机件联锁，以保证产品质量和设备安全。

（二）梳棉机的传动系统

FA231A 型梳棉机的传动如图 4－38 所示，其传动系统如下。

- 电动机 (3.8kW)
  - → 刺辊
  - → 锡林 → 盖板星形导盘轴
- 电动机（变频 1.5kW）
  - → 剥棉罗拉
    - → 道夫
    - → 下轧辊
      - → 上轧辊
      - → 双胶圈导棉装置
  - → 大压辊
  - → 圈条器
- 电动机（变频 0.55kW）
  - → 棉卷罗拉
  - → 给棉罗拉
    - → 棉卷罗拉
    - → 给棉罗拉
- 电动机 (0.37kW) → 盖板清洁毛刷
- 电动机 (0.55kW) → 清洁辊

（三）FA231A 型梳棉机的传动特点

（1）主传动由一台新型 FO2—73—4g3. 8kW 电动机拖动锡林、刺辊和盖板，在该电动机输出轴上装有一套离心块式摩擦离合器皮带轮，实现对大惯量锡林的均匀升速，降低启动电流，节省能源。电动机通过强力尼龙平皮带传动锡林。皮带的背面传动刺辊皮带轮，并由一只固定张力轮和一只可调张力轮保持平皮带的张力，如图 4－39 所示，结构简单，传动性能好。

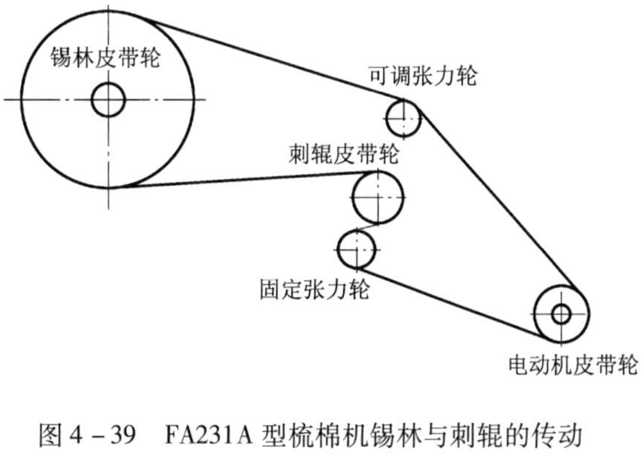

图 4－39 FA231A 型梳棉机锡林与刺辊的传动

（2）道夫、三罗拉剥棉装置、双胶圈棉网集束器、大压辊、圈条器由一台 FO3PS132—6（左）

1.5kW 变频电动机通过同步齿形带传动,实现无级调速,慢速生头,快速运行。

(3)给棉罗拉采用变频电动机传动,实现无级调速,通过计算机控制与道夫传动同步。

(4)安全清洁辊由一台 FS12—4(双轴伸)电动机单独传动,该电动机还可用于道夫抄针。

(5)盖板清洁辊由一台 FA12A—4(B5)电动机单独传动。

(四)安全装置

1. 道夫、给棉部分与锡林、刺辊间联锁 在梳棉机传动系统中,锡林、道夫和给棉部分分别由各自的电动机传动。由于惯性不同,它们的启动时间也不同,锡林和刺辊需要较长启动时间,而给棉、道夫启动需要时间较短,若同时启动,将会造成给棉罗拉开始喂入正常棉量时,刺辊尚在启动过程中速度较低易被轧死,所以道夫与给棉罗拉必须在锡林和刺辊启动一段时间后才能启动。关车时,锡林与道夫停转也不同步,道夫停得快,锡林停得慢,停车后在锡林和道夫的转移区堆积过量纤维,重新开车后将引起断头并影响产量,所以道夫、给棉部分与锡林、刺辊部分间采用联锁控制。开车时,当刺辊速度达到一定值时,道夫、给棉部分启动;关车时,当刺辊速度降到一定值时,道夫自动关车。

2. 自停装置 为保证安全生产,避免损伤针布,保证产品质量,梳棉机设有多处自停装置。如 FA231A 型梳棉机有喂入棉层过厚自停,刺辊降速自停,断条自停,锡林挤车自停,盖板失速自停,管道欠压自停,防护罩打开自停等装置。

二、工艺计算

(一)速度计算

三角带和平皮带的传动效率均取 98%。

1. 锡林转速 n_c(r/min) 电动机皮带盘直径与锡林转速的关系见表 4-4。

$$n_c = 电动机转速 \times \frac{电动机皮带盘直径}{锡林皮带盘直径} \times 98\% = 1460 \times \frac{D_1}{542} \times 0.98 \qquad (4-4)$$

表 4-4 锡林转速与电机皮带盘直径的关系

D_1(mm)	121	132	159
n_c(r/min)	322	348	420
适纺纤维	化纤	棉、化纤	棉

2. 刺辊转速 n_t(r/min) 刺辊转速见表 4-5。

$$n_t = 电动机转速 \times \frac{电动机皮带盘直径}{刺辊皮带盘直径} \times 98\% = 1460 \times \frac{D_1}{D_2} \times 0.98 \qquad (4-5)$$

表 4-5 刺辊转速

D_2(mm) \ D_1(mm)	121	132	159
240	736	787	948
262	660	721	884

3. 盖板速度 v_f(mm/min) 盖板导盘齿数为14,齿距为36.5mm,设有盖板速度成对变换齿轮,盖板速度见表4-6。

$$v_f = n_c \times \frac{100}{134} \times 0.98 \times \frac{Z_1}{Z_2} \times \frac{1}{26} \times \frac{1}{26} \times 14 \times 36.5 = 0.5531 n_c \times \frac{Z_1}{Z_2} \quad (4-6)$$

表4-6 盖板速度 单位:mm/min

v_f \ Z_1/Z_2 \ n_c	18/42	21/39	26/34	30/30	34/26
322	77	97	138	180	235
348	84	106	151	197	258
428	101	127	181	236	310

4. 道夫工作转速 n_d(r/min) 传动道夫的电动机为变频电动机,可通过改变道夫电动机频率来改变道夫的工作转速,见表4-7。

$$n_d = \frac{960}{50} \times f \times \frac{18}{40} \times \frac{Z_3}{32} \times \frac{16}{96} = 0.045 f \times Z_3 \quad (4-7)$$

式中:f——道夫电动机供电频率,Hz;

Z_3——棉网张力牵伸同步带轮的齿数,有18、19、20三种。

表4-7 f、Z_3 与道夫工作转速 n_d

n_d \ f \ Z_3	30	31~69	70
18	24.3	道夫电动机供电频率 f 每增加1Hz,道夫工作转速 n_d 增加0.81r/min	56.7
19	25.65	道夫电动机供电频率 f 每增加1Hz,道夫工作转速 n_d 增加0.855r/min	59.85
20	27	道夫电动机供电频率 f 每增加1Hz,道夫工作转速 n_d 增加0.9r/min	63

5. 道夫生头转速 $n_{d生}$(r/min) 计算公式同 n_d,见表4-8。

表4-8 f、Z_3 与道夫生头转速 $n_{d生}$

$n_{d生}$ \ f \ Z_3	7	8	9	10
18	5.7	6.48	7.29	8.1
19	6.0	6.84	7.7	8.55
20	6.3	7.2	8.1	9.0

6. 小压辊出条速度 v(m/min)

$$v = \frac{960}{50} \times f \times \frac{18}{40} \times \frac{30}{23} \times \frac{127}{92.5} \times \frac{1}{1000} = 2.92 f = 87.6 \sim 204 \quad (4-8)$$

(二)牵伸倍数

1. 张力牵伸倍数 梳棉机各部分张力牵伸倍数有固定值,根据工艺要求可调整的变换值,见表4-9。

(1)给棉罗拉—棉卷罗拉:

$$e_1 = \frac{100}{152} \times \frac{36}{26} \times \frac{36}{20} \times \frac{30}{48} = 1.0248 \tag{4-9}$$

(2)剥棉罗拉—道夫:

$$e_2 = \frac{119}{706} \times \frac{96}{16} = 1.0113 \tag{4-10}$$

(3)下轧辊—剥棉罗拉:

$$e_3 = \frac{110}{119} \times \frac{55}{45} = 1.1298 \tag{4-11}$$

(4)胶圈—下轧辊:

$$e_4 = \frac{86.4}{110} \times \frac{21}{21} \times \frac{20}{15} = 1.0473 \tag{4-12}$$

(5)大压辊—胶圈:

$$e_5 = \frac{76}{86.4} \times \frac{21}{21} \times \frac{15}{20} \times \frac{45}{55} \times \frac{32}{Z_3} \times \frac{38}{28} = \frac{23.44}{Z_3} \tag{4-13}$$

(6)大压辊—道夫:

$$e_6 = \frac{76}{706} \times \frac{96}{16} \times \frac{32}{Z_3} \times \frac{38}{28} = \frac{28.05}{Z_3} \tag{4-14}$$

(7)小压辊—大压辊:

$$e_7 = \frac{60}{76} \times \frac{28}{38} \times \frac{30}{23} \times \frac{127}{92.5} = 1.04 \tag{4-15}$$

(8)小压辊—道夫:

$$e_8 = \frac{60}{706} \times \frac{96}{16} \times \frac{32}{Z_3} \times \frac{30}{23} \times \frac{127}{92.5} = \frac{29.23}{Z_3} \tag{4-16}$$

表4-9 Z_3 与张力牵伸倍数

Z_3 \ 张力牵伸	e_5	e_6	e_8
18	1.30	1.56	1.624
19	1.23	1.48	1.538
20	1.172	1.40	1.46

2. 总牵伸倍数(小压辊—棉卷罗拉)

$$E = \frac{v_{小压辊}}{v_{棉卷罗拉}} = \frac{152\pi n_{小压辊}}{60\pi n_{棉卷罗拉}} = \frac{60\pi \times \frac{18}{40} \times \frac{30}{23} \times \frac{127}{92.5} \times n_{道夫电动机}}{152\pi \times \frac{20}{36} \times \frac{26}{36} \times \frac{14}{40} \times \frac{1}{60} \times n_{给棉罗拉电动机}}$$

$$= 135.95 \times \frac{n_{道夫电动机}}{n_{给棉罗拉电动机}} \approx 98 \sim 177 \quad (4-17)$$

其中 $n_{给棉罗拉电动机额定} = 1395\text{r/min}$,$n_{道夫电动机额定} = 960\text{r/min}$。如果设定 $n_{道夫}/n_{给棉罗拉} = 5 \sim 7.5$,则可得出 $n_{道夫电动机}/n_{给棉罗拉电动机} \approx 0.72 \sim 1.3$。

3. 实际牵伸倍数 因为梳棉机有一定的落棉,所以实际牵伸倍数 E_P 大于机械牵伸倍数,两者的关系如下。

$$\frac{E_P}{E} = \frac{1}{1 - 落棉率} = \eta \quad (4-18)$$

式中:η——牵伸效率。

(三)理论产量 G_L[kg/(台·h)]

$$G_L = \frac{960}{50} \times f \times \frac{18}{40} \times \frac{30}{23} \times \frac{127}{92.5} \times \frac{60\pi}{1000} \times 60 \times \frac{v}{1000} = 3.89 \times \frac{n_d}{Z_3} \times g \quad (4-19)$$

式中:g——棉条定量,g/m;

v——小压辊出条速度,m/min;

n_d——道夫工作转速,r/min。

第六节 清梳联和自调匀整

一、清梳联合机

将开清棉联合机输出的棉流,直接均匀地输配给多台梳棉机,由此组成的联合机称为清梳联合机,简称为"清梳联"。清梳联将清花、梳棉两个工序连接成一个工序,取消成卷并以逐步开松的工艺取代"开松—压紧—再开松"的不合理工艺,有利于发挥梳理、除杂等效能和提高生条质量、降低生条短绒率;取消清棉成卷过程,省略了落卷、储卷、运卷和换卷等操作,从而提高劳动生产率。同时可避免压辊压碎棉层内杂质,消除了退卷黏层以及接头不良等弊病,从而有利于减少生条含杂粒数和改善生条均匀度。清梳联是清梳生产技术的发展方向,也是实现纺纱过程连续化、自动化、优质高产和低消耗的重要途径。

(一)清梳联的工艺流程

清梳联的工艺流程如图4-40所示,清棉机打手输出的原料由输棉风机均匀地分配到各台梳棉机的喂棉箱中,其给棉过程采用电子压差开关进行控制,当箱内压力低于设定值时停止给棉。喂给装置控制灵敏度准确,气流稳定,可保证棉层的均匀喂给。

一套开清棉联合机可以与多台梳棉机相连接,所组合的梳棉机台数 M 可根据开清棉联合机的产量及梳棉机的产量来计算。

$$M = \frac{Q}{G} \tag{4-20}$$

式中:Q——开清棉联合机的台时产量,kg/(h·台);

G——梳棉机的台时产量,kg/(h·台)。

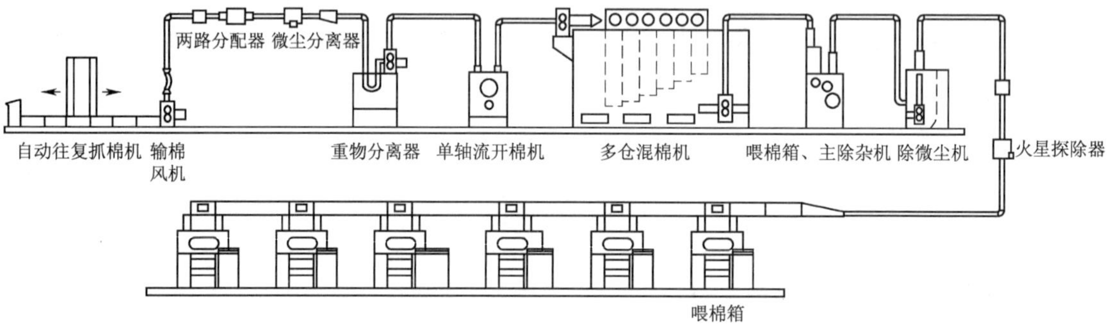

图 4-40　清梳联的工艺流程

(二)清梳联的连接装置

1. 变频输棉风机　变频输棉风机用于输送末道清棉机或主除杂机输出的纯棉、化纤等原料,经输棉管道供清梳联喂棉机使用。如 FT201B 型变频输棉风机,该机使用变频器变频调速,有适应性强、机构紧凑的特点。该机制成左、右旋转的两种形式。风机由叶轮和机壳组成,叶轮由 8 个径向配置的叶片焊在轮毂和托板上,它直接和电机的输出轴连接,机壳固定在机座上,有三个方向的安装位置。

2. 配棉头　配棉头安装在输棉管与梳棉机后部喂棉箱连接处,起分配原棉的作用。配棉头有高流速迫降式和低流速沉降式两种,如图 4-41 所示。图 4-41(a)为高流速迫降式配棉头,内有挡棉板(俗称羊角)、调节板和插入板,三者相配合迫使输棉管内水平运行的棉块向下落入喂棉箱内。挡棉板的高度、调节板的角度和插入板的插入深度经适当调整,可以控制落入喂棉箱的棉量。图 4-41(b)为低流速沉降式配棉头,其上方的输棉管在临近

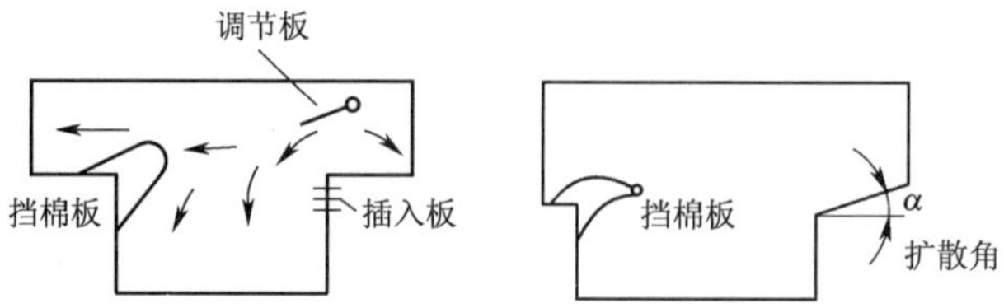

(a)高流速迫降式配棉头　(b)低流速沉降式配棉头

图 4-41　配棉头

配棉头处，有一扩散角为 α 的斜面，使输棉管截面扩大，气流扩散，棉流速度降低，在挡棉板的配合下，使棉块落入喂棉箱内。改变挡棉板的倾斜角度和扩散角的大小，可调整落入喂棉箱的棉量。扩散角 α 一般在 30°~45°内调节。

3. 喂棉箱 喂棉箱的作用是将经过均匀开松、混和后的纤维形成均匀的筵棉层喂入梳棉机，确保梳棉机的连续均匀供棉，实现清梳工序连续化。JWF1171 型喂给箱如图 4-42 所示，原料由配棉头进入上棉箱 1，一对给棉罗拉 3 握持棉层喂给开松辊 4，经开松后的原料进入下棉箱。吹气式风机 2 对下棉箱 5 连续吹气，气流透过存棉，从下棉箱下部的排气滤网中排出；同时借助于振动栅 6 的作用，形成均匀紧密的筵棉层由输出罗拉 8 输出，通过导料槽 9 进入梳棉机 10，图中 7 为静压箱。本机的主要特点是开松效果好，损伤纤维少；双给棉罗拉喂入避免纤维缠绕罗拉，双给棉罗拉采用变频调速，并与开松辊之间隔距可调；整机装有安全防护装置。输棉风机的主要技术规格见表 4-10。

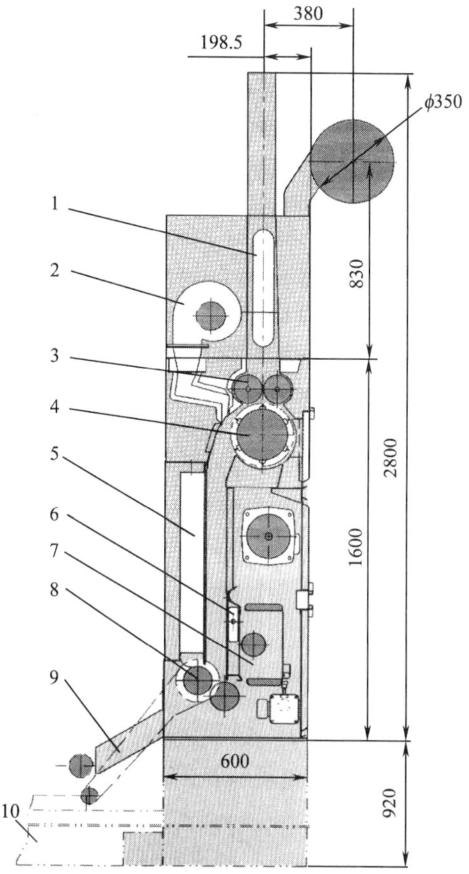

图 4-42 JWF1171 型喂给箱

表 4-10 JWF1171 型喂给箱的输棉风机主要规格

项目	规格	项目	规格
适用原料	76mm 以下天然或化学纤维	风机转速(r/min)	2840
工作宽度(mm)	950	排风量(m^3/h,Pa)	600,-500
产量(kg/h)	100	装机功率(kW)	3.4
给棉罗拉直径(mm)	120	外形尺寸(mm):(宽×厚×高)	1614×600×2800
开松辊直径(mm)	266	机器净重(kg)	1400

二、自调匀整

在清棉成卷时，可采用逐卷称重的方法控制正卷率和长片段不匀率。采用清梳联后，生条的重量不匀率只能依靠稳定的棉层密度和输出厚度来保证，但由于原料开松程度的不均匀，再加上各喂棉箱的棉层密度存在差异，使输送给各台梳棉机的棉层厚度存在差异，常表现为筒与筒、台与台、班与班之间生条定量差异增加,生条长片段重量不匀率增大,从而影响成纱的重量偏差与重量不匀率,因此要保证清梳联梳棉生条的质量和成纱质量要求,必须在梳棉机上使用自调匀整装置。

(一)自调匀整装置的组成

自调匀整装置一般由以下机构组成。

1. 检测机构 利用机械式(如凹凸罗拉)、电器式(如电容式)或气流式(如气压喇叭)等方式检测喂入品或输出品在喂入或输出过程中其重量或厚度的波动量。检测部位可选在输出的大压辊或小压辊处,也可选在喂入的给棉罗拉处。

2. 转换机构 将检测的信号转换成相应的信号(如电信号)。

3. 调节机构 将电信号按比例放大或加以积分累计并和标准值比较,确定调节量。

4. 执行机构 即变速机构,利用调节机构送来的信号及时调节喂入机件或输出机件的速度,自动地调节牵伸,使输出半制品的定量等于或接近设计定量。

(二)梳棉机自调匀整的类型和结构

1. 自调匀整的类型 根据检测与控制的位置不同,可将自调匀整装置分为闭环、开环和混合环三种类型。根据自调匀整装置各组成部分的结构可分为机械式、液压机械式、电气电子式、机电式和气动电子式等。

(1)闭环系统:检测点在机器输出处,控制点在喂入处,实行先调节后检测的方式,将检测点到控制点的匀整过程和产品的运动过程连接起来,成为一个封闭的环状,如图 4-43 所示。闭环系统不能匀整波长等于或小于匀整点至检测点间距离的不匀波,这段距离称为匀整死区。但由于闭环系统反馈回路的作用,它能减少牵伸机构因外界干扰等各种因素波动所造成的偏差,从而使输出纱条的平均粗细能符合正常水平,比开环系统稳定,对中、长片段的匀整效果较好,其中在 250~300m 片段上匀整效果更为明显。

(2)开环系统:开环系统中的控制回路为非封闭式的,检测点在机器输入处的某部位,而控制点则在输出处,实行先检测后控制的方式,如图 4-44 所示。开环系统为针对性匀整,喂入纱条的粗细在还未进入牵伸区时先由检测机构进行检测,这样只要控制系统的时间延迟与纱条通过检测点至匀整点之间所需的时间配合得当,以及牵伸倍数的变化完全正比于纱条厚度的变化,就可以消除一定频率范围内的不匀波。但开环式无"再检测"的可能,与闭环式比较,对长片段的匀整效果较差,其应用范围有较大的局限性。

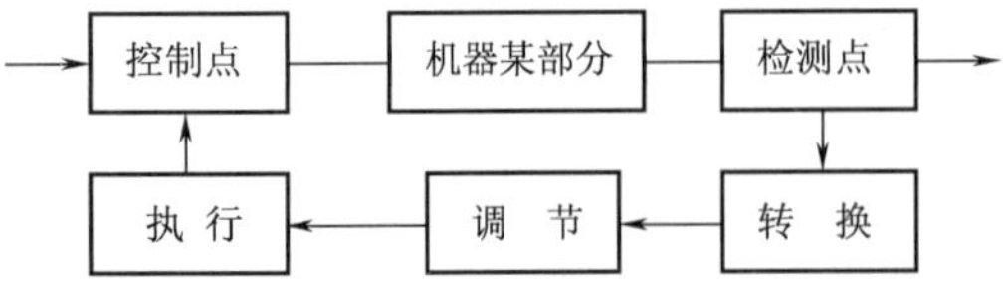

图 4-43 闭环系统

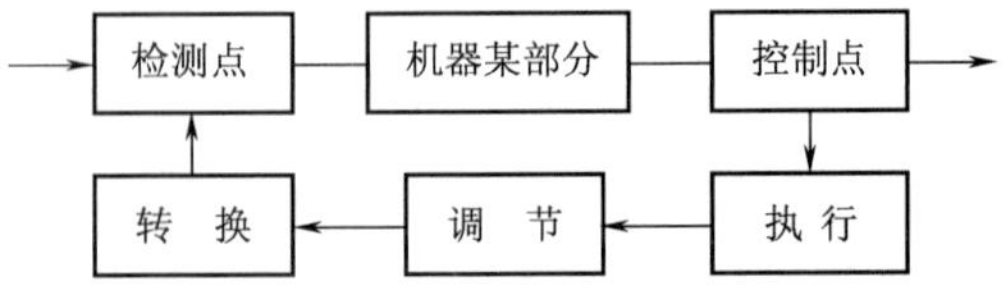

图 4-44 开环系统

(3)混和环系统:是指在系统中既有开环系统,又有闭环系统,两者结合使用,如图 4-45

所示。

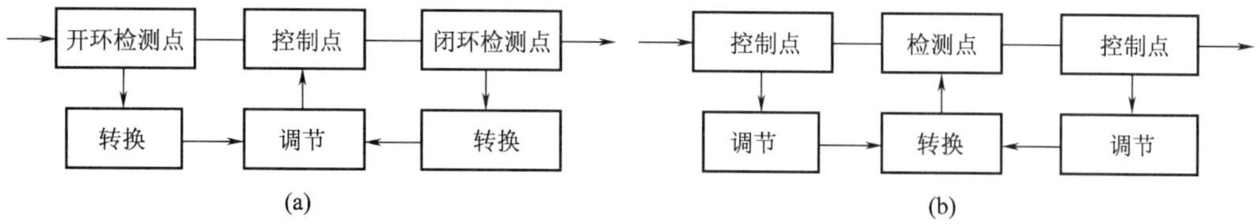

图 4－45　混和环系统

2. 梳棉机的自调匀整装置

（1）开环系统：FT024 型自调匀整装置是在机后的给棉板检测喂入棉层体积的信号输入计算机，并与计算机中的平均值比较，其差异值立即被送到控制器，改变变速电动机的速度，从而改变给棉罗拉的转速，使喂入棉层尽可能均匀。

（2）混和环系统：FT025 型梳棉机的自调匀整装置是在检测喂入棉层厚度、改变给棉罗拉速度的基础上，棉网经喇叭口集合后进入阶梯检测罗拉中，下检测罗拉固定，上检测罗拉以弹簧垂直压向下检测罗拉，其位移与棉条断面呈正比，断面信号不断输入微电脑中并与设定的平均值比较，其差值与电信号传到控制器，调节给棉电动机的速度，从而达到均匀条子的目的。如 C4—RR 型、DK760 型及目前国产梳棉机大多采用该种类型的自调匀整器。

第七节　生条质量控制

生条质量与细纱质量关系密切，而梳棉机的生条质量、产量与落棉率三者之间有着密切的关系。一般情况下，若增加落棉，则生条质量提高，但会降低梳棉产量，纺纱成本相应提高；反之，若减少落棉，则梳棉机产量增加，但生条质量必然下降。因此，在生产中要正确处理好这三者之间的关系，既要提高生条质量，又要减少用棉量，降低成本，以获得较好的经济效益。

一、生条质量指标及控制范围

反映生条（棉网）质量或梳棉工序工艺技术水平的质量指标，可分为生产运转中的经常性检验项目和参考项目两大类，见表 4－11。

表 4－11　梳棉工序质量参考指标

经常性检验项目		参考项目	
生条条干不匀率（Uster *CV* 值 %）	4.1%～5.0%	棉网清晰度	反映棉网中纤维的伸直平行程度和分离程度
生条重量不匀率（%）	4.0 以下		
生条含杂率（%）	0.2		
1g 生条中棉结/杂质粒数	（15～50）/（60～110）（企业自定）		

续表

经常性检验项目		参考项目	
后车肚落棉率与棉卷含杂率之比(%)	中粗特纱:100~120 中特纱(一般):120~150 细特纱(较高):150~160 刺辊部分的除杂效率:50%~60%	生条短绒率(%)	14%以下

二、提高分梳效能

通过针面间的分梳作用使纤维束分解成单纤维、清除纤维间的杂质疵点,使纤维充分混和并改善纤维从锡林向道夫转移时在道夫上的均匀分布程度,以获得均匀的生条。一般用棉网中纤维束重量百分率大小来表示纤维分离度的高低,在实际生产中,可用棉网清晰度直观反映纤维的分离程度。棉网中若有纤维集结和云斑,说明纤维的分离程度低;当棉网完整均匀并清晰时,说明纤维分离充分,可使牵伸过程中纤维正常运动。

(一)紧隔距强分梳

在机械状态允许条件下,两分梳针面间采用紧隔距,有利于提高分梳效能。如刺辊与锡林间隔距缩小,可提高纤维向锡林的转移能力,减少刺辊返花;锡林与盖板间隔距缩小,可增加针齿接触纤维的概率,有利于纤维在两针面间的反复转移和分梳;锡林与道夫间的隔距缩小,可提高道夫转移率,降低锡林、盖板针面负荷,改善“锡林一转,一次工作区分梳”的分梳质量。所以紧隔距可实现强分梳,FA231A型梳棉机隔距配置及设定的主要因素如表4-12。

表4-12　FA231A型梳棉机隔距配置及设定的主要因素

机件部位		隔距mm(1/1000英寸)	设定主要因素
给棉刺辊部分	给棉罗拉—给棉板	入口:0.1~0.18(4~7) 出口:0.30~0.38(12~15)	1. 给棉罗拉空转时就不接触 2. 一般进口大、出口小,喂入棉层后,基本相同
	给棉板—刺辊	0.20~0.33(8~13)	1. 刺辊对棉层的梳理作用,随着隔距的减小而加剧,上下棉层分梳差异减小,但易引起纤维损伤 2. 一般棉层厚、纤维长、强力差的应放大隔距,清梳联时的隔距宜比棉卷大 3. 纺棉杂质较多时宜大,以防杂质碎裂 4. 纺化纤时应比纺棉大
	刺辊—除尘刀	0.25~0.30(10~12)	可去除纤维中大杂质、僵棉、不孕籽,隔距宜偏小掌握,纺重定量和化纤时以偏大为好,防止除尘刀击落
	刺辊—分梳板	0.4~0.6(16~24)	1. 采用分梳板对提高刺辊梳理度,改善筵棉上下层、纵横向分梳差异有一定效果 2. 分梳板与刺辊隔距比用小漏底时为小
	刺辊—小漏底	0.6~1.5(24~60)	采用短漏底,主要起托持纤维的作用
	刺辊—锡林	0.12~0.20(5~8)	在两者偏心小、针面平整、运转平稳条件下,隔距宜小,有利于纤维向锡林针面转移

续表

机件部位		隔距 mm(1/1000 英寸)	设定主要因素
锡林盖板部分	锡林—盖板	0.19～0.30(7～12) 0.15～0.25(6～10) 0.15～0.25(6～10) 0.20～0.30(8～10)	1. 有4个隔距点,近刺辊侧为锡林从刺辊上转移来的纤维,首先进入盖板工作区(4～6块)分梳,纤维量较多,隔距宜偏大,出口时隔距宜大一点,中间两档可略紧一些,以利于分梳 2. 纺化纤时隔距适当放大,以防止纤维绕锡林 3. 锡林、盖板是主要分梳区,强调针布锋锐度和平整度,特别是盖板要降低磨针根与针根之间的差异
	锡林—后固定盖板	下:0.4～0.55(16～22) 中:0.36～0.46(14～18) 上:0.30～0.45(12～14)	1. 锡林与后固定盖板起预分梳作用,锡林从刺辊上转移来的纤维束首先抛向固定盖板,作用比较剧烈,隔距宜由大到小 2. 固定盖板中间宜加装除尘刀和采用吸风,以利去除细杂、尘屑和短绒
	锡林—前固定盖板	上:0.25～0.30(10～12) 中:0.20～0.25(8～10) 下:0.18～0.23(7～9)	锡林与前固定盖板起到精细分梳和整理分梳作用,锡林上纤维大多处于单纤维状态,利于纤维伸直和清除棉结、细小杂质、短绒、隔距以较小为宜
	锡林—大漏底	入口:4～5.5(1/6～1/5) 中:1.58(1/16) 出口:0.56(22)	1. 入口不宜太小,在保证不积花情况下偏大掌握 2. 出口不宜太大,否则影响小漏底气压,从而增加后落棉 3. 隔距自入口至出口由大到小,保持大漏底的曲率半径
	锡林—后罩板	上口:0.38～0.56(15～22) 下口:0.50～0.78(20～31)	1. 一般上口较下口略小,下口隔距应与大漏底出口隔距相匹配,使气流畅通 2. 后上罩板的上口隔距与盖板花量有关系,隔距小,盖板花量少
	锡林—前上罩板	0.66～0.74(26～29)	与盖板出口相适应,盖板反转,上下口隔距可掌握一致
	锡林—前下罩板	上口:0.79～1.09(31～43) 下口:0.43～0.66(17～26)	1. 一般上口大、下口小,下口放大一些有利于锡林上纤维向道夫转移,但太大会造成棉网云斑和条干不匀 2. 纺化纤时下口隔距可比纺棉稍大 3. 有时因道夫返花造成纤维因压迫罩板使罩板与锡林摩擦,可将下口隔距适当放大,甚至可以割短下罩板
	锡林—道夫	0.1～0.15(4～6)	不论纺何种原料,一般要求隔距较小为好,隔距偏大,左右不一致,会影响纤维顺利转移,严重时出现云斑、棉结增多、抄斩棉增多
剥棉部分	盖板—斩刀	0.48～1.08(19～43)	1. 以能剥下盖板花为宜,隔距不宜偏紧,以免斩刀片碰伤盖板针布 2. 盖板反转时,刷辊和盖板为"零"隔距,保持刷辊与盖板不接触,能刷下盖板花为度
	道夫—剥棉罗拉	0.2～0.5(8～20)	以剥下棉网为度,太松太紧均有可能剥不下来
	剥棉罗拉—上轧辊	0.5～1.1(20～43)	三罗拉剥棉时,以剥下剥棉罗拉棉网为度
	上轧辊—下轧辊	0.05～0.25(2～10)	在不加压时,上下轧辊最好表面不接触

(二)高速高产与优质

提高梳棉机主要机件的速度,是提高产量、保证棉网质量的主要措施。如刺辊速度提高,可提高刺辊的分梳度;锡林速度提高,在产量不变时,平均每根纤维受针齿的作用齿数增多,分梳效果好,同时锡林上的纤维离心力增加,有利于纤维向其他针面转移,在盖板工作区内纤维的反复转移和分梳有利于分梳质量,锡林与道夫之间纤维的转移率高,可以减少锡林的针面负荷,也有利于分梳。但各机件速度不能太高,如果刺辊速度太高,会损伤纤维,而且影响锡林与刺辊表面速比和纤维转移,同时锡林转速太高还会导致其平衡差、能耗大,所以刺辊速度一般低于1000r/m,锡林速度在400 r/min 左右。

(三)针布的选配与磨针

在分梳作用过程中,纤维在针面间握持、分梳和反复转移的能力,很大程度上取决于针布的齿形与技术规格和各针面间针布的合理选配。要保证棉网质量稳定,针布应在较长时期内保持锋利,通常将刺辊、锡林、盖板和道夫等几个主要针面要求的平整锋利,简称为“四锋”。为此,针布应以一定的周期给予正确磨砺。

(四)机械状态

梳棉的紧隔距、高速度,要求各分梳机件有较高的尺寸定位精度和运转稳定性。首先,包覆针布的分梳机件要有足够的刚度,以减少包覆针布后筒体的变形,如锡林筒体应有一定的壁厚并在内壁有梯形环形筋以提高刚度。其次,锡林轴、刺辊轴与筒体的同心度及其静、动平衡,均需经严格校正,且机框机座要求保持稳固、水平。再次,锡林、道夫筒体的圆柱面及盖板铁骨平面,以致包覆针布后的针面,均应力求做到几何规整。只有这样,才能在高速运转条件下隔距紧而准的机械状态,习惯上称这种要求为“一准”。

三、控制生条中的棉结杂质

生条中的棉结杂质对普梳纱来说,直接影响纱线的结杂和布面疵点,并且对于并、粗、细各工序牵伸时纤维的正常运动和细纱加捻卷绕时钢丝圈的正常运动均有不利影响,对精梳纱会影响精梳工序的梳理质量,因此必须控制并减少生条中的结杂粒数。控制生条棉结杂质的主要手段有以下几点。

(一)配置好分梳工艺

配置好分梳工艺与“四锋一准”、“紧隔距”相结合,减少返花和搓转纤维,可提高棉网中单纤维的百分率,促使纤维伸直平行,使纤维与杂质充分分离,提高梳棉机排除棉结杂质的能力。

(二)清、梳工序的除杂要合理分工

对一般较大且易分离的杂质应贯彻早落少碎的原则;黏附力较大的杂质,尤其是带长纤维的杂质,在它和纤维未分离时,不宜早落,应在梳棉机上经充分分梳后加以清除。当原棉成熟度较差、带纤维杂质较多时,应适当增加梳棉机的落棉和除杂负担。梳棉机本身也要合理分工,刺辊部分是重点落杂区,应使破籽、僵片和带有短纤维的杂质在该区排落掉,以免杂质被击碎或嵌塞锡林针齿间而影响分梳作用。因此,除少量黏附性杂质外,刺辊部分应早落和多落。合理配置刺辊转速及后车肚工艺,对提高刺辊部分的除杂效率、减少生条结杂有明显的效果。锡林和

盖板部分适于排除带不同长度纤维的细小杂质、棉结和短绒等。锡林和盖板针布的规格及两针面间的隔距，前上罩板上口位置以及盖板速度等，也都影响生条中棉结杂质的数量。

（三）加强温湿度控制

温湿度对棉结杂质也有很大的影响。原棉和棉卷回潮率较低时，杂质容易下落，棉结和束丝也可减少，一般纯棉卷上机回潮率控制在6.5%～7%。梳棉车间应控制较低的相对湿度，一般在55%～60%，使纤维放出水分，增加纤维的刚性和弹性，减少纤维与针齿间的摩擦和齿隙间的充塞。但相对湿度过低，一方面易产生静电，棉网易破损或断裂，尤其在纺化纤时，这种现象更为明显；另一方面会降低生条的回潮率，对后道工序的牵伸不利。

四、控制生条不匀率

生条不匀率分为生条重量不匀率和生条条干不匀率两种，前者表示生条长片段间（5m）的重量差异情况，后者表示生条短片段的粗细不匀情况。

（一）生条条干不匀率的控制

生条条干不匀率影响成纱的重量不匀率、条干和强力。影响生条条干不匀率的主要因素有分梳质量、纤维由锡林向道夫转移的均匀程度、分梳机件的机械状态以及棉网中是否存在云斑、破洞和破边等。隔距不准，刺辊、锡林和道夫振动而引起隔距周期性地变化，圈条器部分齿轮啮合不良，道夫至圈条器间各个部分牵伸和棉网张力牵伸过大，生条定量过轻等，也会增加条干不匀率。

（二）生条重量不匀率的控制

生条重量不匀率和细纱重量不匀率及重量偏差有一定的关系。对生条重量不匀率应从内不匀率和外不匀率两个方面加以控制。控制生条内不匀率，应采取控制棉卷重量不匀率，消除棉卷黏层、破洞和换卷接头不良等措施，合理使用自调匀整装置。而降低生条外不匀率，则要求纺同线密度纱的各台梳棉机隔距和落棉率统一，定期平揩车，确保机械状态良好，防止牵伸变换齿轮用错等。

五、控制生条短绒率

生条短绒率同梳棉以后各工序牵伸时浮游纤维的数量以及成纱的结构有关，直接影响到成纱的条干均匀度、细节、粗节和强力。

生条短绒率是指生条中16mm以下纤维所占的重量百分率。刺辊和锡林在分梳过程中要切断和损伤少量纤维，同时在刺辊落棉、梳棉机吸尘和盖板花中又排除短绒，但短绒的增加量大于其排除量，故生条短绒率比棉卷短绒率增加2%～4%。在生产中，对生条短绒率应作不定期的抽验，尽量控制短绒的增加。短绒率应视原棉性状、成纱特数、成纱强力和条干不匀率等情况控制在一定的范围内。一般生条短绒率控制范围为中特纱在18%左右、细特纱在14%左右。降低生条短绒率的方法是减少纤维的损伤和断裂，增加短绒的排除。

原棉成熟度正常，棉卷结构良好，开松均匀，梳棉针齿光洁，隔距准确，可减少纤维损伤断裂。如果给棉板工作面过短、针齿有毛刺、锡林和刺辊的速度过高，均会增加短绒。为排除短绒，刺辊下要有足够长度的落杂区。另外还要控制后车肚落棉和盖板花，发挥吸尘装置的作用。

六、落棉控制

（一）控制落棉数量和台差

梳棉机落棉包括刺辊落棉、盖板花和吸尘落棉，其中以刺辊落棉为最多。根据一定的原棉性状、棉卷含杂和纺纱质量的要求，合理确定落棉率的范围。如纺中特纱、棉卷含杂率为1.5%时，梳棉机的总落棉率一般控制在3.5%～4.5%，其中刺辊落棉、盖板花和吸尘的落棉率分别为2.5%、0.8%、0.2%左右。当原棉含杂率为3%，开清棉工序统破籽率一般控制在2.5%～3.5%，棉卷含杂率控制在1%～1.5%，梳棉工序可清除棉卷含杂的90%左右，残留在生条中的杂质为0.8%～1.5%。

落棉差异是指纺同批纱各机台间落棉率和除杂效率的差异，俗称台差。要求台差越小越好，以利于控制生条重量不匀率。后车肚落棉是重点控制部分，当各台落棉差异较大时，可调节各机台的除尘刀与刺辊之间的隔距，或调节小漏底的入口隔距。盖板花的多少一般是通过调整盖板速度和前上罩板上口与锡林间的隔距来控制。纺同批纱的盖板速度应保持一致，为了统一各机台落棉而对盖板花作少量调整时，一般只调节前上罩板上口和锡林间的隔距。为了增减除杂作用而对盖板花作较大幅度的调整时，则必须改变盖板速度。

（二）控制落棉内容

后车肚落棉是落棉重点，不但要检查总落棉含杂率和含杂内容，还应注意三个落杂区各自的落杂情况，并加以控制。第一落杂区以排除较大、较重杂质为主；第二落杂区以排除重量较轻和表面附有蓬松纤维的小杂疵为主；第三落杂区以排除短绒和细小杂疵、尘屑为主。

后车肚严重落白和落棉中可纺纤维含量较多时，应控制刺辊部分的气流，控制三个落杂区的落杂数量和内容，可调节除尘刀与刺辊间的隔距和角度以及小漏底工艺。

盖板花的含杂内容是带纤维细杂、棉结和短绒。在喂入棉卷中带纤维杂质较少、刺辊又有良好的除杂作用时，为了节约用棉，可减少盖板花。如盖板花中可纺纤维含量过多，可用调整上罩板上口与锡林间隔距的方法来控制。加工化纤时盖板速度的大小取决于化纤的含疵率，在含疵率较低时，为了节约用棉，宜用较低的盖板速度，一般为纺纯棉时盖板速度的一半。

第八节　清梳除尘

一、开清棉工序的除尘

开清棉工序的尘源主要来自各单机上的凝棉器风机、输棉风机、清棉尘笼风机和车肚落棉。机上风机排尘空气与车肚落棉因含杂内容及含尘浓度不同，应区别对待。

（一）机上尘源

开清棉联合机上的风机尘源一般采用二级过滤，为了保证与主机开关车同步，并在发生故障时各套主机间互不影响，一般一套开清棉联合机配备一组滤尘机组。按照加工原料的种类及排出含尘空气和浓度，合理选择滤尘设备的过滤面积和过滤负荷，滤尘设备内各部位应保持合理的压力和压差。

（二）机下落棉

机下落棉指各单机的车肚落棉，由吸落棉排出的空气含尘浓度大，含纤维量少，宜采用三级滤尘机组过滤净化，即可利用旋风除尘器为第一级尘气分离设备，首先分离较大的杂质，再采用滤网式预分离器收集纤维性尘杂，最后采用滤料式过滤器滤净粉尘。

（三）加工废棉

开清棉工序加工废棉时排出含尘空气的浓度、密度较加工正常原棉时大，而纤维量少，但与吸落棉相比较小，所以可以采用二级滤尘机组或特殊的除尘设备及流程。因废棉加工机组开车时间少，为节约能源，便于管理，不污染正常原棉的滤尘设备和滤后空气，废棉除尘设备应与加工正常原棉的除尘设备分开。

二、梳棉工序的除尘

（一）梳棉机的尘源

梳棉机的尘源一般分为两类。一类是机上飞花溢出部位，如图 4－46 所示，由于刺辊、锡林的回转，带动周围的气流流动，在锡林与刺辊隔距点处气流汇合形成高压，一部分气流进入后罩板，从固定盖板的缝隙处、后罩板与盖板区 2 溢出，带出较多的短绒与尘屑；另一部分气流随刺辊进入刺辊罩盖区 1，由于刺辊与给棉板间隔距很小，气流难以通过，故在刺辊罩盖下形成高压区，造成缝隙喷花或从隔距点向下喷射，影响后车肚落棉。锡林带动气流在前上罩板与盖板区 3、前固定盖板区 4 溢出，在锡林道夫三角区 5 处，因大部分气流受阻，气流从道夫罩盖下方向机前喷出，加之安全清洁辊的高速回转，使机前含尘量增加，影响棉网质量。由于棉条在高速运动

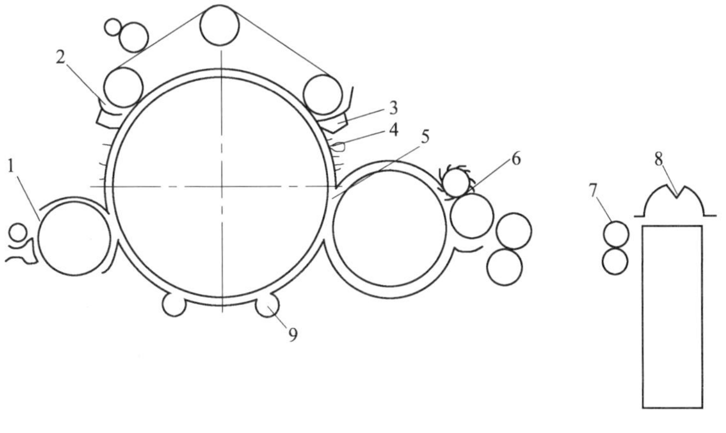

图 4－46　梳棉机的飞花溢出部位

中被压缩，飞花会从大、小压辊区7、8处溢出。如剥棉区、大漏底区等都会产生飞花。机上尘源多为短绒与尘屑。另一类是梳棉机落棉，落棉分车肚落棉和盖板花，由于两者差异较大，通常分开处理以提高利用价值。

（二）吸尘点的布置

不同型号的梳棉机吸尘点数量不同，老式梳棉机一般采用三吸，即锡林与道夫三角区处、刺辊罩壳、后车肚处设置吸尘点，新型梳棉机上飞花溢出的部位及落棉位置均设有吸风口。飞花、尘屑及落棉通过支风道、总风管由接力风机吸入滤尘室。梳棉机的吸尘方式有连续式和间歇式两种，当采用连续式吸落棉时，所有梳棉机的排风管道连接在一起并接到中央滤尘室，排风管安装在地下或空中，保证整个系统的高效率和连续性。当采用间歇吸落棉方式时，每台梳棉机均配有一台风机及一个滤尘收集箱，尘杂首先利用风机排至箱内，经过滤后间歇地顺序吸至中央滤尘室。

思考题

1. 梳棉工序的任务是什么？给出梳棉机各主要机件的相对位置、转向和针齿配置，并叙述梳棉机的工艺过程。
2. 绘图说明给棉刺辊部分的机构，说明它们的主要作用。
3. 梳棉机给棉方式有几种？各有什么特点？
4. 刺辊锯条对分梳作用有何影响？
5. 怎样选择梳棉机的分梳工艺长度？
6. 刺辊下方的落杂区是怎样划分的？如何调节梳棉机后车肚落棉？
7. 附加分梳区由哪些机件组成？其主要作用是什么？
8. 锡林、盖板、道夫部分的主要机构有哪些？它们的作用是什么？
9. 锡林、盖板和道夫部分的均匀与混合作用是如何产生的？有什么特点？
10. 锡林盖板工作区是怎样产生除杂作用的？如何控制盖板花数量？
11. 针布分为哪两类？金属针布主要规格参数有哪些？这些参数对分梳、剥取有何影响？
12. 对梳棉机剥棉装置的基本要求是什么？剥棉装置有哪些类型？
13. 画出三罗拉剥棉装置简图，说明各主要机件的结构和作用。
14. 圈条器有哪些机构组成？对圈条器有何要求？
15. 在梳棉机上喂入棉卷的定量为400g/m，输出生条的定量为19.5g/5m，求梳棉机的实际牵伸倍数。
16. 已知生条定量是20g/m，道夫速度是25r/min，道夫到小压辊的张力牵伸倍数是1.54倍，道夫直径为706mm，求该梳棉机的理论产量。
17. 试述清梳联设备的工艺过程，说明各组成部分的机构和作用。
18. 举例说明自调匀整装置的类型及特点。
19. 如何控制生条质量？
20. 梳棉机吸尘点是如何布置的？

第五章 精 梳

本章知识点

1. 精梳工序的任务和作用。
2. 精梳准备机械的作用结构和工艺流程。
3. 精梳机的工艺流程。
4. 精梳机的主要机构及作用。
5. 精梳机的工艺配置。
6. 精梳机的传动和工艺计算。
7. 精梳质量控制。

第一节 精梳概述

一、精梳工序的任务

梳棉机所制成的生条含有较多的短纤维、杂质、棉结和疵点,纤维的伸直平行度较差,这些缺陷不但影响成纱质量,也很难纺成较细的纱线。因而,对于质量要求较高以及特殊用途的纱线,需要精梳纺纱系统加工。精梳工序的任务如下。

(1)排除生条中一定长度以下的短纤维,从而提高纤维的整齐度,以利于减小成纱条干不匀率,提高成纱强力。

(2)清除纤维间的杂质和棉结,以提高成纱的光洁度。

(3)使生条中纤维进一步伸直、平行和分离,以利于纱线的强力、条干和光泽。

(4)制成条干均匀的精梳棉条。

经过精梳系统加工的纱线质量与普梳系统相比有明显的改善,具体效果表现在以下几方面。

(1)成纱强力可提高10%~20%。

(2)棉结杂质粒数可减少50%~60%,短绒减少42%~48%。

(3)纤维伸直度由生条50%提高到85%~95%。

(4)成纱条干好,外观光洁,毛羽少。

二、国产精梳机的主要技术特征

几种国产精梳机的主要技术特征见表5-1。

表5-1 几种国产精梳机的主要技术特征

项目 \ 机型		A201E	FA261	FA266	FA269
眼数		6	8	8	8
小卷宽度(mm)		230	300	300	300
小卷定量(g/m)		40~55	50~70	50~70	60~80
并合数		6	8	8	8
有效输出长度(mm)		37.34	31.71	31.71	26.48
给棉长度	前进	5.72,6.68	5.2,5.9,6.7	5.2,5.9	5.2,5.9
	后退	—	4.2,4.7,5.2,5.9	4.7,5.2,5.9	4.7,5.2,5.9
罗拉牵伸	型式	二上二下	三上五下	三上五下	三上五下
	罗拉直径(mm)	31.75×25.4	35×27×27×27×27	35×27×27×27×27	35×27×27×27×27
	后牵伸	—	1.33	1.14,1.36	1.14,1.36
	总牵伸	3.85~8.10	8.6~19.6	9~16	9~19.3
精梳机总牵伸		40~60	80~120	80~120	80~120
落棉率(%)		10~19	5~25	5~25	5~25
出条定量(g/5m)		12~23	15~30	15~30	15~30
锡林速度(r/min)		145~175	最高300	最高350	最高400
适纺纤维长度(mm)		25~38	25~50	25~50	25~50

第二节 精梳准备

一、精梳准备的任务

精梳机采取握持纤维梳理,因而未被握持的纤维,会在梳理过程中被排除而成为落棉。生条中纤维排列紊乱,伸直平行度差,且大多数呈弯钩状态,如果在精梳机上直接使用这种棉条加工梳理,就会造成大量的纤维损伤,形成过多的落棉,影响精梳机的生产效率,同时也会造成锡林梳针的梳理阻力大,易损伤梳针,还会产生新的棉结。因此,精梳准备工序的任务有以下几个方面。

(1)提高小卷中纤维的伸直平行度和分离度,防止精梳加工时纤维和梳针的损伤,同时减少落棉中长纤维的含量,从而有利于节约用棉。

(2)制成小卷,便于精梳机加工。

小卷质量的优劣，对精梳机的正常工作、精梳条质量、精梳落棉率有直接的影响，因此要求小卷定量正确、棉层无破洞、无棉条重叠、无明显条痕、纵横向结构均匀、成形良好、卷绕紧密、层次清晰、容量大、不黏卷。

二、精梳准备机械

目前国内外使用的精梳准备机械有四种，即预并条机、条卷机、并卷机和条并卷联合机。其中条卷机、并卷机和条并卷联合机为精梳准备工序的专用机械，预并条机为精梳准备和并条工序的通用机械。

（一）条卷机

国内外条卷机有 SXFA336 型、E2/4a 型和 FA334 型等多种机型，其工艺过程基本相同，如图 5－1 所示。棉条从机后导条台两侧导条架下的 20～24 个棉条筒中引出，经导条辊 2 和压辊 3 引导，绕过导条钉转向 90°后在 V 形导条板 1 上平行排列，由导条罗拉 4 引入牵伸装置 5，经牵伸形成的棉层由紧压辊 6 压紧后，由棉卷罗拉 7 卷绕在筒管上制成条卷 8。筒管由棉卷罗拉的表面摩擦传动，两侧由夹盘夹紧并对精梳小卷加压以增大卷绕密度。满卷后，由落卷机构将小卷落下，换上空筒后继续生产。

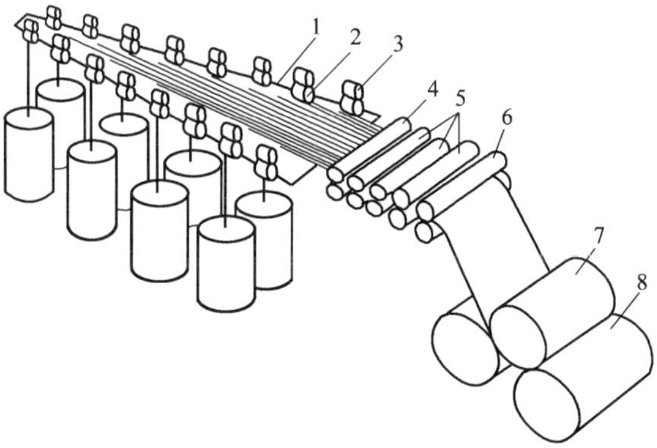

图 5－1 条卷机工艺简图

SXFA336 型、E2/4a 型和 FA334 型条卷机的技术特征见表 5－2。由于条卷机生产的精梳小卷宽度、产量等因素不同，条卷机与精梳机必须配套使用。一般情况下，一台条卷机配 4～6 台精梳机。

表 5－2 几种不同型号条卷机的技术特征

项目 \ 机型	SXFA336	E2/4a	FA334
并合数	18～24	18，24，26	20～24
成卷宽度（mm）	250	250	250，230
成卷最大直径（mm）	450	450	450

续表

项目 \ 机型	SXFA336	E2/4a	FA334
小卷定量(g/m)	50～75	50～75	50～70
成卷速度(m/min)	50,60,65	50,60,65	50,60,65
牵件形式	四上六下	四上六下	四上六下
牵伸倍数	1.3～1.7	2	1.3～1.7
牵伸罗拉直径(mm)	35×27×27×35×27×27	35×27×27×35×27×27	35×27×27×35×27×27
牵伸胶辊直径(mm)	38×44×38×44	38×44×38×44	38×44×38×44
成卷罗拉直径(mm)	410	410	410
小卷加压方式及加量	气动式,6×105Pa	气动式,6×105Pa	气动式,6×105Pa

(二)并卷机

并卷机的工艺过程如图5-2所示。6只精梳小卷1放在并卷机后面的棉卷罗拉2上,小卷退解后,分别经导卷罗拉3进入牵伸装置4,牵伸后的棉网通过光滑的曲面导板5转向90°,在输棉平台上6层棉网并合后,经输出罗拉6进入紧压罗拉7,再由成卷罗拉8卷成精梳小卷9。国产FA344型条卷机的主要技术参数见表5-3。

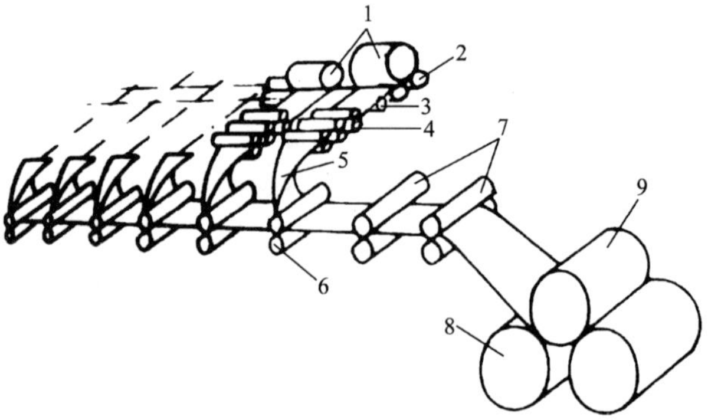

图5-2 并卷机工艺简图

(三)条并卷联合机

条并卷联合机的喂入机构由三部分组成,如图5-3所示。每一部分各有16～20根棉条自条筒1中引出,经导条罗拉2喂入,棉层经牵伸装置3牵伸后成为棉网,棉网通过光滑的曲面导板4转向90°,在输棉平台上3层棉网并合后,经输出罗拉进入紧压罗拉5,再由成卷罗拉7卷成精梳小卷6。国产FA356A型条卷机的主要技术参数见表5-3。

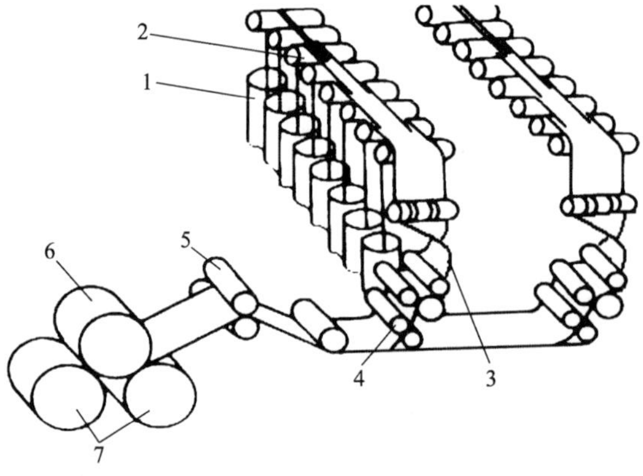

图5-3 条并卷联合机工艺简图

表 5－3 国产并卷机、条并卷联合机的主要技术参数

项目＼机型	FA344	FA356A
并合数	6(小卷)	24～28(棉条)
成卷规格(直径×宽度)(mm)	450×300	550×300
喂入定量(g/m)	50～75(小卷)	3.4～5.6(棉条)
小卷定量(g/m)	50～75	60～80
牵伸形式	三上四下曲线牵伸	三上四下曲线牵伸
牵伸倍数	4～9	1.30～2.55
成卷速度(m/min)	50～65	80～120

三、精梳准备的工艺流程

精梳机的梳理特点是上下钳板握持棉丛的尾端，锡林梳理纤维前端，当喂入精梳机的棉层内的纤维呈前弯钩状态时，易于被锡林梳直；纤维呈后弯钩状态时，无法被锡林梳直，并且在顶梳梳理时会因前端不能被分离钳口握持而被顶梳阻滞进入落棉。因此喂入精梳机棉层内的纤维呈前弯钩状态，可减少可纺纤维的损失。而梳棉生条中后弯钩纤维占50%以上，前弯钩纤维仅占5%左右。由于每经过一道工序，纤维弯钩方向改变一次，如图5－4所示，因此在梳棉与精梳之间准备工序应按偶数配置，可使喂入精梳机的多数纤维呈前弯钩状，这就是精梳准备工艺配置的偶数准则。

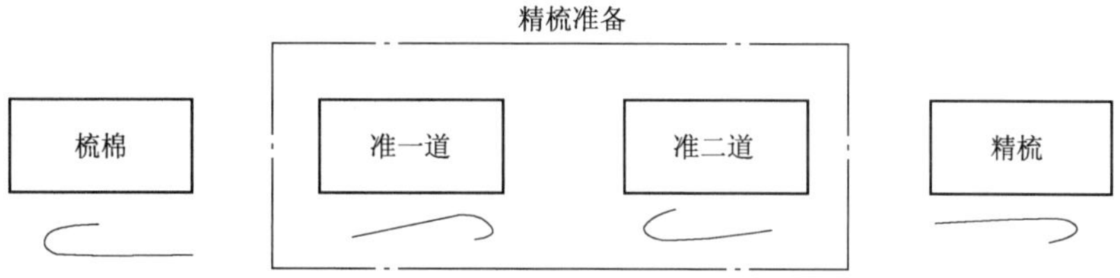

图5－4 精梳工序纤维弯钩方向

目前，国内外采用的精梳准备工艺流程有以下三种。

(1)预并条机→条卷机(条卷工艺)：该流程的特点是机器少，占地面积少，结构简单，便于管理和维修；由于牵伸倍数较小，小卷中纤维的伸直平行不够，且由于采用棉条并合方式成卷，制成的小卷有条痕，横向均匀度差，精梳落棉多。

(2)条卷机→并卷机(并卷工艺)：该流程的特点是小卷成形良好，层次清晰，且横向均匀度好，有利于梳理时钳板的握持，落棉均匀。

(3)预并条机→条并卷联合机(条并卷工艺)：该流程的特点是小卷并合次数多，成卷质量好，小卷的重量不匀率小，从而有利于提高精梳机的产量和节约用棉。但在纺制长绒棉时，会因牵伸倍数过大，而容易发生黏卷，并且此流程机器占地面积大。

第三节　精梳机的工艺过程及运动配合

一、精梳机的工艺过程

精梳机的机型虽较多，但其工作原理相同，都是周期性地将棉层断开，并使须丛的两端在握持状态下分别得到梳理，再依次接合成连续的棉网输出。FA269 型精梳机的工艺过程如图5－5所示。

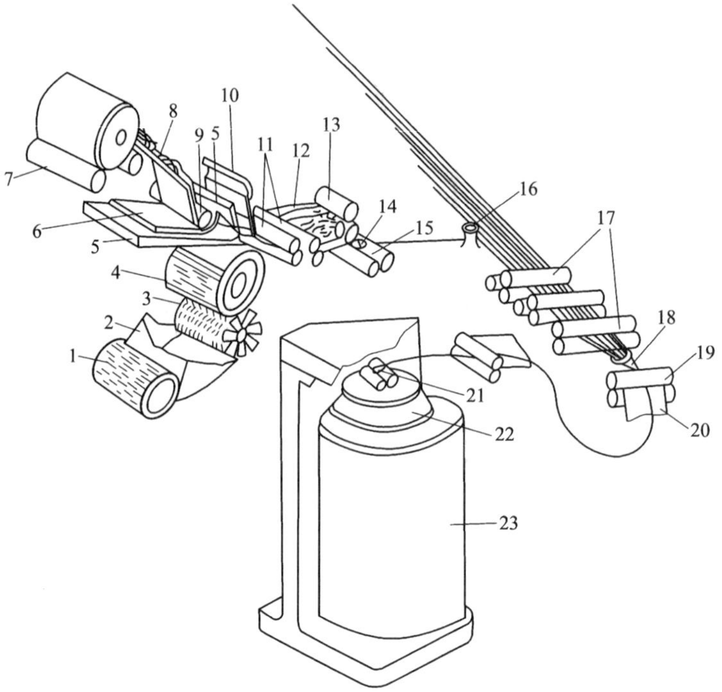

图 5－5　精梳机的工艺过程

小卷随承卷罗拉 7 的回转而退解，经导卷板 8 喂入置于钳板上的给棉罗拉 9 与给棉板 6 组成的钳口。给棉罗拉周期性间歇回转，每次将一定长度的棉层送入上、下钳板 5 组成的钳口。钳板做周期性的前后摆动，在后摆中途，钳口闭合，有力地钳持棉层，使钳口外棉层呈悬垂状态。此时，锡林 4 上的梳针面恰好转至钳口下方，针齿逐渐刺入棉层进行梳理，清除棉层中的部分短纤维、结杂和疵点。随着锡林针面转向下方位置，嵌在针齿间的短绒，结杂、疵点等被高速回转的毛刷 3 清除，经风斗 2 吸附在尘笼 1 的表面，或直接由风机吸入尘室。锡林梳理结束后，随着钳板的前摆，须丛逐步靠近分离罗拉 11 钳口。与此同时，上钳板逐渐开启，梳理好的须丛因本身弹性而向前挺直，分离罗拉倒转，将前一周期的棉网倒入机内，当钳板钳口外的须丛头端到达分离钳口时，与倒入机内的棉网相叠合后再由分离罗拉输出。在张力牵伸的作用下，棉层挺直，顶梳10插入棉层，被分离钳口抽出的纤维尾端从顶梳片针隙间拽过，纤维尾端黏附的部分短纤维、结杂和疵点被阻留于顶梳针后边，待下一周期锡林梳理时除去。当钳板到达最前位置时，分离钳口不再有新纤维进入，分离接合工作基本结束。在此之后，钳板开始后退，钳口逐渐闭合，准备进行下一个工作循环。由分离罗拉输出的棉网，经过一个有导棉板12的松弛区后，通过一对输出罗拉13，穿过设置在每眼一侧并垂直向下的喇叭口14聚拢成条，由一对导向压辊15输出。各眼输出的棉条分别绕过导条钉16转向90°，进入三上五下曲线牵伸装置17。牵伸后，由集束喇叭18集合成条，在一根输送带20托持下，通过圈条集束器及一对检测压辊21，经圈条器22圈放在条筒23中，图中19为输送带压辊。

二、精梳机工作的运动配合

精梳机的运动比较复杂，为使各机件运动协调有序，在精梳机上，装有一个与锡林同步转动的刻度指示盘，称为分度盘，用以确定各主要机件的运动配合。分度盘沿圆周分为40等份，每一等份为9°，称为一分度。精梳锡林转一圈，或钳板前后往复运动一次，称为一个运动周期或称为一钳次。在精梳机的一个运动周期内，又可分为以下四个阶段，如图5－6所示。

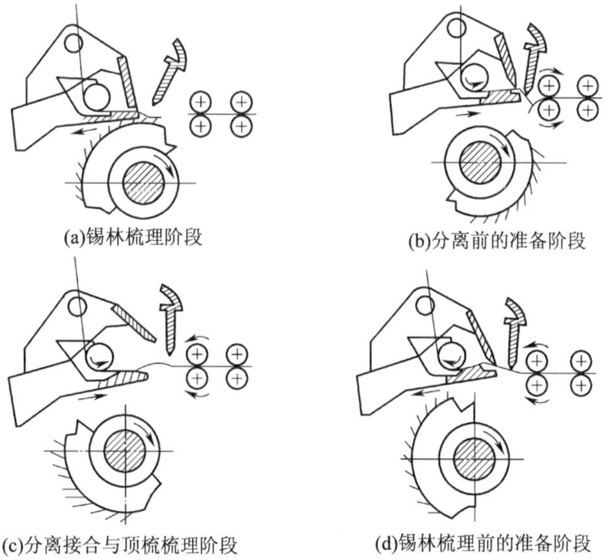

(a)锡林梳理阶段　(b)分离前的准备阶段

(c)分离接合与顶梳梳理阶段　(d)锡林梳理前的准备阶段

图5－6　精梳机一个工作循环的四个阶段示意图

1. 锡林梳理阶段　如图5－6(a)所示，锡林梳理阶段从锡林第一排针开始梳理到末排针脱离棉丛为止。这一阶段各主要机件的工作和运动情况如下。上、下钳板闭合，牢固地握持须丛，钳板运动先向后再向前；锡林梳理须丛前端，排除短绒和杂质；给棉罗拉停止给棉；分离罗拉处于基本静止状态；顶梳先向后再向前摆，但不与须丛接触。

2. 分离前的准备阶段　如图5－6(b)所示，分离前的准备阶段从锡林梳理结束开始到开始分离为止。这一阶段各主要机件的工作和运动情况如下。上、下钳板由闭合到逐渐开启，钳板继续向前运动；锡林梳理结束；给棉罗拉开始给棉；分离罗拉由静止再到开始倒转，将棉网倒入机内，准备与钳板送来的纤维丛接合；顶梳继续向前摆动，但仍未插入须丛梳理。

3. 分离接合阶段 如图 5－6(c)所示，分离接合阶段从纤维开始分离到分离结束为止。这一阶段各主要机件的工作和运动情况如下。上、下钳板开口增大，并继续向前运动将须丛送入分离钳口；顶梳向后摆动，插入须丛梳理，将棉结、杂质及短纤维阻留在顶梳后面的须丛中，并在下一个工作循环中被锡林带走；分离罗拉继续顺转，将钳板送来的纤维牵引出来，叠合在原来的棉网尾端上，实现分离接合；给棉罗拉继续给棉。

4. 锡林梳理前的准备阶段 如图 5－6(d)所示，锡林梳理前的准备阶段从分离结束到锡林梳理开始为止。本阶段各主要机件的工作和运动情况如下。上、下钳板向后摆动，逐渐闭合；锡林第一排针逐渐接近钳板下方，准备开始进行梳理。给棉罗拉停止给棉；分离罗拉继续顺转输出棉网，并逐渐趋向静止；顶梳向后摆动，逐渐脱离须丛。

不同型号的精梳机，各个工作阶段的分度不同；同一型号的精梳机各个工作阶段的分度数，由于所采用的工艺不同也有差别。FA269 型精梳机各主要机件的运动配合如图 5－7 所示，其锡林梳理阶段为 34.3～4.5 分度，分离前的准备阶段为 4.5～16.5 分度，分离接合阶段为18～24 分度，锡林梳理前的准备阶段为 24～34.3 分度。

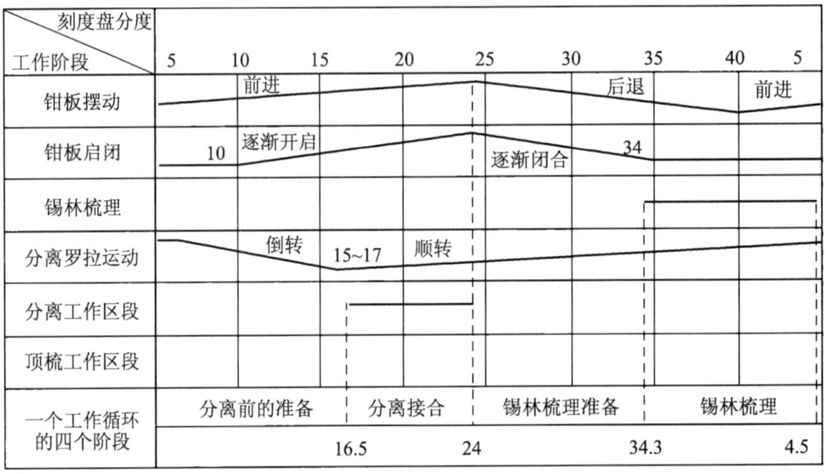

图 5－7 FA269 精梳机运动配合图

第四节 钳持喂给部分

钳持喂给部分包括喂给和钳持两个部分。

一、喂给部分

精梳机的喂棉部分包括承卷罗拉、给棉罗拉及其传动机构，其作用是在每一个工作循环中，定时定量喂给一定长度的棉层。

（一）喂棉机构

1. 承卷罗拉 承卷罗拉有两种回转方式。一是连续回转式，如高效能精梳机；二是间歇回转式，如 A201 系列精梳机。

高效能精梳机的承卷罗拉传动机构如图 5－8 所示。主传动油箱中的副轴通过过桥轮系传递给喂棉调节轮 Z，以链条传动直径为 70mm 的承卷罗拉慢速回转退解棉层。

由于承卷罗拉连续回转，当给棉罗拉不给棉时，承卷罗拉仍在喂给，加之给棉罗拉随钳板摆动，从而引起棉层张力呈周期性的波动，为了稳定棉层张力，新型精梳机的承卷罗拉 1 与给棉罗拉 2 之间装有一只偏心张力轴 3，如图 5－9 所示，且偏心张力轴由钳板摆轴传动。偏心张力轴大半径转向棉层，使承卷罗拉输出的棉层因输送距离增加而被“储存”起来，当给棉罗拉给棉时，偏心张力轴小半径转向棉层，棉层因输送距离缩短而被“释放”出来，从而补偿了因连续喂棉和钳板摆动引起的棉层长度变化，使棉层张力稳定。

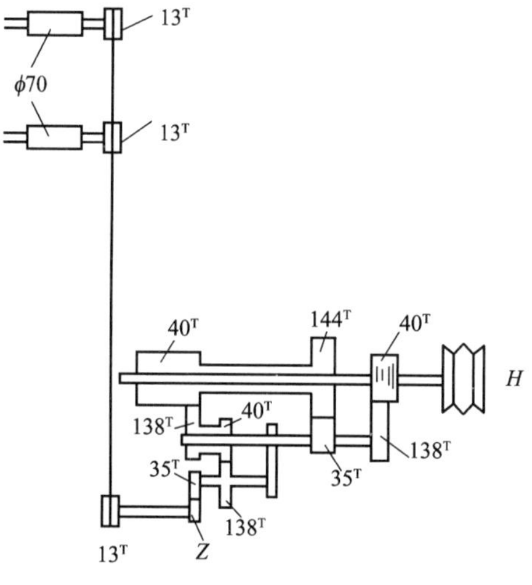

图 5－8 承卷罗拉传动

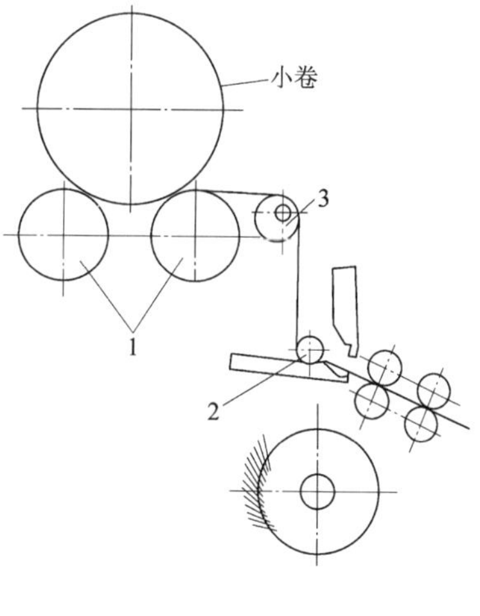

图 5－9 张力补偿装置

1—承卷罗拉 2—给棉罗拉 3—偏心轮

由图 5－8 中的数据，可求得每钳次承卷罗拉的喂棉长度 L_1 为：

$$L_1 = \pi \times 70 \times \frac{13 \times 37 \times 40 \times 40 \times 35 \times 40 \times 143}{13 \times Z \times 138 \times 138 \times 144 \times 138 \times 29} = \frac{237.48}{Z} \qquad (5-1)$$

式（5－1）中，Z 为给棉罗拉至承卷罗拉间的张力牵伸变换齿轮齿数，不同精梳机的变换齿轮齿数是不同的。如 FA269 型精梳机，Z 有 52、53、58、59、60、65、66 七种供选用。

2. 给棉罗拉 新型精梳机给棉罗拉装于下钳板内，直径为 30mm，且为单给棉罗拉。相比双罗拉给棉机构，单罗拉给棉机构更为简单，握持也更为牢固，因而在新型精梳机上普遍使用。

在新型精梳机上，有两种给棉方式，一种是钳板在前摆过程中给棉，称为前进给棉；另一种是钳板在后摆过程中给棉，称为后退给棉。由于精梳机的给棉方式不同，则其给棉机构也不相同。

新型精梳机上都配有前进给棉机构和后退给棉机构供选用，以适应各种精梳产品的不同质量要求和落棉控制，如图 5－10 与图 5－11 所示。采用前进给棉机构，当钳板前进时上钳板 1 逐渐开启，带动装于上钳板上的棘爪 3 将固装于给棉罗拉轴端的给棉棘轮 4 拉过一牙，使给棉罗拉转过一定角度而产生给棉动作；当给棉罗拉随下钳板 2 后摆时，棘爪在棘轮上滑过，不产生给棉动作。如果采用后退给棉机构，当钳板后退时上钳板 1 逐渐闭合，带动装于上钳板上的棘爪 3 将固装于给棉罗拉轴端的给棉棘轮 4 撑过一牙，使给棉罗拉转过一定角度而产生给棉动作；当给棉罗拉随下钳板 2 前摆钳口打开时，棘爪在棘轮上滑过，不产生给棉动作。

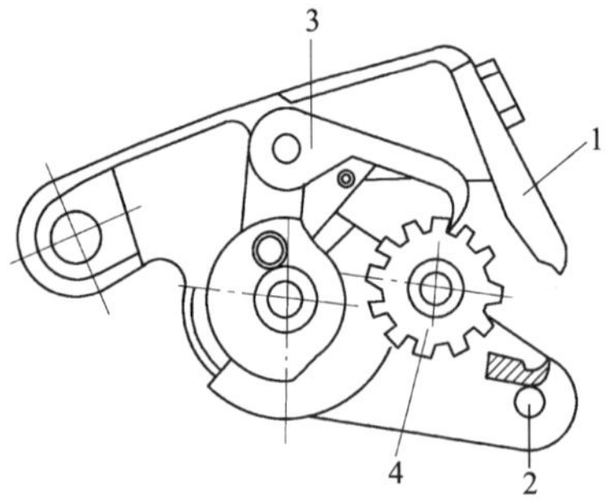

图 5－10　前进给棉机构

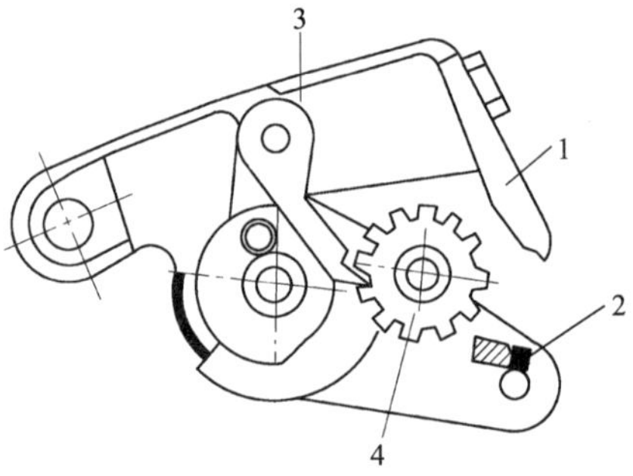

图 5－11　后退给棉机构

3. 喂给量的调整　给棉罗拉棘轮齿数的多少，决定了喂给长度。缩短给棉长度，意味着梳理次数增加，从而改善了精梳条质量，但也降低了精梳机产量。精梳机每钳次的给棉长度 A 可根据给棉棘轮齿数 Z_2 与给棉罗拉直径 D 并利用下式计算：

$$A = \frac{1}{Z_2} \cdot \pi \cdot D \tag{5-2}$$

当给棉方式及给棉棘轮齿数 Z_2 不同，计算得到的给棉长度 A、给棉罗拉至承卷罗拉间的张力牵伸倍数 E_1 见表 5－4。

表 5－4　FA269 型精梳机给棉长度与张力牵伸倍数的关系

Z	Z_2	L_1	A	张力牵伸倍数 E_1
52	16	5.46	5.9	1.081
53	16	5.35	5.9	1.102

续表

Z	Z_2	L_1	A	张力牵伸倍数 E_1
58	18	4.86	5.2	1.073
59	18	4.77	5.2	1.091
60	18	4.68	5.2	1.110
65	20	4.35	4.7	1.081
66	20	4.28	4.7	1.098

(二)喂棉过程的工艺分析

给棉方式、落棉隔距、给棉长度、喂棉系数等因素,决定了精梳机的落棉多少以及梳理质量的好坏。通过喂棉过程分析,可找出它们之间的内在联系。

1. 喂棉系数

(1)前进给棉喂棉系数:在前进给棉过程中,顶梳插入须丛之前已经开始给棉,并在顶梳插入须丛后仍在给棉,此时喂给的棉层因受顶梳的阻止而涌皱在顶梳的后面,直到顶梳离开须丛,涌皱的棉层因弹性而挺直。顶梳插入须丛前的喂棉长度与总喂棉长度的比值称为喂棉系数,用字母 K 表示,其公式为:

$$K = \frac{X}{A} \tag{5-3}$$

式中:X——顶梳插入前给棉罗拉的喂棉长度,mm;

A——给棉长度,mm。

顶梳插入须丛越早或给棉开始越迟时,X 越小,K 也越小,表示须丛在顶梳后涌皱越多。反之,X 越大,K 也越大,表示须丛在顶梳后涌皱越少。

(2)后退给棉喂棉系数:在后退给棉过程中,须丛的涌皱受到钳板闭合的影响,钳板闭合后给出的棉层将涌皱在钳唇的后面,它的影响程度可用喂棉系数 K' 表示。

$$K' = \frac{X'}{A} \tag{5-4}$$

式中:X'——钳板闭合前给棉罗拉的喂棉长度,mm;

A——给棉长度,mm。

钳板闭合越早,X' 越小,K' 也越小,钳板后退时受锡林梳理的须丛长度越短。

2. 前进给棉过程分析 如图 5-12 所示,Ⅰ—Ⅰ为钳板在最后位置时钳唇啮合线,此时钳板为闭合状态;Ⅱ—Ⅱ为钳板在最前位置时下钳板钳唇线,此时钳板为开启状态;Ⅲ—Ⅲ为分离罗拉钳口线;B 为钳板最前位置时钳板钳口与分离罗拉之间的距离,简称为分离隔距。

(1)分离结束时,钳板钳口外的须丛垂直投影长度为 B,而顶梳后面涌皱在须丛内的长度为:

$$A - X = (1 - K)A$$

(2)钳板后退,顶梳退出,须丛挺直,钳板钳口外的须丛长度为:

$$B + (1 - K) A$$

(3)钳板继续后退、闭合,锡林对钳口外的须丛进行梳理,未被钳口握持的纤维有可能进入落棉,故进入落棉的最大长度为:

$$L_1 = B + (1 - K) A$$

(4)钳板前摆,钳口开启,给棉罗拉给棉,当须丛前端进入分离钳口而顶梳同时插入须丛时,钳板钳口外的须丛长度为:

$$L_1 + X = B + (1 - K) A + KA = B + A$$

(5)钳板继续前摆,给棉罗拉继续给棉,当钳板钳口到达最前位置Ⅱ—Ⅱ时,继续给棉量为:

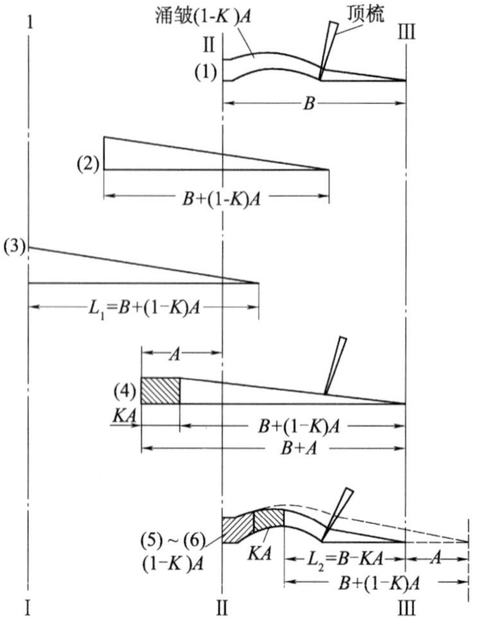

图 5-12　前进给棉过程

$$A - X = (1 - K) A$$

这一部分棉层受到顶梳的阻碍而涌皱在顶梳后的须丛内,回复到过程(1),以后每一个工作循环,重复上述过程。

(6)由于分离钳口每次从须丛中分离的长度即为给棉长度 A,故进入棉网的最短纤维长度为:

$$L_2 = L_1 - A = B + (1 - K)A - A = B - KA$$

图中的虚线表示被分离的纤维。

3. 后退给棉过程分析　如图5-13所示,且其中的符号意义与图5-12相同。在后退给棉过程中,须丛的涌皱不受顶梳插入的影响,而是受钳板闭合的影响。

(1)分离结束时,钳板钳口外须丛长度为 B,无涌皱现象。

(2)钳板后退到钳口闭合时的喂给长度为:

$$X' = K'A$$

故钳口外的须丛长度为:

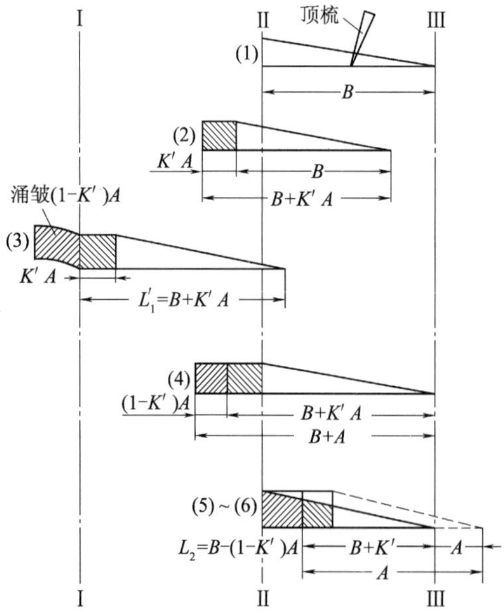

图 5-13　后退给棉过程

$$B + K'A$$

(3)钳板继续后退,锡林对钳口外的须丛进行梳理,未被钳口握持的纤维有可能进入落棉,故进入落棉的最大纤维长度为:

$$L'_1 = B + K'A$$

(4)钳板闭合后继续喂给的须丛长度为:

$$A - X' = (1 - K')A$$

(5)钳板向前摆动,钳口逐渐开启,钳口后面的须丛因弹性伸直,故钳口外的须丛长度为:

$$L'_1 + (1 - K')A = B + A$$

(6)由于每次分离的须丛长度为 A,故进入棉网的最短纤维长度为:

$$L'_2 = L'_1 - A = B + K'A - A = B - (1 - K')A$$

分离结束时,回复到过程(1),进入下一循环。

4. 理论落棉率

(1)对于前进给棉,进入落棉的最大纤维长度为 L_1,而进入棉网的最短纤维长度为 L_2,则长度介于 L_1 和 L_2 之间的纤维既可进入落棉又可进入棉网,为计算方便,选用它们的中间值 L_3 为分界纤维长度,则:

$$L_3 = \frac{L_1 + L_2}{2} = \frac{B + (1 - K)A + B - KA}{2} = B + (0.5 - K)A \qquad (5-5)$$

在给棉罗拉喂入的棉丛中,凡长度等于或短于 L_3 的纤维进入落棉,长度长于 L_3 的纤维进入棉网。如果小卷内纤维的长度分布如图 5-14 所示,则可求得精梳机的理论落棉率 y 为:

$$y = \sum_{L=0}^{L_3} g \qquad (5-6)$$

式中:L——纤维长度,mm;

g——各组纤维的重量百分率,%。

(2)利用前进给棉中的分析方法,求得后退给棉时的分界纤维长度 L'_3 和理论落棉率 y' 分别为:

$$L'_3 = \frac{L'_1 + L'_2}{2} = \frac{B + K'A + B - (1 - K')A}{2} = B - (0.5 - K')A \qquad (5-7)$$

$$y' = \sum_{L=0}^{L'_3} g \qquad (5-8)$$

由此可见,影响精梳落棉率的因素有给棉长度、分离隔距、喂给系数和给棉方式。

分离隔距 B 大时,无论是前进给棉或是后退给棉,分界纤维长度长,落棉多。在前进给棉

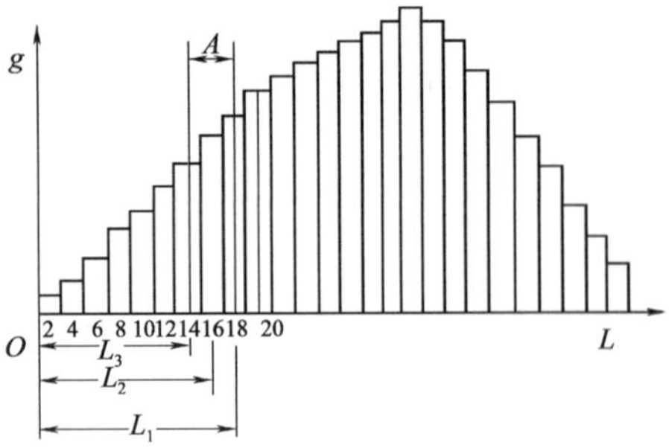

图 5－14 小卷中纤维长度分布

中，喂棉系数 K 大时，分界纤维长度 L_3 小，落棉率低；在后退给棉中，喂棉系数 K' 大时，分界纤维长度 L'_3 大，落棉率高。

给棉长度 A 对精梳落棉的影响比较复杂。在前进给棉中，当 $K>0.5$ 时，加大 A，则落棉率小；当 $K<0.5$ 时，加大 A，则落棉率大。在后退给棉中，当 $K'<0.5$ 时，加大 A，则落棉率大；当 $K'>0.5$ 时，加大 A，则落棉率小。在新型精梳机上，当采用前进给棉时，经计算可知 K 值大于 0.5；当采用后退给绵时，因给棉动作在钳口闭合时已经完成，故 K' 近似为 1。

5. 重复梳理次数 锡林对须丛的梳理程度可用须丛所受到的重复梳理次数表示。由于梳理时钳口外须丛的梳理长度大于给棉长度，因此须丛要经过锡林的重复梳理后才被分离。自须丛受到锡林梳理开始到被完全分离时为止，所受到锡林梳理的次数称为重复梳理次数。重复梳理次数大时梳理效果好。

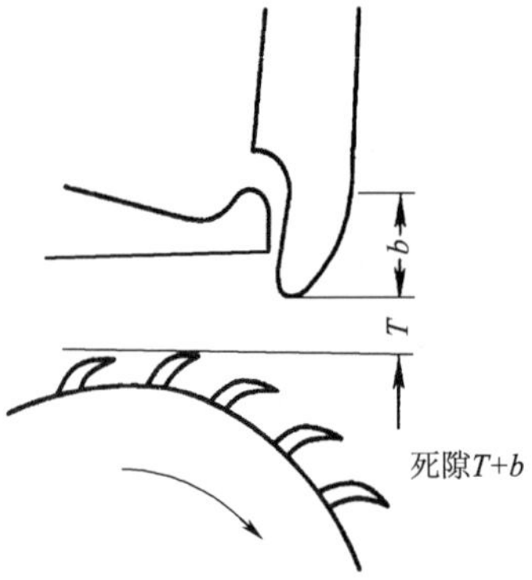

图 5－15 梳理死隙

从给棉过程分析可知，锡林梳理时钳口外的须丛长度为 L_1 或 L'_1。而钳口咬合线至锡林针尖处的须丛长度（死隙长度）未被锡林梳理，如图 5－15 所示。图中 b 是钳口线至上钳唇下缘的长度，一般为 6.25mm；T 是钳唇下缘至锡林尖的距离。

设钳口咬合线外未被锡林梳理的死隙长度为 h，则前进给棉与后退给棉钳口外须丛实际受到梳理长度分别为 (L_1-h)、(L'_1-h)。由此得到前进给棉与后退给棉时重复梳理次数分别为：

$$n=\frac{L_1-h}{A}=\frac{B-h}{A}+1-K \tag{5-9}$$

$$n'=\frac{L'_1-h}{A}=\frac{B-h}{A}+K' \tag{5-10}$$

式中：n——为前进给棉时重复梳理次数；

n'——为后退给棉时重复梳理次数。

由式（5－9）及式（5－10）可知无论是前进给棉还是后退给棉，分离隔距 B 大时，重复梳理次数多；死隙长度 h 小时，重复梳理次数多；给棉长度 A 小时，重复梳理次数多。

在前进给棉时，喂棉系数 K 大，则重复梳理次数少；在后退给棉时，喂棉系数 K' 大，则重复梳理次数多。

二、钳持部分

精梳机的钳板部分包括摆动机构、钳板摆轴传动机构、钳板加压机构及上、下钳板等，其作用是钳持棉丛供锡林梳理，并将梳理过的须丛送向分离钳口，以实现前后须丛的接合。

（一）钳板机构

1. 钳板摆轴的传动机构 FA269 型钳板摆轴的运动来源于锡林轴，其传动机构如图 5 – 16 所示。在锡林轴 1 上装有法兰盘 2，在离锡林轴中心 65mm 处装有滑套 3，钳板摆轴 5 上装有 L 形滑杆 4，且滑杆套在滑套内。当锡林轴带动法兰盘转过一周时，通过滑套带动滑杆和钳板摆轴往复摆动一次。

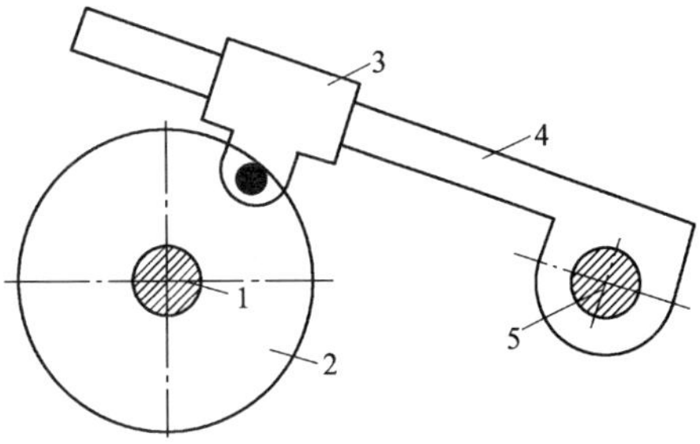

图 5 – 16 钳板摆轴传动机构

2. 钳板摆动机构 钳板摆动机构是指以钳板摆轴和钳板摇架支点为固定支点的传动机构。根据钳板摇架支点相对于锡林轴的位置，摆动机构可分为中支点式、下支点式和上支点式。新型精梳机的钳板摆动机构均为中支点式，如图 5 – 17 所示。下钳板 3 固装于下钳板座 4 上，钳板后摆臂 5 固装于钳板摆轴 6 上，钳板前摆臂 2 以锡林轴 1 为支点，它们组成以钳板摆轴和锡林轴为固定支点的四连杆机构。当钳板摆轴做正、反向摆动时，通过摆臂和下钳板座使钳板做前后摆动。

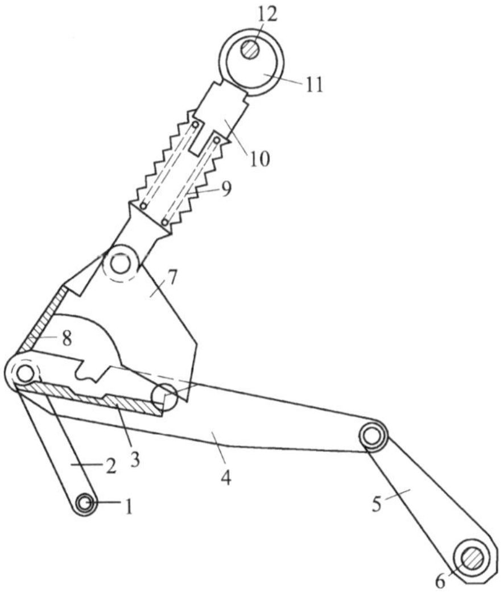

图 5 – 17 中支点式钳板摆动机构

3. 钳板开闭口及加压机构 FA269 型精梳机的钳板开、闭口及加压机构如图 5 – 17 所示，上钳板架 7 铰接于下钳板座 4 上，其上固装有上钳板 8。张力轴 12 上装有偏心轮 11，导杆 10 上装有钳板钳口加压弹簧 9，导杆下端与上钳板架 7 铰接，上端则装于偏心轮上的轴套上。当钳板摆轴 6 逆时针回转时，钳板前摆，同时由钳板摆轴传动的张力轴 12 也作逆时针方向转动，再加上导杆 10 的牵吊，使上钳板 8 逐渐开口；而当钳板摆轴 6 作顺时针方向转动时，钳板后退，张力轴也作顺时针回转，在导杆和下钳板座的共同作用下，上钳板逐渐闭口。钳板闭口后，下钳板继续后退，导杆中的弹簧受压使导杆缩短而对钳板钳口施加压力，以便钳板能有效地钳持须丛接受锡林梳理。为确保锡林梳理时的钳口压力，在 24 分度（钳板摆动到最前位置）时，由定位工具校订张力轴与偏心轮的位置角 α。

4. 钳板的钳唇结构 钳板钳唇结构应满足以下要求。

(1)钳唇的结构应满足对棉丛良好握持的要求。在锡林梳理时,钳板上、下钳唇应牢固地握持棉层,以防止长纤维被锡林抓走。如图5－18所示,目前精梳机钳板钳唇对棉层的握持有两种形式,一种是一点握持(或称单线握持),如国产A201系列精梳机;另一种是两点握持(或称双线握持),如国产FA269型精梳机。采用两点握持,钳唇对棉丛的握持更加牢固可靠。如在棉卷出现横向不匀,一个握持点握持不足时;另一个握持点可充分发挥作用。

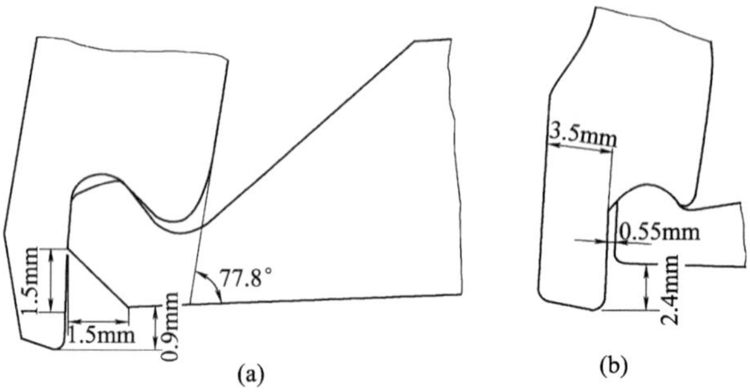

图5－18 钳唇结构图

(2)上、下钳唇的几何形状应满足锡林对棉丛充分梳理的要求。为使锡林梳针能顺利地刺入棉丛梳理,在开始梳理时,应防止棉丛上翘,否则后排梳针就很难发挥梳理作用。因此在钳板闭合时,上、下钳唇的几何形状应使棉丛的弯曲方向正对锡林针齿。

(3)钳唇结构应使钳板握持棉丛的死隙长度尽可能短。

(二)钳板部分的工艺分析

精梳机钳板部分的工艺有钳板的运动规律、落棉隔距、梳理隔距、梳理定时、钳板闭合定时等,它们与锡林的梳理、精梳落棉率及分离接合质量关系密切。

1. 对钳板运动的工艺要求 为了更好地发挥精梳锡林的梳理作用,提高分离接合质量,钳板运动必须满足以下要求。

(1)梳理隔距变化要小,以充分发挥锡林各排梳针的梳理作用,提高梳理效果。

(2)锡林第一排针到达钳口下方开始梳理时,上、下钳唇应闭合,并牢靠地握持棉丛,以防止长纤维被锡林抓走。

(3)锡林梳过的棉丛头端向分离钳口运动时,钳板开口要充分,以防止棉丛抬头受到上钳唇的阻碍,而不能顺利到达分离钳口,从而影响分离接合。

(4)在分离接合阶段,钳板前摆速度要慢,以增加分离牵伸和分离接合时间,使分离丛的长度增加,从而提高分离接合质量。

(5)钳板机构运动惯量及闭口时冲击要小,以利于提高车速、降低噪声。

2. 钳板的运动规律 钳板前后摆动的规律是由钳板摆轴传动机构所确定的,如FA269型精梳机的钳板摆动的动程为36.6mm;钳板最前位置为24分度,最后位置为39.9～40分度;钳板前进分度为24.07,后退分度为15.93,即钳板前进时慢、后退时快,符合工艺要求。

3. 落棉隔距 当钳板摆动到最前位置(24分度)时,下钳板钳唇前缘与后分离罗拉表面间的距离称为落棉隔距。落棉隔距是调节落棉率和锡林梳理的重要手段。在精梳机上，分离隔距 B 随着落棉隔距的增大而增大；由式（5－5）、式（5－7）及式（5－9）、式（5－10）可知分界纤维长度及重复梳理次数都随分离隔距 B 的增大而增大。因此，落棉隔距越大，精梳落棉率越高，其梳理效果也越好。一般情况下，落棉隔距增减 1mm，精梳落棉率约增减 2%～2.5%。落棉隔距的调节步骤如下。

（1）调节最小落棉隔距：如图 5－19 所示，取下顶梳，将托脚调到最后位置，并将分度盘调到 24 分度，拧开所有的螺丝 3（不能拧的太松），在分离罗拉 2 与下钳板 1 间插入 6.34mm 隔距块，用塑料锤轻敲重锤盖 4，使钳板前摆，最后将螺丝拧紧。

（2）调节落棉刻度盘：在 FA269 型精梳机钳板摆轴上装有一直径为 132mm 的落棉刻度盘，落棉刻度标尺厚度为 1mm，如图 5－20 所示。标尺 5 上落棉刻度调节范围为 5～12，相邻两刻度间的圆心角为 1°。在定位块 4 对准落棉刻度为 5 时，调节落棉隔距为最小值 6.34mm 以后，松开螺丝 1，调节螺丝 2 和 3，使钳板摆轴及后摆臂随之摆动，从而使落棉隔距也随之改变。落棉刻度每增大 1，钳板摆轴及后摆臂向后摆动 1°，使落棉隔距增大。FA269 型精梳机在不同落棉刻度下对应的落棉隔距值见表 5－5。为防止由于装配精度等原因引起各眼落棉隔距不一致的现象，在整机调节落棉刻度盘之后，要逐眼复查落棉隔距。

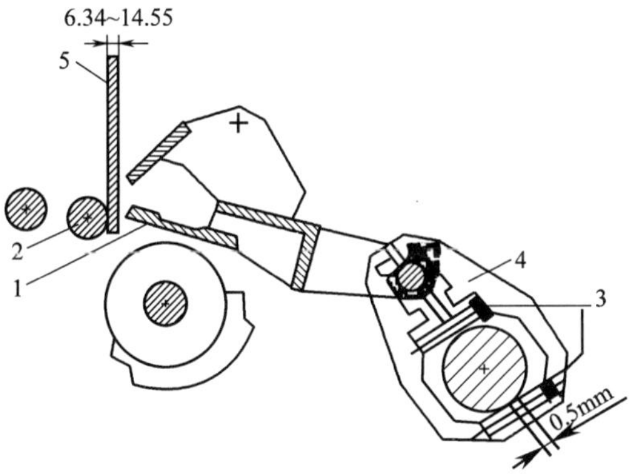

图 5－19　最小落棉隔距

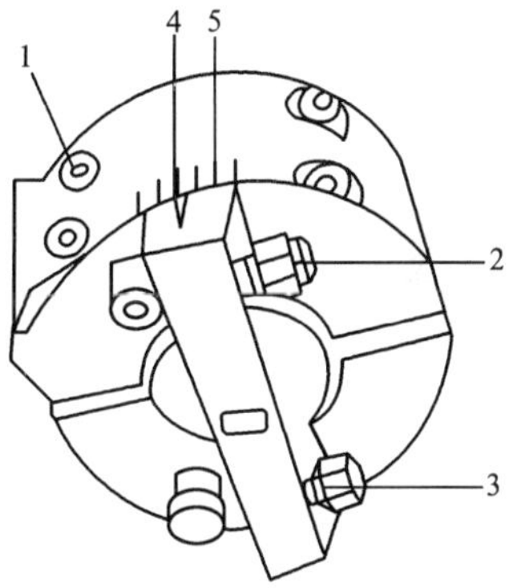

图 5－20　落棉刻度盘调节落棉隔距

表 5－5　落棉刻度与落棉隔距的关系

落棉刻度	5	6	7	8	9	10	11	12
落棉隔距（mm）	6.34	7.47	8.62	9.78	10.95	12.14	13.34	14.55

4. 梳理隔距　在锡林梳理过程中，锡林针尖与上钳板钳唇下缘的距离称为梳理隔距。不同型式的精梳机，因为钳板摆动机构的型式不同，其梳理隔距的变化也不相同，如图 5－21 所示。在锡林梳理阶段，由于钳板钳口摆动，梳理隔距一直在变化，梳理隔距变化幅度越小，锡林对棉丛的梳理效果越好，新型精梳机的梳理隔距为 0.2～0.3mm。

5. 锡林梳理定时　锡林第一排针开始接触棉丛时，分度盘指针指示的分度数，称为梳理开

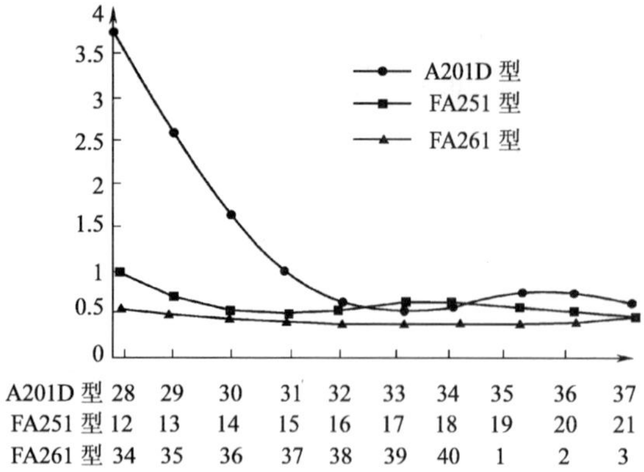

图 5－21　精梳机梳理隔距的变化

始定时；锡林末排针脱离棉丛时的分度数，称为梳理结束定时。锡林梳理开始定时的早晚与锡林定位及落棉刻度有关。落棉刻度不同，意味着钳板的最前位置不同，因而钳板后退途中与锡林头排针相遇的分度和位置也不同。落棉隔距小，钳板开始后退的起点靠前，钳板与锡林头排针相遇的分度迟，位置靠前；落棉隔距大，钳板开始后退的起点靠后，与锡林相遇的分度早，位置靠后。FA269 型精梳机在锡林定位为 37 分度、落棉隔距为 8 时，梳理开始定时为 34.3 分度；梳理结束定时为 4.5 分度。

6. 钳板开、闭口定时　上、下钳板闭合时，分度盘指示的分度数称为钳板闭合定时；钳板钳口开始打开时，分度盘的分度数称为钳板的开口定时。

（1）闭口定时：根据梳理要求，应在精梳锡林开始梳理前使钳板钳口闭合，以防止纤维被锡林抓走。如 FA269 型精梳机的钳板闭口定时为 33 ~ 33.5 分度，较梳理开始定时早 1 ~ 2 个分度。

（2）开口定时：根据分离接合要求，在梳理结束时钳板应及时开口，以便使棉丛抬头顺利到达分离钳口。FA269 型精梳机钳板开口定时为 9.5 ~ 10 分度，比梳理结束定时晚 4 ~ 8 分度。

第五节　梳理部分

精梳机的梳理部分包括锡林和顶梳。

一、锡林

锡林是精梳机的主要梳理部件，它的作用是梳理纤维须丛的前端，使纤维伸直平行，除去其中的杂质、短纤维和疵点。因而，精梳条和成纱质量与锡林的工作状态密切相关。

（一）锡林对须丛的梳理作用

锡林对须丛的梳理作用是当锡林梳针到达钳板下方时进行的。此时，钳板闭合牢固地握持须丛，上钳板钳唇把须丛压向下方，使钳口外的须丛前端呈悬垂状态，由于锡林与钳板间的隔距很小，且锡林梳针向前倾斜，从而使得梳针刺入须丛，完成梳理工作。但当梳针接触须丛时，须丛会向上翘起。实际上，在高速梳理时，锡林前几排针所起的作用，在于拉住须丛前端部分纤维从而使整个须条张紧，为后面梳针刺入须丛梳理创造条件。

（二）锡林结构

目前，锡林有梳针式整体锡林、嵌入式锯齿锡林和金属整体锯齿锡林三种形式。其中金属整体锯齿锡林性能最为优异，它由稀渐密，能减轻梳针疲劳，适应精梳机的高速运转。

金属整体锯齿锡林的结构及锯齿形状如图 5－22 所示。它由锡林轴 1、锡林体（或称为弓形板）2 和锯齿 3 组成，新型精梳机的锡林直径为 125.4mm。锡林体与锡林轴由紧固螺钉连成

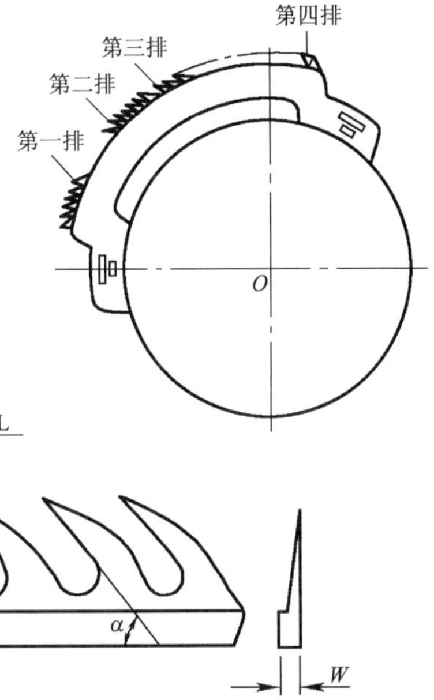

规格

锡林	T	L	α	W
第一排	5.5	4.52	58°	0.8
第二排	8	3.18	45°	0.65
第三排	10	2.54	45°	0.6
第四排	16	1.59	45°	0.5

图 5－22　新型金属整体锯齿锡林

T—每片齿数　L—齿距（mm）　α—工作角（°）　W—齿条厚度（mm）

一体，轴与锡林体的相对位置可作相对调整。在锡林体的四分之一表面粘接有金属锯齿，可分为一分割、二分割、三分割、四分割及五分割五种。在使用时，可根据纺纱质量要求选定，从而形成前稀后密、不同规格参数锯齿排列的锡林针面。几种不同整体锡林的锯齿规格参数见表 5－6。

表 5－6　几种不同型号整体锡林的锯齿规格参数

锡林型号	针齿弧面角(°)	齿片组序号	工作角(°)	针排数	横向齿距(mm)	纵向齿距(mm)	梳针总数(枚)
中川 1449 型	90	1	58	5	0.6	5	20167
		2	45	7	0.6	3.5	
		3	45	8	0.6	2.8	
		4	45	18	0.4	1.8	
格拉夫 5014 型	90	1	60	5	0.8	5	21870
		2	50	7	0.6	3.4	
		3	50	7	0.6	3.2	
		4	42	20	0.5	1.8	

（三）锡林定位

锡林定位也称弓形板定位，目的在于确定锡林梳针弧面与钳板、分离罗拉运动间的相互关系，以满足不同纤维长度及不同品种的纺纱要求。

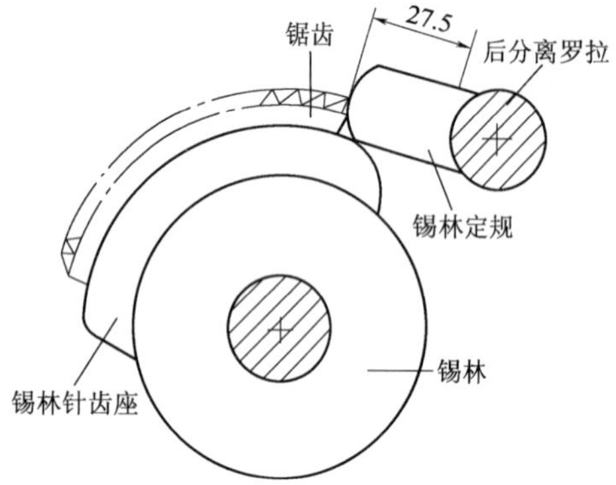

图5－23　弓形板定位

锡林定位的方法如图5－23所示，先松开锡林体的夹紧螺钉，使其能与锡林轴相对转动。再利用锡林专用定规的一侧紧靠分离罗拉表面，另一侧与锡林的锯齿相接。最后转动锡林轴，使分度盘指针对准设定的分度数。如FA269型精梳机的锡林定位是在36分度、37分度、38分度。

1. 锡林定位的早晚与锡林梳理的关系　锡林定位早晚影响锡林第一排及末排梳针与钳板钳口相遇的分度数，即影响梳理开始及结束定时。锡林定位早，锡林梳理开始定时和结束定时均提早，要求钳板闭合定时要早，以防止须丛被锡林梳针抓走。

2. 锡林定位与分离罗拉运动配合关系　锡林定位早晚影响锡林末排梳针通过锡林与分离罗拉最紧隔距点时的分度数。锡林定位晚时，锡林末排针通过最紧隔距点时的分度数亦晚，有可能将分离罗拉倒入机内的棉网抓走形成落棉。当所纺纤维越长，锡林末排针通过最紧隔距点时，分离罗拉倒入机内的棉网长度越长，越易被锡林末排针抓走，因此当所纺纤维越长时，要求锡林定位应适当提早。锡林定位不同时，锡林末排针通过最紧隔距点的分度数见表5－7。

表5－7　锡林末排针通过最紧隔距点的分度数

锡林定位（分度）	36	37	38
末排针通过最紧点的分度（分度）	9.48	10.48	11.48

二、顶梳

（一）顶梳的作用过程及顶梳结构

顶梳的作用是梳理分离须丛的后端，包括钳板钳唇死隙部分及钳板握持点后边的纤维尾端，即锡林没有梳理到的部分。

须丛头端经锡林梳理后，由钳板送向分离钳口，当须丛头端到达分离钳口时，由分离罗拉及分离胶辊握持输出。与此同时，顶梳插入须丛，随分离钳口运动的纤维尾部从顶梳梳针间被拽过，从而完成对纤维的梳理。同时，顶梳还能发挥纤维在分离过程中相互摩擦过滤的作用。因为在分离过程中，从顶梳中抽出的纤维只是薄薄的一层，这一薄层纤维被分离钳口握持以快速运动，而嵌在顶梳梳针间的大量纤维仍以慢速运动。由于这两部分纤维速度相差很大，因此当快速纤维从慢速纤维中抽出时，慢速纤维对快速纤维的尾端起到摩擦过滤作用，把短纤维、棉结及杂质等阻留下来。如不采用顶梳，落棉率可减少4%～7%。

FA269型精梳机顶梳的结构如图5－24所示。顶梳用特制的弹簧卡固装于上钳板上，并随之一起运动。图5－24(a)为顶梳梳针结构；(b)为针板结构，顶梳梳针植于其上，顶梳梳针与针板的夹角为18°，以使梳针更有效地梳理纤维；(c)为顶梳托脚，用铝合金制成，针板置于其上。

(二)影响顶梳梳理的因素

1. 顶梳的高低隔距　顶梳在最前位置时，顶梳针尖到分离罗拉上表面的垂直距离为顶梳的高低隔距 d。高低隔距越大，顶梳插入棉丛越深，梳理作用越好，精梳落棉率就越高。高低隔距过大时，会影响分离接合开始时棉丛的抬头。

FA269型精梳机顶梳的高低位置用偏心轴来调整。如图5－25所示，松开螺丝3，转动偏心旋钮1到所需要的值后，再扭紧螺丝3即可。顶梳高低隔距共分五档，且分别用－1、－0.5、0、+0.5、+1来表示，标值越大，顶梳插入棉丛就越深。不同标值时的 A 值大小见表5－8，A 值是表示顶梳挂在上钳板对应的平面到顶梳针尖间的距离。顶梳的高低隔距一般选用+0.5档，顶梳高低隔距每增加一档，精梳落棉增加约1%。

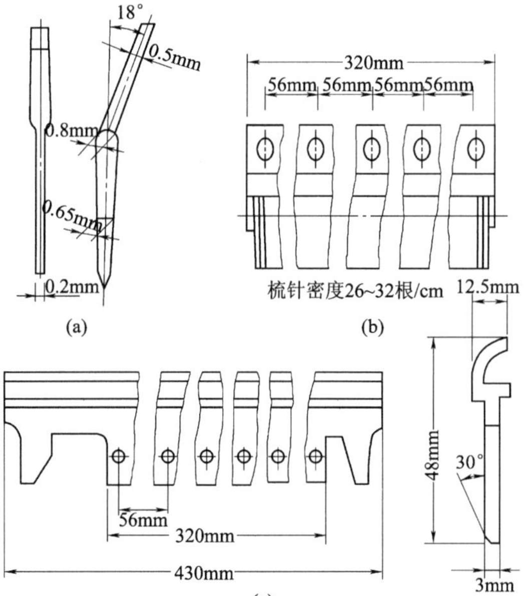

图5－24　顶梳的规格与结构

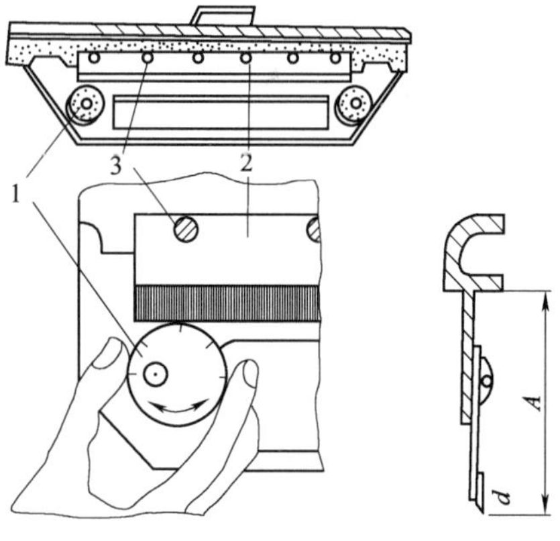

图5－25　顶梳高低位置的调整

表5－8　不同标值时的 A 值大小

标值	－1	－0.5	0	+0.5	+1
A值(mm)	51.5	52	52.5	53	53.5

2. 顶梳的进出隔距　顶梳的进出隔距是指顶梳在最前位置时，顶梳针尖与分离罗拉表面的隔距，如图5－26所示。进出隔距越小，顶梳梳针将棉丛送向分离罗拉越近，越有利于分离接

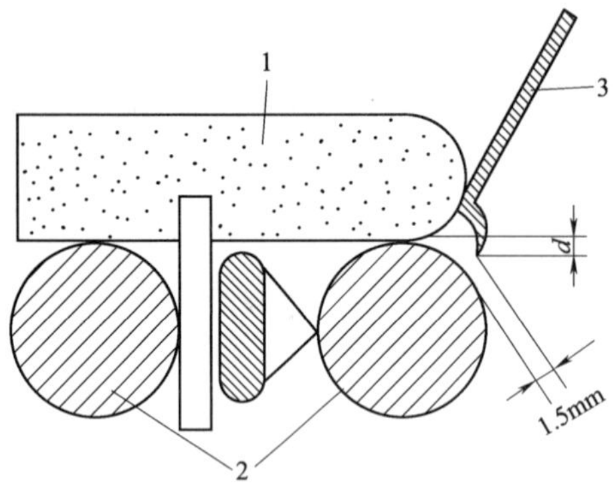

图5－26　顶梳的高低隔距与进出位置
1—进出定位工具　2—前、后分离罗拉　3—顶梳

合工作的进行。但进出隔距过小，易造成梳针与分离罗拉表面碰撞，如FA269型精梳机顶梳的进出口隔距一般为1.5mm。图中d为顶梳的高低隔距。

顶梳的进出隔距的调整方法是先将钳板运动到最前位置，再用定位工具与前分离罗拉靠紧，调整顶梳的位置，并使顶梳与定位工具靠紧后固定顶梳位置，此时顶梳的进出隔距为1.5mm。

3. 顶梳的植针规格　顶梳的植针规格包括针号和针密等，它对梳理作用有着重要影响。梳针的密度应控制在使喂入纤维层中最小的棉结、杂质和短纤维被阻留在顶梳的后面，且植针密度越大，阻留棉结杂质的效果越好。但如果植针密度过大，纤维与梳针之间的压力过大而使摩擦阻力也过大，将使纤维受力过大而被拉断或将梳针折断。精梳机的顶梳植针密度一般为26根/cm，纺纱质量要求高时，也可采用28根/cm或30根/cm。

4. 顶梳的针面状态　顶梳的针面只有保持清洁的状态，才能发挥其梳理效能。另外，梳针也应当完好无损，如有缺针、断针、并针等情况发生，必须及时维修，否则会影响梳理效果。

第六节　分离接合部分

分离接合部分的作用，是将精梳机每一工作循环中已被锡林梳理过的须丛，从棉层中分离出来，并与上一工作循环的棉网相接合。在每一个工作循环中，分离罗拉先倒转，将上一循环中留在分离罗拉钳口的棉网尾端倒入机内，与钳板送来由锡林梳理好的须丛前端进行搭接（接合），而后分离罗拉快速顺转，将纤维从下钳板与给棉罗拉握持的棉丛中快速抽出（分离），同时纤维的尾端受到顶梳的梳理。

为了实现棉丛的周期性接合、分离及棉网的输出，分离罗拉的运动方式为倒转→顺转→基本静止，且分离罗拉的顺转量要大于倒转量，才能连续不断地输出棉网。

一、分离罗拉传动机构

FA269型精梳机的分离罗拉传动机构如图5－27所示。分离罗拉传动机构是由平面连杆机构和外差动行星轮系组成。动力分配轴上固装的29^T齿轮传动与锡林轴O同轴的大齿轮（143^T），在大齿轮（143^T）上用螺栓连接与分离罗拉定时调节盘相连，锡林轴O通过大齿轮（143^T）上的定时调节盘，使曲柄销（固装于定时调节盘上）A以77mm为半径绕锡林轴恒速转动。在锡林轴O上活套一固装于墙板上的偏心轮座，其中心O_1偏离锡林中心28mm，两中心的相对位置如图（b）所示。偏心轮座上套有偏心轮，偏心轮中心C偏离O_1点25mm。定时调节盘的曲柄销通过105mm长的连杆，带动偏心轮上的一个铰接销 B，铰接销偏离偏心轮座中心 O_1 点77mm，这样，$OABO_1$ 组成一个双曲柄机构，当 OA 随锡林轴恒速回转一周，使偏心轮上的铰接销 B 绕偏心轮座中心 O_1 变速运动一周。此时，偏心轮中心 C 也绕偏心轮座中心 O_1 变速运动一周。在偏心盘上又活套着转体，其左端铰接销 D，与活套在钳板摆轴 O_2 上的摆杆铰接。当转体随偏心轮回转一周时，摆杆 DO_2 绕钳板摆轴中心前后摆动一次。转体的左端 E 可看作是刚体 CDE 上的一个延伸点，当 C 与 D 点的运动确定时，E 点的运动也随之确定。与 E 点铰接的连杆 EF，带动首轮摆臂 FO_3 作周期性地摆动，从而使外差动行星轮系中的首轮（32^T）作正反向转动。经和锡林轴上的齿轮（15^T）传来的恒速合成后传向分离罗拉，使分离罗拉产生“倒转—顺转—基本静止”的运动。一钳次中，分离罗拉的顺转量大于倒转量，以满足分离接合的工艺要求，顺转量与倒转量的差值称为有效输出长度。

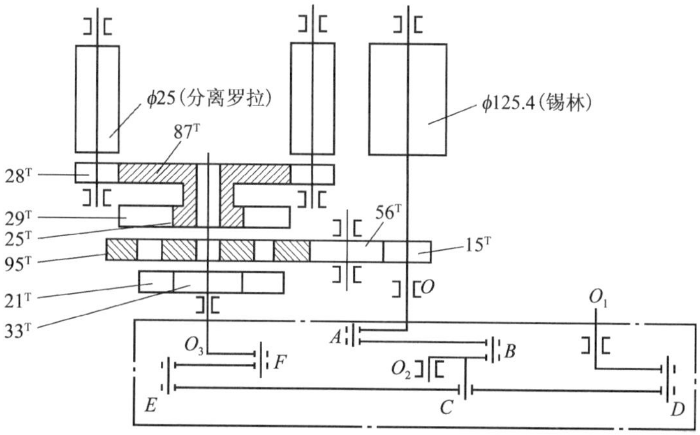

(a)分离罗拉传动机构

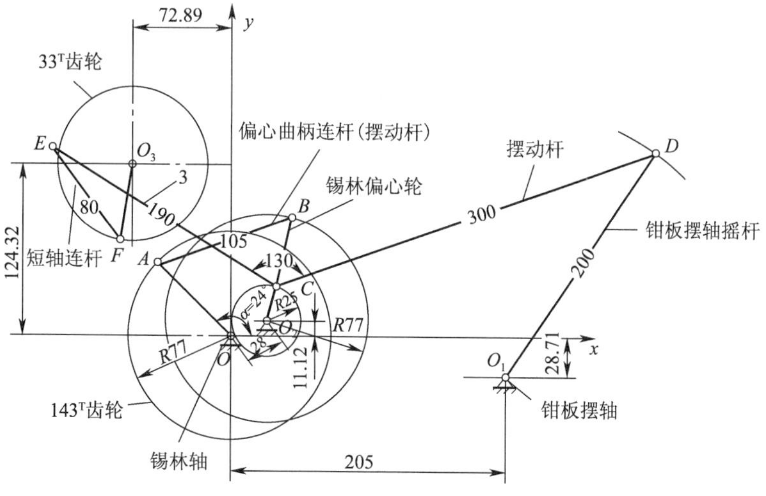

(b)连杆传动简图

图5－27 FA269型精梳机分离罗拉传动示意图

在大齿轮（143^T）上装有分离罗拉定时调节盘，大齿轮（143^T）与分度盘同改变曲柄销 A 与大齿轮（143^T）的相对位置，可改变平面连杆机构与分度盘的相对运动关系，以此调整分离罗拉的顺转定时。

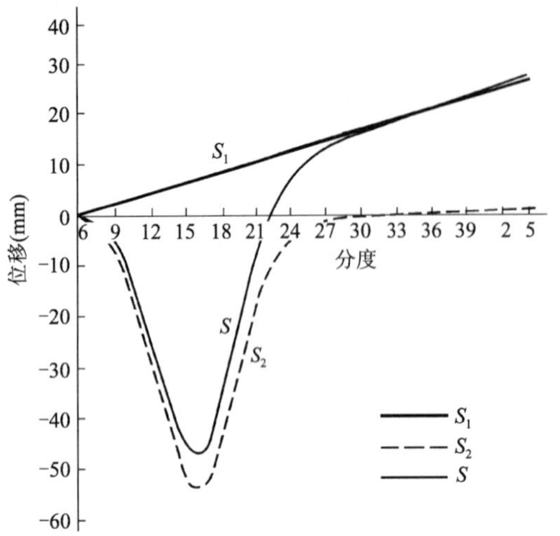

图 5-28　分离罗拉位移曲线

二、分离罗拉运动曲线

分离罗拉的位移量 S 是由锡林输入的恒速及首轮摆臂 FO_3 输入的变速叠加而成。在一个工作循环中，FA269 型精梳机把 6 分度作为分离罗拉运动的起点，则每分度分离罗拉位移量 S 可由恒速部分位移量 S_1 与变速部分位移量 S_2 相加而得。以分度数为横坐标、分离罗拉位移量为纵坐标，坐标原点从 6 分度开始，由此得到分离罗拉运动曲线，如图 5-28 所示。

三、分离接合工艺分析

（一）有效输出长度与接合率

在分离工作开始之前，分离罗拉已将上一循环分离出的纤维丛倒入机内，准备与新分离的纤维丛接合。经锡林梳理后的纤维丛，其头端并不在一条直线上。当钳板（或喂给机构）、顶梳将纤维丛逐渐移向分离钳口时，头端前面的纤维先到达分离钳口，被分离钳口握持，以分离罗拉的速度快速前进。以后各根纤维头端陆续到达分离钳口，使前后纤维产生移距变化，分离钳口逐步从纤维中抽出部分纤维，形成一个分离纤维丛叠合在上一工作循环的纤维网尾部上，从而实现分离接合。纤维丛的接合形态如图 5-29 所示，其中 L 为分离纤维丛长度，S 为有效输出长度，G 为接合长度。

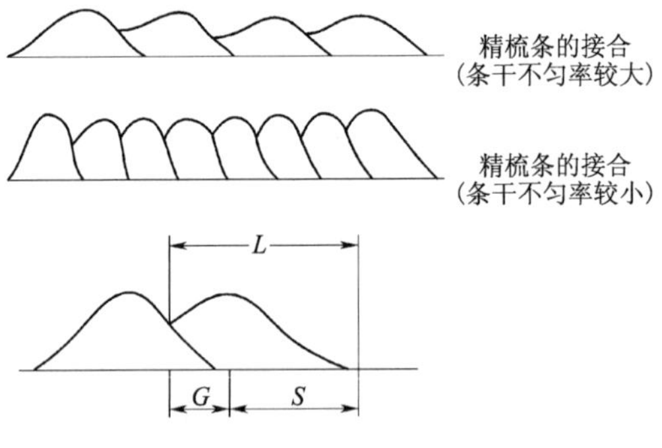

图 5-29　分离须丛长度与接合长度

由图中的几何关系可知：

$$L = S + G \quad 或 \quad G = L - S \tag{5-11}$$

由式（5-11）可知，分离纤维丛长度 L 越长，有效输出长度 S 越小时，接合长度 G 越长，纤维网的接合质量和条干均匀度越好。

分离纤维丛的接合长度 G 直接影响纤维网的接合牢度。精梳机高速后，输出的纤维网受分离罗拉的往复牵引和抖动更加剧烈，如果纤维网的接合牢度差，会产生意外伸长或破裂而影响精梳条的质量。因此在新型精梳机设计、老机改造及工艺设计时，应尽可能加大分离纤维丛的接合长度。根据式(5－11)可知，增大分离纤维丛的接合长度 G 的办法其一是增大分离纤维丛长度 L，二是减小有效输出长度 S。纤维网的接合长度反应了前后两个分离纤维丛的接合程度。

分离纤维丛的重叠程度可用接合率 η 表示，它是接合长度 G 与有效输出长度 S 的比值。

$$\eta = \frac{G}{S} \times 100\% \tag{5-12}$$

(二)分离牵伸

给棉罗拉与分离罗拉间的牵伸倍数称为分离牵伸。由于分离罗拉、给棉罗拉都在做同期性变速运动，因此分离牵伸倍数就用有效输出长度与给棉长度的比值来表示。

$$E = \frac{S}{A} \tag{5-13}$$

式中：E——分离牵伸倍数；

S——有效输出长度，mm；

A——给棉长度，mm。

由于分离过程中的变牵伸，从而加剧了须条的结构不匀。

(三)分离罗拉顺转定时

分离罗拉顺转定时是指分离罗拉由倒转结束开始顺转时，分度盘指针指示的分度数。分离罗拉顺转定时的早晚影响分离罗拉与钳板、分离罗拉与锡林的运动配合关系。根据分离接合的要求，分离罗拉顺转定时要早于分离接合开始定时，否则分离接合工作无法进行。分离罗拉顺转定时应满足以下要求。

(1)分离罗拉顺转定时的确定应保证开始分离时分离罗拉的顺转速度大于钳板的前摆速度。如果分离罗拉顺转定时过晚，则有可能使开始分离时分离罗拉的顺转速度小于钳板的前进速度，被锡林梳理过的棉丛头端会与分离罗拉表面发生碰撞而造成弯钩，在整个棉网上出现横条弯钩；或者由于分离罗拉的顺转速度略大于(或者等于)钳板的前进速度，虽然形不成弯钩，但分离牵伸倍数太小，棉丛的头端没有被牵伸开使棉网较厚；而前一循环的棉网尾端以较薄，接合时由于两者厚度差异过大，导致新旧棉网的接合力过小，在棉网张力的影响下，新棉网的前端易于翘起，在棉网上形成“鱼鳞斑"。

(2)分离罗拉顺转定时确定应保证分离罗拉倒入机内的棉网不被锡林末排梳针抓走。如果分离罗拉顺转定时过早，则分离罗拉倒转定时也早，易于造成倒入机内的棉网被锡林末排梳针抓走。

分离罗拉顺转定时应根据所纺纤维长度、给棉长度及给棉方式等因素确定。如当采用长给棉时，由于开始分离的时间提早，分离罗拉顺转定时也应适当提早。在确定分离罗拉顺转定时，应同时考虑锡林定位，以防锡林末排针抓走纤维。

FA269 型精梳机分离罗拉顺转定时的调整方法是改变曲柄销 A 与大齿轮(143^T)(或称分

离罗拉定时调节盘)的相对位置。分离罗拉定时调节盘上刻有刻度,刻度从 -2 ~ +2,其间以0.5 为基本单位。分离刻度与分离罗拉顺转定时的关系见表 5-9,不同长度的纤维,对应的分离定时调节盘刻度见表 5-10。

表 5-9　分离刻度与分离罗拉顺转定时的关系

分离刻度	+1	+0.5	0	-1	-1.5	-2
分离罗拉顺转定时(分度)	14.5	15.2	15.8	16.8	17.5	18

表 5-10　纤维长度与分离定时调节盘刻度

纤维长度(mm)	调节盘刻度	纤维长度(mm)	调节盘刻度
<25	-1 ~ -0.75	29 ~31	+0.25 ~ +0.5
25 ~ 29	0 ~ +0.25	>31	+0.75 ~ +1

第七节　落棉排除和输出部分

一、落棉排除机构

落棉排除机构由毛刷、风斗、气流吸落棉等部分组成。毛刷鬃丝插入锡林针尖 2 ~3mm,以6 ~7 倍于锡林的表面速度将嵌在锡林针隙间的短纤维、杂质和疵点刷下,再通过气流吸至风斗,吸附在尘笼表面,由风管吸走。

(一)毛刷

锡林针面状态对锡林梳理效果及棉网质量影响很大,毛刷的作用就是清洁锡林梳理后的针面。如果毛刷不能有效地工作,就会使锡林梳下的短纤维、杂质和疵点嵌入针隙中而影响梳理。当锡林上梳针损断、歪斜、弯钩较多时,这种嵌花现象将会越加严重。在精梳机高速后,特别在加工长纤维或采用重定量、长给棉时,锡林针面梳理负荷加大,由于锡林梳针和须丛间摩擦阻力增大,容易从钳唇中整块撕下棉丛,产生局部“抽条”或“抽筋”现象。发生“抽条”现象后,针隙嵌满纤维,毛刷更难以刷清,毛刷尖端因此更易弯折而丧失弹性,造成大片抽条和大片梳针损坏,使设备不能正常运转。

为了提高毛刷工作质量,应使毛刷的偏心度、平直度、鬃毛弹性、插入梳针深度等各项指标都符合要求,并定期将毛刷调头使用,使毛刷鬃毛在逆梳针方向弹性较好,以充分发挥其作用。新型高效能精梳机的毛刷由两个半圆刷组成,共 31 行,沿圆周 26 排,最大直径为110mm,并且其具有拆卸方便的特点。此外,在工艺上根据锡林转速、加工纤维长度等因素配置适当的毛刷转速,一般为 930 ~1200r/min。当毛刷经过修剪使鬃毛过短时,应及时提高毛刷的转速。

精梳机的气流分布,对棉网质量和机台清洁等有较大影响。高速精梳机上三角气流板尖端对毛刷切入深度较浅，甚至留有一定间隙，这是考虑了分离接合过程要求合理补风的缘故。如当分离罗拉倒转、分离丛尾端倒入机内时，希望在分离罗拉和锡林间合理补风，促使分离丛尾端向下吸附在分离罗拉表面，有利于新旧棉网的叠合；当钳板向前运动，新的须丛前端接近分离钳口时，希望气流向上吹风，帮助新须丛前端迅速抬头，有利于分离接合，但影响机台清洁。

高效能精梳机毛刷与三角气流板的定位如图 5－30 所示。采用新毛刷时，应使毛刷轴 2 与调毛刷轴 1 之间的距离约为 100mm，此时毛刷鬃丝 3 插入锡林梳针 2mm，同时鬃丝与三角气流板 4 之间应有 1mm 的间隙。

（二）吸落棉装置

吸落棉装置分为单独吸落棉机构和集体吸落棉机构。单独吸落棉机构是依靠机上风机将落棉吸附在尘笼表面后，利用摩擦的方法将尘笼表面吸附的落棉剥落下来或卷绕在卷杂辊上，并在落棉达到一定量时，由人工加以清除。集体吸落棉机构则是在单独吸落棉的基础上，将尘笼剥下的精梳落棉由风机通过吸风管道进入滤尘室，在尘室中由滤尘设备将落棉与气流分离、收集落棉，并将过滤后的空气送入空调室。集体吸落棉的机台数量可根据滤尘设备的过滤风量来确定。

高效能精梳机的吸落棉装置如图 5－31 所示，毛刷刷下的落棉由风机 6 经风道 1 被吸附在尘笼 3 的表面，形成精梳落棉层，随着棉层厚度的增加，尘笼内部的真空度提高，造成内外压差增大，压差由压差控制器 4 监测，当压差达到一定数值时，启动汽缸，使尘笼旋转一定角度，通过橡胶辊 8、钢辊 7 剥落一段落棉层。橡胶辊与尘笼间的隔距为 1mm，钢辊与橡胶辊的间距为 0.2mm。图中 2 为牵伸系统吸风口，5 为废棉出口。

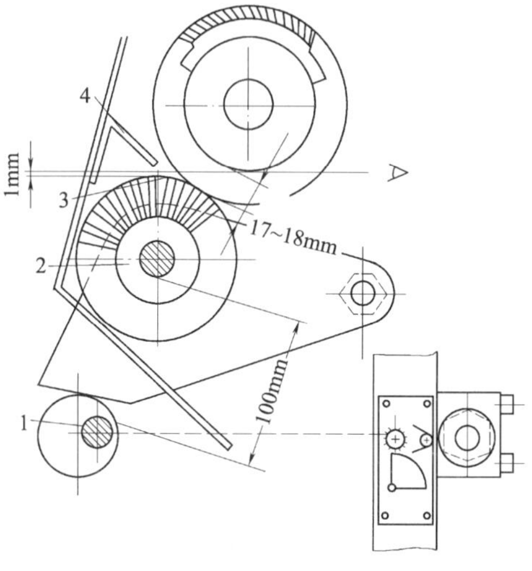

图 5－30 毛刷与三角气流板的定位

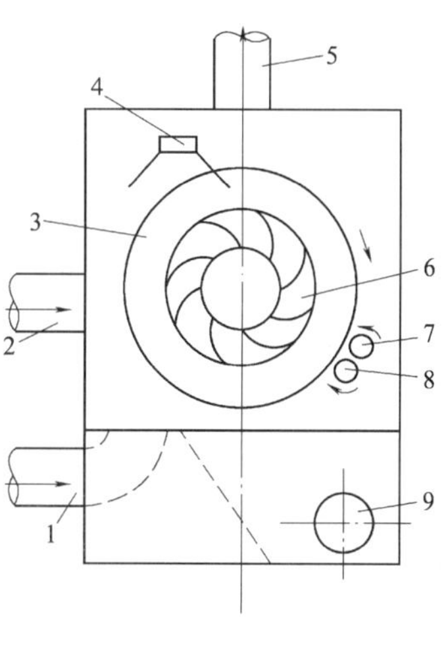

图 5－31 吸落棉装置

压差控制器通过电磁阀控制气缸的动作。压差控制器将控制尘笼上棉层的厚度保持在 30～40mm。棉层厚度可用压差控制器上的螺丝调整。

二、输出部分

输出部分包括车面输出机构、牵伸机构、圈条机构，作用是将分离罗拉输出的棉网汇聚成条，经紧压、并合、牵伸后，制成定量正确、条干均匀的精梳条，并有规律地圈放在条筒内。

（一）车面输出机构

高效能精梳机的车面输出部分如图 5－32 所示。由分离罗拉 6 输出的棉网，经过导棉板 5 这段松弛区后，由输出罗拉 4 喂入喇叭口 3 聚拢成棉条，经压辊 2 压紧后，弯转 90°绕过导条钉 1，棉条并排进入牵伸机构。因为牵伸机构位于与水平面呈 60°夹角的斜面上，因而需要经压辊压缩和导向，由输送帘送入牵伸装置。

由于分离纤维丛周期性接合的特点，使输出棉网呈现周期性不匀波，因此，将喇叭口向输出棉网的一侧偏置，使分离罗拉钳口线各处到喇叭口的距离不等，从而使分离罗拉同时输出的棉网到达喇叭口的时间不同，产生了棉网纵向的混和与均匀作用。当 8 根棉条并合后，精梳条的不匀还会进一步改善。

喇叭口的口径有 4mm、4.5mm、5mm、5.5mm、6mm、6.5mm 几种，可根据车面条的定量选用。

（二）牵伸机构

不同型号的精梳机，其牵伸机构的型式也不同。新型精梳机的牵伸机构大多采用三上五下曲线牵伸，如图 5－33 所示。前、后两个牵伸区均为曲线牵伸，利用罗拉表面形成包围弧，从而增强了钳口的握持力和牵伸区中后部的摩擦力界，加强了对牵伸区内纤维运动的控制，使纤维变速点向前钳口集中，有利于减小牵伸造成的条干不匀。为了避免反包围弧对纤维运动的不良影响，第四、五罗拉中心较第三罗拉中心抬高 10mm，第二、三罗拉中心较前罗拉中心抬高 7.5mm。罗拉直径从前至后分别为 35mm × 27mm × 27mm × 27mm × 27mm，三个胶辊的直径均为 45mm。中胶辊和后胶辊分别架在二、三罗拉和四、五罗拉之间，组成中、后钳口，从而将牵伸装置分为前、后两个牵伸区，后牵伸区牵伸倍数因机型不同而异，新型精梳机一般有三档，分别为 1.14 倍、1.36 倍和 1.5 倍。前牵伸区为主牵伸区，其罗拉隔距可根据纤维长度而进行调整，如 FA269、F1268A、SXF1269A 的调整值为 41～60mm，第二、第三胶辊中心距范围为 56～71mm。

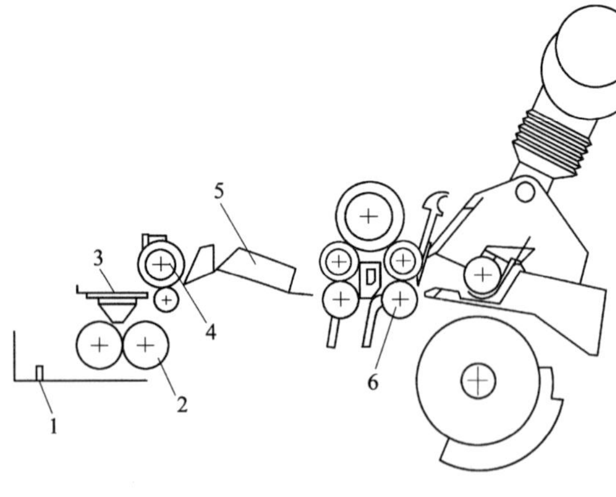

图 5－32　车面输出部分

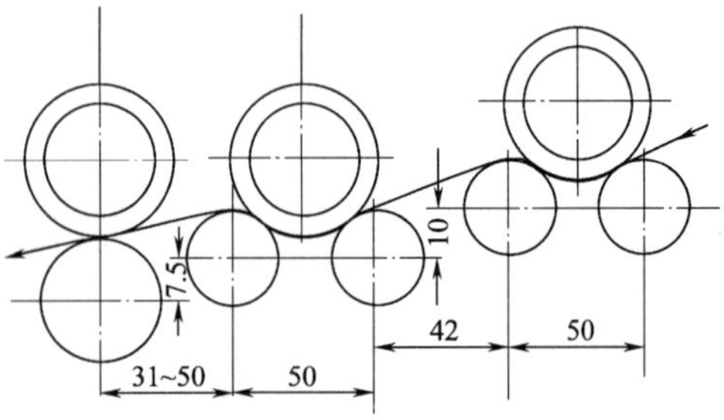

图 5－33　牵伸装置

牵伸区配有 A、B、C、D 四种变换齿轮以适应加工不同纤维长度、不同品种的需要，总牵伸倍数可在 9 ~ 19.3 范围内调整。

牵伸装置的加压与分离罗拉都采用气动加压，前胶辊的加压力量为 346 ~ 415N/两端，中、后胶辊的加压量为 485 ~ 623N/两端，其加压量稳定，调节方便。

（三）圈条机构

为了避免输出牵伸区的精梳条产生意外牵伸，采用输送帘将棉条送入圈条器。高速精梳机为了适应大卷装要求，条筒尺寸为 600mm × 1200mm，圈条器的传动如图 5 – 34 所示，圈条盘和底盘均由牵伸系统 B 轮传来，一路经齿形带传动圈条盘；另一路传动底盘。

第八节　精梳机的传动与工艺计算

一、精梳机的传动

FA269 型精梳机的传动图如图 5 – 34 所示，其传动路线如下。

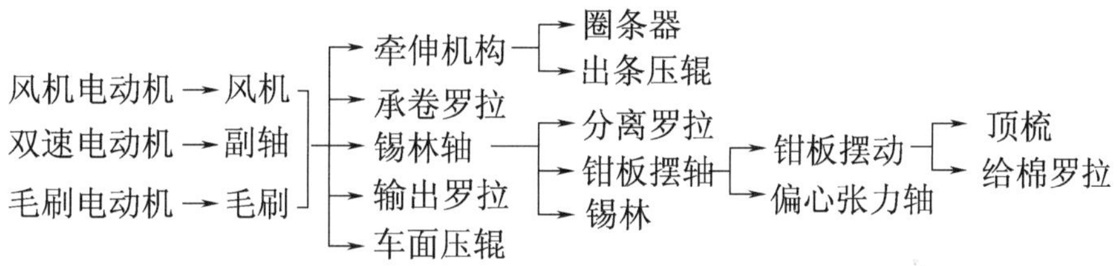

二、变换轮

FA269 型精梳机变换齿轮和变换皮带轮，见表 5 – 11。

表 5 – 11　FA269 型精梳机变换皮带轮直径和变换齿轮齿数表

项　目	变换轮名称	符　号	变换皮带轮直径或齿轮齿数
锡林转速	主电动机皮带轮（mm）	A	144、154、168、180
	副轴皮带轮（mm）	B	126、144、154、168
毛刷转速	毛刷电动机皮带轮（mm）	C	109、137
	毛刷轴皮带轮（mm）	D	109
喂给量	喂卷调节齿轮	E	43、44、49、50、54、55
	给棉罗拉棘轮	F	16、18、20
罗拉牵伸	变换带轮（mm）	G	30、33、38、40、45
	变换带轮（mm）	H	28、30、33、38、40
	后牵伸变换带轮（mm）	J	32、38、42
	变换带轮（mm）	K	32（前进给棉），38（后退给棉）

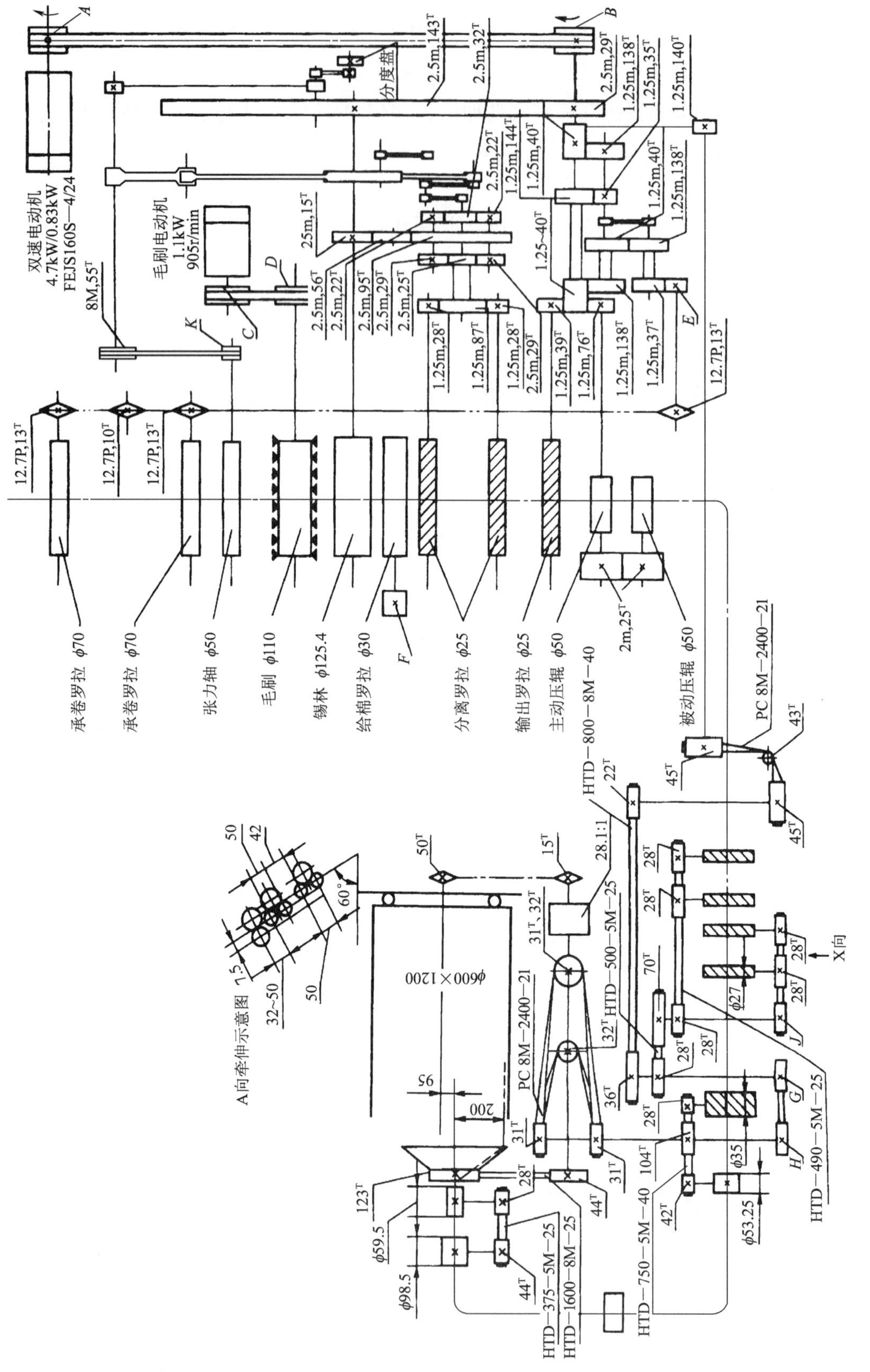

图 5-34 FA269 型精梳机的传动图

三、精梳机的工艺计算

(一)速度计算

1. 锡林速度 n_1(r/min)

$$n_1=1440\times\frac{A}{B}\times\frac{29}{143}=292.028\times\frac{A}{B} \tag{5-14}$$

2. 毛刷速度 n_2(r/min)

$$n_2=905\times\frac{C}{D}=905\times\frac{C}{109}=8.303C \tag{5-15}$$

(二)每钳次的给棉长度与输出长度

1. 承卷罗拉的喂棉长度 L_1(mm/钳次)

$$L_1=\pi\times70\times\frac{13\times37\times40\times40\times35\times40\times143}{13\times E\times138\times138\times144\times138\times29}=\frac{237.48}{E} \tag{5-16}$$

2. 给棉罗拉的给棉长度 A(mm/钳次)

$$A=\frac{30\pi}{F} \tag{5-17}$$

3. 分离罗拉的有效输出长度 S(mm/钳次)

$$S=-\frac{15}{95}\times\left(1-\frac{29\times32}{22\times25}\right)\times\frac{87}{28}\times25\pi=26.48 \tag{5-18}$$

(三)牵伸计算

1. 各部分的牵伸

(1)给棉罗拉至承卷罗拉间的牵伸倍数 e_1:

$$e_1=\frac{A}{L_1}=0.397\times\frac{E}{F} \tag{5-19}$$

(2)分离罗拉至给棉罗拉间的牵伸倍数 e_2:

$$e_2=\frac{S}{A}=0.281F \tag{5-20}$$

(3)输出罗拉至分离罗拉间的牵伸倍数 e_3:

$$e_3=\frac{\frac{40\times35\times40\times143}{39\times144\times138\times29}\times25\pi}{26.48}=1.056 \tag{5-21}$$

(4)车面压辊至输出罗拉间的牵伸倍数 e_4:

$$e_4=\frac{39\times50\pi}{76\times25\pi}=1.026 \tag{5-22}$$

(5)后罗拉至车面压辊的牵伸倍数 e_5：

$$e_5=\frac{28\times28\times22\times45\times40\times138\times144\times76\times27\pi}{28\times70\times36\times45\times140\times40\times35\times40\times50\pi}=1.017 \quad (5-23)$$

(6)后区牵伸倍数 e_6：

$$e_6=\frac{C\times28\times27\pi}{28\times28\times27\pi}=\frac{C}{28} \quad (5-24)$$

式中：C——牵伸变换齿轮齿数。

(7)牵伸装置总牵伸倍数 e_7：

$$e_7=\frac{104\times A\times70\times28\times35\pi}{28\times B\times28\times28\times27\pi}=12.037\times\frac{G}{H} \quad (5-25)$$

(8)圈条压辊到前罗拉的牵伸倍数 e_8：

$$e_8=\frac{28\times53.25\times44\times59.5\pi}{42\times98.5\times28\times35\pi}\times1.1=1.059 \quad (5-26)$$

因圈条压辊表面有沟槽，式中的 1.1 为压辊的沟槽系数。

2. 圈条压辊到承卷罗拉的总牵伸倍数 E_0

$$E_0=e_1\cdot e_2\cdot e_3\cdot e_4\cdot e_5\cdot e_6\cdot e_7\cdot e_8=1.567\times\frac{G}{H}\times E \quad (5-27)$$

3. 实际牵伸倍数 E_P

$$E_P=\frac{g\times5}{g_1}\times8=40\times\frac{g}{g_1} \quad (5-28)$$

式中：g——精梳小卷定量，g/m；

g_1——精梳条的定量，g/5m。

设精梳机的落棉率为 a，则机械牵伸倍数与实际牵伸倍数的关系为：

$$E_P=E_1(1-a)$$

(四)理论产量 G_L[kg/(台·h)]

$$G_L=\frac{n_1\times60\times g\times8\times A\times(1-a)}{1000\times1000} \quad (5-29)$$

式中：n_1——前罗拉转速，r/min；

a——精梳机的落棉率，%；

A——给棉长度，mm。

第九节 精梳质量控制

精梳机的主要工艺指标有精梳落棉率、精梳条重量不匀率、条干不匀率、短绒率、棉结杂质、落棉含短绒率等，具体要求见表5－12。

表5－12 精梳质量指标

仪 器	项 目	50%水平	25%水平
AFIS	棉结(个/g)	26.00	16.00
	短绒含量(根数平均，短绒长度在12.7mm以下)(%)	8.75	6.75
	短绒含量(重量平均，短绒长度在12.7mm以下)(%)	3.20	2.40
	杂质(粒/g)	1.00	0.50

一、精梳落棉指标

精梳落棉率不仅关系到用棉量的多少，而且与棉网质量、成纱质量有着密切的关系。一般来说，增加落棉对排除短绒效果明显，但不利于节约用棉，且对提高成纱强力也有限，因此应合理掌握精梳落棉率，具体控制范围见表5－13。

表5－13 精梳落棉率参考指标

纱线密度(tex)	参考落棉率(%)	落棉含短绒率(%)
30～14	14～16	>60
14～10	15～18	
10～6	17～20	
6以下	19以上	

精梳落棉率的调节，应考虑因素有以下几个方面。

(1)落棉隔距：在保证其他条件正常基础上，落棉隔距是主要的调节方法。落棉隔距越大，落棉率越大。落棉隔距增减1mm，落棉率相应增减2%～2.5%。

(2)给棉长度：给棉罗拉棘轮改变1齿，落棉率可改变0.5%～1%。

(3)顶梳插入深度：改变一档，落棉率可改变2%。

(4)给棉方式：根据精梳产品、纤维性能确定。采用前进给棉时，落棉率掌握在5%～17%；采用后退给棉时，落棉率应掌握在18%～25%。

(5)锡林针齿密度：改稀加密，落棉率可改变1.5%～2%。

二、减少棉结杂质和精梳纱疵

相比同特普梳棉纱，精梳棉纱的质量要求较高，其棉结杂质粒数要比同特梳棉纱少一半以上。一般情况下，精梳工序可排除生条中的杂质50% ~60%，棉结约10% ~20%。降低棉结杂质应重点从清花、梳棉和精梳三个工序考虑。棉结的形成有如下三大类。

(1)原料造成的棉结：棉籽表皮附着纤维或棉蜡黏着纤维。

(2)原料初加工造成的棉结：锯齿轧花机多于胶辊轧花机。

(3)纺纱生产过程形成的棉结：因开松和梳理过程中打击造成；因定向性不好、牵伸倍数过大而形成；因杂质而形成；因飞花黏附而形成；因须条边缘造成。

根据棉结形成的原因，要降低精梳条的棉结杂质，首先应当合理选择原料，对于质量要求高的成纱，应选用长度长、强度高、结杂含量少的原料，其次是严格控制生条中的短绒率及结杂。在精梳工序降低精梳条棉结杂质的措施如下。

(1)放大落棉隔距(或分离隔距)：放大落棉隔距可使钳口外棉丛的梳理长度增加，锡林针齿对棉丛的重复梳理次数(棉丛单位长度上受针齿的作用齿数)增大，有利于排除棉结杂质。

(2)采用后退给棉：采用后退给棉时锡林对棉丛的梳理效果比前进给棉好，因此采用后退给棉对降低棉结杂质更有利。

(3)采用较短的喂棉长度：小卷受到的重复梳理次数大，梳理效果好。

(4)采用大齿密的整体锡林：锡林表面针齿数目越多，每根纤维所受的作用齿数越多，梳理效果越好，因此可根据不同品种及不同纤维特性选用整体锡林。

(5)定期检查毛刷的工作状态：合理调整毛刷清洁锡林的时间和毛刷插入锡林的深度，检查毛刷的磨损状况。

(6)加强精梳工序温湿度的控制：合理的温湿度是提高精梳机排除结杂能力的前提条件。精梳车间相对湿度不宜过高，一般控制在55% ~60%。

三、控制精梳条重量不匀率

精梳条重量不匀率是指精梳条5m片段之间的重量不匀率，它影响成纱重量不匀率及重量偏差，从而影响到棉纱的品等。控制精梳条重量不匀率有以下几个方法。

(1)定期试验精梳落棉率，及时对台差、眼差进行控制(台差 $< 1\%$，眼差 $< 2\%$)。

(2)统一工艺，做到同品种同机型一致，各部隔距、齿轮与锡林、顶梳型号规格一致，并应完整，无缺齿、倒齿等。

(3)定期做好平揩车工作，确保机械状态良好，保证工艺上车，同一品种同一型号的精梳机工艺一致。

(4)严格运转操作规程，防止在换卷与棉条接头时造成接头不良。

(5)控制好车间温湿度，防止黏卷或棉网破边、破洞等。

(6)按时清刷顶梳与锡林，定期校正毛刷对锡林的插入深度(一般为2.5 ~3mm)，必要时可适当延长毛刷清洁锡林的时间，缩短清刷的间隔时间，以增强锡林的梳理效果。

四、降低精梳条条干不匀率

1. 精梳工序产生条干不匀的原因

(1)棉网成形不良:主要原因有两方面,一是工艺设计不合理,如弓形板定位、钳板闭合定时、分离罗拉顺转定时配合不当;二是机械状态不良,如锡林针齿损伤嵌花、分离罗拉弯曲、钳板与分离罗拉运动不正常等。

(2)精梳机牵伸装置不良:如牵伸装置不合理,牵伸罗拉及胶辊弯曲、牵伸齿轮磨灭等。

(3)牵伸工艺不合理:如牵伸倍数、罗拉握持距、加压等配置不当。小卷、棉网及台面张力过大,意外牵伸大。

2. 提高精梳条条干的有效方法

(1)合理确定弓形板定位、钳板闭口定时及分离罗拉顺转定期时。弓形板定位过早、过晚对棉网的分离接合工作都不利。弓形板定位的掌握原则是在分离罗拉倒入机内的棉网不被锡林末排针抓走的情况下,弓形板定位越晚越好。钳板闭合定时根据弓形板定位而定,在锡林第一排梳针与钳板相遇时闭合即可。分离罗拉顺转定时应根据弓形板定位、落棉隔距、纤维长度用给棉长度而定。

(2)合理确定精梳机各部分的张力牵伸,减少意外伸长。

(3)保证良好的机械状态。

(4)合理确定牵伸装置的牵伸工艺参数及精梳条定量。

五、降低精梳条短绒率

短绒率与成纱的关系密切,短绒率越高,成纱强力越低,强力不匀率越高,条干越差,粗细节增加,外观质量差。降低精梳条短绒率的措施有以下几个方面。

(1)根据不同纤维和品种,合理掌握落棉率。

(2)检查掌握好锡林定位。

(3)保证梳理部件的正常运转。

(4)保证毛刷对锡林的清洁。

(5)掌握好气流除杂与吸尘效果。

思考题

1. 精梳工序的任务是什么?精梳纱有什么特点?
2. 精梳前准备工序的任务是什么?精梳前准备工序有哪些机械?其作用是什么?
3. 精梳前准备工艺路线有几种方式?各有什么特点?
4. 为什么精梳前准备工序道数要遵守偶数准则?
5. 精梳机一个工作循环分为哪几个阶段?试说明精梳机各主要机件在各阶段中的运动状态。
6. 什么是分度盘、分度?什么是一个工作循环、钳次?

7. 什么是前进给棉？什么是后退给棉？什么是给棉长度？
8. 什么是喂棉系数？什么是分界纤维长度？什么是重复梳理次数？
9. 对钳板机构运动的工艺要求是什么？
10. 什么是落棉隔距？落棉隔距的大小对落棉多少及梳理效果有何影响？如何调整？
11. 什么是梳理隔距、梳理开始定时、钳板开闭口定时？
12. 锡林定位的实质是什么？锡林定位过早、过晚会产生什么后果？
13. 什么是顶梳的高低隔距和进出隔距？如何调整？
14. 试分析分离罗拉的有效输出长度对精梳条质量的影响。
15. 什么是分离牵伸？
16. 试述精梳条质量控制指标、范围及措施。

第六章 并 条

本章知识点

1. 并条工序的任务和并条机的工艺流程。
2. 并条机的主要机构及作用。
3. 并条机的牵伸形式及工艺配置。
4. 并条机的传动和工艺计算。
5. 熟条质量控制。

第一节 并条概述

一、并条工序的任务

梳棉机制成的生条，长片段不匀率很大，纤维排列紊乱，大部分纤维成弯钩状态，而且还有束纤维存在。要制成质量合乎要求的细纱，需要将生条经过并条工序进一步加工，以提高棉条质量。并条工序的任务如下。

1. 并合 将6~8根条子并合，改善棉条的长片段不匀。生条的重量不匀率约为4.0%，熟条的重量不匀率降到1%以下。

2. 牵伸 将并合后的棉条抽长拉细，使纤维伸直平行，并使小棉束分离为单纤维。通过调整并条机的牵伸倍数还可以将熟条定量有效地控制在一定范围内。

3. 均匀混合 通过各道并条机的并合与牵伸，可使各种不同性能的纤维得到充分混合，以防止产生“色差”。在染色性能差异较大的纤维混纺时，如化纤与棉混纺，并条的均匀混合作用显得尤为重要。

4. 成条 将并条机制成的棉条，有规则地圈放在棉条筒内，以便储存、运输，供下道工序使用。

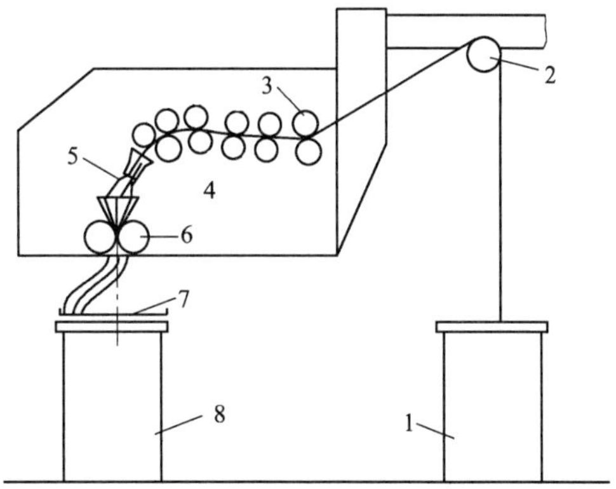

图6-1 FA311型并条机的工艺流程

二、并条机的工艺过程

FA311型并条机的工艺过程如图6－1所示。并条机导条架下面每侧各放6个或8个喂入棉条筒1。每根棉条从棉条筒内引出来，经导条罗拉2积极引导，并列喂入给棉罗拉3，再进入牵伸装置4。须条经过牵伸装置抽长拉细由前罗拉钳口输出，经导向辊引导，进入弧形导管5，然后经喇叭口聚拢成条并由压辊6紧压成光滑紧密的棉条，最后由圈条盘7将棉条有规律地圈放在输出棉条筒8中。

三、国产并条机的主要技术特征

几种国产并条机的主要技术特征见表6－1。

表6－1　几种国产并条机的主要技术特征

型号		A272F	FA306	FA311
眼数		2	2	2
眼距(mm)		650	650	650
适纺原料		棉、化纤纯纺、混纺	棉、化纤纯纺、混纺	棉、化纤纯纺、混纺
适纺纤维长度(mm)		20～75	20～75	20～75
并合数		6～8	6～8	6～8
出条速度(m/min)		120～250	148～600	150～400
总牵伸倍数		5.6～9.58	4～13.5	5～15
牵伸形式		三上三下压力棒曲线牵伸，有集束区	三上三下附导向辊压力棒曲线牵伸，无集束区	四上四下附导向辊压力棒曲线牵伸，无集束区
罗拉直径(mm)	集束罗拉	40	—	—
	前罗拉	35	45	35
	二罗拉	35	35	35
	三罗拉	35	35	35
	后罗拉	—	—	35
胶辊直径(mm)		35×30×35×35	34×34×30×34	34×34×27×34×34
罗拉加压(N/单侧)		118×314×58.5×343×314	118×294×58.5×314×294	294×294×98×394×394
罗拉加压方式		弹簧摇架加压	弹簧摇架加压	弹簧摇架加压
棉条喂入方式		平台式积极喂入	高架式顺向积极喂入	高架式顺向积极喂入
清洁方式		上清洁：积极回转绒带及清洁梳 下清洁：摆动丁腈刮圈	上清洁：积极回转绒带及清洁梳 下清洁：摆动丁腈刮圈	上清洁：积极回转绒带及清洁梳 下清洁：摆动丁腈刮圈

续表

型　号		A272F	FA306	FA311
喂入条筒规格(mm):直径×高度	头道	600×900(1100) 400×900(1100)	800×900(1100) 600×900(1100)	600×900(1100) 400×900(1100)
	二道	400×900(1100) 350×900(1100)	500×900(1100) 400×900(1100)	600×900(1100) 400×900(1100)
机器外形尺寸(mm):长×宽×高		820×1945×2014 820×1945×2194	2000×800×1910 2000×800×2110	2100×750×1755
输出条筒规格(mm):直径×高度		400×900 350×900	头道:400×1100 二道:400×1100 350×1100 300×1100	500×915(1100) 400×915(1100) 350×915(1100) 300×915(1100)

第二节　并条机的主要机构

并条机的主要机构由喂入机构、牵伸机构和成条机构组成。

一、喂入机构

并条机喂入机构的形式通常有平台式和高架式两种。

(一)平台式

平台式喂入机构由导条台、导条罗拉、导条压辊、导条柱和一对给棉罗拉组成。平台式又分为两种形式,一种是棉条在平台上转过90°喂入,如图6-2(a)所示,A272系列并条机属于这一

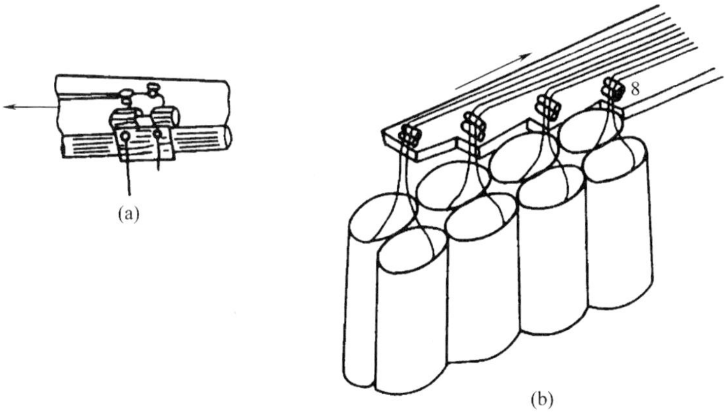

图6-2　平台式喂入

种;另一种是棉条在平台上顺向喂入,如图6-2(b)所示。

平台式喂入的特点是清洁方便、机器振动小,但棉条离开条筒后距导条罗拉长度短,伸直度差;最远处棉条筒离给棉罗拉距离远,摩擦大;棉条易交叉拉毛;占地面积大,巡回路线长。

(二)高架式

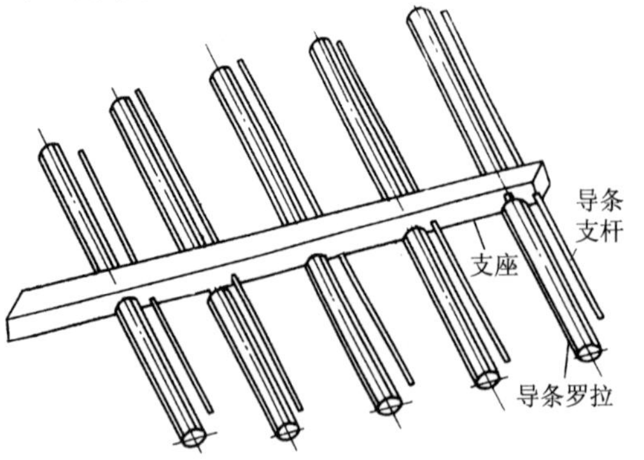

图6-3 高架式喂入机构

高架式喂入机构主要由导条罗拉、导条支杆、分条叉和一对给棉罗拉组成,如图6-3所示。棉条经导条罗拉积极回转向前引导喂入给棉罗拉,在导条罗拉和给棉罗拉之间有较小的张力牵伸,使棉条在进入牵伸机构前保持伸直状态。FA311型、FA306型等并条机采用高架式顺向喂入机构。

高架式喂入的特点是条筒直接放在导条架下,占地面积小,巡回路线短;棉条离开条筒直线上升至导条罗拉,须条不易粘连。但喂入架体振动较大,不适应高速,同时当停车时间较长时,条子易下垂,造成意外伸长。

二、牵伸机构

FA311型并条机的牵伸机构如图6-4所示,主要由罗拉、胶辊、压力棒、加压装置及集束机构等组成,其牵伸形式为四上四下压力棒加导向辊曲线牵伸。棉条先经后区预牵伸,然后经中区较小的张力牵伸,再进入前区主牵伸区进行牵伸。在前区有一下压式压力棒,牵伸时压力棒的弧形曲面与被牵伸纤维接触,增强了牵伸区中后部对纤维运动的控制,有利于纤维变速点前移而且集中。

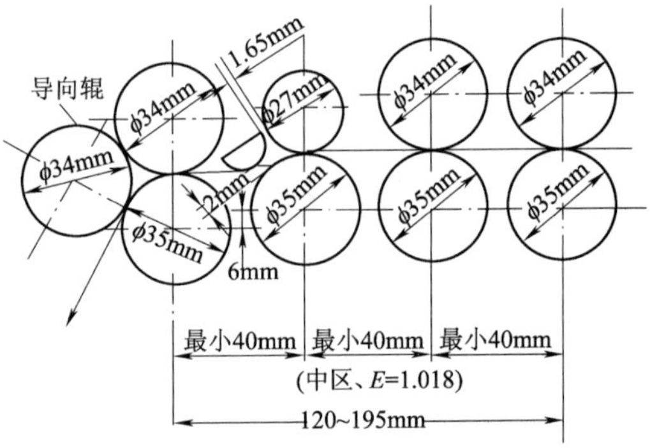

图6-4 FA311型并条机牵伸机构

(一)罗拉

罗拉是牵伸的主要元件,它和胶辊组成握持钳口。如图6-5所示,并条机罗拉表面设有不等距螺旋沟槽,使胶辊与罗拉对纤维的握持点不断变化,以增加罗拉和胶辊对纤维的握持力。同时还可以减少胶辊中凹,延长胶辊的使用寿命。

(二)胶辊

胶辊也称为上罗拉,依靠下罗拉摩擦带动回转。并条机上的胶辊是单节活芯式。胶辊外面包覆有丁腈橡胶管,芯轴是轴承钢,两端装有滚子轴承,回转平稳灵活,如图6-6所示。胶辊表面既有一定的硬度,又有一定的弹性,使胶辊与罗拉组成的钳口对纤维具有足够的握持力,以保证顺利牵伸。

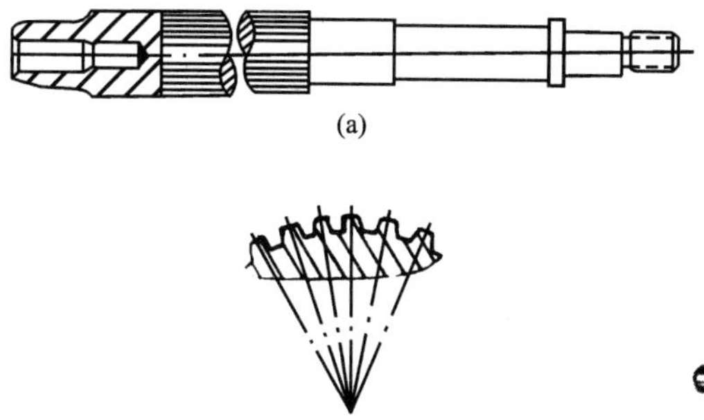

图 6－5 并条机罗拉

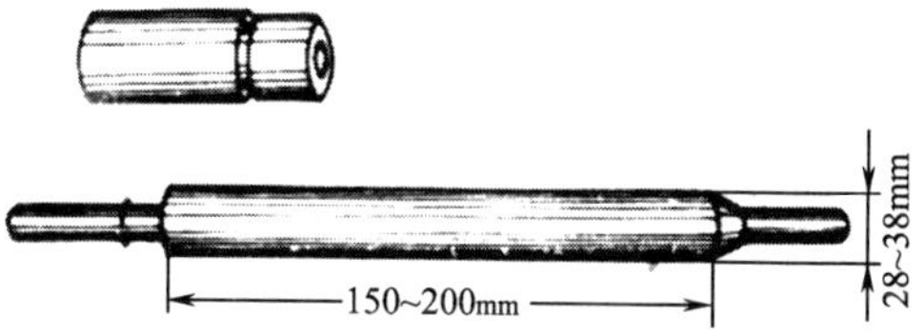

图 6－6 并条机胶辊

（三）压力棒

压力棒用铬钢制成，经过抛光、电镀及热处理，表面光滑。压力棒截面的几何形状有圆形、半圆形、扇形、菜刀形等，但目前以扇形压力棒应用最广泛。压力棒的作用是利用其弧面与牵伸须条接触，缩短主牵伸区的浮游区长度，既能有效地改善主牵伸区中、后部摩擦力界的分布，增强对浮游纤维的控制能力，又能将积花散开，不易形成大纱疵，有利于提高棉条质量。

（四）加压装置

加压装置的作用是保证罗拉钳口对须条有足够的握持力，以确保正常牵伸。目前常用的加压机构有弹簧摇架加压和气动加压。

1. 弹簧摇架加压 弹簧摇架加压结构轻巧、加压量大且较准确、吸震作用好、加压卸压方便，但使用日久弹簧会疲劳变形，影响压力大小和加压的稳定性。

FA311 型并条机弹簧摇架加压机构如图 6－7 所示。加压时，将摇架 4 压下，加压钩 1 钩

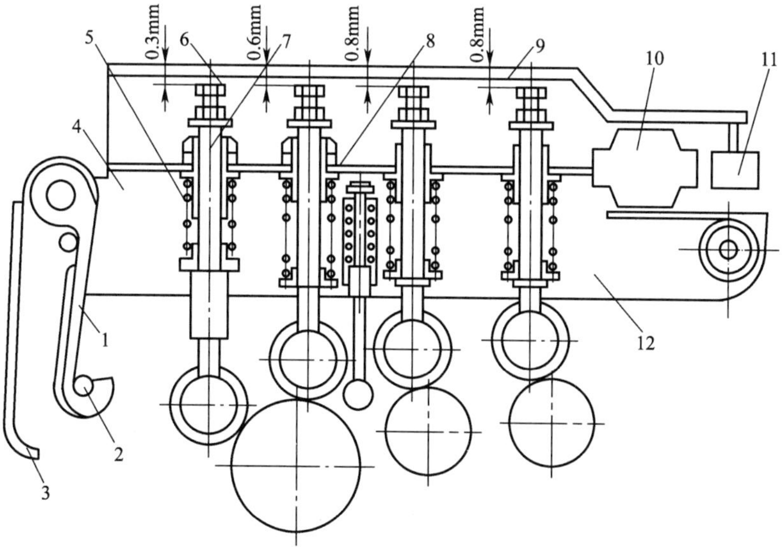

图 6－7 弹簧摇架加压装置

住加压钩短轴2，然后按下加压手柄3，弹簧5压力便通过各加压芯轴7施加到胶辊及压力棒两端轴上；卸压时抬起加压手柄，让加压钩脱离轴，整个摇架在蝶形簧8平衡力的作用下向上抬起，可停留在操作所需要的任意位置。纤维缠胶辊时，加压芯轴上升，自停螺钉6使自停臂9抬起，机台制动；待故障排除后，可正常开车。图中10为磁铁，11为微动开关，12为摇架支座。

2. 气动加压 气动加压克服了弹簧摇架加压使用日久弹簧疲劳压力衰退的缺点，压力稳定，数值可读，大小可无级调节，但气动加压需要增设气源、气缸和气囊，还需要有良好的密封性，所以费用高。

(五)集束机构

集束机构的作用是将前罗拉输出的棉网集束成条，防止纤维散失。新型并条机的集束机构包括导向辊和弧形导管，如图6－8所示。前罗拉上方加装导向辊，目的是为了改变前罗拉钳口输出须条的方向，使须条顺利通过弧形导管和喇叭口，减少机前涌头及堵条现象。

(六)清洁装置

并条机上大多装有真空自动吸尘和上下清洁装置，作用是及时吸走牵伸过程中逸出的飞花及尘屑。

并条机采用的真空自动吸尘及上下清洁装置，如图6－9所示，上清洁采用间歇回转绒布1揩擦胶辊，清除胶辊表面的飞花及尘屑，绒布揩擦下的飞花由清洁梳2聚拢后由上吸口3吸入滤尘箱6；下清洁是由胶圈揩擦器4往复摆动揩擦罗拉，其飞花由下吸风口5吸入滤尘箱，图中7为风扇。

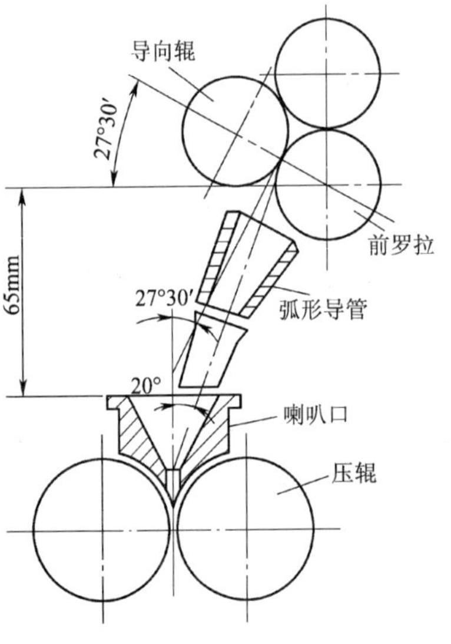

图6－8 新型并条机的集束机构

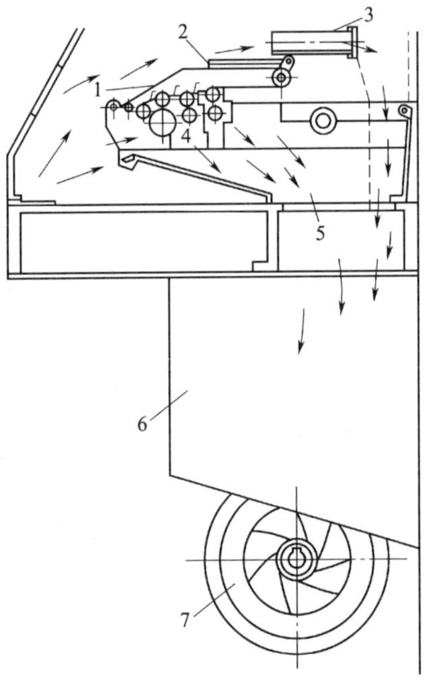

图6－9 真空吸风式自动清洁装置

三、成条机构

成条机构的作用是将弧形导管输出的束状棉带凝聚成条，并有规律地圈放在棉条筒内，便于下道工序加工使用。成条机构主要由喇叭口、压辊、圈条器等部件组成。

（一）喇叭口

喇叭口的作用是将弧形导管输出的束状棉带集束成条，增加棉条紧密度。喇叭口的结构如图 6－10 所示，喇叭口的下端呈一定弧度，使喇叭口尽可能伸向压辊握持点。喇叭口下端距压辊握持点距离越小，棉条越紧密。

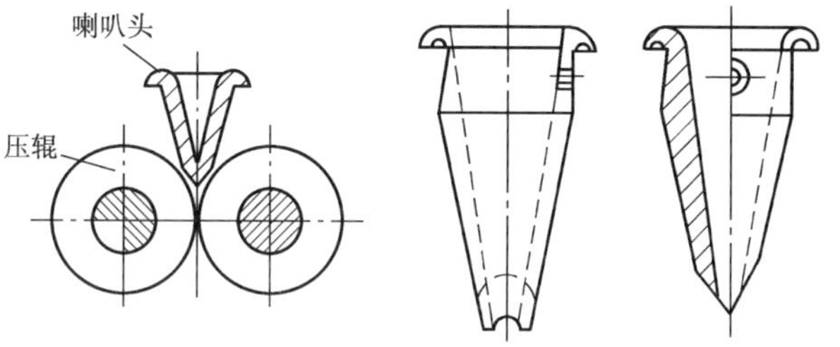

图 6－10 喇叭口

喇叭口的口径应与棉条定量相适应。口径小，棉条紧密度大，但易堵塞断头；口径大，棉条易通过，但紧密度小。并条机常用喇叭口口径为 2.4mm、2.6mm、2.8mm、3.0mm、3.2mm、3.4mm、3.6mm、3.8mm、4.0mm、4.2mm。

（二）压辊

压辊的作用是将喇叭口凝聚的棉条压缩，使棉条结构紧密，以增加棉条的强力和条筒的容量。

（三）圈条器

圈条器包括圈条盘和圈条底盘。棉条由压辊输出后经圈条盘引导进入棉条筒，棉条筒随圈条底盘缓慢回转，将棉条有规律地圈放在棉条筒中。

高速并条机圈条盘多用曲线斜管，取代了以前的直线斜管，如图 6－11 所示，曲线斜管符合条子的空间运动轨迹，更适应于高速，且条子成形良好。纺化纤时，为防止条子堵塞，还应该采用压缩喇叭、定期清洁斜管、保持通道光洁等措施。

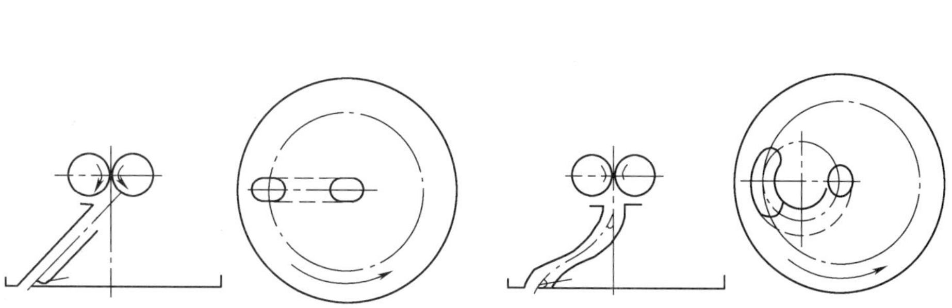

(a)直线斜管 (b)曲线斜管

图 6－11 圈条斜管

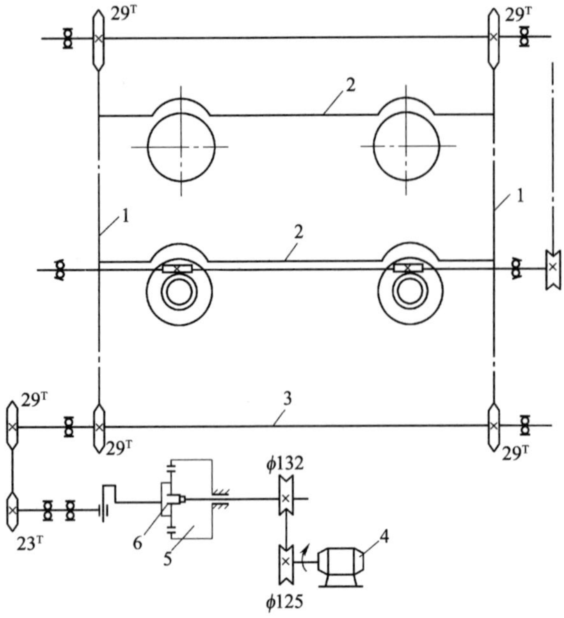

图 6-12　并条机自动换筒传动示意图

四、自动换筒机构

并条机出条速度提高以后，满筒时间缩短、换筒次数增多、工人劳动强度增加，所以高速并条机大多配备自动换筒装置。自动换筒装置的形式有前进前出式与后进前出式两种形式。

如图 6-12 所示，为后进前出式自动换筒装置。满筒时主电动机断路刹车，换筒电动机 4 启动，经一对三角带轮、减速轮系 5、万向联轴节 6、链轮和链条轴 3 传动左右两根循环链条 1，链条 1 带动装在导轨上的前后推板 2。前后推板向前运动将满筒推出，同时输入空筒，换筒电动机停止，主电动机开始运转，完成一次换筒动作。

第三节　并条机的牵伸形式与工艺配置

一、并条机的牵伸形式

并条机的牵伸形式有连续牵伸、双区牵伸、三上四下曲线牵伸、压力棒曲线牵伸和多胶辊曲线牵伸。

(一) 连续牵伸和双区牵伸

如图 6-13 所示，连续牵伸属于四上四下的简单罗拉牵伸，有三个牵伸区，各牵伸区的牵伸倍数由后向前逐渐增大，所以又称渐增牵伸。这种牵伸形式是喂入须条经受一个牵伸区的牵伸后须条变薄，纤维较为伸直平行，使前一个牵伸区有条件在缩小隔距的情况下，能更好地控制纤维运动，负担比后一个牵伸区较大的牵伸倍数。尽管对各列胶辊分别施加压力 P_1、P_2、P_3、P_4，但牵伸装置的中间胶辊负担不合理，第二、第三钳口既是前一个牵伸区的后钳口，又是后一个牵伸区的前钳口，既要控制前一个牵伸区的纤维，又要牵引后一个牵伸区的纤维，承受着前后两个牵伸区的牵伸力，因而第二、第三胶辊容易打滑，易产生周期性不匀。

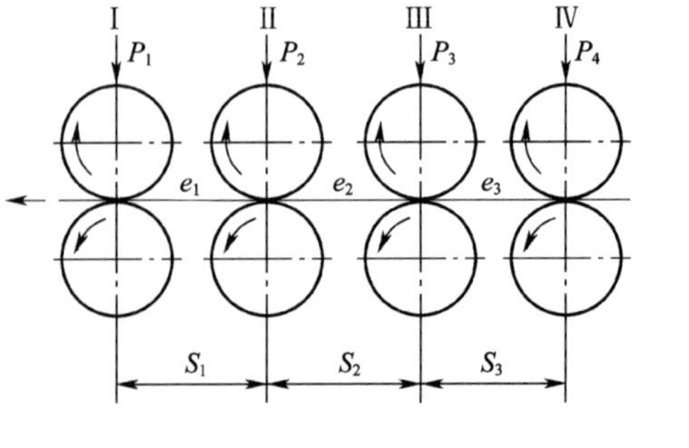

图 6-13　四罗拉连续牵伸

双区牵伸是针对连续牵伸存在的缺点，在连续牵伸的基础上，使中区牵伸倍数等于1或接近于1，第二、第三钳口共同握持须条，降低胶辊的打滑率，熟条条干不匀率亦有所改善，但前、后牵伸区内无附加摩擦力界控制纤维的运动，所以熟条的条干不匀率仍然较大。

（二）三上四下曲线牵伸

三上四下曲线牵伸是双区牵伸的进一步发展，如图6－14所示，二罗拉直径变小且位置抬高，一根大胶辊骑跨在第二、第三罗拉上，须条在第二罗拉和第二胶辊表面分别形成包围弧$\widehat{BC}$、$\widehat{CD}$。一方面，使前牵伸区中后部的摩擦力界加强，能有效地控制纤维运动，使纤维变速点前移而且集中，有利于须条条干；另一方面，须条紧贴在第二胶辊上，摩擦力界加强，并且第二个罗拉消极传动，中牵伸区的前后两个钳口共同握持须条，减少须条在罗拉钳口下的打滑现象，也有利于须条条干。但三上四下曲线牵伸须条在前胶辊和第三罗拉表面有“反包围弧”，使两个牵伸区前钳口的摩擦力界增强并向后扩展，易引起纤维变速点分散后移，从而影响条干质量。图中P_1、P_2、P_3分别为对前、中、后三列胶辊的压力。

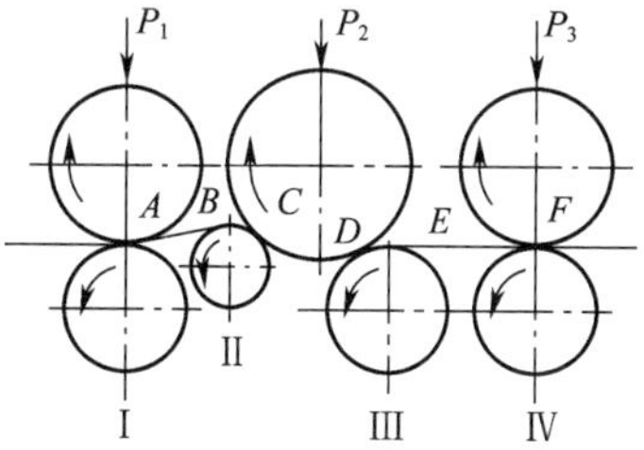

图6－14　三上四下曲线牵伸

（三）压力棒曲线牵伸

压力棒曲线牵伸是目前高速并条机上广泛应用的一种牵伸形式。根据压力棒与须条的相对位置，压力棒曲线牵伸有上托式和下压式两种形式。

上托式压力棒曲线牵伸，是指在主牵伸区内，棉网在上，压力棒在下。这种牵伸形式压力棒不容易积短绒而形成纱疵，但当棉网高速运动时，产生向上的冲力，使压力棒对棉网的控制作用减小。下压式压力棒曲线牵伸，是指在主牵伸内，棉网在下，压力棒在上。这种牵伸形式对棉网的控制作用好，但容易积短绒而形成纱疵。

在生产中下压式压力棒应用较为广泛，且其主要有固定插入式和悬挂式两种。悬挂式压力棒故障多，生产中很少用。固定插入式压力棒的插口有前后两个位置，纺中长化纤时，压力棒放入前插口；纺棉和棉型化纤时，将压力棒从前插口拆下，放入后插口，以获得较小的罗拉握持距，加强对纤维的控制。压力棒的高低位置可通过调节环来调整，调节环直径越小，压力棒位置越低，对纤维的控制越强；调节环直径越大，压力棒位置越高，对纤维的控制越弱。压力棒调节环的直径有12mm、13mm、14mm、15mm、16mm几种。

如图6－15所示，为三上三下上托式压力棒曲线牵伸，这种牵伸形式有两个牵伸区。在主牵伸区内有压力棒作为附加摩擦力界，能有效地控制纤维的运动，使纤维变速点向前钳口靠近且集中，所以所纺须条的条干比较好。但第二钳口既是主牵伸区的后钳口，又是后牵伸区的前钳口，容易打滑，所以这种牵伸装置适合纺中、粗特纱。

如图6－16所示，为三上三下附导向辊下压式压力棒曲线牵伸，这种牵伸形式在三上三下下压式压力棒曲线牵伸的基础上，在前钳口的前方加了一个导向辊，使前钳口输出的须条方向改变，顺利进入弧形导管，克服了三上三下压力棒曲线牵伸棉网受空气干扰容易散失的缺点。

FA306 型并条机采用的就是这种牵伸形式。

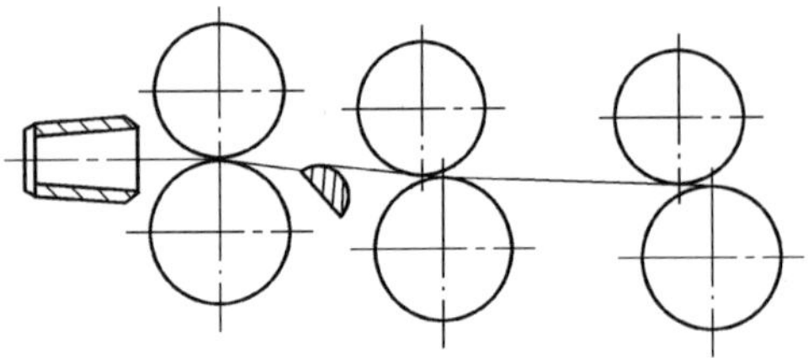

图 6－15 上托式压力棒曲线牵伸

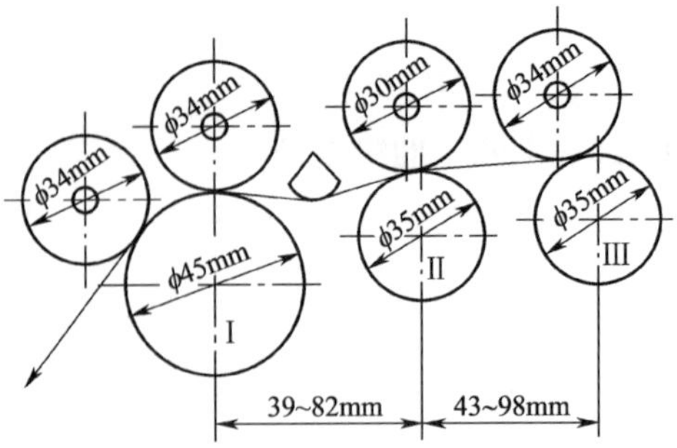

图 6－16 附导向辊下压式压力棒曲线牵伸

四上四下附导向辊压力棒曲线牵伸如图 6－4 所示，这种牵伸形式有三个牵伸区，而中区的牵伸倍数接近于 1（$E=1.018$ 倍），这样前区的后胶辊主要起握持作用，后区的前胶辊主要起牵伸作用，减少了胶辊打滑，有利于棉条条干。缺点是多了一列罗拉，传动机构复杂。FA311 型并条机采用的就是这种牵伸形式。

（四）多胶辊曲线牵伸

如图 6－17 所示，为德国青泽并条机的多胶辊牵伸装置，这种牵伸形式机构简单，整个牵伸区只有三根罗拉，简化了结构和传动系统，而且加上前胶辊的导向作用，所以能适应高速。前、后牵伸区都是曲线牵伸，利用第二罗拉抬高，增加了须条的曲线包围弧，加强了牵伸区后部摩擦力界，有利于条干均匀度。三根罗拉成扇形配置，使须条在前后两个牵伸区内都能直接沿公切线方向喂入，将反包围弧减少到最低限度。因为采用了多列胶辊，并减小了中间两个胶辊的直径，使罗拉钳口间距离缩小，能加工短纤维；又由于罗拉列数少，可放大第一到第三罗拉间的中心距，使前后两个牵伸区握持距增大，故又可加工长纤维。

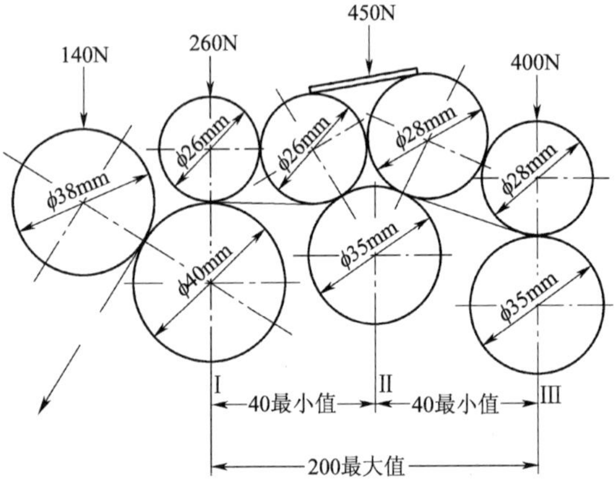

图 6－17 青泽多胶辊牵伸

二、并条机的工艺配置

并条机的工艺参数主要包括并条道数、熟条定量和并合数、出条速度、牵伸倍数和牵伸分配、罗拉握持距、胶辊加压、压力棒直径和喇叭口口径等。

（一）并条道数

为提高纤维的伸直平行度，并粗工序应遵循“奇数法则”，即在梳棉与细纱工序间采用奇数道。这样可充分发挥细纱机牵伸能力大而有利于消除后弯钩的优势。如图 6－18 所示，为普梳纺纱系统的工艺道数配置,粗纱采用一道,并条采用两道,符合“奇数法则”。

图 6-18 工序道数与纤维的弯钩方向

当不同性能的原料采用条子混和时,为提高纤维混和效果,一般采用三道混并。精梳纯棉纱,为提高熟条的均匀度,可采用两道并条。目前有的厂家纯棉精梳采用带自调匀整装置的一道并条代替原来的两道并条,可减少因两道并条使条子发毛过烂,易于粘连,造成断条或意外牵伸的现象。

(二)熟条定量和并合数

熟条定量主要根据细纱线密度、纺纱品种及设备情况而定,一般纺细特纱,定量轻;纺粗特纱,定量重,如表 6-2 所示。纺化纤时,由于其牵伸力大,容易出现牵伸不开的现象,所以定量应比纺纯棉时轻。在保证产量供应的情况下,适当减轻熟条定量,有利于改善粗纱条干。

表 6-2 熟条的定量范围

细纱线密度(tex)	熟条定量(g/5m)	细纱线密度(tex)	熟条定量(g/5m)
9 以下	12 ~ 15	20 ~ 30	18 ~ 21
9 ~ 19	15 ~ 18	32 以上	21 ~ 25

根据并合原理,并合根数越多,并合效果越好,但同时牵伸倍数也越大,牵伸附加条干不匀增加。纺制混纺纱采用条混时,还应考虑混纺比,使不同纤维的须条定量相近,有利于罗拉钳口对须条的均匀握持,因此考虑并合与牵伸的综合效果,并条机的并合根数一般采用 6 ~ 8 根。

(三)出条速度

并条机的出条速度主要视机型和纺纱品种来确定。随着并条机喂入形式、牵伸形式、传动方式和零部件的改进,并条机的出条速度得到了很大程度的提高。并条机的出条速度与所加工纤维种类有关,纺化纤时易起静电,速度高易引起绕罗拉、胶辊等现象,所以出条速度比纺棉时低。另外,为了保证前、后道并条的产量供应,头、二道并条机的出条速度应略大于三道。

(四)牵伸倍数和牵伸分配

并条机的总牵伸倍数应与并合数和纺纱线密度相适应,一般应稍大于或接近于并合数。并条工序的牵伸分配包括以下两个方面的内容。

1. 头道、二道并条机的牵伸分配 采用两道并条时,头道、二道并条机的牵伸分配有两种形式。第一种是倒牵伸,即头道牵伸倍数大于并合数,二道牵伸倍数稍小于或等于并合数。这种牵伸分配方式的特点是,头道牵伸倍数大,牵伸不匀大,但可通过二道的并合作用加以改善,二道牵伸倍数小,有利于提高条子的条干均匀度,但二道牵伸倍数小,不利于弯钩纤维的伸直,成纱强力低。第二种是顺牵伸,即头道牵伸倍数小于二道牵伸倍数。这种分配方式的特点是,二道牵伸倍数大,牵伸不匀大,但二道牵伸倍数大,有利于弯钩纤维的伸直,成纱强力高。

2. 各道并条机各牵伸区的牵伸分配 并条机曲线牵伸形式的前区摩擦力界布置比较合理，而后区是简单罗拉牵伸，所以前区承担较大的牵伸倍数，同时后区牵伸倍数小，可以让纤维伸直度较差的条子先经后区的伸直和整理，再以良好的状态进入前区，有利于须条的条干均匀度。

各道并条机前、后区的牵伸分配是不相同的。喂入头道并条机的生条中弯钩纤维较多，纤维平均长度较短，高倍牵伸会使移距偏差大，造成条干不匀，所以头道并条机的前区牵伸倍数不宜太大，后区牵伸倍数略大些。采用6根并合时，头道后区牵伸倍数一般为1.7～2.0倍。头道并条最好采用少并合、小牵伸的方法，即6并6倍或6并5倍，或多并合、小牵伸的方法，即8并7倍牵伸。喂入二道并条机的条子中后弯钩纤维居多，应采用前区大牵伸倍数，后区小牵伸倍数，以消除后弯钩。二道并条一般采用8根并合8倍左右牵伸，后牵伸倍数一般为1.06～1.1倍，前区牵伸在7.5倍以上。

（五）罗拉握持距

牵伸装置中相邻罗拉间距离的表示方法有中心距、表面距和握持距三种。罗拉中心距是指相邻两罗拉中心线之间的距离；罗拉表面距是指相邻两罗拉表面之间的最小距离；罗拉握持距是指前后两钳口间的须条长度，是纺纱的主要工艺参数。对于直线牵伸，罗拉握持距与中心距是相等的；对于曲线牵伸，罗拉握持距不等于中心距。影响握持距的因素很多，主要根据纤维品质长度而定，同时还要考虑纤维的整齐度、牵伸倍数、牵伸力及罗拉加压、车间温湿度等参数。

罗拉握持距的实测步骤是先释压，并取掉上胶辊，再将中间夹有复写纸的两张白纸放入牵伸区，然后再放上胶辊、压力棒，并加压，最后释压，取下纸，测量相邻两压痕间的距离即为相邻两罗拉握持距的近似值。

为保证顺利牵伸，罗拉握持距必须大于纤维的品质长度。一般可用下式表示：

$$S = L_p + p \tag{6-1}$$

式中：S——罗拉握持距，mm；

L_P——纤维的品质长度，mm；

p——根据牵伸力差异而取得的系数。

由于牵伸形式、加工纤维种类不同，牵伸区的牵伸力存在差异，握持距应取不同的值。不同牵伸形式各区握持距的范围见表6－3。

表6－3 不同牵伸形式各区握持距的范围

牵伸形式	三上三下附导向辊压力棒曲线牵伸	四上四下附导向辊压力棒曲线牵伸
前区握持距 S_1(mm)	$S_1 = L_p + (7 \sim 12)$	$S_1 = L_p + (8 \sim 12)$
中区握持距 S_2(mm)	—	$S_2 = L_p + (8 \sim 10)$
后区握持距 S_3(mm)	$S_3 = L_p + (12 \sim 14)$	$S_3 = L_p + (12 \sim 16)$

生产实践表明，前区握持距对条干均匀度影响最大，后区握持距的影响较小，中区握持距的影响更小。

（六）罗拉加压

罗拉加压的目的是使罗拉钳口能有效地握持须条进行牵伸。压力的大小应使罗拉钳口的握持力与牵伸力相适应。罗拉加压主要依据纤维品种、罗拉速度、须条定量、牵伸倍数、罗拉握持距及牵伸形式而定。纺纯化纤及棉与化纤混纺时，加压量应比纺纯棉时高20%～30%。罗拉速度快、须条定量重、牵伸倍数大、罗拉握持距小时加压宜重。不同牵伸形式的加压范围见表6-4。

表6-4 不同牵伸形式的加压范围

牵伸形式	从前胶辊至后胶辊加压（N/双端）
三上三下压力棒	（118×294×58.5×314×294）×2
四上四下压力棒	（294×294×98×294×394×394）×2

第四节 并条机的传动和工艺计算

一、FA311型并条机的传动特点

FA311型并条机主电动机采用双速电磁制动电动机，启动平稳，制动迅速。采用封闭的油浴齿轮箱，传动齿轮全部为高精度斜齿轮，传动结构合理，运转平稳，噪声小，主牵伸区的两列罗拉均为两级传动，即通过两个齿轮啮合点，同步性好，传动级数又少。牵伸设计范围大，牵伸分配根据需要调节方便。

控制部分采用红外线断条检测。控制面板采用美观、可靠、操作方便的液晶面板，计数部分采用新型单片机，可靠性高，抗干扰性强，计数准确，故障显示灵敏可靠，可编程序控制器（PLC）与微电脑仪表连为一体，完成该机的逻辑控制与故障诊断功能。

二、FA311型并条机的传动图

FA311型并条机的传动图如图6-19所示。

三、工艺计算

1. 产量计算

（1）压辊输出速度v（m/min）：

$$v = n \times \frac{D_0 \times \pi \times d}{d_0 \times 1000} \quad (6-2)$$

式中：n——电动机转速，1420r/min；

D_0——电动机皮带轮直径，mm；

d_0——压辊轴皮带轮直径，mm；

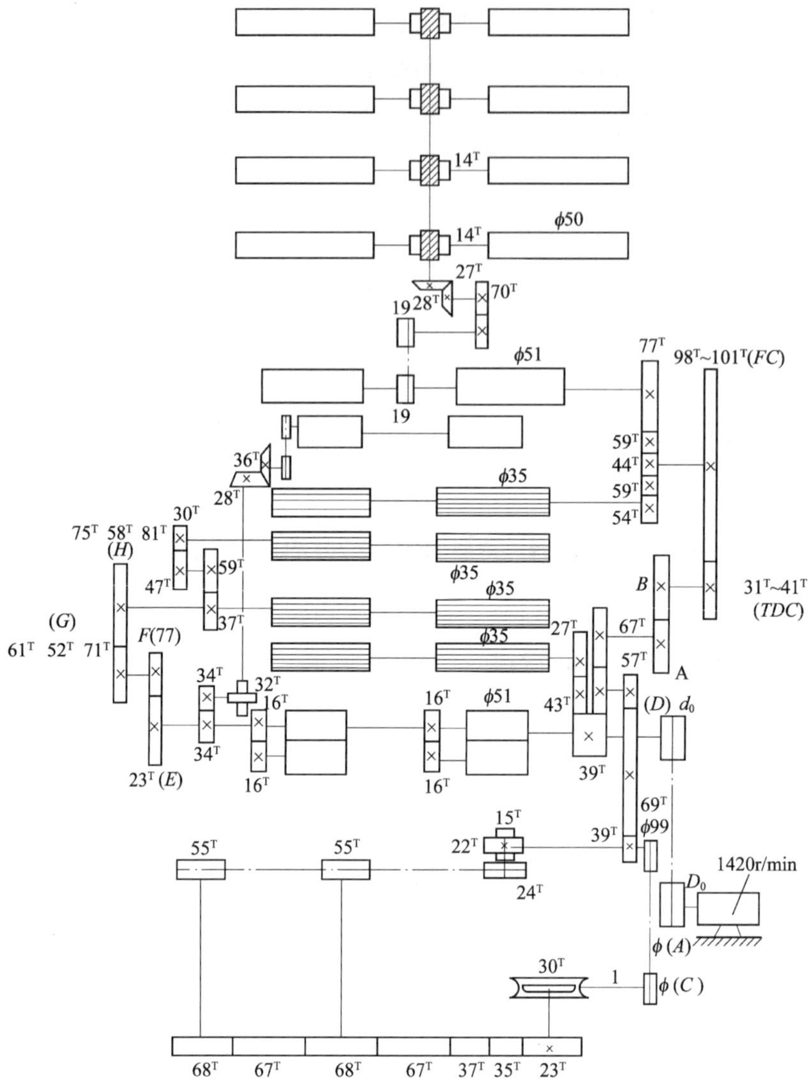

图 6－19　FA311 型并条机传动图

d——压辊直径，mm。

（2）理论产量 G_L[kg/(台·h)]：

$$G_L = \frac{v \times q \times 60 \times 2}{5 \times 1000} = 0.024vq \tag{6-3}$$

式中：q——棉条定量，g/5m；

v——压辊输出速度，m/min。

2. 牵伸计算

（1）总牵伸倍数（前罗拉与后罗拉间的牵伸倍数）：

$$E=\frac{54\times FC\times B\times 67\times 35\pi}{44\times TDC\times A\times 27\times 35\pi}=3.045\times\frac{FC\times B}{TDC\times A}\qquad(6-4)$$

式中：A，B——确定总牵伸范围变换齿轮的齿数，B/A 有 44/67、52/59、59/52、67/44 四档。

TDC——总牵伸变换齿轮（轻重牙）的齿数，其齿数为 31～41；

FC——总牵伸微调变换齿轮的齿数，其齿数为 98～101。

（2）主牵伸倍数 e_1（前区牵伸倍数）：

$$e_1=\frac{H\times F\times 39\times 35\pi}{G\times E\times 27\times 35\pi}=1.444\times\frac{H\times F}{G\times E}\qquad(6-5)$$

式中：E，F——主牵伸范围变换齿轮齿数，F/E 有 77/23、71/29 两档；

G，H——主牵伸变换齿轮齿数，G 有 40、43、46、52、61、71 六种，H 有 58、75、81 三种。

（3）中区张力牵伸倍数 e_2：

$$e_2=\frac{30\times 59\times 35\pi}{47\times 37\times 35\pi}=1.018\qquad(6-6)$$

（4）给棉罗拉与导条罗拉之间的张力牵伸倍数 e_3：

$$e_3=\frac{27\times 70\times 51\pi}{28\times I\times 50\pi}=\frac{68.85}{I}\qquad(6-7)$$

式中：I——给棉张力齿轮的齿数，63～65。

（5）后罗拉与给棉罗拉之间的张力牵伸倍数 e_4：

$$e_4=\frac{77\times 35\pi}{54\times 51\pi}=0.9786\qquad(6-8)$$

（6）压辊与前罗拉之间的张力牵伸倍数 e_5：

$$e_5=\frac{27\times 51\pi}{39\times 35\pi}=1.0088\qquad(6-9)$$

第五节　熟条质量控制

熟条质量好坏直接影响到细纱的质量，并最终影响布面质量。熟条质量控制的内容主要包括定量控制、重量不匀率控制和条干均匀度控制。

一、熟条定量控制

（一）目的

熟条定量控制的目的就是将纺出熟条的平均干燥重量（g/5m）与设计的标准干燥重量（简

称定量)的差异控制在一定范围内,从而将细纱的重量不匀率和重量偏差稳定在标准范围内。同一品种的全部机台纺出棉条的平均干重与设计干重的差异,称为全机台的平均重量差异;一台并条机纺出棉条的平均干重与设计干重的差异,称为单机台的平均重量差异。前者影响细纱的重量偏差;后者影响细纱的重量不匀率。

(二)要求

实际干重对设计干重的差异一般用重量偏差来表示,即:

$$\text{重量偏差} = \frac{\text{实际干重} - \text{设计干重}}{\text{设计干重}} \times 100\% \tag{6-10}$$

重量偏差控制范围,一般单机台不超过 ±1%,全机台不超出 ±0.5%。生产实践证明,严格控制单机台的平均重量差异,即可降低棉条的重量不匀率又可降低全机台的重量偏差。如果单机台的重量偏差控制在 ±1% 以内,则全机台的重量偏差一般在 ±0.5% 左右,因此对于熟条的定量控制主要是单机台定量控制。

(三)纺出重量的调整

为了及时控制熟条的纺出定量,生产中每个班对每个品种的熟条一般测试 3 次,每次在全部眼中各取二个试样,测试棉条的回潮率及各机台的平均纺出湿重(g/5m),然后折算出各机台的平均纺出干重。

如果个别机台的纺出干重与设计干重间的重量偏差超出允许范围,应该调整该机台的牵伸倍数。调整牵伸倍数可调换牵伸变换齿轮(轻重牙)或牵伸微调变换齿轮(冠牙)。对大多数机型如 A272 系列、FA302 型、FA304 型、FA311 型并条机来说,轻重牙齿数与纺出重量成正比,轻重牙齿数越多,纺出重量越重;冠牙齿数与纺出重量成反比,冠牙齿数越多,纺出重量越轻。但 FA306 型并条机,冠牙与轻重牙齿数均与纺出重量成正比,即冠牙和轻重牙齿数越多,纺出重量越重。FA311 型并条机的轻重牙齿数范围为 31 ~ 41;冠牙的齿数为 98 ~ 101。轻重牙齿数少,每增减一齿,纺出重量变化较大;冠牙齿数多,每增减一齿,纺出重量变化较小。FA311 型并条机,如果重量偏差较小,略超出 ±1%,可调整冠牙,重量偏差为正时,冠牙增一齿,重量偏差为负时,冠牙减一齿;如果重量偏差较大,略超出 ±2.5%,可调换轻重牙或调换冠牙两个齿。当单独调整冠牙或轻重牙不能满足要求时,则可以同时调整冠牙和轻重牙。

$$\text{轻重牙增减一齿所能调整的棉条干重} = \pm\frac{\text{实际纺出干重}}{\text{机上使用的轻重牙齿数}} \tag{6-11}$$

$$\text{冠牙增减一齿所能调整的棉条干重} = \pm\frac{\text{实际纺出干重}}{\text{机上使用的冠牙齿数}} \tag{6-12}$$

[例 6-1]:熟条的设计干重为 18g/5m,某台 FA311 型并条机纺出平均干重为 18.6g/5m,机上轻重牙的齿数为 38,冠牙的齿数为 100,该棉条是否符合要求?若不符合要求,应如何调节?

(1)求纺出干重差异的控制范围:

$$18 \times (\pm 1\%) = \pm 0.18(\text{g/5m})$$

(2)求实际纺出干重差异:

$$18.6 - 18 = 0.6(g/5m)$$

可见实际纺出干重差异已超出控制范围。

(3)齿轮调整:将轻重牙减一齿,即由 38 改为 37,实际纺出干重减轻 0.49g/5m,实际纺出干重为 18.11g/5m,实际纺出干重与设计干重的差异为 0.11g/5m,在允许的范围内。

由于各机台的轻重牙和冠牙齿数不相同,必须加强管理,每次调换齿轮必须将调换后的齿轮进行登记,而在调换前必须认真核对机上齿轮和登记过的齿轮是否相同,以防出现差错。

(四)棉条干重标准的掌握

在实际生产中,对每个品种的每批纱都要控制其重量偏差。重量偏差为正值时,表明生产的棉纱比设计的粗,细纱产量高,对生产厂家有利,但相同重量的纱线长度短,用户不满意;反之,重量偏差为负值时,棉纱比设计的细,细纱产量低。国家标准规定每批棉纱线的重量偏差范围是 ±2.5%,月度累计重量偏差应控制在 ±0.5% 以内。

当原棉或温湿度变化时,通常会引起粗纱机、细纱机牵伸效率的变化,导致细纱重量偏差波动。这时,应调节熟条的设计干重,而尽量避免在细纱机上调换牵伸牙。当纺出细纱重量偏差为正值时,棉条的设计干重应偏轻掌握,反之,则应偏重掌握。细纱累计重量偏差为正值时,并条机的棉条纺出重量应偏轻掌握,反之,则应偏重掌握。

棉条定量控制是保证棉纱质量的重要措施,但如果熟条纺出重量波动大、齿轮变换频繁,对细纱质量仍不利,因此并条机变换齿轮以少调换为宜,不要过分追求重量偏差的最小值。

(五)自调匀整

随着出条速度的提高和对熟条质量越来越高的要求,自调匀整技术在并条机上也得到了应用。棉条的重量不匀率控制有长、中、短片段之分,见表 6-5。按匀整片段长度的不同,匀整装置可分成长片段匀整装置、中片段匀整装置和短片段匀整装置。目前并条机上长、中片段的匀整装置应用较多,且比较成熟,国外有的机械厂已在调整长、中片段的基础上增加短片段匀整。

表 6-5　棉条的重量不匀长度划分

超短片段	短片段	中、长片段	长片段
0.25m 以下	0.25～2.5m	2.5～5m	5m 以上

二、熟条重量不匀率控制

熟条重量不匀率反映熟条的长片段不匀,是指纺同一品种的所有机台的熟条,每次每眼 5m 为一片段的试样取两段而测得的不匀率,一般与定量控制同步进行,每个品种每个班测一次。熟条重量不匀率的计算方法与生条重量不匀率的计算方法相同。

熟条重量不匀率大小直接影响到成纱的重量变异系数,所以必须把熟条的重量不匀率严格控制在一定范围内。一般要求熟条的重量不匀率纯棉普梳品种小于 1%,纯棉精梳品种小于

0.8%,化纤及混纺品种小于1%。

降低熟条重量不匀率主要有以下措施。

1. 轻重条搭配 梳棉机输出的生条有轻有重,喂入并条机同一眼的生条应该轻条、重条、轻重适中条搭配使用,以降低熟条重量不匀。

2. 满浅筒搭配 当棉条自筒中引出时,浅筒较满筒引出的棉条自重大,所以采用分段换筒,使浅筒、满筒均匀搭配,有利于出条均匀。

3. 远近筒搭配 不管采用高架式还是平台式喂入装置,在操作时应注意里外条筒和远近条筒的搭配,并尽量减少喂入过程中的意外伸长。

4. 断头自停灵敏 断头自停装置的作用是防止漏条,保证正确的喂入根数。如FA306并条机采用红外线自停装置,灵敏可靠。

5. 采用有弹簧底盘的棉条筒 采用有弹簧底盘的棉条筒,不管是浅筒还是满筒,条子从条筒中的引出点基本上都是在条筒口附近,这样棉条自重伸长差异小。

三、熟条条干均匀度控制

熟条条干均匀度反映的是熟条短片段的粗细均匀程度,熟条条干均匀度直接影响到细纱条干均匀度和细纱断头,而且还影响到布面质量。目前,用来测试熟条条干均匀度的仪器有Y311型条粗条干均匀度仪(又称萨氏条干仪)和电容式条干均匀度仪两种。

用Y311型条粗条干均匀度仪检测所得到的是反映棉条粗细变化的曲线图,根据此曲线图可计算得到条干不匀率,且条干不匀率数值越小,棉条越均匀。一般要求熟条的条干不匀率纯棉品种不超过20%,化纤品种不超过15%,棉与化纤混纺品种不超过18%。

用电容式条干均匀度仪检测既可得到反映棉条粗细变化的曲线图,又可得到反映机械状态和工艺参数是否正常的波谱图,同时电容式条干均匀度仪还能直接显示棉条条干变异系数 *CV* 值,条干 *CV* 值越小,棉条越均匀。一般要求熟条的条干 *CV* 值纯棉品种不超过4.3%,化纤品种不超过3.8%,棉与化纤混纺品种不超过4.0%。

纱条的条干不匀可分为规律性条干不匀和不规律性条干不匀。规律性条干不匀是由于牵伸部分的某个回转部件有缺陷而形成的周期性粗节、细节,如罗拉、胶辊偏心,齿轮磨损或缺齿等。这些有缺陷的回转件每转一周就产生一个粗节和一个细节,这种不匀又称机械波。不规律性条干不匀主要是由于牵伸过程中摩擦力界布置不合理和牵伸力不稳定造成的,又称为牵伸波。

(一)规律性条干不匀的控制

1. 规律性条干不匀的波长计算 规律性条干不匀的波长,即棉条上相邻两个粗节(或细节)之间的距离,因造成不匀的机件不同而不同。

(1)罗拉、胶辊造成的规律性不匀:由罗拉、胶辊造成不匀的波长等于该机件的圆周长度,经前方各牵伸区牵伸放大后由输出罗拉输出的长度,棉条不匀的实际波长 λ 可用下式计算。

$$\lambda = 造成不匀的回转件的圆周长度 \times 前方各牵伸区的牵伸倍数 \quad (6-13)$$

(2)牵伸齿轮造成的规律性条干不匀：由于牵伸传动齿轮本身有毛病(如齿轮缺齿、磨损、齿轮啮合不良、键销松动等)造成的规律性条干不匀，其波长可用下式计算。

$$\lambda = \text{该齿轮至输出罗拉的传动比} \times \text{输出罗拉的周长} \quad (6-14)$$

[例 6-2]：根据 FA311 并条机的传动图，如图 6-19 所示，二罗拉弯曲产生的机械波的波长(设主牵伸变换齿轮 $F/E = 77/23$，$H = 75$，$G = 52$)为：

$$\lambda = \text{二罗拉的周长} \times \text{二罗拉到输出压辊的牵伸倍数} = 35\pi \times 7.04 = 773.70(\text{mm}) = 77.37(\text{cm})$$

[例 6-3]：根据 FA311 型并条机的传动图，如图 6-19 所示，总牵伸变换齿轮 TDC 有一个齿的齿顶磨灭，产生的机械波的波长(设总牵伸范围变换齿轮 B/A 为 59/52)为：

$$\lambda = TDC\ \text{齿轮至输出压辊的传动比} \times \text{输出压辊的周长}$$
$$= \frac{B \times 67}{A \times 39} \times 51\pi = \frac{59 \times 67}{52 \times 39} \times 51\pi = 312(\text{mm}) = 31.2(\text{cm})$$

[例 6-4]：根据 FA311 型并条机的传动图，如图 6-19 所示，前胶辊偏心产生的机械波的波长(前胶辊直径为 38mm)：

$$\lambda = \text{前胶辊的周长} \times \text{前罗拉到输出压辊的牵伸倍数}$$
$$= 38\pi \times 1.0088 = 120.37(\text{mm}) = 12.037(\text{cm})$$

推算产生机械波的机件，通常有波长计算法和测速法两种方法。

(1)波长计算法：在生产中，为方便起见，一般先根据传动图计算列出罗拉、胶辊和齿轮等可能有缺陷牵伸回转件的产生机械波的波长表，然后根据条干曲线图计算或波谱图上机械波所对应的波长查找，就可以找出产生机械波的有缺陷的部件。

(2)测速法：测速法是判断周期性不匀产生原因的最简捷的方法。利用测速表测出机台输出机件的转速，根据输出机件的周长算出输出机件的线速度 v，产生周期性不匀的波长 λ 可以由条干曲线图算出或直接在波谱图上读出，设发生故障的机件的转速为 n，则 $n = v/\lambda$，上车检测每个回转机件的速度，测出的转速与所算出的转速 n 相符的回转机件就是发生故障的机件。

2. 规律性条干不匀的波长分析

(1)Y311 型条干均匀度仪曲线图上的波长分析：Y311 型条干均匀度仪有公制和英制两种。采用英制时，棉条与记录纸的速度比是 12:1；采用公制时，棉条与记录纸的速度比是 10:1。

采用英制条干均匀度仪，记录纸一大格包括 3 小格，每小格的长度是 1 英寸，则每大格的长度是 3 英寸，即 76.2mm。根据记录纸的一大格内出现的机械波的波长的数目，就可求出棉条上机械波的波长。

如在记录纸一个大格内大约有 10 个波长，则棉条上机械波的波长 λ 为：

$$\lambda = \frac{76.2}{10} \times 12 = 90.36(\text{mm}) = 9.036(\text{cm})$$

(2)电容式条干均匀度仪波长分析：乌斯特均匀度仪既能记录直观反映条子粗细变化的曲

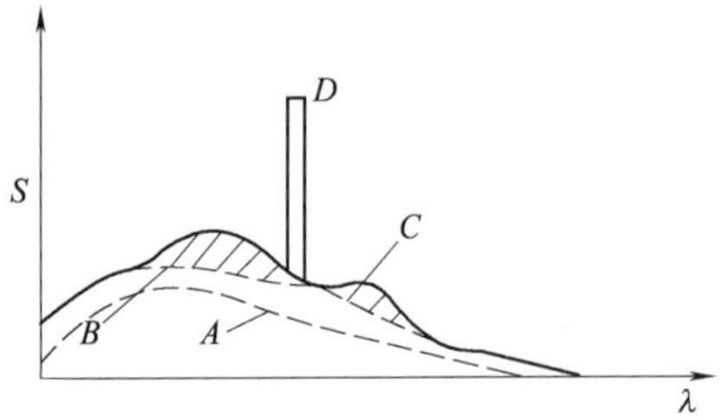

图 6－20　纱条的波谱图

线图，又能记录直接从图上读出波长的波谱图。波谱图又称条干周期性变异图，横坐标表示波长（用波长的对数表示），纵坐标表示周期变异振幅。图 6－20 所示为纱条不匀的波谱图，它由四种不匀成分组成。其中 A 为理想纱条的理论波谱图；B 为纱条的正常波谱图；C 为由于牵伸工艺不良造成牵伸波的图形；D 为由于机械不良形成的机械波的图形。

用波谱图分析棉条不匀，简捷方便。将波谱图的实际波形与正常波谱图相比较，就能分析出产生不匀的种类，然后按照工艺参数推断出不匀产生的主要原因及机件部位。正常波谱图是指在波谱图上既没有高高的"烟筒"，也没有明显的"小山"。如图 6－21 所示，为并条机的正常波谱图。

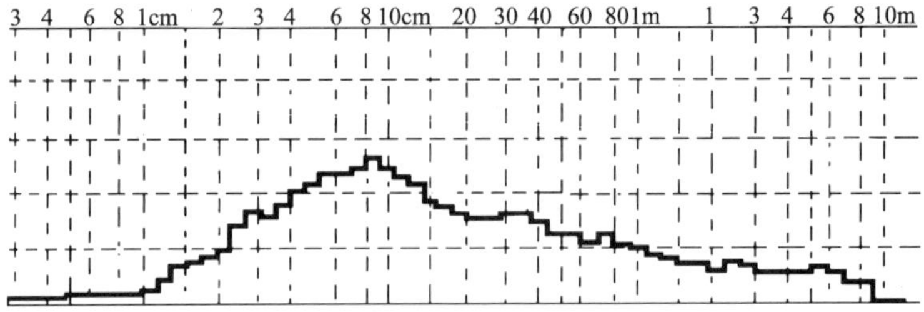

图 6－21　并条机的正常波谱图

规律性条干不匀，即机械波，在条干曲线图上的波长有规律性，在波谱图上表现为高高竖起的"烟囱"，其只占 1～2 个频道。如图 6－22 所示，波长大约为 40cm、占 2 个频道的机械波。

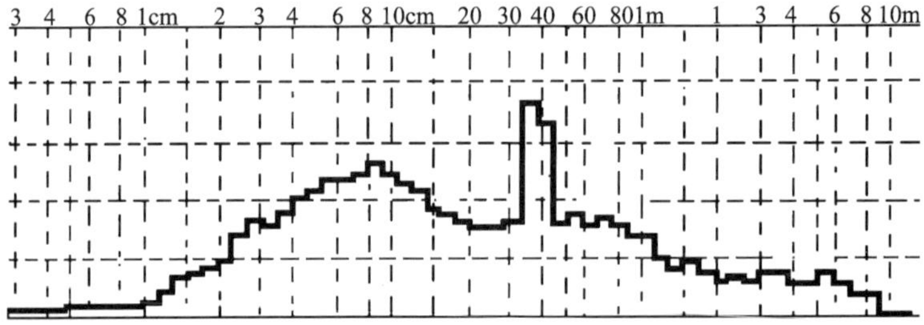

图 6－22　并条机波谱图上的机械波

不规律性条干不匀，即牵伸波，在条干曲线图上的波长没有规律性，在波谱图上表现为连续的三柱及以上的"小山"，如图 6－23 所示，波长大约为 60cm、占 5 个频道的牵伸波。

在实际生产中，并不是波谱图上出现的所有"烟筒"都需要去分析查找原因并进行检修，具体要看"烟筒"的高度。如图 6－24 所示，当"烟筒"的高度 H_p 大于或等于基部高度 H_b 的一半的时候，应给予重视，分析一下原因并要求检修；当"烟筒"的高度 H_p 小于基部高度 H_b 的一半的时候，对织物外观影响一般不大，可以不去管它。当"烟筒"出现在一个频道时，可以直接比

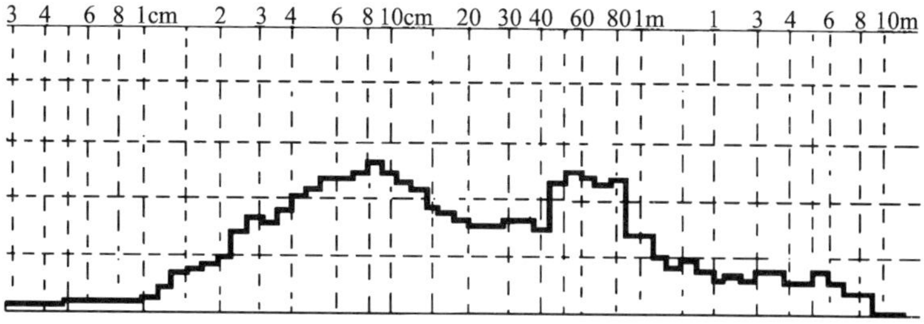

图 6－23 并条机波谱图上的牵伸波

较；当“烟筒”出现在相邻的多个频道时，应将多个频道的特征峰的高度叠加，再与基部高度的一半比较。牵伸波一旦出现，不管高低，都要分析并查找原因。

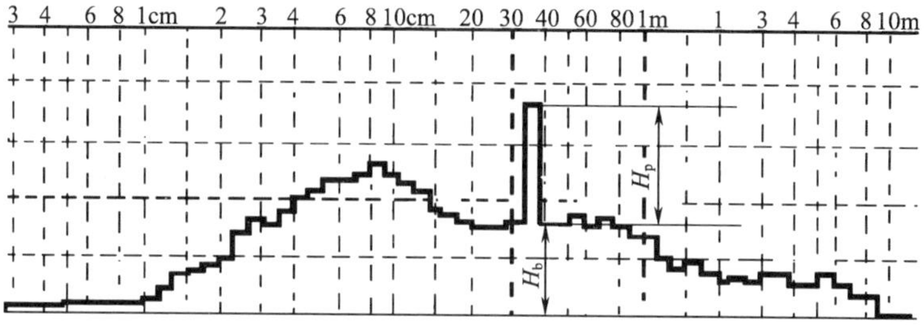

图 6－24 机械波的高度

值得注意的是，在两眼并条机上，如果两眼纺出的棉条不匀规律性相同，则故障应从传动部分去找，可能是罗拉头齿轮偏心、缺齿或罗拉头轴颈磨损、轴承损坏等原因造成。如果仅一眼有规律性波形，则可能是该眼的罗拉部分弯曲、偏心或沟槽表面局部有损伤凹陷，以及胶辊偏心、弯曲、表面局部损伤凹陷或胶辊轴承磨损等原因造成。

平时应加强机器的维护管理，按正常周期保全、保养，对不正常的机件及时修复或调换，以预防条干不匀棉条的出现。所有的工艺参数都要经过试验或试纺证明合理后再上机使用，并且在改纺时一定要确保工艺参数准确上机。

（二）不规律性条干不匀的控制

1. 工艺设计不合理 如罗拉隔距过大或过小、胶辊压力偏轻、后区牵伸倍数过大或过小，都可能造成条干不匀，因此要加强工艺管理，每次改变工艺参数，都应先在少量机台上做试验，经检测条干均匀度合格后，再全面推广。

2. 罗拉隔距走动 如罗拉滑座螺丝松动使罗拉位置改变，造成罗拉隔距走动，引起纤维握持点和变速点变化，出现不规律性条干不匀。

3. 胶辊直径变化 胶辊直径增大或减小，使摩擦力界变宽或变窄，都能引起纤维变速点的改变而造成条干不匀，因此要加强胶辊的管理。

4. 胶辊加压状态失常 如两端压力不一致、弹簧使用日久（弹性疲劳）或加压触头没有压在胶辊套筒的中心，都会引起压力不足，因而不能很好地控制纤维的运动，致使纤维变速紊乱，造成条干不匀。

5. 罗拉或胶辊缠花 若车间温湿度高、罗拉和胶辊表面有油污、胶辊表面毛糙，都容易造成罗拉或胶辊缠花而产生条干不匀的棉条，因此要加强温湿度管理，不能用油手摸罗拉或胶辊，并加强对胶辊的保养工作。

此外，喂入棉条重叠、棉条跑出后胶辊两端、棉条通道挂花、胶辊中凹、胶辊回转不灵、上下清洁器作用不良及吸棉风道堵塞或漏风引起飞花附入棉条，也都能产生不规律性条干不匀，因此对不规律性条干不匀的原因必须仔细查找。

思考题

1. 并条工序的任务是什么？简述并条机的工艺过程。
2. 并条机喂入机构的形式有几种？各有什么特点？
3. 并条机牵伸机构主要由哪些部件组成？其作用是什么？
4. 目前常用的加压机构有哪些？各有什么特点？
5. 叙述并条机成条机构的结构和作用，并条机喇叭口的口径应怎样确定？
6. 并条机的牵伸形式有哪些？各有什么特点？
7. 并条机的工艺道数如何配置？什么是奇数法则？
8. 并条工序如何进行牵伸分配？什么是倒牵伸和顺牵伸？各有什么特点？不同道数并条机，前后牵伸区的牵伸分配有何不同？
9. 在并条机纺出棉条的干定量为16.8g/5m，压辊的输出速度为350r/min，并条机的时间效率为78%，求并条机的理论产量。
10. 降低熟条重量不匀率的措施有哪些？
11. 计算FA311并条机三罗拉弯曲和二胶辊偏心产生的机械波的波长。
12. 在波谱图上怎样判断机械波和牵伸波？
13. 在波谱图上，什么样的机械波和牵伸波需要去分析并查找原因？
14. 熟条的设计干重为20g/5m，某台FA311型并条机纺出平均干重为19.5g/5m，机上轻重牙的齿数为38，冠牙的齿数为100，判断该棉条是否合格，若不合格，应如何调节？
15. 简述并条工序加工化纤时的牵伸工艺特点。

第七章　粗　纱

本章知识点

1. 粗纱工序的任务和粗纱机的工艺流程。
2. 粗纱机的主要机构及作用。
3. 粗纱机的工艺配置。
4. 粗纱机的传动和工艺计算。
5. 粗纱质量控制。

第一节　粗纱概述

一、粗纱工序的任务

由并条机输出的熟条纺成细纱需要100倍以上的牵伸，而目前环锭细纱机的牵伸能力达不到这一要求，所以在并条与细纱工序之间需要粗纱工序来承担部分牵伸。粗纱工序的任务有以下三个方面。

1. 牵伸　将熟条抽长拉细5~12倍，并使纤维进一步伸直平行。

2. 加捻　将牵伸后的须条加上一定的捻度来提高粗纱强力，以避免卷绕和退绕时的意外伸长。

3. 卷绕成形　将加捻后的粗纱卷绕在筒管上，制成一定形状和大小的卷装，以便储存、搬运和适应细纱机的喂入。

二、粗纱机主要机型的技术特征

几种粗纱机的主要技术特征见表7-1。

表7-1　几种粗纱机的主要技术特征

项目＼机型	FA401	TJFA458A	FA481	FA491	FA425/FA426
每台锭数	96,108,120	96,108,120	96,108,120	96,108,120	96,108,120,108,112,120

续表

项目 \ 机型		FA401		TJFA458A		FA481		FA491		FA425/FA426
锭距(mm)		216		216		216		216		220/194
节距(mm)		432		432		432		432		440/388
每节锭数		4								
设计锭速(r/min)		1200		1200		1400		1800		1400/1500
粗纱线密度(tex)		200～1250		200～1000						238～1250
双短胶圈牵伸形式		三罗拉	四罗拉	三罗拉	四罗拉	三罗拉	四罗拉	三罗拉	四罗拉	四罗拉
适纺原料长度(mm)		22～65	22～51	22～65	22～51	22～65	22～51	22～65	22～51	22～45
罗拉座倾斜角度		15°								10°
罗拉直径(mm)	前罗拉	28	28	28	28	28	28	28	28	28.5
	二罗拉	25	28	25	28	25	28	25	28	28.5
	三罗拉	28	25	28	25	28	25	28	25	28.5
	四罗拉	—	28	—	28	—	28	—	28	28.5
胶辊直径(mm)	前胶辊	31	28	31	28	31	28	31	28	28
	二胶辊	25 铁辊	28	25 铁辊	28	25 铁辊	28	25 铁辊	28	28
	三胶辊	31	25	31	25	31	25	31	25	25
	四胶辊	—	28	—	28	—	28	—	28	28
罗拉中心距(mm)	前罗拉～二罗拉	48～73	35～47	48～73	35～47	48～73	35～47	48～73	35～47	35～47
	二罗拉～三罗拉	最小 50	46～60	最小 50	46～60	最小 50	46～60	最小 50	46～60	46～60
	三罗拉～四罗拉	—	48～73	—	48～73	—	48～73	—	48～73	48～73
加压型式		弹簧摇架								
加压重量(daN/双锭)	前罗拉	20	9	20	9	20	9	20	9	9
		25	12	25	12	25	12	25	12	12
		30	15	30	15	30	15	30	15	15
	二罗拉	10	15	10	15	10	15	10	15	15
		15	20	15	20	15	20	15	20	20
		20	25	20	25	20	25	20	25	25
	三罗拉	15	10	15	10	15	10	15	10	10
		20	15	20	15	20	15	20	15	15
		25	20	25	20	25	20	25	20	20
	四罗拉	—	10	—	10	—	10	—	10	10
		—	15	—	15	—	15	—	15	15
		—	20	—	20	—	20	—	20	20
牵伸倍数		4.2～12.0								4.68～12.77

续表

项目＼机型		FA401	TJFA458A	FA481	FA491	FA425/FA426
锭翼型式		吊　锭				
成形尺寸(mm):直径×高		152×400	150×400	130×400	150×400	150×400/ 135×400
筒管尺寸(mm)		ϕ45×445				
喂入机构及导棉辊列数		高架式五列或三列导条辊	高架式五列导条辊			
车面高度(mm)		1375	1400			
占地尺寸(mm):长×宽	长	14330 (120锭)	14780 (120锭)	14030 (132锭)	15820 (120锭)	14780/13360 (120锭)
	宽	3650				4221

三、粗纱机的工艺过程

粗纱机可分为喂入、牵伸、加捻、卷绕成形四个部分。悬锭式粗纱机的工艺过程如图7－1所示，熟条2从条筒1中引出，由导条辊3积极输送进入牵伸装置4。熟条经牵伸成规定的线密度后由前罗拉输出，穿过锭翼6的顶孔后从侧孔穿出，经锭翼空心臂，在压掌叶上绕2～3圈，并引至筒管卷绕成两端为截头圆锥形中间为圆柱体的粗纱管纱。锭翼回转一转，给纱条加上一个

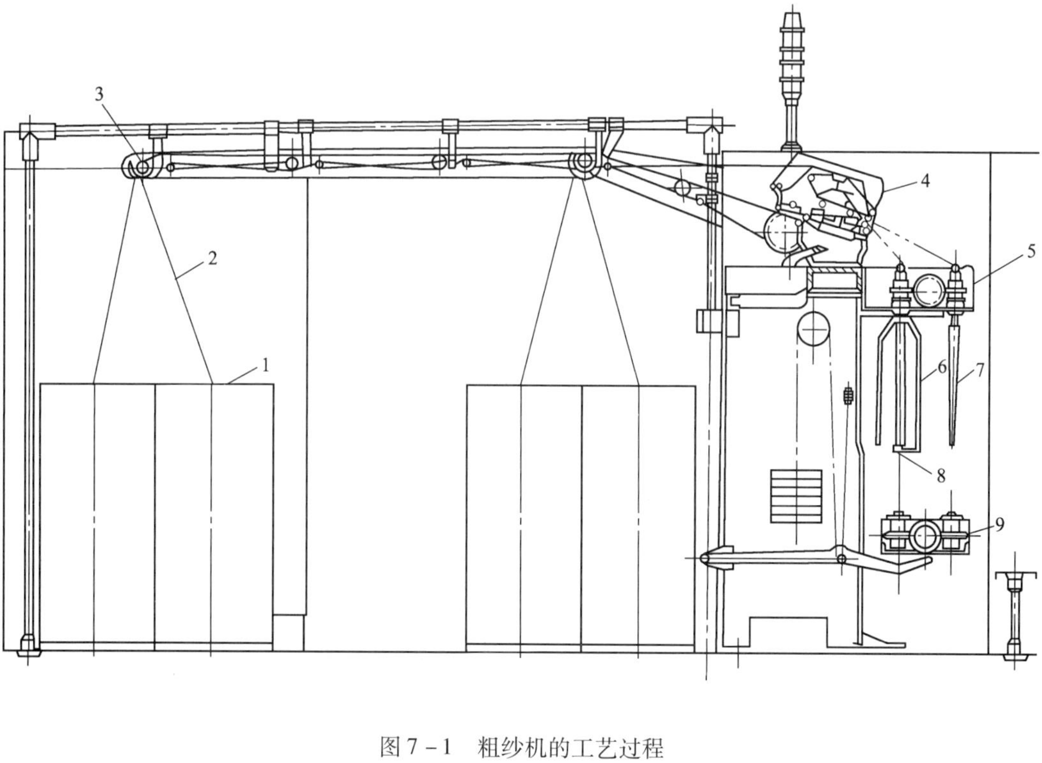

图7－1　粗纱机的工艺过程

捻回。筒管由升降龙筋9传动，由于筒管转速比锭翼快，使粗纱通过压掌8卷绕在纱管上。升降龙筋带着筒管作升降运动，从而实现了粗纱在筒管上的轴向卷绕。升降龙筋的升降动程逐层缩短，便可制成两端为截头圆锥形中间为圆柱体的粗纱管纱。图中5为传动锭翼的固定龙筋。为了保证产品的质量和产量，粗纱机还设有辅助机构，如清洁装置、光电自停装置、防细节装置及张力补偿装置等。

第二节　粗纱机的主要机构

一、喂入机构

粗纱机喂入机构的作用是从棉条筒中引出熟条，并有规则地送到牵伸机构，在熟条输送的过程中防止或尽可能减少意外牵伸。粗纱机均采用多列(3~5列)导条辊高架喂入方式，其喂入机构由分条器、导条辊、导条喇叭组成，如图7-2所示。

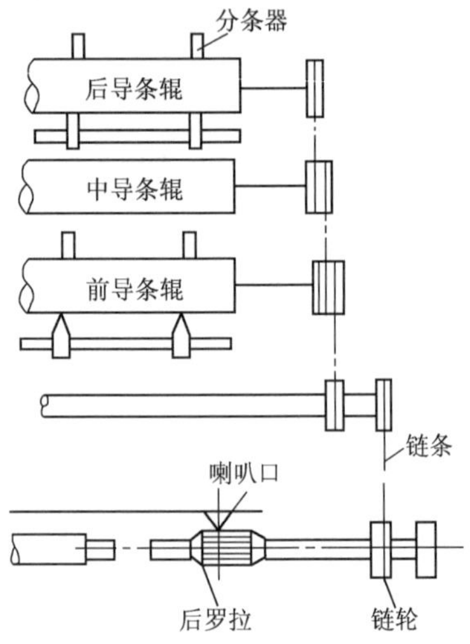

图7-2　粗纱机喂入机构

1. 分条器　分条器一般由铝或胶木制成，其作用是隔离棉条，防止相互纠缠。

2. 导条辊　导条辊一般分前、中、后三列，由后罗拉通过链条积极传动。导条辊的表面速度略慢于后罗拉的表面速度，使熟条在输送过程中不致松垂，调换前导条辊头端的链轮可达到调节喂入熟条的张力牵伸。

3. 导条喇叭　导条喇叭用胶木或尼龙等材料制成。其作用是正确引导熟条进入牵伸装置，使熟条经过整理和压缩后，以扁平形截面且横向压力分布均匀地喂入后罗拉钳口。导条喇叭口径用宽×高表示，应按喂入熟条定量的轻重适当选用，见表7-2。

表7-2　粗纱机导条喇叭和后区集合器口径

喂入熟条干定量(g/5m)	14~16	15~19	18~21	20~23	22~25
后区集合器口径(mm)：宽×高	5×3	6×3.5	7×4	8×4.5	9×5
导条喇叭口径(mm)：宽×高	(5~7)×(4~5)	(6~8)×(4~5)	(7~9)×(5~6)	(8~10)×(5~6)	(9~11)×(5~6)

二、牵伸机构

(一)牵伸形式

粗纱机普遍采用双胶圈牵伸装置，如图7-3所示。其主牵伸区利用一对胶圈的弹力弹性地夹持着须条，须条与胶圈接触的整个长度上均受胶圈的柔和压力，在下销曲面处形成较大的摩擦强度。其次，上、下销前端均为扁平结构，胶圈前端形成的弹性钳口能接近前罗拉，所以无控制区很短，可加强对浮游纤维的控制。同时，上下胶圈在上下销的前端弯曲而形成一个弹性钳口，使须条承受较大的压力，既不妨碍快速纤维从其握持下抽出，又不使短纤维提早变速。胶圈牵伸上托点离前钳口的距离稍大于或等于纤维的品质长度，因而能控制大部分纤维的运动。这种牵伸装置使纤维变速点前移且比较集中，减少牵伸过程中纤维运动的移距偏差，改善粗纱的条干质量。对于不同的牵伸形式，又有不同的特点。

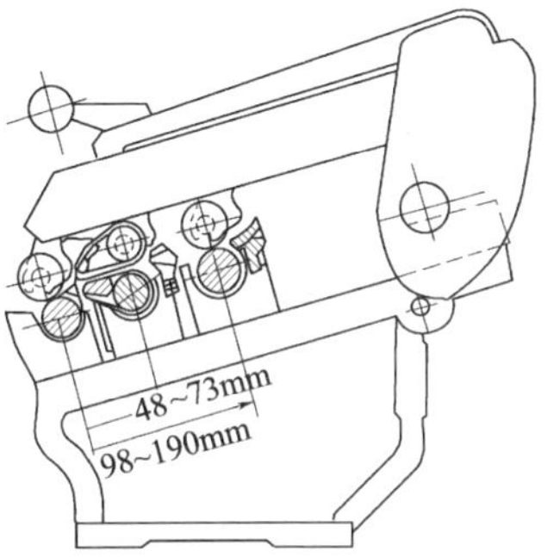

(a)三罗拉双短胶圈牵伸

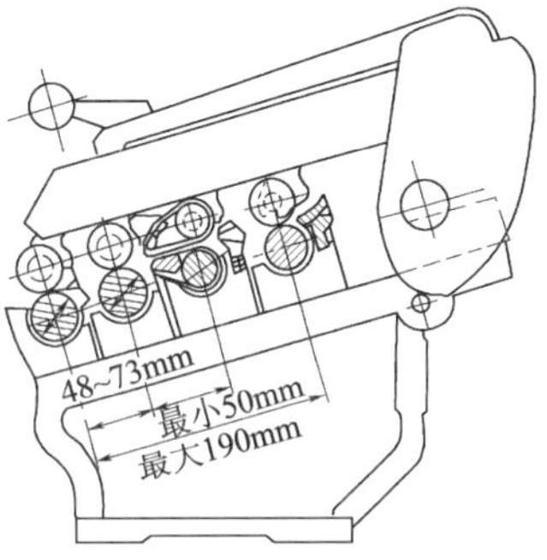

(b)四罗拉双短胶圈牵伸

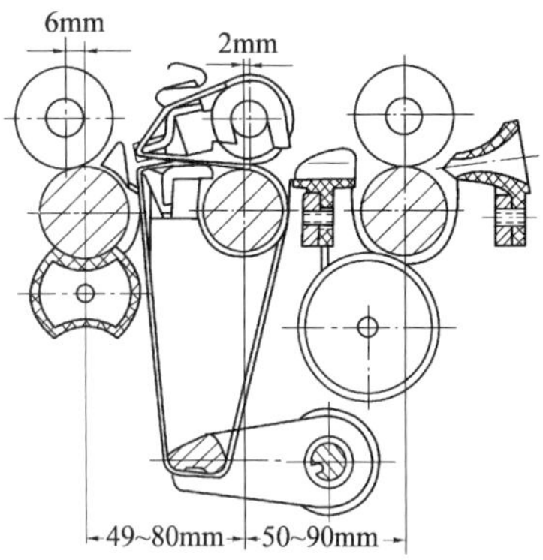

(c)三罗拉长短胶圈牵伸

图 7－3　粗纱机的牵伸型式

1. 三罗拉双短胶圈牵伸装置　如图 7－3(a)所示，三罗拉双短胶圈牵伸装置由三对罗拉组成两个牵伸区，前区为主牵伸区，设置有上下短胶圈、上下销、隔距块、集合器等附加元件以加强对纤维运动的控制。后区为简单罗拉牵伸，亦称为预牵伸区，其主要作用是为前区牵伸做好准备。

2. 四罗拉双短胶圈牵伸装置　如图 7－3(b)所示，四罗拉双短胶圈牵伸装置又称为 D 型牵伸，它是在三罗拉双短胶圈牵伸形式的基础上，在前方加上了一对集束罗拉，与前罗拉一起构成了一个整理区，将主牵伸区的集合器移到整理区，使牵伸与集束分开，实行牵伸不集束、集束不牵伸。由于集合器前置，缩小了浮游区长度，为提高粗纱条干质量创造了条件。

采用四罗拉双短胶圈牵伸，在经主牵伸区输出后，纤维仍受一定张力，能防止和减少纤维回缩现象，有利于纤维伸直度保持稳定。所以在纺制重定量、小捻度以及纤维较长且蓬松的化学纤维或需较高牵伸倍数时，D 型牵伸较三罗拉双短胶圈牵伸好。

3. 三罗拉长短胶圈牵伸　如图 7－3(c)所示，在双短胶圈牵伸机构中，由于各种累计误差使下胶圈过松或过紧，过紧很难套上，过松容易使工作面中凹，从而影响胶圈中部对纤维的控制，造成突发性粗纱条干不匀和纱疵。在长短胶圈牵伸机构中，由于长胶圈有张力装置，可使胶圈的滑溜率较双短胶圈小，中凹现象有所改善，粗纱条干优于双短胶圈。但长胶圈使用日久，张力装置容易失效，出现吊胶圈现象，造成胶圈断裂，粗纱条干恶化。

(二)牵伸元件

1. 罗拉　罗拉由多节组成，每节 4 ~ 6 锭。每节罗拉的一端有导孔和螺孔，另一端有导柱和螺杆，各节罗拉由螺杆、螺孔连接起来，以满足机台所需的锭数，导柱和导孔可保持各节罗拉同心，如图 7－4 所示。罗拉由罗拉座支承，相邻两个罗拉座间的距离叫做节距。罗拉连接部分螺纹的旋向，须与罗拉的回转方向一致，使罗拉运转时越转越紧，以防止罗拉回转时连接处松退使节距伸长而损坏机件。前、后罗拉表面刻有倾斜的沟槽，同档罗拉分别采用左、右旋向沟槽，使其与胶辊表面组成的钳口线在任一瞬间至少有一点接触，形成对纤维连续而均匀的握持钳口，并防止胶辊快速回转时的跳动。套有胶圈的罗拉表面呈菱形滚花，滚花用以加强中罗拉与下胶圈的摩擦，并减少胶圈损伤。罗拉断面齿形如图 7－5 所示，图(a)为沟槽齿形罗拉，图(b)为滚花齿形罗拉。为适应高速，罗拉一般采用滚针轴承。

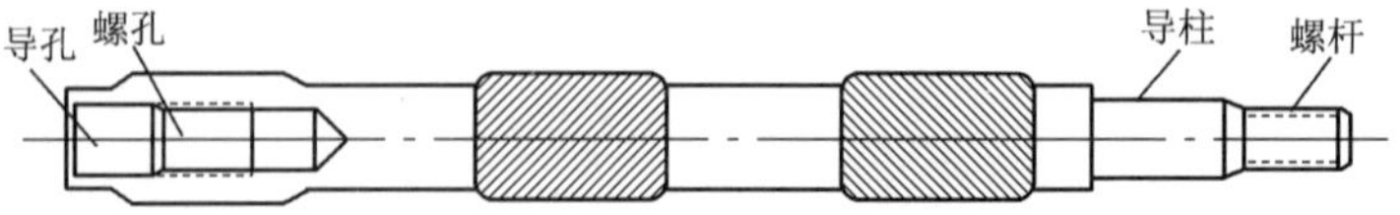

图 7－4　粗纱机罗拉

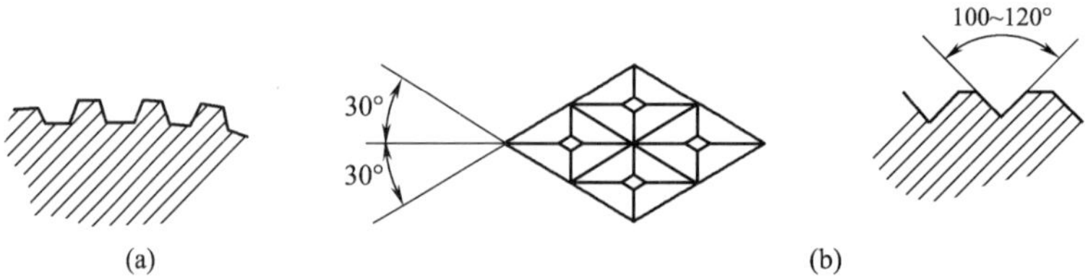

图 7－5　罗拉断面图

2. 胶辊　胶辊为双锭活芯式，由胶辊芯子、铁壳、胶辊轴承和外包丁腈胶管组成，如图 7－6 所示。粗纱机采用胶辊芯子中间支承，两端受压。胶辊表面要求光滑、耐磨并具有适当的弹性和硬度。不同机型有不同的胶辊直径，TJFA481A 型粗纱机前后胶辊的直径均为 28mm。胶辊置于罗拉之上，故也称上罗拉，套有胶圈的上罗拉因与上胶圈摩擦传动，故为一双锭活芯的钢质小铁辊，直径为 25mm。为了保证运转灵活并适应于高速，上罗拉均采用滚针轴承。

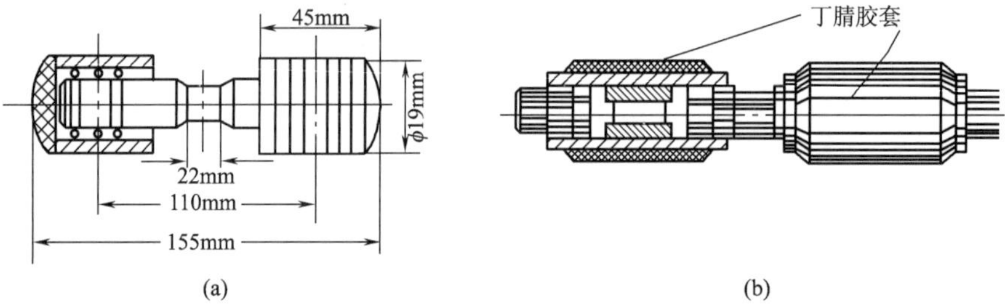

图 7－6　粗纱机胶辊结构

3. 胶圈与胶圈销　胶圈由丁腈橡胶与作为骨架的纱线制成，其厚薄均匀、弹性好、伸长小。下胶圈套在下罗拉上，随下罗拉回转，上胶圈套在活芯小铁辊上，靠下胶圈的摩擦传动。

胶圈销的作用是固定胶圈位置并形成弹性钳口。胶圈销分上、下胶圈销，每两个上胶圈穿有一个弹簧摆动销，如图 7 -7(a)所示，上胶圈销的上端挂在小铁辊芯子的中部，可绕小铁辊芯子灵活摆动，支承上胶圈处于一定的工作位置，R 为胶圈架长度。上胶圈销的片簧上端抵在加压摇臂体上，对上胶圈销施加一定的初始压力。每一节罗拉，下胶圈内穿一根曲面下胶圈销，固装在罗拉座上，以支持下胶圈并将其引向前钳口，使胶圈稳定回转。下胶圈销的截面为阶梯形曲面，如图 7 -8 所示，其最高点上托 1.5mm，使上、下胶圈工作面形成缓和的曲线通道，以防止胶圈的中凹现象。平面部分不与胶圈接触，使该处形成拱形弹性层与上胶圈配合，以减少胶圈销与胶圈的摩擦。下胶圈销前缘凸出，以结合上胶圈销前端前冲来减小主牵伸区的浮游区长度。

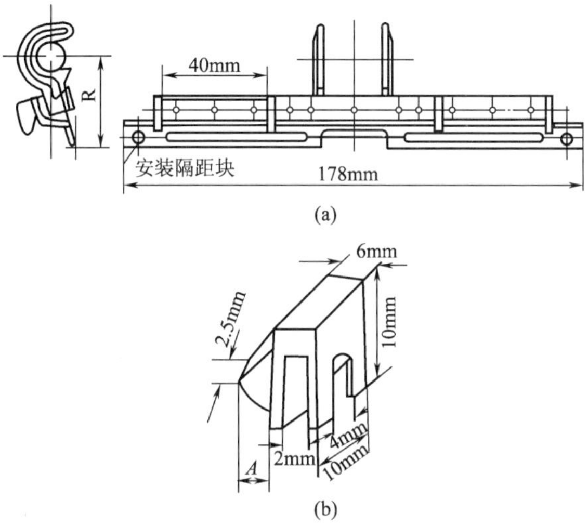

图 7 -7　弹簧摆动上胶圈销与隔距块

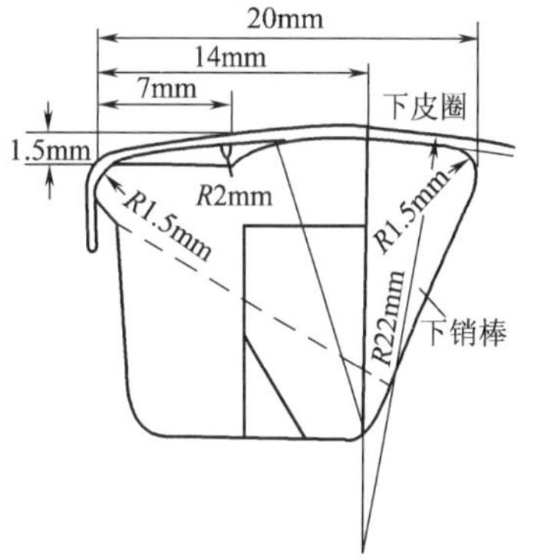

图 7 -8　曲面阶梯下胶圈销

上、下胶圈销的前端形成胶圈钳口，在上胶圈销前端左右两侧装有塑料隔距块，使上、下胶圈销前端保持它们间原始隔距的统一、准确，如图 7 -7(b)所示，图中 A 为上、下销的原始隔距。隔距块应根据纺纱品种、胶圈厚度和弹性、上销弹簧压力以及纤维长度等工艺参数选择。

上胶圈架的长度和下销宽度决定了主牵伸区中胶圈对纤维的控制长度，因此应根据纤维长度而定。如 TJFA458A 型粗纱机纺棉及棉型化纤时，胶圈架长度为 35.2mm，下胶圈销宽度为 20mm；纺 51mm 中长型化纤时，上胶圈架长度为 43.5mm，下胶圈销宽度为 28mm。

4. 集合器　集合器具有增加纱条密度、收拢牵伸后的须条边纤维、减少毛羽和飞花的作用。在三罗拉双短胶圈牵伸装置中，三列罗拉后均设有集合器，其大小形状与所处的牵伸区、输出定量、喂入定量相适应，如图 7 -9 所示。前区集合器为双锭并联式，如图 7 -9(a)所示，A 表示集合器开口中心间的距离，其口径 B 随粗纱定量而定，见表 7 -3；后区集合器和导条喇叭则为全封闭式，分别如图 7 -9(b)、图 7 -9(c)所示，A 表示出口宽度，B 表示出口高度，其口径大小随喂入定量而定，见表 7 -2。在四罗拉双胶圈牵伸装置中，主牵伸区不设集合器，而前区集合器规格同三罗拉双短胶圈牵伸。

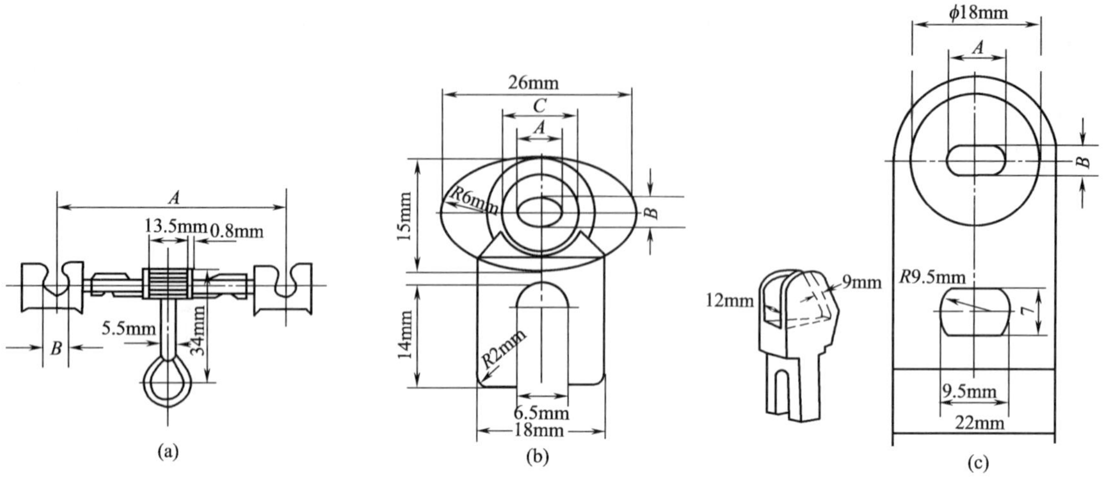

图 7－9　集合器

表 7－3　前区集合器与粗纱定量

粗纱干定量(g/10m)	2.0～4.0	4.0～5.0	5.0～6.0	6.0～8.0	9.0～10.0
前区集合器口径(mm):宽×高	(5～6)×(3～4)	(6～7)×(3～4)	(7～8)×(4～5)	(8～9)×(4～5)	(9～10)×(4～5)

5. 加压机构　目前粗纱机牵伸装置的加压机构有弹簧摇架加压和气动加压两种。弹簧摇架加压装置如图 7－10 所示,其中图 7－10(a)为适用于三罗拉双短胶圈牵伸的 YJ4—190 弹簧摇架加压装置,图 7－10(b)为适用于四罗拉双短胶圈牵伸的 PK1500—0001938(或 YJ—190×4)弹簧摇架加压装置。弹簧摇架加压装置有手柄 1、加压杆 2、摇架体 3 和锁紧机构 4 等构成。根据加压元件和锁紧机构的形式不同,摇架的型号也不一样。这种加压装置依

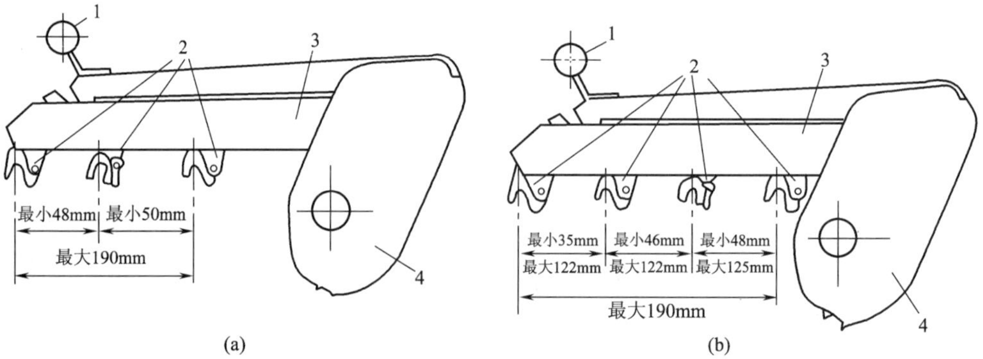

图 7－10　弹簧摇架加压示意图

靠弹簧的压缩反力实现对胶辊的加压，所以机面负荷小，所加压力不受罗拉座倾角和隔距的影响。所加压力可通过改变弹簧刚度（更换弹簧）或改变对弹簧的压缩量来调节，如图 7－11 所示。调节时用六角调压扳手嵌入调压块 1 的凹槽内，转动调压块以改变弹簧 2 的压缩量，图中 3 为加压杆。

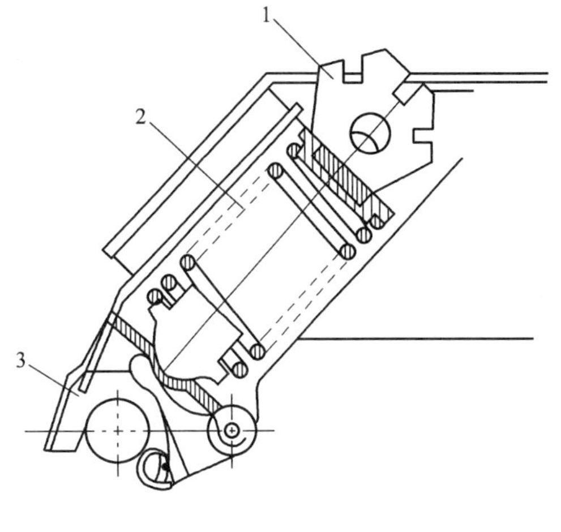

图 7－11 加压量的调节

6. 清洁装置 清洁装置的作用是清除罗拉、胶辊、胶圈表面的短绒和杂质，防止纤维缠绕机件并保证产品不出或少出疵点。TJFA458A 型粗纱机的上、下清洁都采用积极间歇回转式绒带附梳刀刮板装置，如图 7－12 所示。传动轴 1 由后罗拉减速传动，传动轴上每隔两个罗拉座装一个偏心轮 2，外套摆动臂 3。传动轴一转，由偏心轮带动摆动臂 3 和下摆动架 4 往复摆动一次，并通过撑杆 5 使上摆动架 6 摆动。上、下摆动架分别装有棘爪 7、8 及牵手杆 9、10。牵手杆上分别装有剥棉梳刀 11、12。当上、下摆动架摆动时，两个棘爪交替起作用，使棘轮 13 和 14 转过半个齿，并带动绒带转动一定距离。同时，由牵手杆牵动上、下剥棉梳刀，在绒带上梳刮一次。上清洁绒带被上剥棉梳刀刮下的棉杂堆积在绒带上，由挡车工定期清除；下剥棉梳刀刮下的棉杂落到机面上。固定在龙筋盖板前侧的吹风口 15，将龙筋盖板上散落的飞花尘杂和被梳刀刮落在机面上的棉杂吹到车面后侧，由吸风口 16 吸走。

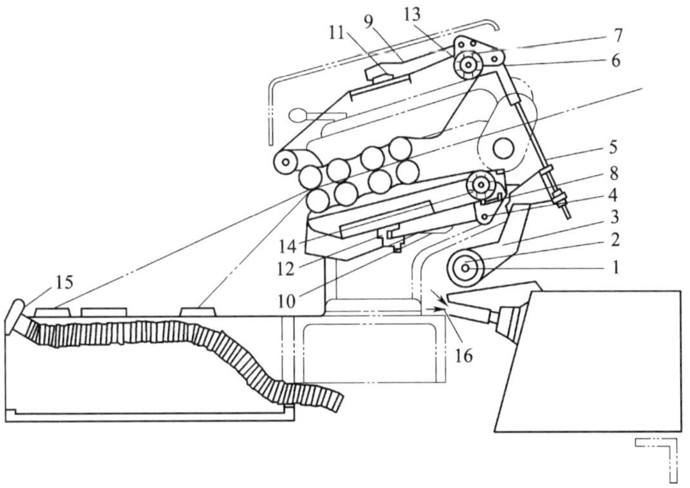

图 7－12 积极式上、下清洁装置

三、加捻机构

（一）粗纱的加捻过程

粗纱机前罗拉输出的须条必须进行加捻，使之具有一定的强力，以防止产生意外伸长。同时，加捻使粗纱较紧密，有利于细纱机牵伸过程中控制纤维的运动。由前罗拉输出的须条自锭翼顶孔穿入，从侧孔引出，在顶管外绕1/4或3/4周后，再穿入空心臂。经空心臂在压掌叶上绕2～3圈，卷绕在纱管上。锭翼每转一转，前罗拉至侧孔的一段纱条获得一个捻回。

（二）加捻机构的结构

粗纱机的加捻机构主要包括锭子、锭翼和假捻器等元件。粗纱机的加捻机构以锭翼的设置形式不同而分为悬吊式、竖锭式和封闭式三类。

1. 悬吊式 现代粗纱机多采用悬吊式加捻机构，如图7－13所示。锭翼1与锭杆5合为一组元件，以轴承固装于上方固定龙筋2上，形成悬吊锭翼。锭翼顶端螺旋齿轮3由长轴齿轮4或齿形带直接传动，锭杆从上部插入筒管9内以稳定筒管的上部。锭翼又称为锭壳，由空心臂、实心臂和压掌组成。空心臂是引导粗纱的通道，实心臂起平衡作用。压掌由压掌杆、压掌叶、上圆环和下圆环组成，上、下圆环套在空心臂上，可在一定范围内绕空心臂转动。图中6为筒管下部支撑，7为筒管传动齿轮，8为长轴齿轮。

悬吊式锭翼有两种形式，一种为锭杆式锭翼，如图7－14（a）所示，中央锭杆用于支撑筒管上部，也称为上锭杆式吊锭，采用锭杆式锭翼，因筒管的上、下支撑为不同构件，所以对锭杆与筒管下支撑中心的同心度要求较高。另一种为无锭杆式锭翼，如图7－14（b）所示，筒管由升降龙筋上的长支撑杆来支撑，也称为下锭杆式吊锭。

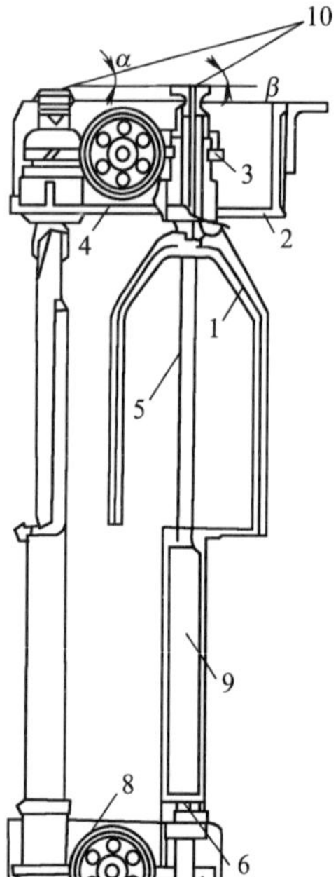

图7－13 悬吊式加捻机构

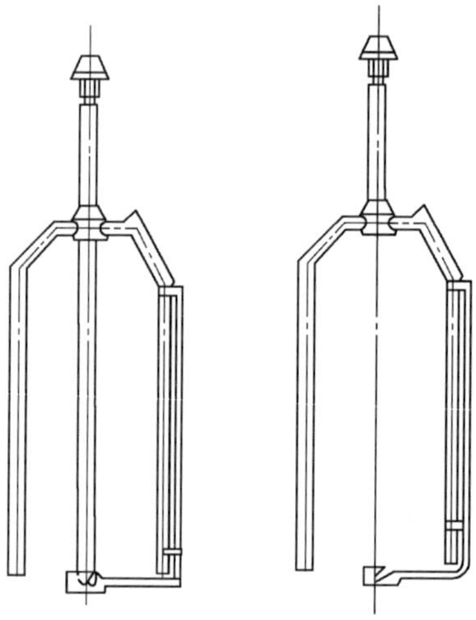

图7－14 悬吊式锭翼

2. 竖锭式 如图7－15所示，锭子为一圆柱形长杆，锭子下端插在固定龙筋上的锭脚油杯内,中部靠锭管上部的一段内壁支撑。锭子顶端有凹槽,使锭翼销子嵌入其中。凹槽部分的外圆有锥度,以与锭管内壁相吻合。竖锭式加捻机构的缺点是在落纱时需将锭翼拔出,费时费力,且易损坏锭翼,难以实现自动落纱。

3. 封闭式 这种加捻机构的锭翼双臂封闭,顶部和底部均有轴承支撑,其传动有两种形式,一种是锭翼的传动轴在锭翼的上方;另一种是锭翼的传动轴在锭翼的下方,如图 7－16 所示。锭翼由上部锭翼罩壳内的螺旋齿轮和传动轴传动,压掌位于空心臂的中部,导向轴和锭套筒分别由螺旋齿轮传动,锭套筒外套纱管,内侧通过双键与锭子相连,并带动锭子同向回转。锭子为空心,其顶部紧固一塑料六角形正齿轮以支撑筒管,使其与锭子一起运动。锭子下部内壁有螺纹与导向轴的螺纹相吻合,当导向轴与锭子间同向等速转动时,锭子无升降运动,若导向轴转速快,则锭子向上运动,若导向轴转速慢,则锭子向下运动,从而达到纱管升降卷绕的目的。封闭式加捻机构取消了笨重的龙筋升降机构,且在高速时锭翼的变形量极小,运行平稳,特别适合高速大卷装。

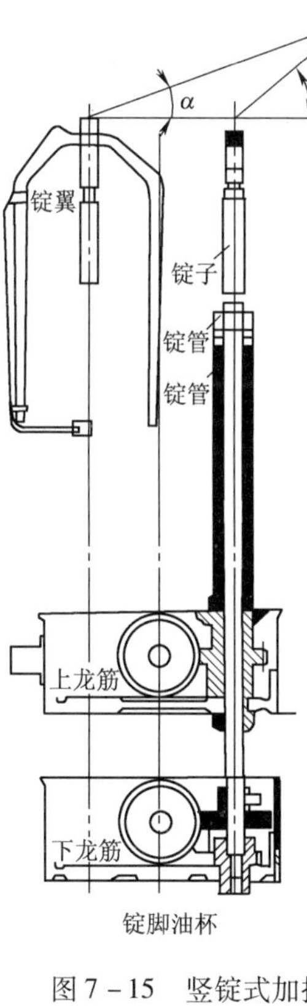

图 7－15 竖锭式加捻机构

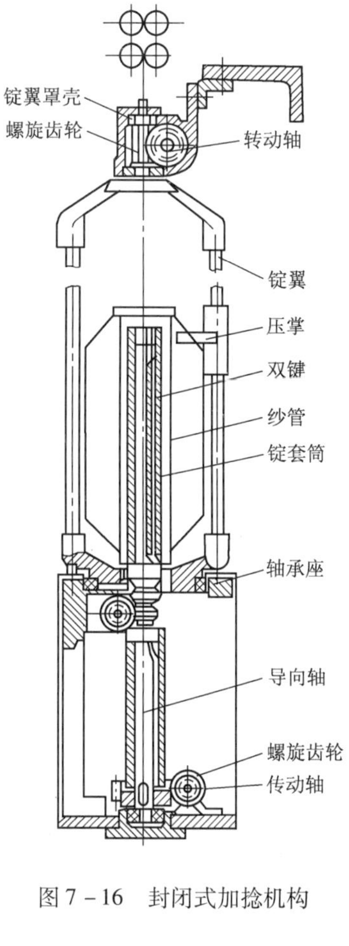

图 7－16 封闭式加捻机构

4. 锭翼的结构与要求 随着粗纱卷绕直径和高度的不断增加,锭翼两臂的开档和长度也随之相应增加,新型锭翼除机型不同而具有自身特点外,还具有以下共同的特性。

(1)锭翼材料都选用铝合金,强度高而离心力小。

(2)锭翼外形设计采用斜肩式,翼臂总长度缩短,臂上端刚度大,弹性变形量小。

(3)锭翼表面涂有极光滑的特殊涂层,以减少空气摩擦阻力,并防止粘挂纤维。

(4)翼臂断面设计为流线型,以减少高速回转时的空气阻力。

(5)锭端都套有由橡胶制成的假捻器,假捻效果明显。

5. 压掌压纱力 为了使粗纱在卷绕过程中压掌叶始终压向粗纱管,压掌杆的离心力矩总是大于压掌叶的离心力矩。依靠两者对空心臂的力矩差,压掌叶将粗纱压向纱管,使粗纱紧密地绕在纱管上。

卷绕过程中,随着粗纱卷绕直径的逐层增加,压掌叶的离心力 f 也逐渐增大,压掌杆的离心力 F 逐层减小,故压掌叶对纱管的压力随卷绕直径的增加而减小,如图 7-17 所示。压掌压纱力的这种变化,使内外层粗纱直径被压扁的程度不一致,内层的压扁程度较外层的大,这样可避免在卷绕外层粗纱时,因压掌压力过大而将内层粗纱向卷装两端挤出的现象,但压纱力的变化将影响卷绕张力。

6. 粗纱假捻器 粗纱机的加捻作用发生在前罗拉至锭翼侧孔之间,加捻点在锭翼侧孔处,因加捻力矩的作用,捻回经锭翼顶孔向前罗拉方向传递,一方面由于纱条是松散的介质,捻回传递有滞后现象;另一方面,纱条在经过锭翼顶孔时,由于纱条与锭翼顶孔之间摩擦力的存在,捻回不能顺利向上传递,形成捻陷现象,如图 7-18 中的 B_1、B_2 点。这样,使锭翼至前罗拉一段纱条的捻度,较粗纱的正常捻度约减少 20% ~40%。由于前罗拉钳口至锭翼顶孔之间的纱条比较长,锭翼高速回转,必然引起纱条抖动,产生不正常的意外伸长。而且前排因纱条长、导纱角小,摩擦阻力大于后排,捻陷现象较后排严重,所以前排纱条上捻度更少、强力更低,意外伸长大于后排,直接影响细纱的重量不匀率。锭速越高,纱条抖动越激烈,粗纱的伸长差异就越大。为此,在粗纱机采用假捻器使前罗拉至锭翼顶孔间的纱条上暂时增加捻度,以增加该段纱条的强力,减少意外伸长,但不影响输出粗纱的捻度。

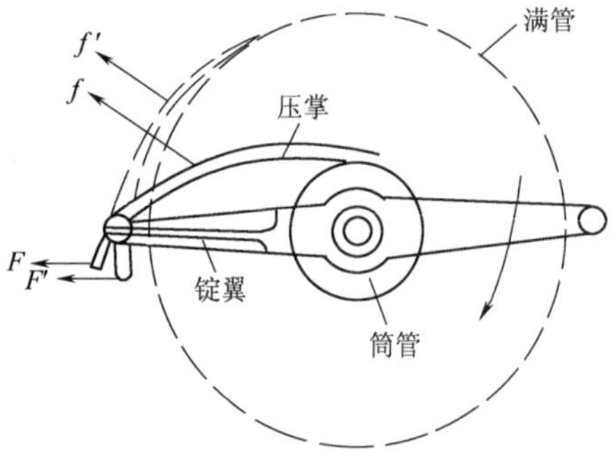

图 7-17 压掌的离心力

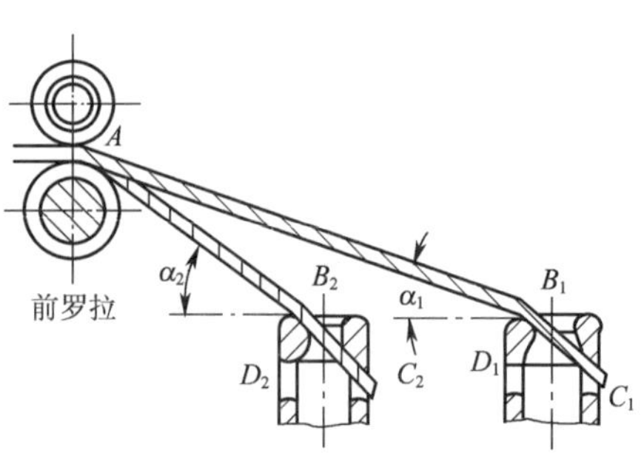

图 7-18 捻陷与纺纱段捻度

粗纱机广泛采用锭帽式假捻器如图 7-19 所示,锭帽采用塑料、尼龙、橡胶、聚氨酯等弹性材料制成,插放在锭翼的顶端,依靠弹性层紧套在锭端圆周槽内或黏结压配。锭帽假捻器的锥

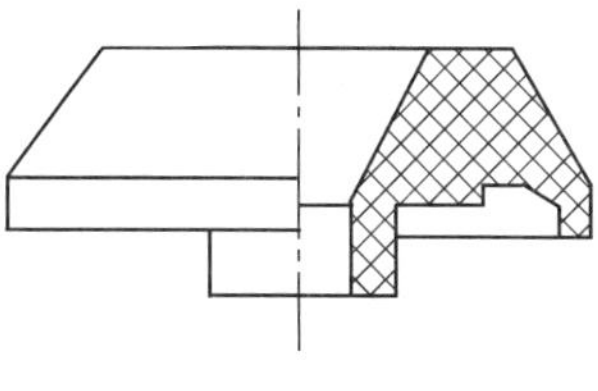

图 7-19 帽锭式假捻器

形加捻器上刻有凸起的条纹，或有三角形及球状微粒，以增加圆锥面的摩擦因数。在纺化纤及特细纱时，采用较大外径的假捻器，可加大假捻器与纱条的直径比，提高假捻效果。当前、后排的导纱角不同时，前、后排采用不同锥面角的假捻器，以减少前、后排粗纱假捻效应的差异。假捻器使用日久，条纹磨灭，可以调换。

四、卷绕成形机构

（一）粗纱管纱形状

为便于细纱工序进一步加工，需将粗纱卷绕在筒管上，并绕成中间呈圆柱体、两端呈截头圆锥体的管纱，如图 7-20 所示。粗纱沿着筒管的轴向逐圈卷绕，第一层绕完后，改变轴向卷绕的方向，卷绕第二层，依次逐层卷绕，直到满纱，并且粗纱沿着筒管轴向卷绕的高度逐层缩短，以免两端脱圈、冒纱。

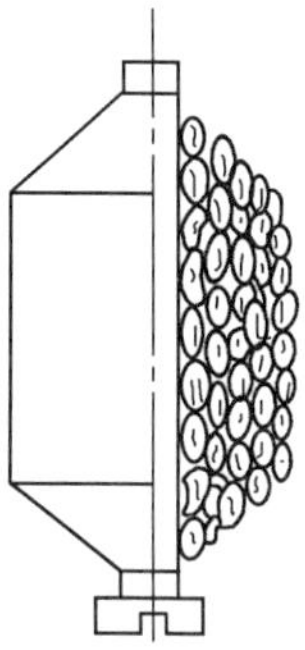

图 7-20 粗纱管纱

（二）粗纱卷绕的条件

1. 管纱的卷绕速度与卷绕直径成反比 粗纱卷绕时，任一时间内管纱的绕纱长度，必须和前罗拉输出长度相等，即：

$$n_w = \frac{L}{\pi d_x} \tag{7-1}$$

式中：n_w——管纱的卷绕转速，r/min；

L——1min 内前罗拉输出纱条的长度，mm；

d_x——管纱的卷绕直径，mm。

由式（7-1）可知，由于前罗拉输出速度是常量，且管纱的卷绕直径逐层增大，因此管纱的卷绕转速在同一层内相同，并随着卷绕直径的增大而逐层减慢，即卷绕转速与卷绕直径呈反比。

2. 筒管和锭翼有相对运动 粗纱通过锭翼压掌的引导卷绕到筒管上，筒管与锭翼必须有相对运动才能实现卷绕。筒管回转速度大于锭翼回转速度的称为管导，锭翼回转速度大于筒管回转速度的称为翼导。

由于加捻过程中，锭翼转速恒定不变，因此采用翼导时，筒管转速随着卷绕直径的增加而增大，致使管纱回转不稳定，动力消耗不平衡，而且断头后，管纱上的纱头在回转气流作用下易退绕飘头，从而影响邻纱。此外，采用翼导还会因传动惯性而使开车启动时张力增加而断头，所以在棉纺粗纱机上，都采用管导式卷绕。在卷绕过程中，筒管转速与锭翼转速之差称为卷绕转速 n_w，即：

$$n_w = n_b - n_s \tag{7-2}$$

式中：n_b——筒管的回转速度，r/min；

n_s——锭翼的回转速度,r/min。

由式(7-2)可知,筒管的回转速度由恒速和变速两部分组成,筒管的恒速与锭速相等,筒管的变速为卷绕速度,与管纱的卷绕直径成反比。

3. 筒管的升降速度与管纱的卷绕直径成反比 粗纱逐圈轴向排列是由升降龙筋带动筒管作升降运动实现的,每绕一圈粗纱,升降龙筋需移动一个圈距。则升降龙筋的升降速度为:

$$v = \frac{La}{\pi d_x} \tag{7-3}$$

式中:a——粗纱轴向卷绕圈距,mm。

如果粗纱的线密度不变,其轴向卷绕圈距 a 是个常量。由式(7-3)可知,升降龙筋的升降速度在卷绕同一层纱时相同,而随着卷绕直径的增大逐层减慢,即筒管的升降速度与管纱的卷绕直径呈反比。

4. 升降龙筋的升降动程逐层缩短 为了使管纱绕成两端是截头圆锥体的形状,升降龙筋的升降动程需要逐层缩短,以使管纱卷绕层高度逐层缩短。

(三)粗纱机的卷绕传动系统

为完成粗纱的卷绕,在粗纱机上设置了卷绕传动系统。过去粗纱机的卷绕传动系统由机械式变速装置、差动装置、升降装置、摆动装置及成形装置组成,各机构间的联系如图7-21所示,其代表机型有A456型、FA401型、TJFA458A型、EJ521型等。现今,数控技术、变频技术及微电子技术在纺织设备上使用,即用两个电动机在计算机和变频器的控制下完成粗纱的卷绕成形和牵伸、加捻的同步运转,其传动系统如图7-22所示,代表机型有FA425型与TJFA491型。其中TJFA491型粗纱机不仅取消了锥轮变速机构、张力微调机构、成形机构、差动机构、换向机构、升降传动及摆动机构等,还取消了牵伸变换齿轮以外的所有变换齿轮,通过四个伺服变频电动机分别传动锭翼、牵伸、龙筋升降和卷绕四个部分。

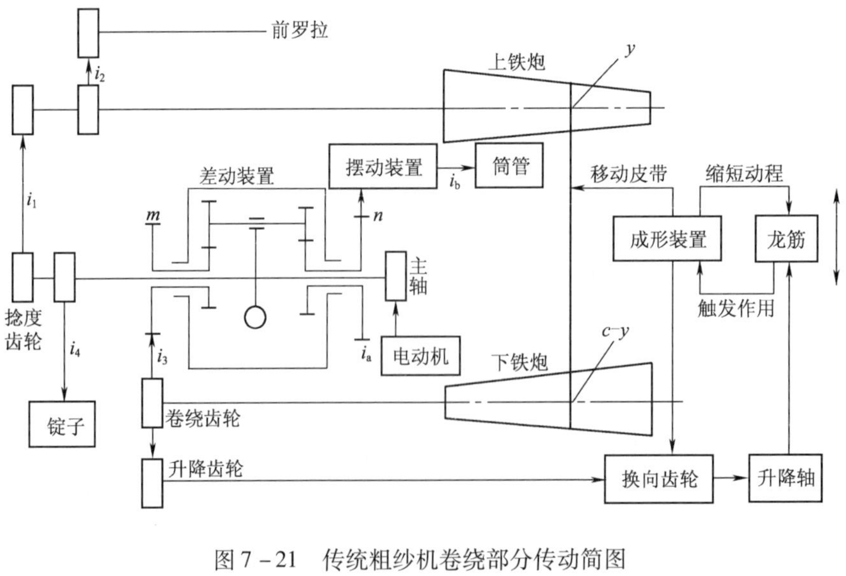

图7-21 传统粗纱机卷绕部分传动简图

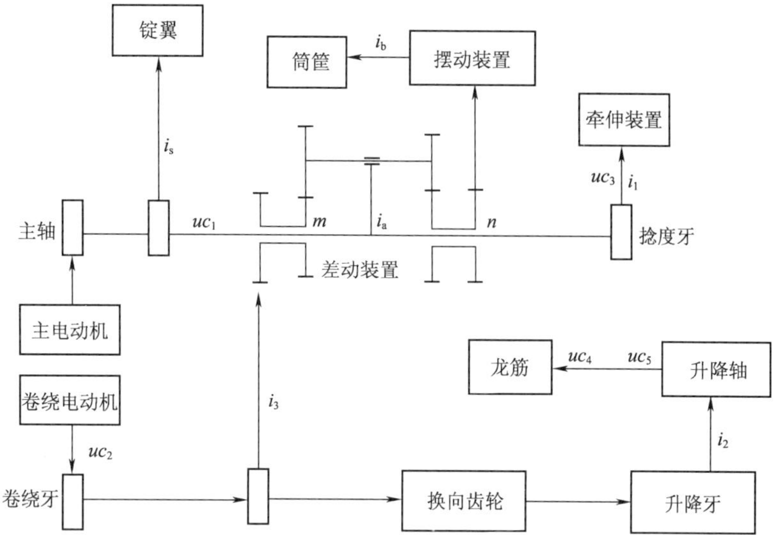

图 7－22　FA425 型粗纱机卷绕部分传动简图

(四)粗纱机的卷绕机构

1. 变速装置　变速装置的作用是通过改变输入轴与输出轴的传动比,将输入的恒速运动变成随筒管卷绕直径增大而逐层减小的变速运动,以满足筒管转速、龙筋升降速度逐层降低的要求。

智能型粗纱机由计算机控制一变频电动机实现其要求。传统粗纱机大多采用双曲线铁炮变速装置,如图 7－23 所示,双曲线变速铁炮为一对直径变化的中空截头圆锥体。主、被动铁炮平行排列,主动铁炮由主轴传动,速度为恒定。主动铁炮通过皮带传动被动铁炮,移动皮带的位置,则被动铁炮变速。当空管卷绕时,铁炮皮带处于起始位置 O,即主动铁炮的大端传动被动铁炮的小端,被动铁炮转速最大。每卷绕一层粗纱后,成形装置控制铁炮皮带移动一小段距离 S,主动铁炮传动半径减小,被动铁炮传动半径增大,其转速减慢。皮带随粗纱直径逐层移动,被动铁炮转速逐层减慢,直到满纱,此时被动铁炮转速最小。

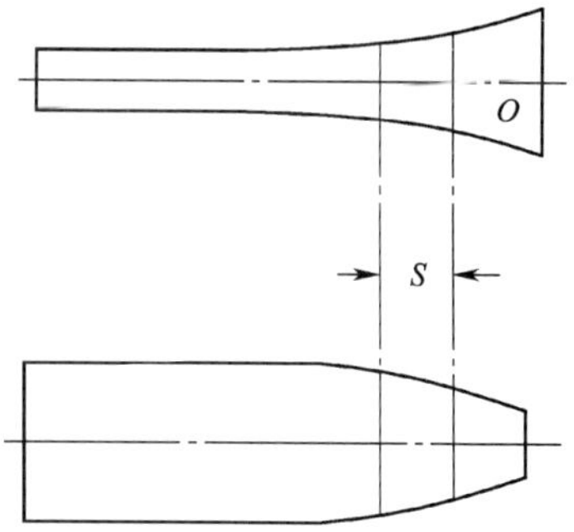

图 7－23　双曲线型铁炮

双曲线铁炮是采用皮带的等量移动、不等量变速来满足工艺要求的。若将铁炮沿轴线剖开,其剖面的外形为一条双曲线,其外形曲线的设计必须满足以下三点。

(1)主动铁炮与被动铁炮半径之和为一常量,以保证一落纱中传动皮带松紧基本一致。

(2)被动铁炮的回转速度与管纱的卷绕直径呈反比。

(3)铁炮皮带的位移量与管纱卷绕直径的增量呈正比,以便将不同的卷绕直径转换为皮带的对应位置,来确定铁炮半径和皮带位置的对应关系。

TJFA458A 型粗纱机的变速装置为双曲线铁炮式，主动铁炮直径为 157.26～73.98mm，总长度为 787mm，被动铁炮直径为 157.43～76.89mm，总长度为 744mm。由于在生产中铁炮皮带有向主动铁炮大直径偏移的现象，所以在粗纱机上，要求主动铁炮大直径端比被动铁炮小直径端向车尾方向错 6mm，皮带起始位置（皮带中心线）距被动铁炮小直径端为 51mm，以减少偏差程度。

2. 差动装置 差动装置的作用是将主轴传来的恒速和变速装置传来的变速合成后，通过摆动装置传向筒管，以完成卷绕作用。

（1）粗纱机采用差动装置的目的：

①减轻铁炮负担。铁炮承担的卷绕速度占筒管回转速度的比例很小，空管时约为 1/8，满管时约为 1/22，其余则由主轴承担。这样，可以减轻铁炮的负荷，减少皮带滑溜，有利于正常卷绕。

②便于改变捻度。当改变捻度时，调整捻度齿轮可使主动铁炮的速度改变。而主动铁炮轴一方面传动前罗拉；另一方面传动被动铁炮，因而使前罗拉的输出速度、筒管的卷绕速度及升降龙筋的升降速度同步改变，而锭子回转速度不变。

③便于盘头。每当落纱停车后，可将被动铁炮抬起，再启动开车时，因被动铁炮不回转，筒管与锭翼的速度相同，前罗拉输出的纱条只加捻不卷绕，盘绕在锭翼顶端，可供下一落纱生头使用。

（2）差动装置的速度计算：差动装置位于主轴上，其结构为周转轮系，包括首轮、末轮、转臂三个部分。国产粗纱机的差动装置，根据转臂传动的方式不同，可以分为主轴传动臂和铁炮传动臂两种。无论哪种类型的差动装置都可以用维利斯公式进行计算，即：

$$\frac{n_n - n_0}{n_m - n_0} = i \tag{7-4}$$

$$n_n = i n_m + (1 - i) n_0 \tag{7-5}$$

式中：n_n——末轮转速，与首轮同向为正值，异向为负值；

n_m——首轮转速；

n_0——转臂的转速，与首轮同向为正值，异向为负值；

i——首轮至末轮的传动比，两轮同向为正值，异向为负值。正负可以由外啮合一次取一个负号，内啮合一次取一个正号推算之。

（3）差动装置的不一致系数计算：粗纱机传动系统中，传动锭翼与筒管的轮系如果配置不当，即差动机构的传动比 i 与主轴传动锭翼的传动比 i_s 及差动机构末轮到筒管的传动比 i_b 没有配置好，则筒管的恒速部分与锭速不等，就会影响卷绕的正常进行，造成粗纱伸长率控制不良和断头增加等后果。

筒管的恒速部分与锭速之差对锭速比值的百分率称为不一致系数 P，计算公式如下：

$$P = \frac{\text{筒管的恒速部分} - \text{锭速}}{\text{锭速}} \times 100\% \tag{7-6}$$

当转臂由主轴传动时：

$$P=\frac{n_0(1-i)i_b-n_0i_s}{n_0i_s}\times100\%=\left[\frac{(1-i)i_b}{i_s}-1\right]\times100\% \quad (7-7)$$

式中：n_0——主轴转速；

i_b——差动装置至筒管的传动比；

i_s——主轴至锭子的传动比。

由式(7-7)可知，当 $P=0$ 时，$i=1-i_s/i_b$。

当转臂由锥轮传动时：

$$P=\frac{n_0ii_b-n_0i_s}{n_0i_s}\times100\%=\left[i\times\frac{i_b}{i_s}-1\right]\times100\% \quad (7-8)$$

由式(7-8)可知，当 $P=0$ 时，$i=i_s/i_b$。

3. 摆动装置 摆动装置位于差动装置输出合成速度齿轮和筒管轴端齿轮之间，其作用是将差动装置输出的合成速度传递给筒管。筒管既要做回转运动，又要随升降龙筋做上下移动，因而这套传动机构的输出端也必须随升降龙筋的升降而摆动，故称为摆动装置。

摆动装置有齿轮式、链条式、万向联轴节—花键轴结合式等多种。根据使用效果，近年来，国内新型粗纱机多采用万向联轴节—花键轴结合式摆动装置，如图7-24所示。右侧齿轮 n 位于主轴上，n 及与之相啮合的轮系位置是固定的；左侧的轮系和筒管轴等随升降龙筋一同运动。花键轴1在花键套筒2内可以自由伸缩，以补偿龙筋升降时产生的传动方向的变化，3为万向十字头，4为筒管轴。万向联轴节的结构如图7-25所示，拨叉1与拨叉3分别固装在主动轴和被动轴上，两轴间的夹角应小于45°。拨叉及十字头2可以自调转向，以适应升降龙筋升降时产生的传动方向的变化。在这种摆动装置中，万向联轴节的主动轴回转一周时，被动轴也回转一周，但因拨叉所处位置不同而使两轴的瞬时角速度并不时时相等。为了使输出轴与输入轴完全同步而不产生附加回转，在安装万向联轴节时必须做到输入轴 a 和输出轴 b 水平且平行；a、b、c 三轴和 c 轴两端的拨叉位于同一平面内。

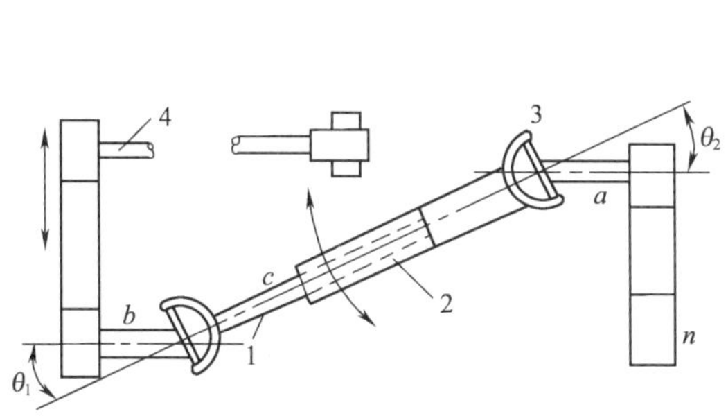

图7-24 万向联轴节摆动装置

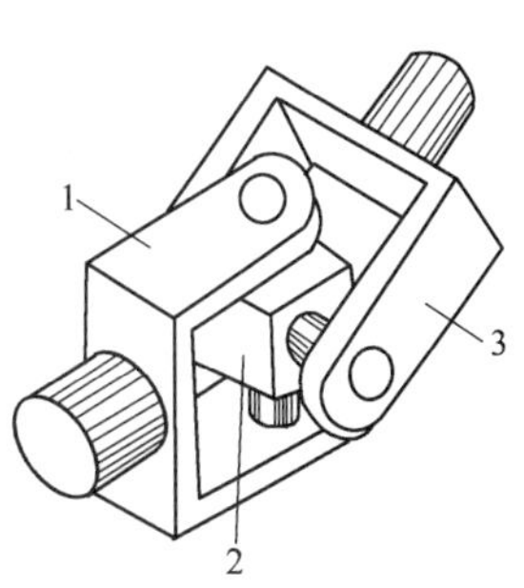

图7-25 万向联轴节

4. 升降装置 升降装置的作用是使升降龙筋作有规律的运动。为使粗纱纱条沿着筒管长度方向一圈挨一圈地卷绕在纱管上，纱管除转动外，还需要随龙筋作升降运动；为了逐层卷绕粗纱，每绕完一层后，升降龙筋需换向一次；为了使管纱两端呈截头圆锥体形状，升降龙筋的升降动程应逐层缩短。升降龙筋的换向及动程的缩短都由成形装置控制升降装置来完成的。

换向机构由一对双锥换向齿轮组成，不同机型的换向齿轮设置不同。FA425 型粗纱机的换向机构如图 7 - 26 所示，由变速系统传来的速度通过齿轮 1 交替传动两活套在换向轴上的换向齿轮 2，当离合器 3 吸合时，换向轴以下边的换向齿轮回转，并通过蜗杆、蜗轮将变速输出至升降轴；当离合器 3 释放而离合器 4 吸合时，换向轴以上边的换向齿轮转向回转输出，从而改变了升降轴的运动方向。TJFA458A 型粗纱机的升降机构如图 7 - 27 所示，两个锥形齿轮 1、2 活套在下锥形齿轮 3 上，离合器 4 与传动轴 5 以花键形式相连接，该离合器的动作受双向电磁铁通过连杆控制，工作时交替与两锥形齿轮咬合以改变立轴 6 的回转方向，从而改变了升降轴的运动方向。

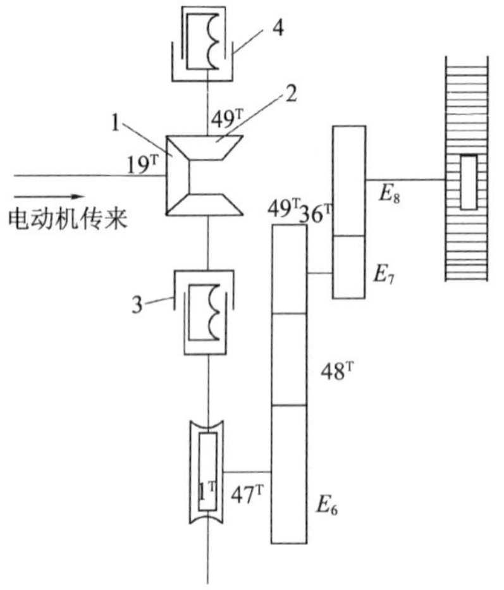

图 7 - 26　FA425 型粗纱机的换向机构

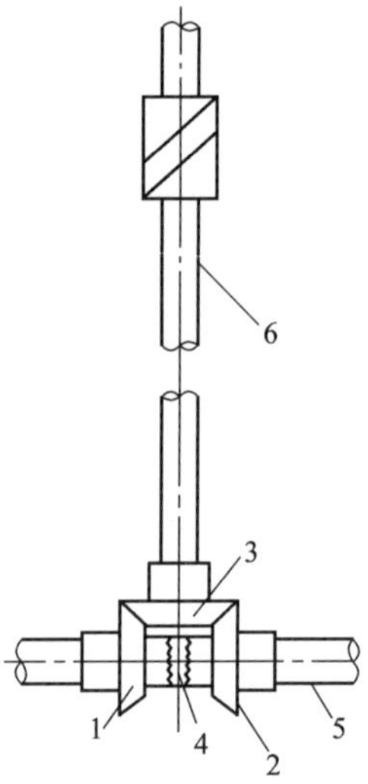

图 7 - 27　FA401 型、TJFA458A 型换向机构

国产粗纱机的升降装置分为链条式和齿条式两种。

(1) 链条式升降装置：如图 7 - 28 所示，由变速机构传来的速度使升降平衡轴 3 作正反向交替运动。升降平衡轴上固装有升降链轮 2，通过链条 4，链轮 6 与摆臂 5（升降杆）的中部相连，摆臂以 a 为支点，另一端托持升降龙筋 c。当升降轴往复回转时，升降龙筋在摆臂的放大作用下完成升降运动。为了减轻负荷、降低功率消耗，在升降平衡轴上与摆臂对应的方向挂有平衡重锤 6。当升降龙筋上升时，平衡重锤下降，借重锤的重量托扶升降龙筋上升。但因升降龙筋全靠本身自重而下降，所以平衡重锤的总重不能太大，以保证升降龙筋的重力矩略大于平衡重力矩。否则，一旦链条伸长或升降槽内积花，就可能造成升降龙筋下降呆滞或打顿现象。升降龙筋的垂直升降是靠各机架上的导向滑槽来保证的。链条式升降装置的升降平衡轴可设在升降龙筋上升的最高位置上方，升降轮的重锤链轮 1 均装在升降平衡轴上，可使升降龙筋的最低位置很低，为增加卷装高度创造了有利的条件。

(2)齿条式升降装置:如图 7－29 所示,由变速机构传来的变速通过轮系及换向齿轮传至升降轴 7,通过固装在升降轴上的升降齿轮 8 传动固装在升降龙筋 2 上的升降齿条 1,从而实现升降龙筋的升降运动。齿条式升降装置的升降轴设在升降龙筋降至最低位置时的下方,以方便升降杠杆的运动。当升降龙筋处于最低位置时,为了保证升降齿条的下降,升降轴离地高度应大于龙筋的升降高度。为了减轻传动负荷,升降装置设有平衡轴 4,图中 3 为升降链轮,4 为平衡轴,5 为平衡链轮,6 为平衡重锤,9 为升降杠杆,*a* 为升降杠杆支点。

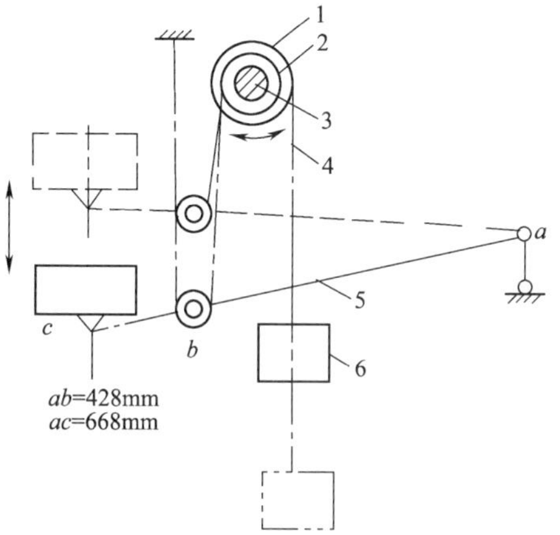

图 7－28 链条滑轮式升降装置

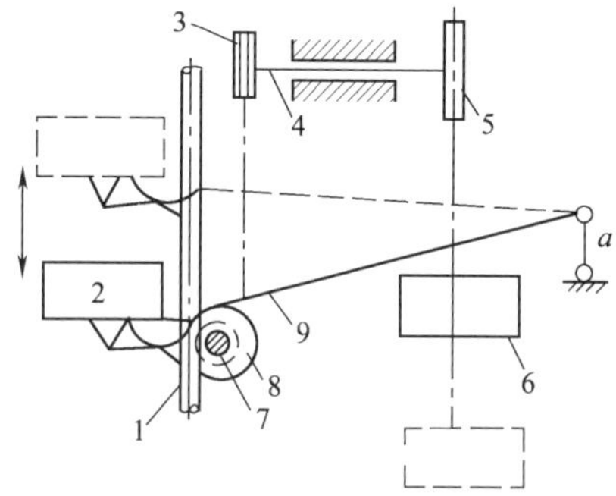

图 7－29 齿条式升降装置

5. 成形装置 成形装置是一种机械式或机电式自动控制机构。在传统的粗纱机上,为了符合粗纱卷绕的要求,每当管纱卷绕一层粗纱后,成形装置应同时完成以下三个动作。

(1)将铁炮皮带向主动铁炮小端移动一小段距离,以降低筒管的卷绕速度和升降龙筋的升降速度。

(2)使换向齿轮交替啮合一次,以改变升降龙筋运动方向。

(3)使成形角度齿轮转动一定角度,圆齿杆移动一小段距离,以缩短升降龙筋的升降动程,使管纱两端形成截锥体。

粗纱机成形装置的上述三项动作都是由升降龙筋的触发作用引起的。国产粗纱机的成形装置有机电式、压簧式和摇架式三种。

机电式成形装置如图 7－30 所示,其中升降龙筋的动程缩短、铁炮皮带的位移是由机械动作完成的,而改变升降龙筋方向则由机械和电气动作完成。图中所示位置为升降龙筋正处于下降过程。成形滑座 1 随龙筋下降,通过圆齿杆 2 带动上摇架 3 绕 *O* 轴作顺时针方向摆动,装于上摇架臂上左右两根链条与链条铁钩相连,横杆 7 在链条铁钩 8 的作用下左端被逐渐拉起,而右端在横杆下弹簧 9 的配合下逐渐被拉下。右侧铁钩施加于下摇架 6 上,使其具有绕 *O* 轴顺时针摆动的趋势。当龙筋下降到一定高度时,上摇架臂上的右调节螺丝 4 下压下方的燕尾掣子 5,从而使下摇架解脱了燕尾掣子的控制,下摇架立即顺时针摆动,而左机侧掣子因连接弹簧的作用而下压,对摇架起控制作用。在下摇架摆动的这一瞬间,成形装置完成下述三项动作。

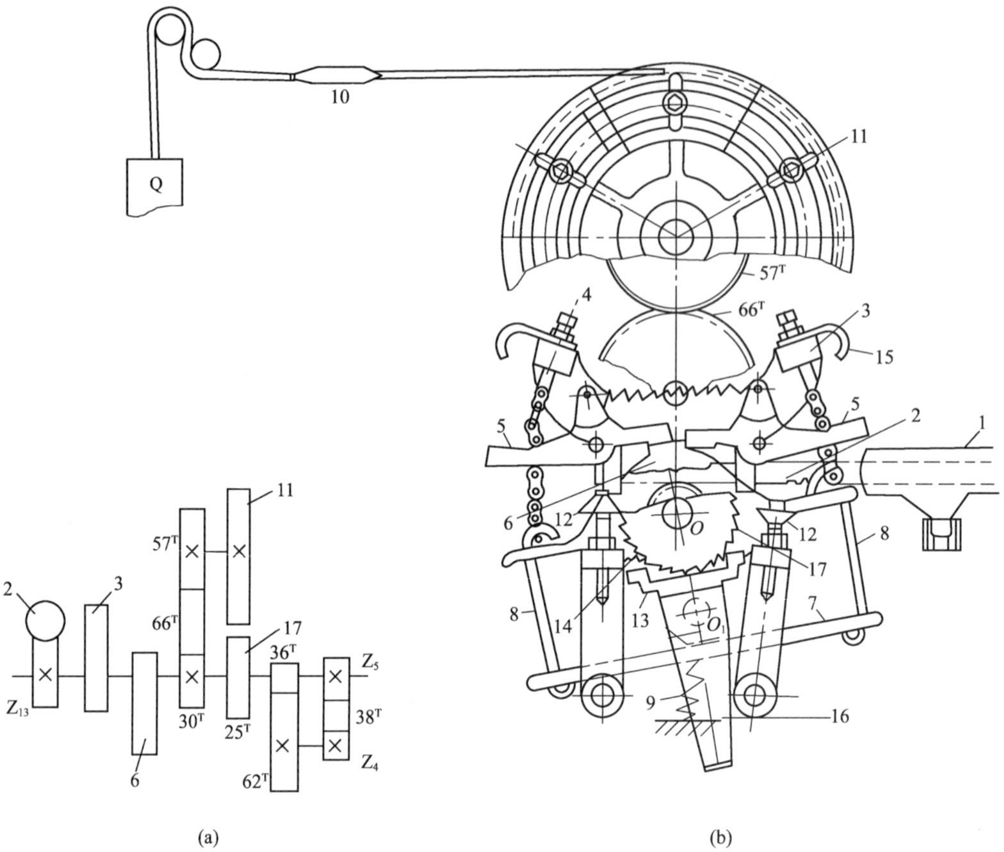

图 7－30　粗纱机的机电式成形装置

(1)移动铁炮皮带:重锤 Q 始终有使铁炮皮带叉 10 向主动铁炮小直径端移动的趋势,但由于圆盘张力调节轮 11 通过一组齿轮(57^T、66^T、30^T、Z_5、38^T、Z_4、62^T、36^T)同成形棘轮 17(25^T)相连,成形棘轮因受两侧伞形掣子 12 的控制而阻止圆盘式张力调节轮转动。当短轴 O_1 带动撞块 13 使左侧伞形掣子 12 脱开棘轮的同时,右侧的伞形掣子又被弹簧 14 拉向成形棘轮 17。在此过程中,成形棘轮因瞬时脱离控制而顺时针转过半个齿,通过上述轮系使圆盘式张力调节轮转动一个角度,从而使皮带叉带动皮带向主动铁炮的小直径端移动一小段距离,使管纱的卷绕速度和龙筋的升降速度变慢。图中 15 为弯板。

(2)升降龙筋换向:在下摇架 O 轴顺时针摆动时,与其为一体的短轴 O_1 带动换向感应片 16 一起左摆而接近龙筋换向传感器,从而使双向磁铁动作,经连杆使锯齿离合器与一伞形齿轮锯齿脱开而与另一伞齿轮啮合,使升降龙筋运动方向改变,如图 7－31 所示。

(3)升降动程缩短:当成形棘轮 17 转过半个齿时,通过轮系使升降渐减齿轮 Z_{13} 绕 O 轴转过一个角度,并使与之啮合的圆齿杆 2 向左移动一段距离,从而缩短了圆齿杆的摆动半径和升降龙筋的升降动程。

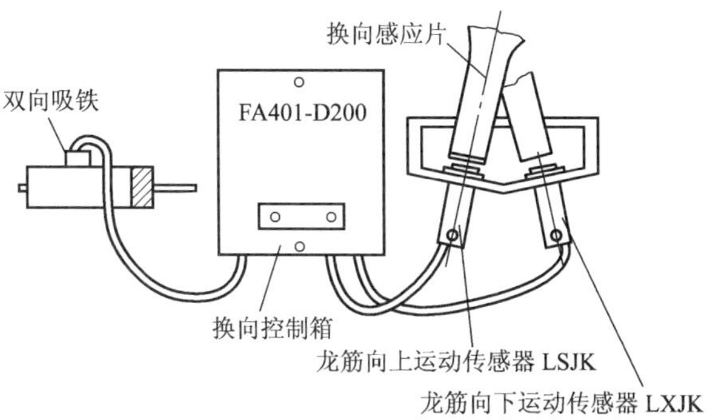

图 7－31 机电换向控制机构

如图 7－32 所示，升降龙筋的动程计算公式如下。

$$H = 2R\sin\frac{\alpha}{2} \tag{7-9}$$

式中：H——升降龙筋的升降动程；

α——圆齿杆的摆动角度；

R——圆齿杆的摆动半径。

升降龙筋每次升降后，动程 H 会因圆齿杆的摆动半径 R 减小而缩短，所以管纱因 H 逐层缩短而两端形成截头圆锥体。升降龙筋在最高位置时，卷绕管纱底部，在最低位置时，卷绕管纱顶部，所以管纱是倒置的。

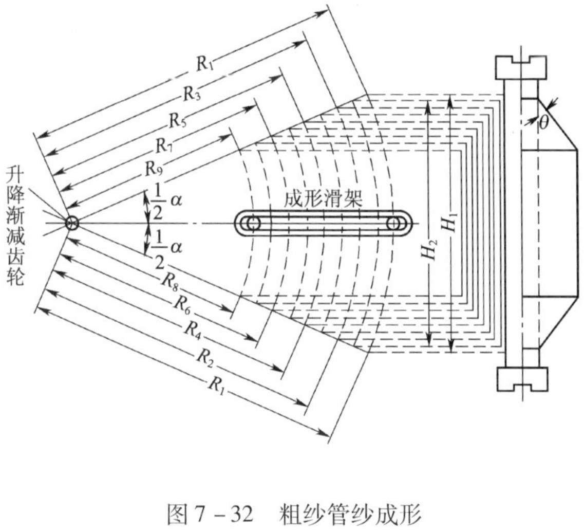

图 7－32 粗纱管纱成形

五、辅助机构

（一）防细节装置

在实际生产中，为使粗纱卷绕有一定的紧密度，实际卷绕速度一般稍大于前罗拉的输出速度。当停机时，由于管纱的惯性大于牵伸罗拉，所以在前罗拉至锭翼间的这段纱条上，会因张力增大而产生细节，严重时甚至断裂，对后道工序加工不利。为了防止粗纱细节的产生，粗纱机可配置防细节装置。

防细节装置采用电磁离合器，装在被动铁炮至差动装置的传动路线中。该离合器在机器运转时啮合，而在切断主电源至机器完全停止这一段时间 T 内脱开，使输入装置的变速为零，从而使此时的筒管与锭翼同转而不产生卷绕，于是前钳口至锭翼顶端间的粗纱呈松弛并略有微量下垂状态，从而避免了细节的产生，同时也弥补和避免了再次开车时产生的开车细节。电磁离合器的动作由两个时间继电器控制，如图 7－33(a)所示，一号时间继电器控制切断主电源至电磁离合器脱开的时间 T_1，其设定值为 1～10s，且一般取 2～4s；二号继电器控制电磁离合器脱开持续的时间 T_2，其设定值为 0.1～0.4s。由于机器的制造质量、安装质量、平车前后的锭速和润滑等因素的影响，不同机台具有不同的惯性差，因此时间 T_1、T_2 的确定应根据具体情况，即根据机台的惯性延续时间 T 来合理分配，并应使 T_2 与 T_1 的和小于 T。在调节时，以停车后纺纱段稍呈松弛状态为宜，如图 7－33(b)所示，若纺出粗纱张力过紧，如 A 状态，可适当缩短时间 T_1，使纺纱张力接近于 C 状态，然后微调 T_2，使纺纱段张力呈 C 状态；若纺出粗纱下垂过多，如 B 状态，可延长时间 T_1，使其接近 C 状态，再微调 T_2 使其呈 C 状态。

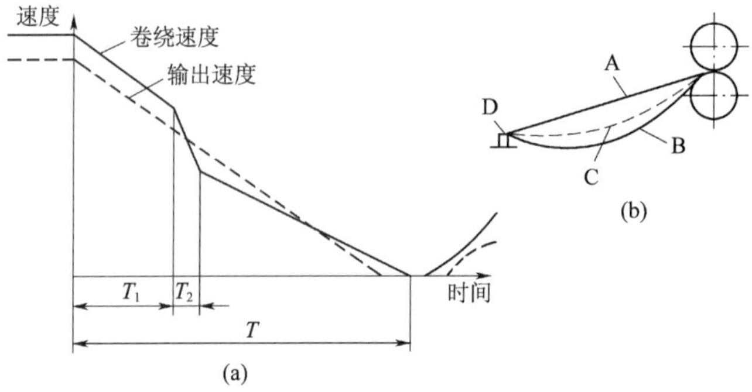

图 7－33　电磁离合器控制和粗纱张力示意图

A—张力太大　B—张力太小　C—张力适当　D—锭翼顶孔

(二)慢速启动装置

实际生产中，粗纱机属于启动较为频繁的一种设备，使机器因负荷突然增加而受到冲击产生振动，零部件易磨损，并因各机件惯性差异而造成粗纱张力波动，引起细节，为此粗纱机上配置了慢速启动来延长机器的惯性启动时间。

1. 变频慢速启动装置　在粗纱机启动时采用变频器的 S 形曲线功能，使电动机启动柔和，加速缓慢，从而起到了原电抗器慢速启动的作用。

2. 电抗式慢速启动装置　主电动机启动过程中，在三相电源中的某一相串联电抗器，使主电动机的三相电压处在不平衡状态，造成不对称的旋转磁场，从而产生逆序转矩，使启动力矩减少，启动时间变长，即为慢速启动。调整前应将(铁芯)电抗调节环尽量外旋使电抗值最小，然后将电抗值由小到大逐渐增加，直到得到适宜的启动效果。在实际纺纱中，慢速启动时间常用

3～5s，在满足开车条件下，启动时间以短为好。

3. 液力耦合器慢速启动装置 液力耦合器的结构如图7－34所示。在油箱中叶轮2固装在电动机1转子上，蜗轮3和油箱壳体4相联活套在转子上；油箱壳体与皮带轮5相连。叶轮与蜗轮上均有许多经向辐射状的叶片，可形成液力传动油的流道。当电动机1转动时，带动转子和叶轮2一起回转，油液在叶片的带动下流向叶片外缘，形成高速高压油液流冲击蜗轮叶片，使叶轮2与蜗轮3同向回转，并带动油箱壳体4转动，通过皮带轮5传动机器主轴6。因此，机器在启动时，有一个速度逐渐加快的过程，可避免因机器突然高速而形成的张力不匀。当停车时，机器可马上停下来，此时电动机虽仍在惯性回转，但也只是在油箱壳体内空转，故对机器惯性冲击力的减弱很有利。

（三）张力补偿装置

粗纱卷绕时，影响粗纱张力变化的因素很多，如内外层卷绕直径的增量不同；一落纱中铁炮皮带的松紧不同，铁炮的负荷不同，皮带的滑溜率也不同；车间温湿度的变化、纺纱原料的变化，都会引起一落纱中卷绕张力的变化，使粗纱的伸长率不一致，造成粗纱重量不匀增大。为了减小一落纱中卷绕张力的差异，在新型粗纱机上普遍采用了张力补偿装置，以调节一落纱的张力或控制大、中、小纱的卷绕张力。

1. 有锥轮粗纱张力补偿装置 有锥轮张力补偿装置的实质是铁炮皮带每次除正常移距S外，还应有一个附加移距ΔS，即每次总位移量为$S \pm \Delta S$。通过补偿装置微调ΔS的大小，以减少张力波动，使粗纱在一落纱中基本保持稳定。张力补偿装置的种类很多，因机型而异，但从调节基本原理可分为两大类，即分段式和连续式。

（1）分段调节式张力补偿装置：分段调节式是将一落纱分为若干阶段，各阶段铁炮皮带每次位移量不相等，但同一阶段内铁炮皮带每次位移量相等。分段调节式张力补偿装置有圆盘式、补偿轨式、靠模板式等很多种类，FA401型、FA402型和TJFA458A型粗纱机采用的张力补偿装置都属于分段调节式这一类型。

圆盘式张力补偿装置如图7－35，收放铁炮皮带叉3的钢丝绳一端与重锤5相连；另一端固

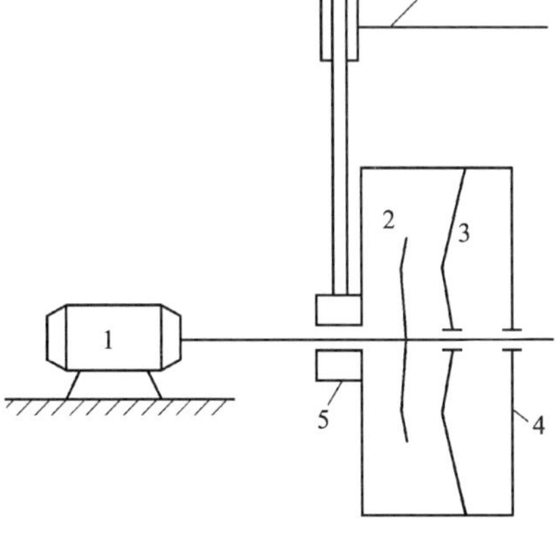

图7－34 液力耦合器结构示意图

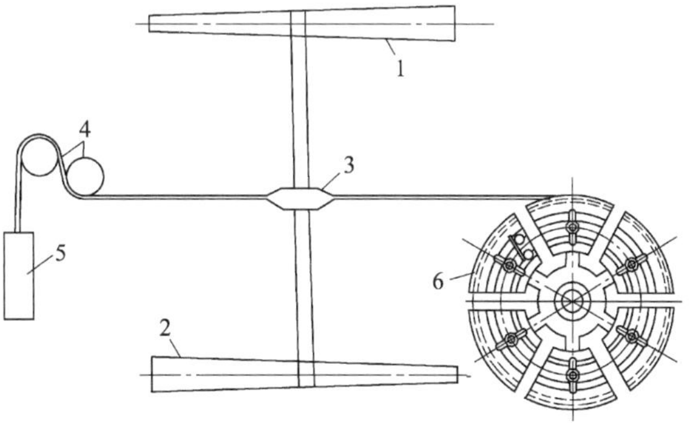

图7－35 圆盘式张力补偿装置

定在圆盘上,圆盘的运动受成形装置的控制。当成形棘轮回转一定角度时,圆盘也相应转过一定角度,钢丝绳在重锤的作用下,带着皮带叉向左移动一段距离。圆盘有两大部分组成,一部分是未经定值的圆盘;另一部分为与圆盘相连接并可沿圆盘径向移动的六个滑块。滑块6外沿有槽,用以嵌放钢丝绳。当六个滑块所处位置到圆盘中心相等时,圆盘每次转过一定角度放出的钢丝绳长度相等,皮带叉移动的距离相等。当某一滑块沿圆盘半径外移后,因该处半径增加而使转过同样角度时的放出钢丝绳长度增加,则铁炮皮带位移量也相应增加,被动铁炮2获得较低的速度,从而使卷绕张力得到降低的补偿。因此,铁炮皮带每次位移量的多少直接与六个滑块所处的位置有关,当一落纱中某一阶段的张力不正常时,只需调节相应位置的滑块进出即可。每块滑块分别对应锥轮上的141mm长度。当滑块有一高一低转移时,形成一个过渡区域,以避免因两滑块高低差距而产生突变问题。图中1为主动铁炮,4为导轮。

圆盘式张力盘安装时,六个滑块的长槽中心应对准零刻度线,此时圆盘的作用直径为270mm(标准直径),无张力补偿作用。若使某个或数个滑块的直径大于或小于标准直径时,圆盘有张力补偿作用。

圆盘式张力补偿装置仅局限于采用钢丝绳收放铁炮皮带叉的粗纱机,而对于采用长齿杆来推动皮带叉的粗纱机来说,则需采用其他类型的张力补偿装置。

分段式张力补偿装置可以分为三段、五段、六段等,具有直观性强、调节方便的优点,对粗纱伸长率和级差的减少效果明显。而且还具有结构简单,加工维修方便等优点。

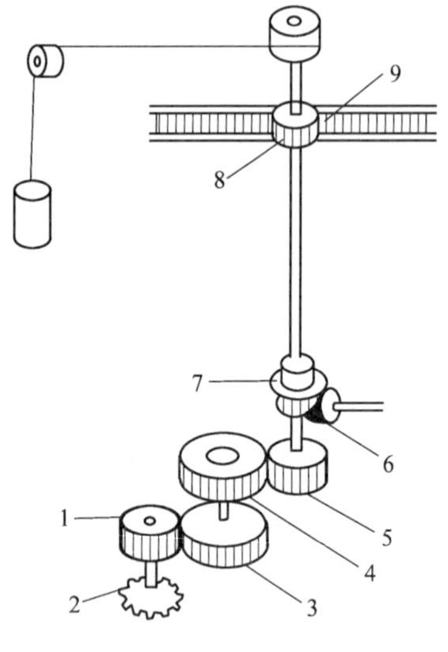

图7-36 偏心齿轮式张力补偿装置

(2)连续调节式张力补偿装置:连续调节式张力装置是在一落纱中进行连续调节,使铁炮皮带每次移动距离发生连续的变化,FA421型、FA432型粗纱机采用齿轮连续调节式张力补偿装置,如图7-36所示。该机的成形齿轮1与齿轮5之间配置了一对偏心齿轮4和3,上、下偏心齿轮绕各自的轴心回转,齿轮4上有一销钉伸入下齿轮3的滑槽中,使两齿轮中心距可以调节,从而形成可变的偏心距。下偏心齿轮由成形棘轮2通过轮系转动,在龙筋每次换向时,成形棘轮转过的角度是一定的,故下偏心齿轮转过的角度每次也是一致的。上偏心齿轮由下偏心齿轮通过销钉带动,因存在一个偏心距(偏心距为零除外)和一个起始位置,则使上偏心齿轮在龙筋每次换向时转过的角度是一个变量,并通过5、6、7、8等使长齿杆9或绳轮获得一个变化的位移量,从而达到张力补偿的目的。偏心齿轮式张力补偿装置补偿的关键在于对偏心齿轮起始角位移的确定和对偏心距的调节。

连续式张力补偿装置结构简单、改装方便,但直观性差,且调节不易掌握。使用不当时,会使粗纱伸长率差异反而增大。

2. 无锥轮粗纱张力补偿装置 新的智能型粗纱机采用CCD张力自动测控,以CCD光电全景图像摄像系统作为张力自动测控,在粗纱机通道侧面方向判别粗纱条通过时所处位置线,是上位、中位或下位来反映张力大小，如图7－37所示。在CCD功能配置时，可以设定预拟位置线(基准线)，然后在运转中连续摄取计算实测值，并比较判定粗纱张力状态，再由电控装置进行在线调节，数据可在屏幕上显示。在更换品种时，一般可自动选择最佳张力状态，不必重新手动设定。

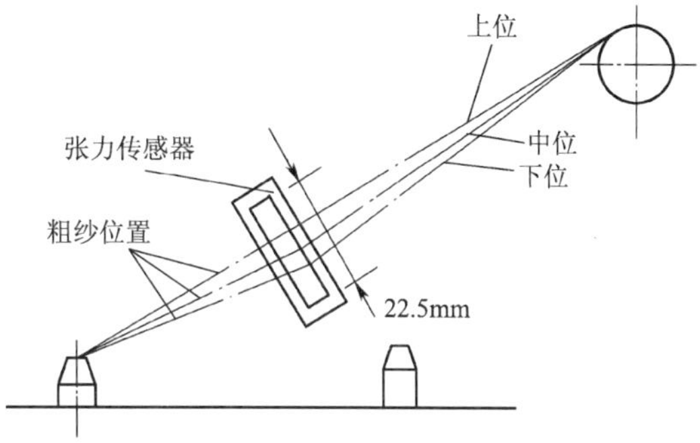

图7－37 CCD张力检测示意图

在实际生产中，CCD检测取样量较少，有一定局限性，因此必须首先正确设定纺纱张力后，再由CCD在线微调作补充。

(四)自动控制机构

1. 满纱自停机构 粗纱满管停车应做到"三定"，即定长、定位和定向。定长是指满纱时必须达到一定的粗纱纺纱长度，便于在细纱机上实行宝塔分段工作法。定位是指升降龙筋在落纱时所处的位置一定。定向是指落纱时升降龙筋运动的方向一定。为了便于细纱机上换粗纱的操作，一般要求升降龙筋下降至卷装的1/3～1/2高度处落纱。

国产粗纱机均采用随升降龙筋升降的触点来启动满纱自停装置。正常纺纱时，触点虽随龙筋升降触及行程开关，接通电路，但因未满纱，计长表的开关接点是断开的，所以电路不通。当计数器发出满管信号时，满管信号灯亮，则触点触及行程开关，电路接通，使主电动机、吸风电动机停转，而自动落纱机构启动。

2. 铁炮皮带复位机构 因为在满纱时铁炮皮带已移至主动铁炮的小头位置，所以铁炮皮带复位机构的作用是抬起下铁炮，将铁炮皮带移至主动铁炮大头的始纺位置，然后使下铁炮落下，以便开始下一落纱的正常纺纱。铁炮皮带复位机构因机型不同而不同。

3. 防塌肩装置 防塌肩装置又称防冒装置。在采用光电断头自停后，如果断头发生在换向前，在停车后的惯性运转过程中恰该换向，将会出现冒花现象，因此在粗纱机的电路中设置了"换向前不自停装置"，它由两个防冒开关及升降龙筋向上、向下继电器组成。

图7－38中的M_x和M_s分别表示上肩、下肩的冒花区段。当升降龙筋在M_s和M_x位置处因断头自停时将会造成冒花。该机在成形装置两侧分别装有两个防冒开关，并分别与升降龙筋向上、向下继电器串联，可有效地防止冒花的发生。防冒开关分别在绕纱至M_s和M_x时开始压碰而闭合，尽管因纱条断头而自停形成断路，但因与一个方向继电器串联而暂不停车，待龙筋换向并越过M_s和M_x区后，在防冒开关断开后才会停车。

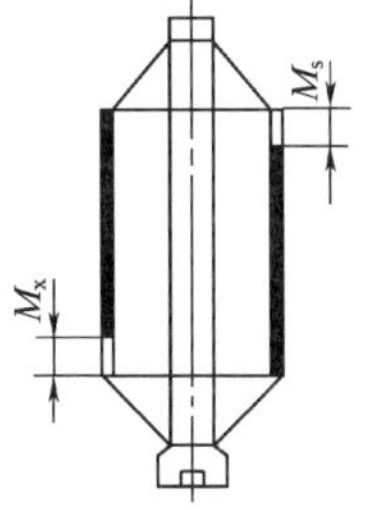

图7－38 上、下肩冒花区

4. 光电控制装置 为了提高纱线质量和挡车工的操作安全，在粗纱机上采用光电控制装置，包括一个光电控制箱和8组光束的发射接收头，其中光源位于车尾部分，光源接收器位于车头机架上。8组接收头从功能上可分为以下三种。

（1）光电断头自停控制装置：1～3组为光电断头自停控制装置，其中1～2组为粗纱检测头，位于前罗拉与锭翼顶端处；第3组为棉条检测头，位于后罗拉喂入处。它们的作用是控制机前、机后的断头。

（2）连锁保护自停控制装置：4～5组在落纱生头过程中的龙筋上升操作程序连锁保护光电控制装置。当龙筋从最低位置到插管位置时，光电控制保证粗纱不落完，龙筋不能上升，光照则通。当龙筋从插管位置到生头位置时，光电控制可以保证空管不插好，龙筋不准上升，挡光则通。

（3）安全保护光电控制装置：6～8组为安全保护光电控制装置，其目的是防止在工艺操作时（指处理断头时，手臂伸入锭翼间），由于他人开车而造成的人身事故。

以上三路光必须在光通时才能开车，挡光时既使开车，设备也不启动。

第三节　粗纱机的工艺配置

一、牵伸装置的工艺配置

粗纱机的牵伸工艺参数主要包括粗纱定量、锭速、牵伸倍数及其分配、罗拉握持距、罗拉加压、胶圈原始钳口和上销弹簧起始压力、集合器口径等。

（一）粗纱定量

粗纱定量应根据熟条定量与细纱机牵伸能力、纺纱品种、产品质量要求、生产供应平衡以及粗纱设备性能等因素综合考虑确定，见表7－4。由于目前细纱机的牵伸能力向高倍发展，粗纱趋于重定量，但粗纱定量过重，通常会因上罗拉打滑而使上、下胶圈间速度差异较大而产生胶圈间须条分裂或分层现象，所以双胶圈牵伸型式不宜纺定量过重的粗纱，一般粗纱定量在2.5～6.5g/10m间为宜。加工化纤时，由于牵伸过程的牵伸力较大，粗纱定量应比纺棉时适当减轻，一般在3～5g/10m间为宜。

表7－4　粗纱定量选用范围

纺纱线密度（tex）	32以上	20～30	9.0～19	9.0以下
粗纱干定量（g/10m）	5.5～10.0	4.1～6.5	2.5～5.5	2.0～4.0

（二）锭速

锭速与纺纱品种、粗纱定量、捻系数、锭翼形式和粗纱机设备性能等因素有关，见表7－5。化纤纯纺或混纺，由于粗纱捻系数较小，锭速可比表7－5中的数值降低20%～30%。

表7－5　锭速选用范围

纺纱线密度（tex）		32以上	11～30	10以下
锭速范围（r/min）	托锭	600～800	700～900	800～1000
	悬锭	800～1000	900～1100	1100～1200

(三)牵伸倍数及其分配

1. 总牵伸 粗纱机的牵伸倍数依据细纱线密度、细纱机的牵伸能力、熟条及粗纱定量、粗纱机的牵伸形式而定。在细纱机牵伸能力较强时，粗纱机可配置较低的牵伸倍数，以利于成纱质量，一般纺粗特纱5～8倍，纺中细特纱6～9倍，纺特细特纱7～12倍。

2. 牵伸分配 粗纱机的牵伸分配应根据牵伸形式、喂入品质量及总牵伸倍数等相关因素确定。由于双胶圈牵伸区对纤维的运动控制良好，所以牵伸倍数主要由该牵伸区承担，而后区牵伸倍数不宜过大，一般为1.12～1.48倍，通常情况下以偏小掌握为宜。当喂入棉条定量过重时，为防止须条在前区产生分层现象，后区可采用较大的牵伸倍数。纺化纤时，后区牵伸倍数应大些，以使后区牵伸力与握持力相适应。四罗拉双胶圈牵伸较三罗拉双胶圈牵伸的后区牵伸倍数可大一些，而整理区采用固定的牵伸倍数1.05倍。

(四)罗拉握持距

粗纱机罗拉握持距应根据纤维品质长度L_p确定，并参照纤维的整齐度和牵伸区中牵伸力的大小综合考虑，以不使纤维断裂或须条牵伸不开为原则。纺制化纤或棉与化纤混纺时，根据化学纤维的公称长度确定粗纱机的罗拉握持距。其他纤维混纺时，一般以主体成分的纤维长度为基础，适当考虑混和纤维的加权平均长度。主牵伸区握持距的大小对粗纱条干均匀度影响很大，在双胶圈牵伸区中一般等于胶圈架长度加浮游区长度。胶圈架长度是指胶圈在工作状态下，胶圈夹持须条的长度，即上销前缘至小铁辊中心线间的距离，其值是根据所纺纤维品种而定的。TJFA458A型粗纱机纺棉和棉型化纤时为35.2mm，纺51mm中长型化纤时为43.5mm，纺60mm中长型化纤为56.8mm。浮游区长度是指胶圈钳口到前罗拉钳口间的距离，为计算方便，常以胶圈销前缘到前罗拉中心线的距离表示。缩小浮游区长度，可以减少未被控制的短纤维数量，使胶圈钳口的摩擦力界向前钳口扩展，使纤维变速点向前钳口集中，有利于改善粗纱条干，在不碰集合器的前提下以偏小为宜。但浮游区过短，会引起牵伸力增大而与前罗拉握持力不相适应，反而不利于粗纱条干。在D型牵伸中，集合器移到了整理区，则浮游区长度可偏小掌握。后区为简单罗拉牵伸，由于有集合器，握持距可大些。当熟条定量较轻或主牵伸倍数较大时，因牵伸力小，握持距可小些；当纤维整齐度差时，为缩短纤维浮游动程，握持距应小些。握持距的大小还应根据加压和牵伸倍数来选择，使牵伸力与握持力相适应。在整理区，由于该区不承担牵伸任务，为保证纤维在集束区中的有序排列，该区握持距可略大于或等于纤维的品质长度。不同牵伸型式的罗拉握持距见表7－6。

表7－6 不同牵伸型式的罗拉握持距 单位：mm

牵伸形式	整理区			主牵伸区			后牵伸区		
	纯棉	棉型化纤	中长	纯棉	棉型化纤	中长	纯棉	棉型化纤	中长
三罗拉双短胶圈	—	—	—	胶圈架长度+(14～20)	胶圈架长度+(16～22)	胶圈架长度+(18～22)	L_p+(16～20)	L_p+(18～22)	L_p+(18～22)
四罗拉双短胶圈	35～40	37～42	42～57	胶圈架长度+(22～26)	胶圈架长度+(24～28)	胶圈架长度+(24～28)	L_p+(16～20)	L_p+(18～22)	L_p+(18～22)

注 L_p为纤维品质长度或化纤公称长度，单位为mm。

（五）罗拉加压

在满足握持力大于牵伸力的前提下，粗纱机的罗拉加压主要根据牵伸形式、罗拉速度、罗拉握持距及牵伸倍数、须条定量而定。罗拉速度快、握持距小、定量重时应重加压，反之应轻。原则上是使罗拉钳口握持力大于牵伸力。纺化纤时，胶辊加压量应比纺棉时重20%～25%。不同形式的加压量见表7－7，四罗拉双短胶圈牵伸较三罗拉双短胶圈牵伸多一个整理区，使牵伸与集合分开进行，主牵伸区的牵伸力相应减小，所以罗拉加压较三罗拉双胶圈牵伸小，为了适应较大的可纺范围，主牵伸区和后牵伸区的罗拉加压可分档调节，并以不同的色块显示。

表7－7　粗纱机加压量　　单位：N/双锭

牵伸形式	加压量（由前罗拉至后罗拉）
三罗拉双短胶圈	300×200×250
四罗拉双短胶圈	（90、120、150）×（150、200、250）×（100、150、200）×（100、150、200）

（六）胶圈原始钳口和上销弹簧起始压力

原始钳口是弹性钳口上、下销之间的最小距离，其大小依据粗纱定量以不同规格的隔距块来确定，见表7－8。

表7－8　原始钳口与粗纱定量

粗纱定量（g/10m）	2.5～4.5	4.5～6.5	5.5～9
原始钳口（mm）	3.0～5.0	4.5～6.5	6.0～7.5

上销弹簧的起始压力是上销处于原始钳口位置时的片簧压力，一般为700～900cN/双锭。起始压力过大，形成死钳口，上销不能起弹性摆动的调节作用；起始压力过小，上销摆动频繁甚至出现"张口"现象，起不到弹性钳口的控制作用。在弹簧压力适当的条件下配以较小的原始钳口，对条干均匀度有利。在生产过程中，应定期检查弹簧变形情况，如果各锭间压力不一致，将造成锭与锭间的质量差异。

（七）集合器口径

前区集合器口径应与输出定量相适应；后区集合器口径与喂入定量相适应。集合器口径的选用可见表7－2、表7－3。

二、粗纱捻系数的选用

合理选用粗纱捻系数是确定粗纱工艺参数的重要项目之一。粗纱捻系数的选用，主要依据纤维性质和粗纱定量，同时参照细纱机牵伸型式、细纱用途及车间温湿度等条件而定。当纤维长度长、细度细、整齐度好时，因纤维间的抱合力大，选用的粗纱捻系数宜小，反之宜大。化纤长度长、整齐度好、卷曲数多，粗纱加捻后纤维间的摩擦力大，粗纱捻系数应较纺纯棉时小，一般棉型化纤纯纺或与棉混纺，粗纱捻系数约为纯棉纺的50%～70%，中长型化纤纺纱时的粗纱捻系数约为纯棉的40% ~60%。当粗纱定量重,因其截面内的纤维根数多,纤维间的抱合力大,则粗纱捻系数宜小,反之宜大。当细纱机牵伸型式的牵伸能力较大时,粗纱捻系数宜偏大掌握。精梳纱所用粗纱的纤维整齐度好,其粗纱捻系数宜小。针织用粗纱,因细纱条干要求高,尤其是细节要求非常少,为减少粗纱在卷绕和退绕时的意外伸长,其粗纱捻系数宜偏大。车间温度高,纤维表面棉蜡融化,摩擦因数小时,其相应的粗纱捻系数应大;车间湿度大,纤维摩擦因数大时,其相应的粗纱捻系数应小。

总之,粗纱捻系数可根据实际情况调整,粗纱捻系数的具体数据由经验获得。当加工棉纤维时,粗纱捻系数的选择可见表7 -9;当加工各种化纤纯纺与混纺时,粗纱捻系数范围可见表7 -10。

表7 -9 纯棉纺粗纱捻系数

粗纱定量(g/10m)		2 ~3.25	3.25 ~4.0	4.0 ~7.7	7.7 ~10
捻系数	梳棉纱	105 ~110	100 ~105	92 ~100	85 ~92
	精梳纱	90 ~95	85 ~90	77 ~85	70 ~77

表7 -10 化纤纯纺与混纺时粗纱捻系数

纤维长度(mm)	原 料	捻系数	纤维长度(mm)	原 料	捻系数
≤40	纯涤	62 ~64	≤40	涤粘	50 ~60
	纯维	67 ~72		粘腈	48 ~60
	纯粘	62 ~81		粘棉	48 ~68
	纯腈	57 ~76	51 ~60	涤粘	45 ~60
	涤棉	48 ~67		粘锦	45 ~60
	棉维	81 ~86		涤腈	40 ~55
	粘棉	63 ~76		涤腈粘	40 ~55
	棉粘	73 ~86		腈锦粘	40 ~55

第四节 粗纱机的传动和工艺计算

一、粗纱机的传动系统和变换齿轮

(一)粗纱机的传动系统

粗纱机的机型很多,但其传动系统和变换齿轮的配置却基本相同,TJFA458A 型粗纱机和FA425 型粗纱机的传动如图7 -39 和图7 -40 所示。

从传动图中可以看出,粗纱机的恒速机件,如牵伸罗拉、导条罗拉、锭子及筒管的恒速部分都由主轴直接传动;粗纱机的变速机件,如升降龙筋及筒管的变速部分由变速机构来传动。差动装置是将主轴的恒速和变速机构传来的变速合成后传给筒管。

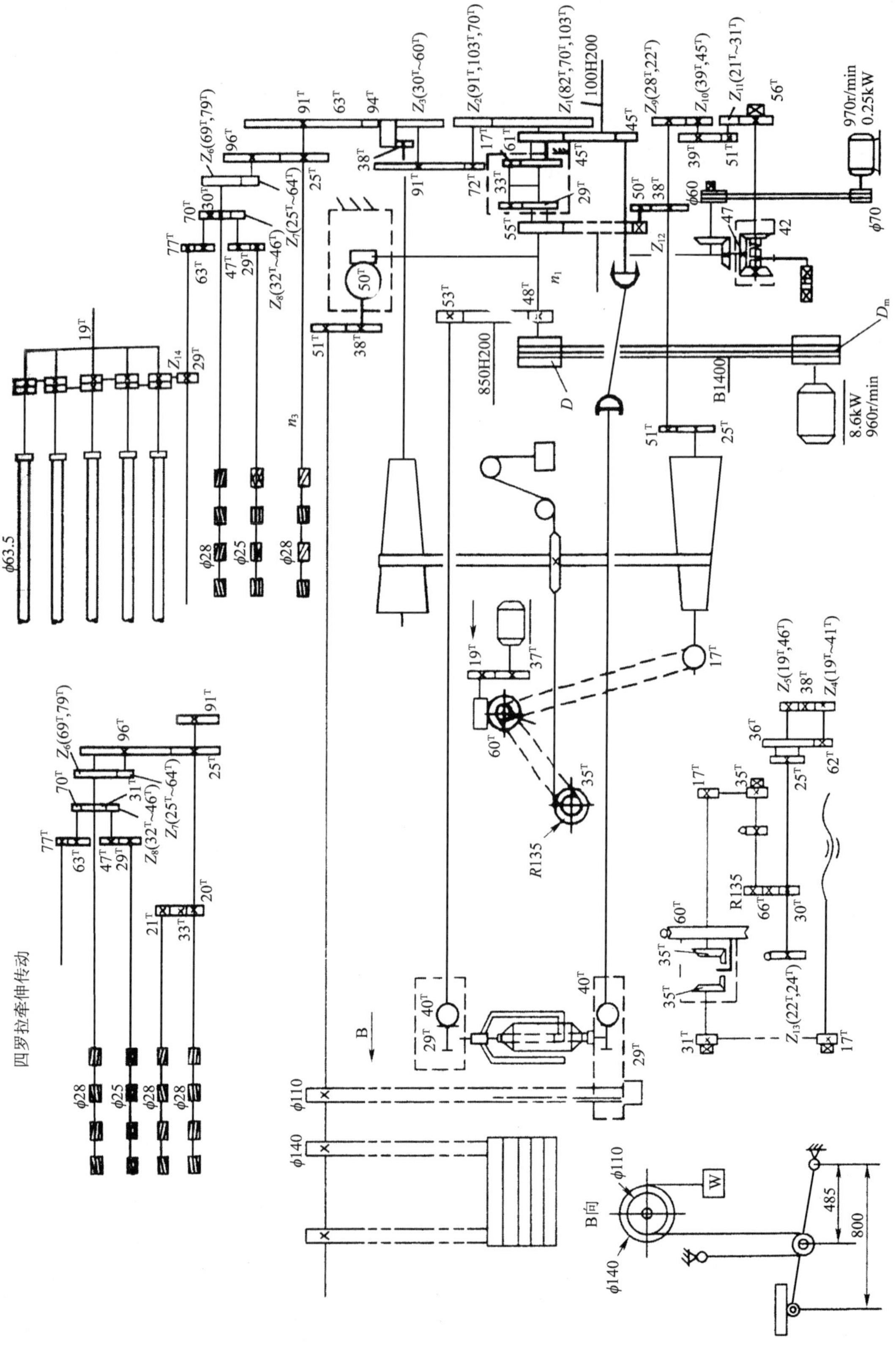

图 7-39　TJFA458A 型粗纱机传动系统图

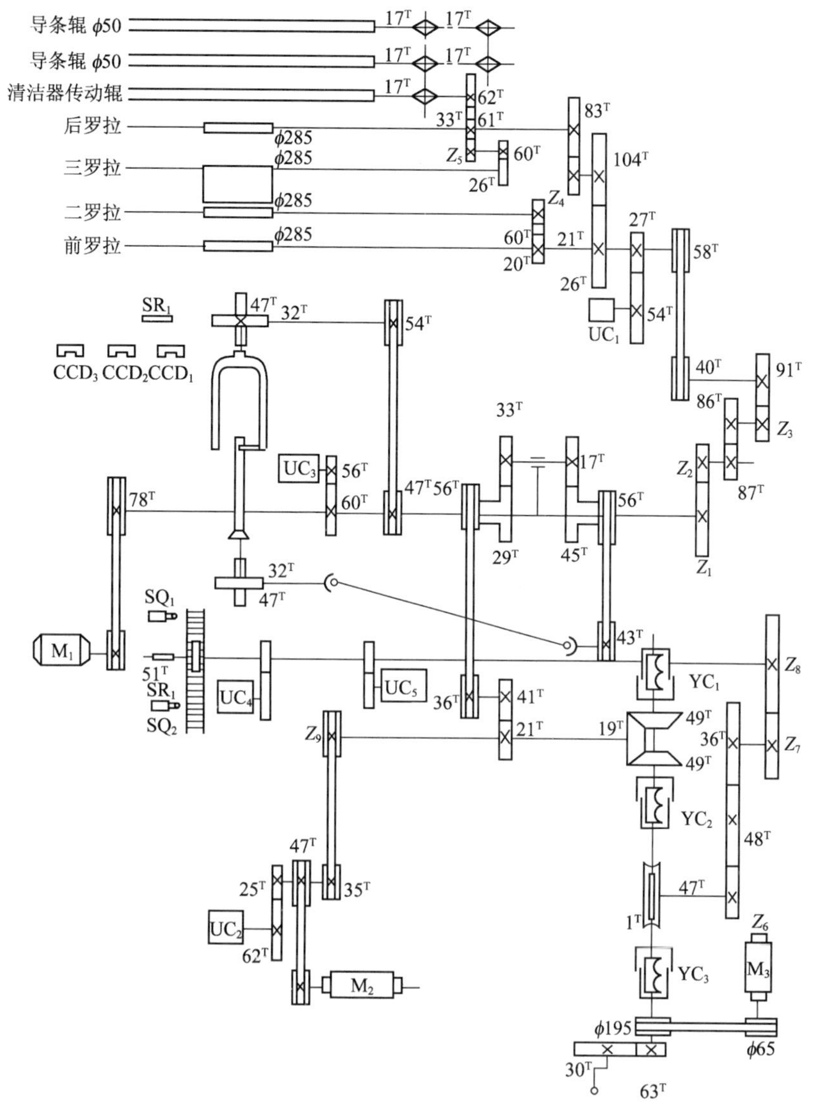

图 7-40 FA425 型粗纱机传动图

CCD—传感器 SR—继电器 SQ—行程开关 YC—电器离合器 UC—控制单元

1. TJFA458A 型粗纱机的传动系统

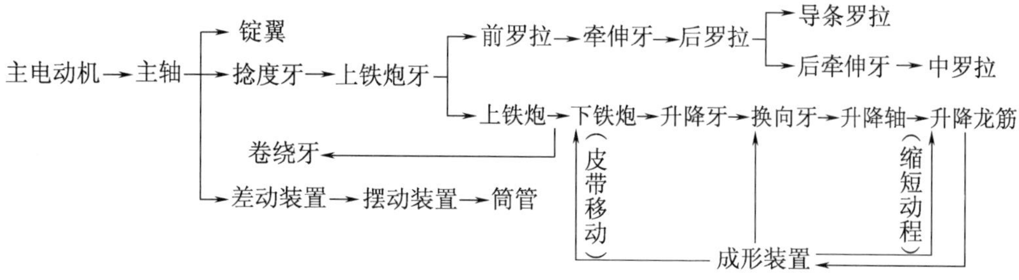

2. FA425 型粗纱机的传动系统

主电动机（变频）→主轴→锭翼

主轴→捻度牙→前罗拉→牵伸牙→后罗拉→导条罗拉

后罗拉→后牵伸牙→中罗拉

主轴→差动装置→摆动装置→筒管

卷绕电动机（变频）→卷绕牙→换向牙→升降牙→升降轴→升降龙筋

（二）变换齿轮

1. 捻度齿轮 捻度齿轮用作改变粗纱捻度以适应纺纱工艺的需要。因其处于粗纱机传动系统的枢纽位置，所以又称中心牙。当改变捻度时，需要改变锭翼与前罗拉的速比，而改变这个速比，在粗纱机上是靠改变前罗拉输出速度来实现的，因而改变捻度就改变了粗纱机的产量。

2. 牵伸齿轮 总牵伸齿轮用作改变粗纱机的总牵伸倍数。当熟条定量一定时，改变总牵伸齿轮便可以改变粗纱定量，故总牵伸变换齿轮又称轻重牙。为了适应总牵伸倍数调整的需要，还配置了总牵伸阶段变换齿轮。后牵伸变换齿轮仅用来改变后区的牵伸倍数。

3. 升降齿轮 升降齿轮的作用是改变升降龙筋的升降速度，即决定粗纱在筒管轴向排列的稀密程度，所以又称高低牙或快慢牙。粗纱的卷绕圈距根据所纺粗纱的特数而定，当粗纱特数改变时，为防止纱圈排列过稀或重叠，需要相应改变升降齿轮的齿数。

4. 卷绕齿轮 卷绕齿轮配置在变速机构与升降齿轮、差动装置之间，用于调节粗纱在空管时初始卷绕速度。卷绕齿轮一般不调整，只有当筒管直径或粗纱定量改变较大时，方做调整。

5. 张力齿轮 张力齿轮（也称成形齿轮）位于成形装置传动轮系中，其作用是决定锥轮皮带每次位移的距离，即决定筒管卷绕速度和下龙筋升降速度逐层降低的数量。锥轮皮带每次位移的距离大，卷绕速度和升降速度逐层降低的数量也大。如果锥轮皮带每次位移太大，粗纱张力太松，会造成不正常卷绕；如果锥轮皮带每次位移太小，粗纱张力大而卷绕太紧，同样会造成不正常卷绕。为了保持正常的卷绕，生产上常以改变成形齿轮的齿数来调整粗纱张力。

6. 升降渐减齿轮 升降渐减齿轮由成形棘轮传动，其大小决定升降龙筋每次升降的动程，即确定粗纱两端的成形锥角，故又称角度牙。

7. 喂条张力齿轮 喂条张力齿轮位于第一导条辊机头侧轴端，是一链轮，它是由后罗拉上的链轮通过链条传动的。根据棉条的松紧程度，可通过调节喂条张力齿轮的齿数来达到调节导条辊与后罗拉间张力牵伸的目的。

二、工艺计算（以 TJFA458A 型为例）

（一）速度

1. 主轴转速 n_0（r/min）

$$n_0 = n_m \times \frac{D_m}{D_0} = \frac{960 \times D_m}{D_0} \tag{7-10}$$

式中：n_m——主电动机转速，r/min；

D_m——主电动机皮带盘节径，有120mm、145mm、169mm、194mm四种规格；

D_0——主轴皮带盘节径，有190mm、200mm、210mm、230mm四种规格。

2. 锭翼转速 n_s(r/min)

$$n_s = n_m \times \frac{48 \times 40}{53 \times 29} = 1.2492 \times n_m \tag{7-11}$$

3. 前罗拉转速 n_f(r/min)

$$n_f = \frac{Z_1 \times 72 \times Z_3}{Z_2 \times 91 \times 91} \times n_m = 0.008695 \times \frac{Z_1 \times Z_3}{Z_2} \times n_m$$

式中：Z_1——捻度阶段变换齿轮齿数，有70、82、103三种；

Z_2——捻度阶段变换齿轮齿数，有103、91、70三种；

Z_3——捻度变换齿轮齿数，其齿数为30～60。

（二）牵伸倍数和牵伸变换齿轮

1. 总牵伸倍数 E 工艺上习惯以后罗拉转一转时，前罗拉输出长度与后罗拉周长之比为总牵伸倍数。TJFA458A型粗纱机有三罗拉双短胶圈牵伸和四罗拉双短胶圈牵伸，所以要分别计算。

（1）三罗拉双短胶圈牵伸：

$$E = \frac{Z_6 \times 96 \times \pi d_f}{Z_7 \times 25 \times \pi d_h} = 3.84 \times \frac{Z_6}{Z_7} \tag{7-12}$$

式中：d_f——前罗拉直径，28mm；

d_h——后罗拉直径，28mm；

Z_6——总牵伸阶段变换齿轮齿数，有69、79两种；

Z_7——总牵伸变换齿轮齿数，某齿数为25～64。

（2）四罗拉双短胶圈牵伸：

$$E = \frac{Z_6 \times 96 \times \pi d_f}{Z_7 \times 25 \times \pi d_h} = 3.84 \times \frac{Z_6}{Z_7} \tag{7-13}$$

由式（7-12）与式（7-13）可知，两种牵伸型式的总牵伸倍数相同，且变换齿轮的齿数也相同。工艺设计时，应按所纺粗纱特数和熟条定量先计算出粗纱的实际牵伸倍数，然后根据配合率的大小计算出机械牵伸倍数，再计算牵伸变换齿轮的齿数。在熟条定量不变的情况下，翻改纱特数时，可按下式计算总牵伸变换齿轮的齿数。

$$\frac{Z_7}{Z'_7} = \frac{E'}{E} = \frac{g}{g'} \tag{7-14}$$

式中：Z_7——原有总牵伸齿轮齿数；

Z_7'——拟改总牵伸齿轮齿数；

E——原有总牵伸倍数；

E'——拟改总牵伸倍数；

g——原有粗纱定量，g/10m；

g'——拟改粗纱定量，g/10m。

在总牵伸倍数的调整中，当 Z_7 调不过来时，可调换总牵伸阶段变换齿轮 Z_6，以扩大调整范围。

2. 后区牵伸倍数 e

（1）三罗拉双短胶圈牵伸：

$$e = \frac{30 \times 47 \times \pi(d_m + 2 \times \Delta)}{Z_8 \times 29 \times \pi d_b} = \frac{47.2315}{Z_8} \tag{7-15}$$

式中：Z_8——后牵伸变换齿轮齿数，其齿数为 32～42；

d_m——中罗拉直径，25mm；

Δ——下胶圈厚度，1.1mm。

（2）四罗拉双短胶圈牵伸：

$$e = \frac{31 \times 47 \times \pi(d_m + 2 \times \Delta)}{Z_8 \times 29 \times \pi d_h} = \frac{48.8059}{Z_8} \tag{7-16}$$

式中：Z_8——后牵伸变换齿轮齿数，其齿数为 32～46。

由上两式可知，后区牵伸倍数与后牵伸变换齿轮齿数成反比。工艺上一般先确定后牵伸倍数 e，再求出后牵伸变换齿轮 Z_8 的齿数。

3. 导条辊与后罗拉间的张力牵伸倍数 e' 喂条张力变换齿轮 Z_{14} 主要是用以调节导条辊与后罗拉间的张力牵伸倍数。

$$e' = \frac{Z_{14} \times 77 \times 70 \times \pi d_h}{24 \times 63 \times 30 \times \pi d_d} = 0.0524 Z_{14} \tag{7-17}$$

式中：Z_{14}——喂条张力变换齿轮齿数，其齿数为 19～22；

d_d——导条辊直径，63.5mm。

（三）捻度和捻度变换齿轮

粗纱的计算捻度为单位时间内锭子的回转数与前罗拉输出长度之比，以 1m 或 10cm 内的捻回数表示，而习惯上以前罗拉转一转时，锭子转的转数与前罗拉周长之比计算。设粗纱捻度为 T_{tex}（捻/10cm），则：

$$\begin{aligned} T_{tex} &= \frac{\text{前罗拉转一转时的锭子转的转数}}{\text{前罗拉周长}} = \frac{91 \times 91 \times Z_2 \times 48 \times 40}{Z_3 \times 72 \times Z_1 \times 53 \times 29 \times \pi d_f} \times 100 \\ &= 163.331 \times \frac{Z_2}{Z_1 \times Z_3} = \frac{\text{捻度常数}}{Z_3} \end{aligned} \tag{7-18}$$

当 $Z_2/Z_1=91/82$ 时，捻度常数 = 163.331 ×（91/82）= 181.2575；当 $Z_2/Z_1=103/70$ 时，捻度常数 = 163.331 ×（103/70）= 240.3299；当 $Z_2/Z_1=70/103$ 时，捻度常数 = 163.331 ×（70/103）= 111.0017。其中捻度常数 181.2575、240.3299 适用于纺纯棉，捻度常数 111.0017 适用于化纤混纺。

捻度变换齿轮 Z_3 可以改变粗纱的捻度，所以俗称捻度牙，由于它位于车头齿轮箱的中心部位，担负牵伸及卷绕机构的传动，故又称为中心牙。

$$Z_3=\frac{\text{捻度常数}}{T_{\text{tex}}}$$

在确定 Z_3 时，需先根据原料品质、粗纱定量、细纱机牵伸型式、细纱用途等条件，确定所纺粗纱的捻系数，然后计算出粗纱捻度 T_{tex}，再计算出捻度变换齿轮。

翻改品种时，可按下式计算捻度变换齿轮的齿数 Z_3。

$$\frac{Z_3}{Z_3'}=\frac{T_{\text{tex}}'}{T_{\text{tex}}}=\frac{\sqrt{\text{Tt}}}{\sqrt{\text{Tt}'}} \tag{7-19}$$

式中：Z_3——原用捻度变换齿轮齿数；

Z_3'——拟改捻度变换齿轮齿数；

T_{tex}——原用捻度，捻/10cm；

T_{tex}'——拟改捻度，捻/10cm；

Tt——原纺粗纱线密度，tex；

Tt'——拟改粗纱线密度，tex。

（四）筒管轴向卷绕密度和升降变换齿轮

筒管轴向卷绕密度 P 是指粗纱沿筒管轴向排列的稀密程度，简称圈密度，以 1cm 内的卷绕圈数表示，即其单位为圈/cm。计算时，可以用升降轴转一转时，筒管的卷绕圈数 n_w 与升降龙筋的升降高度 h（cm）求得。

$$P=\frac{n_w}{h}$$

根据图 7-39 可知：

$$n_w=\frac{40\times61\times493\times Z_{12}\times38\times Z_{10}\times51\times56\times47\times50\times51}{29\times45\times1485\times55\times50\times Z_9\times39\times Z_{11}\times42\times1\times38}$$

$$h=\frac{1}{2}\pi d_{\text{升}}\times\frac{800}{485}\times\frac{1}{10}$$

$$P=16.5496\times\frac{Z_{12}\times Z_{10}}{Z_9\times Z_{11}} \tag{7-20}$$

式中：Z_{12}——卷绕变换齿轮齿数，有 36、37、38 三种；

Z_{11}——升降变换齿轮齿数，其齿数为 21～30；

Z_9——升降阶段变换齿轮齿数，有22、28两种；

Z_{10}——升降阶段变换齿轮齿数，有39、45两种；

$d_{升}$——升降链轮直径，110mm。

升降变换齿轮 Z_{11} 可以改变粗纱沿筒管轴向排列的稀密程度，一般称为高低牙。从式(7－20)可得：

$$Z_{11}=\frac{轴向卷绕常数}{P} \tag{7-21}$$

由于 P 与粗纱直径有关，即粗纱线密度越小，直径越小，P 值越大，所以要确定 Z_{11} 的齿数，应先根据所纺粗纱线密度求出的 P 值，再计算出 Z_{11}。

根据实践经验，P 与粗纱线密度 Tt 有如下关系。

$$P=\frac{C}{\sqrt{\mathrm{Tt}}} \tag{7-22}$$

式中：C——常数，其值为85～90。当粗纱捻度大、纤维弹性差时，C 值宜大，反之宜小。

从以上分析可知，Z_{11} 与 P 呈反比，而 P 又与 Tt 的平方根呈反比，所以在翻改线密度时，可用下式计算升降变换齿轮 Z_{11}，即：

$$\frac{Z_{11}}{Z'_{11}}=\frac{P'}{P}=\frac{\sqrt{\mathrm{Tt}}}{\sqrt{\mathrm{Tt}'}} \tag{7-23}$$

式中：Z_{11}——原用升降变换齿轮齿数；

Z'_{11}——拟用升降变换齿轮齿数；

P——原用轴向卷绕密度；

P'——拟改轴向卷绕密度。

升降齿轮齿数 Z_{11} 是否适当，可开车试纺验证。当绕完第一层粗纱后，从粗纱间隙中隐约见到筒管表面，第二层绕完后，粗纱表面平整无凹凸现象，说明粗纱圈距正常。若卷绕过密，则应将 Z_{11} 的齿数增大；反之，则应将 Z_{11} 的齿数减小。

(五)筒管径向卷绕密度和成形齿轮

筒管径向卷绕密度 Q 是指粗纱沿筒管径向每1cm内的卷绕层数，简称层密度，单位为层/cm。它影响粗纱径向卷绕的松紧程度。Q 值可由一落纱的卷绕层数与厚度的比值求得。

$$Q=\frac{一落纱内筒管卷绕层数}{筒管绕纱厚度}=\frac{一落纱铁炮皮带总位移量\ L}{铁炮皮带每次位移量\ S}\times\frac{1}{筒管绕纱厚度\ B} \tag{7-24}$$

1. 一落纱铁炮皮带总位移量 L(mm)　L 为铁炮皮带起始位置与终点位置间的距离，所以如果先找出始纺及满纱时主动铁炮的直径，即可根据图纸或在机器上直接测量。因为筒管的绕纱长度必须与前罗拉输出长度相适应，若不考虑卷绕伸长及皮带滑溜，主动铁炮一转时，筒管的卷绕长度应等于前罗拉输出长度，即

$$\frac{y}{c-y}\times\frac{25}{51}\times\frac{38}{50}\times\frac{Z_{12}}{55}\times\frac{493}{1485}\times\frac{61}{45}\times\frac{40}{29}\times\pi\times d_x=\frac{38}{91}\times\pi\times d_f$$

$$\frac{y}{c-y}=\frac{2780.8638}{d_x\times Z_{12}} \tag{7-25}$$

式中：y——主动铁炮直径，mm；

c——主、被动铁炮直径之和，mm；

d_x——管纱卷绕直径，mm。

当 Z_{12}、空管直径、满管直径已知时，即可根据式(7-25)求得始纺及满纱时主动铁炮直径，从而可得一落纱铁炮皮带的总位移量 L。由于计算与实际总量有一定的出入，故一般通过实际纺纱量出铁炮皮带的移动总量。下面计算中 TJFA458A 型粗纱机铁炮皮带移动总量为 700mm。

2. 铁炮皮带每次位移量 S(mm)　铁炮皮带每次移动是因升降龙筋换向时成形棘轮回转半齿而实现的。根据图 7-39 可知：

$$S=\frac{1}{25}\times\frac{1}{2}\times\frac{36}{62}\times\frac{Z_4}{Z_5}\times\frac{30}{57}\times\pi\times(270+2.5)=5.2324\times\frac{Z_4}{Z_5} \tag{7-26}$$

式中：Z_4——张力阶段变换齿轮齿数，其齿数为 19~41；

Z_5——张力变换齿轮齿数，其齿数为 19~46。

3. 筒管绕纱厚度 B(mm)　设空管和满管直径分别为 d_0、d_1，则：

$$B=\frac{d_1-d_0}{2} \tag{7-27}$$

已知 TJFA458A 型粗纱机的 $d_0=45$mm、$d_1=152$mm，故 $B=(152-45)/2=53.5$mm $=5.35$cm，将已求得的 S、B 值代入式(7-24)得：

$$Q(\text{层/cm})=\frac{700}{5.2324\times\frac{Z_4}{Z_5}\times5.35}=25.0059\times\frac{Z_5}{Z_4} \tag{7-28}$$

在实际生产中，粗纱径向卷绕密度随粗纱定量、粗纱捻度、压掌压力、卷绕张力及温湿度变化而变化，故粗纱径向卷绕密度应根据试纺中的粗纱成形状况、粗纱伸长率与粗纱均匀度等通过成形齿轮 Z_4、Z_5 进行调整。

(六)理论产量 G_L[kg/(锭·h)]

$$G_L=\frac{\pi\times d_f\times n_f\times g\times60}{10\times1000\times1000}\times(1+R) \tag{7-29}$$

式中：d_f——前罗拉直径，mm；

n_f——前罗拉转速，r/min；

g——粗纱定量，g/10m；

R——粗纱伸长率，一般为 1.5%~2.5%。

第五节　粗纱质量控制

一、粗纱条干不匀率

粗纱条干不匀率影响细纱条干不匀和中长片段不匀率。粗纱条干不匀率 *CV* 值通常控制范围见表 7－11。粗纱工序产生条干不匀主要有如下原因。

表 7－11　粗纱条干不匀率 *CV* 值控制范围

纺纱品种	纯棉粗梳纱			精梳纱	化纤及化纤混纺纱
	粗特纱	中特纱	细特纱及特细特纱		
CV 值	6.1%～8.7%	6.5%～9.1%	6.9%～9.5%	4.5%～6.8%	4.5%～6.8%

1. 牵伸元件不正常　胶辊轴承缺油、损坏导致回转失灵；胶辊严重中凹、表面损坏；摇架加压弹簧失效、压力差异过大；上下胶圈偏移过大、隔距块碰下胶圈；胶圈断缺、过松过紧；集合器跑偏或破损；牵伸齿轮爆裂、缺齿、键销松动；严重的缠罗拉、缠胶辊，使罗拉弯曲、隔距走动。

2. 工艺设计不合理　罗拉隔距过大或过小与上下销钳口隔距过大或过小会都使牵伸过程中纤维发生不规则的运动，造成移距偏差，产生附加条干不匀；罗拉加压不足造成牵伸力小于握持力，使须条在罗拉钳口下打滑；粗纱伸长率太大或伸长率差异太大、粗纱捻度过大或过小。

3. 操作不当　粗纱接头不良，棉条跑出胶辊控制范围，喂入棉条打褶或附有飞花。

4. 其他　车间相对湿度过低，锭翼严重摇头，喂入棉条条干严重不匀。

为使纺出的粗纱条干均匀，要定期检查罗拉隔距、罗拉加压是否符合工艺要求。对个别易损耗的牵伸部件应及时修复。运转操作棉条包卷质量应合格，机前接头应符合操作规范。严格控制粗纱伸长率，促使大、中、小纱的粗纱张力基本一致，并减少前后排及机台间的差异。

二、粗纱定量和重量不匀率

粗纱定量影响细纱重量偏差，粗纱重量不匀率影响细纱重量不匀率，因此必须加以控制。通常粗纱重量不匀率的控制范围：纯棉粗梳纱＜1.1%，纯棉精梳纱＜1.3%，化纤及化纤混纺纱＜1.2%。

同一品种纺出定量过重或过轻，与原棉变动、捻度改变、温湿度变化和伸长率变化有关，一般在粗纱机上不调整牵伸齿轮，但必须注意细纱机上重量偏差的变化，及时调整。粗纱个别机台发现重量异常，应检查粗纱机牵伸齿轮、喂入棉条是否用错。粗纱伸长率变化与粗纱定量、重量不匀率关系密切，必须加强控制。

三、粗纱张力和粗纱伸长率

1. 粗纱张力　粗纱张力是指作用在纱条轴向的拉力，其表现形式为纱条的紧张程度。在粗纱卷绕过程中，为使粗纱顺利地卷绕在筒管上，筒管的卷绕速度必须略大于前罗拉的输出速度，于是纱条必然紧张而产生张力。纱条在前进过程中，又必须克服锭翼顶孔、空心臂、压掌处的摩擦阻力，所以从前罗拉至筒管间各段纱条的张力不同。以压掌至筒管处的卷绕张力最大，空心臂处的张力次之，前罗拉至锭翼顶孔处的纺纱张力最小。

2. 粗纱伸长率 当纱条所受的张力较大时，纱条会因内部纤维间产生相对位移而伸长，其伸长程度可用伸长率 ε 来表示。

$$\varepsilon = \frac{L_1 - L_2}{L_2} \times 100\% \qquad (7-30)$$

式中：L_1——筒管卷绕的实测长度，m；

L_2——前罗拉输出的计算长度，m。

粗纱捻回由锭翼侧孔向前罗拉钳口传递时，在锭翼顶孔处由于捻陷现象，使纺纱段纱条的捻度比较小，强度较低，容易伸长，因此习惯上把纺纱段纱条张力称为粗纱张力。粗纱张力的细小变化，都会敏感地影响到伸长的大小，从而影响粗纱的重量不匀和条干不匀，所以纺纱时要求粗纱张力保持适当大小，既不破坏输出须条的均匀度，又要保证足够的卷绕密度。

3. 粗纱张力与伸长率的关系 粗纱张力可通过目测观察纺纱段来确定，纱条张紧，则张力大，纱条松弛，则张力小。目测观察仅可定性分析而不能定量分析，故生产中一般用伸长率来间接地反映粗纱张力的大小。影响张力变化的因素有原料、粗纱定量、锭翼结构与材料、是否采用假捻器及假捻器的结构与材料、卷装尺寸、工艺速度、车间温湿度等。伸长率一般控制在 1.5% ~ 2.5% 范围内，最大不宜超过 3%，锭子与锭子伸长率差异应控制在 1.5% 以内。但在某些情况下，伸长率的变化与粗纱张力的变化不尽一致。

(1)粗纱张力正常时，提高锭速，则粗纱伸长率会因纺纱段抖动加剧而增大。若适当增加粗纱捻系数，可减少粗纱伸长率。

(2)当车间温度偏高、湿度偏大时，粗纱与机件的摩擦阻力增加，则卷绕张力增加，同时纤维的回潮率增加，纤维间抱合力增加，所以即使卷绕张力增加，纤维间也不会产生相对滑移，即粗纱伸长率没有发生变化。

(3)在其他条件一定时，若前排采用假捻器，对粗纱张力前排大于后排的规律无影响，但对伸长率影响却很大。不装假捻器时，前排伸长率大于后排；装假捻器时，则后排伸长率大于前排。

4. 粗纱张力的调整 在一般情况下，当目测纺纱段张力过小或过大，或测试伸长率超过规定范围时，必须进行粗纱张力调整。在智能型粗纱机上，可调整设定参数。而在普通粗纱机上，调整方法如下。

(1)小纱张力：铁炮皮带的起始位置影响小纱张力。将铁炮皮带向主动铁炮小端移动，筒管速度减慢，张力减小。若移动铁炮皮带起始位置仍达不到要求，可调换卷绕齿轮 Z_{12}。齿数增多，张力增大；齿数减少，张力减小。

(2)大纱张力：调整张力变换齿轮 Z_5，可调大纱张力。齿数增多，大纱张力增大；齿数减少，大纱张力减小。

（3）中纱张力：当小纱、大纱张力调整适当时，一般中纱张力也会合适。如果在一落纱过程中的某一阶段张力过大或过小，可采用张力补偿装置来改善粗纱张力。

5. 改善粗纱伸长率过大的其他措施

（1）锭速过高：由锭速提高引起的粗纱伸长率增大，是因为前罗拉至锭翼顶端一段粗纱抖动加剧所致。可适当增加粗纱捻系数，以增大粗纱强力，使粗纱伸长率减小。

（2）温湿度不当：温度偏高、湿度偏大引起的粗纱伸长率增大，是因为锭翼顶端及压掌处的摩擦阻力增大，引起卷绕张力及锭翼空心臂内纱条张力增大所致。可以减少锭翼顶端、压掌处的粗纱卷绕圈数，以减少这两段纱条上的张力。也可适当增加粗纱捻度，以增大粗纱强力，减小粗纱伸长率。

6. 减少粗纱伸长率差异的其他措施

（1）台与台间的伸长率差异：车间温湿度不均匀、机台间工艺混乱，都可能造成机台之间伸长率差异过大，因此各机台的变换齿轮的齿数应该统一，铁炮皮带的松紧程度应力求一致。对伸长率超过规定的个别机台，可以调整铁炮皮带起始位置或者调换张力齿轮，使其伸长率控制在规定范围内。

（2）前、后排间的伸长率差异：因前排锭翼顶端至前罗拉的距离大于后排，前排的抖动及捻陷现象比较严重，以致前排伸长率较后排为大。为减小这种差异，可采取如下措施。

①使前排纱条在锭翼顶端绕 3/4 圈，或在压掌上绕 3 圈，后排纱条在锭翼顶端绕 1/4 圈，或在压掌上绕 2 圈，从而使前排的卷绕张力增加，纺纱张力减小，既减小锭翼顶端以上的纱条的伸长，又使每层纱管卷绕直径的增量少一些，以降低卷绕的线速度，从而使前排粗纱的伸长率减小。

②粗纱机采用高架喂入时，后排棉条意外牵伸大，供应后排锭子；前排棉条意外牵伸小，供应前排锭子，以减少前后排粗纱的伸长率差异。

③调整前、后排假捻器规格。前排采用假捻效果比较明显的假捻器，以增加纺纱段纱条的捻度，从而增加其强力，以减少前排粗纱伸长率。

（3）锭与锭间的伸长率差异：这种差异主要是锭子、锭翼、筒管的不正常引起的。如个别锭子弯曲，个别锭翼两臂不平衡，引起锭子回转晃动；压掌的弧度不一致，压纱力产生差异以致纱管的卷绕直径不同；筒管外径有差别，导致卷绕线速度不同；个别筒管内孔磨损过多，回转晃动；个别锭翼空心臂通道不光洁，摩擦阻力增加，引起粗纱伸长。为减少这种差异，应加强锭子锭翼的检修工作，使筒管外径一致，如果筒管内孔磨损过多，应立即更换。

思考题

1. 粗纱工序的任务是什么？叙述粗纱机的工艺过程。
2. 粗纱机喂入机构由哪些机件组成？其作用是什么？
3. 四罗拉双短胶圈牵伸装置由哪些机件组成？双胶圈牵伸形式有哪些特点？每个机件的

作用是什么？

4. 粗纱机前、后集合器的作用是什么？其口径大小应如何选择？
5. 粗纱加捻的目的是什么？粗纱机的加捻机构有几种形式？各有什么特点？
6. 压掌压纱力是怎样产生的？压纱力在一落纱中怎样变化？对卷绕有什么影响？
7. 为了实现粗纱的卷绕成形，必须满足哪些条件？
8. 差动装置的作用是什么？其速度怎样计算？
9. 万向联轴节—花键轴结合式的摆动装置怎样安装方可消除附加回转？为什么？
10. 齿条式升降装置和链条式升降装置各有什么优缺点？TJFA458A 型粗纱机升降龙筋的换向动作是怎样完成的？
11. 纱管半锥角过大、过小有什么影响？怎样调节？纱管两端半锥角不等是什么原因造成的？怎样调节？
12. 粗纱防细节装置的作用是什么？张力补偿装置有几种类型？各有什么特点？
13. 粗纱机怎样进行前、后区的牵伸分配？
14. 双胶圈牵伸区的罗拉握持距怎样确定？什么是浮游区长度？浮游区长度过大过小对牵伸质量有什么影响？
15. 弹簧摆动销的原始钳口怎样确定？上销弹簧的起始压力过大、过小对产品质量有什么影响？为什么？
16. 选用粗纱捻系数应考虑哪些因素？怎样掌握？
17. 为什么要在粗纱机上使用假捻器？
18. 粗纱张力是怎样产生的？张力过大、过小对粗纱质量有何影响？
19. 什么是粗纱伸长率？粗纱伸长率与粗纱张力有什么关系？粗纱伸长率能否反映粗纱张力？
20. 一落纱内大、中、小纱间粗纱张力过大应怎样调整？
21. 在 TJFA458A 型粗纱机上纺制定量为 5.7g/10m 的粗纱，喂入熟条定量为 20g/5m。

(1)设牵伸配合率为 1.02，求牵伸变换齿轮齿数 Z_6、Z_7。

(2)确定捻度变换齿轮 Z_2/Z_1 和 Z_3。

(3)若卷绕变换齿轮 Z_{12} 的齿数为 37，确定升降变换齿轮 Z_9、Z_{10}和 Z_{11}。

22. 在粗纱机纺制纯棉 27.8tex 纱，粗纱定量为 5.0g/10m，前罗拉转速为 200r/min，前罗拉直径为 28m，求该粗纱机的理论产量。

第八章 细 纱

本章知识点

1. 细纱工序的任务及细纱机的工艺过程。
2. 细纱机的工艺配置。
3. 环锭细纱的成纱结构和加捻卷绕元件。
4. 细纱的成形。
5. 降低细纱断头率与细纱质量控制。
6. FA506型细纱机的传动和工艺计算。
7. 紧密纺纱。

第一节 细纱概述

一、细纱工序的任务

细纱工序是纺纱生产的最后一道工序，它将粗纱纺成具有一定线密度、符合质量标准或客户要求的细纱，供捻线、机织或针织等使用，细纱工序主要完成以下任务。

1. 牵伸 将喂入的粗纱或条子均匀地拉长抽细到细纱所要求的线密度。

2. 加捻 将牵伸后的须条加上适当的捻度，使成纱具有一定的强力、弹性、光泽和手感等物理机械性能。

3. 卷绕成形 将纺成的细纱按一定成形要求卷绕在筒管上，以便于运输、储存和后道工序加工。

细纱是纺部非常重要的工序，棉纺厂生产规模的大小常用细纱机总锭数表示，细纱产量是决定纺纱厂各工序机器配备数量的依据；产质量水平、原料、机物料、电量等消耗，以及劳动生产率和设备完好率等，又反映了纺纱厂生产技术和管理水平的好坏。

二、细纱机的主要技术特征

几种细纱机的主要技术特征见表8-1。

表 8-1　几种细纱机主要技术特征

主要参数＼机型	A513F	FA503	FA506	F1508	FA541	FA541A
适纺范围	棉及 50mm 以下化纤	棉及 65mm 以下化纤	棉及 65mm 以下化纤	棉及 65mm 以下化纤	棉及 65mm 以下化纤	棉及 65mm 以下化纤
牵伸型式	三罗拉长短胶圈	三罗拉长短胶圈	三罗拉长短胶圈	三罗拉长短胶圈	三罗拉长短胶圈	三罗拉长短胶圈
总牵伸倍数	10~50	10~50	10~50	10~50	10~60	10~60
加压方式	YJ1A-120 型弹簧摇架加压	YJ2-142 型弹簧摇架加压	YJ2-142 型弹簧摇架加压	YJ2-142 型弹簧摇架加压	YJ2-142 型弹簧摇架加压	YJ2-142 型弹簧摇架加压
罗拉直径(mm)	25	25	25	25	27	27
罗拉座倾角	45°	45°	45°	45°	45°	45°
每节锭数	6	6	6	6	8	8
罗拉中心距(mm)	120(max)	142(max)	142(max)	142(max)	142(max)	142(max)
锭速(r/min)	8000~16000	8000~16000	8000~18000	12000~20000	10000~18000	10000~18000
升降全程(mm)	165,180,205	180,205	180,205	155,180,205	180,200,205	180,200,205
钢领直径(mm)	35,38,42,45	35,38,42,45	35,38,40,42,45	35,38,42,45	38,40,42,45	38,40,42,45
锭距(mm)	70	70	70	70	70	70

三、细纱机的工艺过程

FA506 型细纱机的工艺过程如图 8-1 所示，粗纱自吊锭上的粗纱管 1 退绕后，经导纱杆 2、缓慢往复运动的横动导纱喇叭 3，喂入牵伸装置 4，牵伸后的须条由前罗拉输出，经过导纱钩 5，穿过钢丝圈 6，卷绕到紧套在锭子 8 上的筒管 7 上，钢丝圈每转一转，给须条加上一个捻回。钢丝圈的转速低于纱管的转速，依靠钢领板 9 的升降运动，使前罗拉输出的须条按一定的成形要求有规律地卷绕到纱管上。

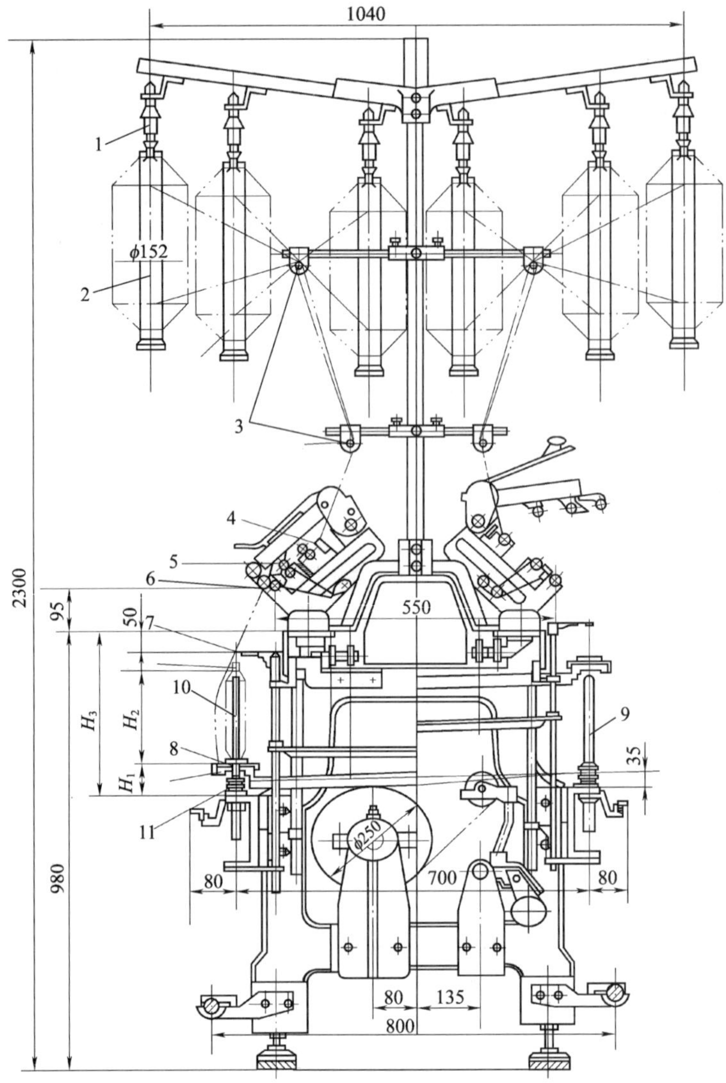

图 8-1　FA506 型细纱机的工艺过程

第二节　牵伸机构及工艺配置

一、牵伸部分的机构与作用

牵伸部分的机构主要包括牵伸罗拉、罗拉轴承、胶辊、胶辊轴承、胶圈、胶圈销、集合器、加压机构及吸棉装置等。FA506 型细纱机牵伸装置如图 8-2 所示。

1. 牵伸罗拉　牵伸罗拉和上胶辊组成罗拉钳口，握持纱条进行牵伸。细纱机的牵伸罗拉与粗纱机的相似，对牵伸罗拉的主要要求有以下几个方面。

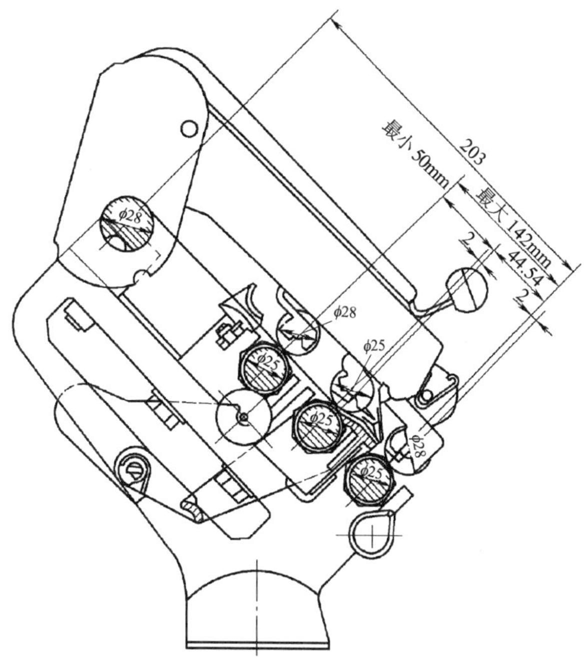

图 8-2 FA506 型细纱机牵伸装置

(1)罗拉直径应与所纺纤维的长度、罗拉加压量、罗拉的轴承型式相适应,有足够的抗弯和抗扭刚度。

(2)具有正确的沟槽齿形和符合要求的表面光洁度,能充分握持又不损伤纤维。

(3)罗拉通常用 20 号钢加工,表面经渗碳淬火;或是 45 号钢经高频淬火;也有罗拉表面镀铬或经其他表面处理。罗拉应具有较高的制造精度,有互换性,尽量减少因罗拉偏心、弯曲等机械因素引起的纱条不匀。

(4)罗拉表面要具备一定的硬度(硬度大于 HRC78),中心层坚韧,既耐磨又能校正弯曲。

2. 罗拉轴承 罗拉轴承与传动轴承一样,可分为滑动轴承和滚动轴承两大类。滑动轴承的材料有铸青铜、铁基或铜基粉末冶金含油轴衬、尼龙及酚醛层压材料等。滚动轴承可分滚珠轴承和滚针轴承两种,如 FA506 型细纱机罗拉采用滚针轴承。

3. 胶辊 胶辊每两锭组成一套,由铁壳、丁腈胶管、胶辊芯轴及胶辊轴承组成。用机械方法将胶管套在铁壳上,并在胶管内壁或铁壳表面涂上黏结剂,使胶管和铁壳粘牢。铁壳表面常有沟槽,以增加铁壳与胶管间的结合力,防止胶管在重加压下回转时从铁壳上滑脱。目前新型结构的胶辊有两种,一种是双层胶辊,内层硬度较高,外层为软弹性的胶管胶辊;另一种是内层为铝套管,胶料直接硫化在铝衬套上再压配在铁壳上的压配式无套差结构胶辊。新型胶辊的优点是装配方便,能承受重加压,使用寿命长,且可消除因套差而存在的缺点。胶辊质量好坏对细纱条干影响很大,因此生产上选择胶辊有着严格要求,主要有以下几方面。

(1)胶辊表面要光洁、滑爽,具有足够的摩擦因数及一定的吸放湿和抗静电性能,以减少绕花。

(2)丁氰橡胶包覆物要具有适当的硬度,富有弹性,耐磨、耐油、耐老化。

(3)胶辊圆整度要好。丁氰橡胶分子结构要均匀,套差要小,防止变形偏心。同一副胶辊上左右两只胶辊的直径要一致,差异一般控制在 0.05mm 以内,磨损、变形、偏心跳动等不允许超过公差范围,以减少机械因素对牵伸不匀造成的影响。

(4)定期保养磨砺。细纱用丁氰胶管,切割成所需长度后压套于胶辊铁壳上。经粗磨,使用 3~5 个月后,其圆整度变差,表面不平,需进行磨砺,一般可磨 5~7 次,每次磨量约 0.2mm,以磨平、磨光为宜。磨 6~7 次后,包覆层会变得太薄,弹性不足,对须条的握持能力已很差,必须更换。新胶辊直径大、弹性好,宜用于细特纱。胶辊逐次磨砺后,直径减小,弹性降低,可调至中粗特纱使用。胶辊使用一段时间后,因表面沾污、发毛,容易黏附纤维,需结合揩车进行清洗、加油。

4. 胶辊轴承 细纱机采用SL系列胶辊轴承,SL为胶辊轴承代号。FA506型细纱机采用SL系列上罗拉轴承,承载能力大,故适宜于高速度、重负荷。前、后上罗拉为胶辊,采用SL6819A型滚动轴承,外径为19mm,包丁腈橡胶后为28mm;中上罗拉为小铁辊,采用SL6825EA型滚珠轴承,外径为25mm。其结构均为带保持架的双列滚珠无外壳且采用叠片式双层密封,相对摩擦少,加油周期长,对纱线污染少,转动灵活平稳。

5. 胶圈 胶圈是控制纤维运动的主要部件,要求丁腈材料结构均匀、表面光洁、圈形圆整、弹性好、耐磨、耐油、耐老化、吸放湿性能好、伸长小,胶圈的长、宽、厚及内径需严格控制在规定的公差范围内。

胶圈的内径依据牵伸装置及所纺纤维长度而定,内径过大,上、下圈不能紧贴,呈波浪形回转,使条干恶化;内径过小,胶圈胀紧,阻力大,回转时产生抖动打顿而出竹节纱或出硬头。胶圈内径尺寸按需要而定,宽度与胶辊相同。胶圈的结构一般由三层黏合而成。外层是伸长层,因直接与纤维接触,表面要求光洁,并具有一定的弹性和摩擦因数,以便有效地控制纤维运动;内层是压缩层,因其直接与罗拉、销子接触,要求光洁、富有弹性、耐热、耐磨;中层是增强层,利用棉或化纤作骨架,以提高胶圈的强度,减小伸长。胶圈通常要经酸处理、氯处理、紫外光照处理或真空辉光离子处理,要求表面滑爽且具有一定的抗静电性能。胶圈要定期揩洗,但不能用水、酸或碱洗,以免破坏胶圈表面状态。胶圈使用日久,弹性及表面性能会衰退,故一年左右需更换一次。

6. 胶圈销 胶圈销的作用是固定胶圈位置,把上、下胶圈引至前钳口,并在胶圈销处形成弹性钳口。FA506型细纱机采用弹性摆动上销和T形下销,如图8-3所示。下销为6锭一根,固装于下罗拉座上,与下部张力辊一起支撑下胶圈,并使下胶圈呈紧张状态。上销为双联叶片状,用于支撑上胶圈,其上端可绕小铁辊中心灵活摆动,借助小铁辊中心处片簧的作用给上销施加一定的起始压力,使上销始终压向下销。上销上装有尼龙隔距块,使上、下销间保持一定的隔距,通常称为原始隔距。

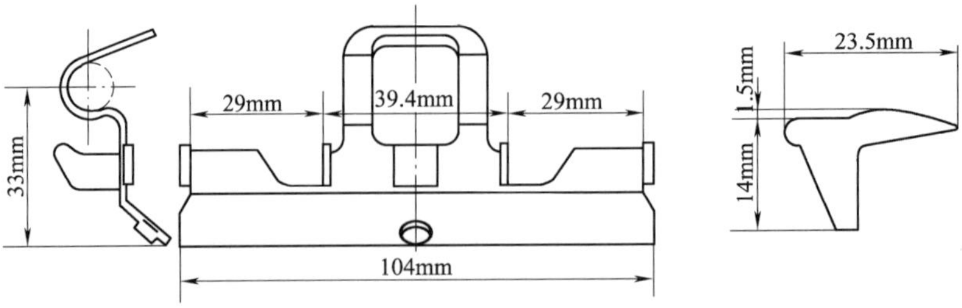

(a) 上销　　(b) 下销

图8-3　FA506型细纱机的销子

7. 集合器 集合器的作用在于收缩纱条的宽度，减少飞花和边纤维的散失，减少绕胶辊、绕罗拉现象，使须条在较紧密状态下加捻，使成纱紧密、光洁、毛羽少、强力高。如果集合器使用不当会增加纱疵，当口径过小、挂花、抖动及横动不灵活时，会使纱线质量下降，断头增加，产生条干竹节。常用的集合器如图 8－4 所示。

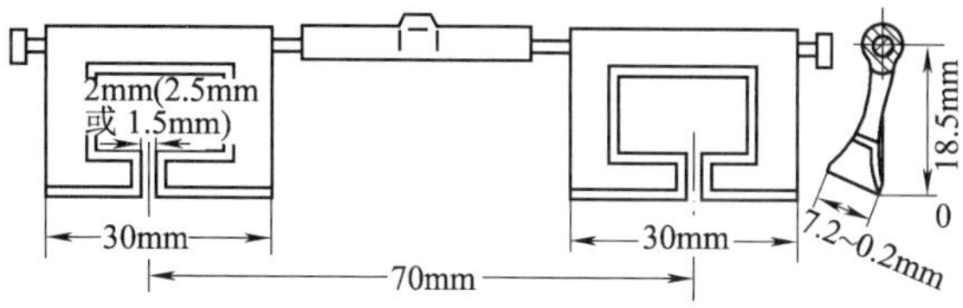

图 8－4 细纱机前区集合器

8. 加压机构 细纱机采用摇架加压。根据加压方式的不同可分为弹簧摇架加压和气动摇架加压。

（1）弹簧加压摇架：弹簧摇架加压具有结构紧凑、轻巧、吸震作用好、机面负荷轻且加压大等优点，在新型牵伸装置中得到了广泛的应用。但它的主要缺点是使用日久弹簧压力有衰减现象，压力稳定性变差。如图 8－5 所示为 TF18—115 型摇架结构。

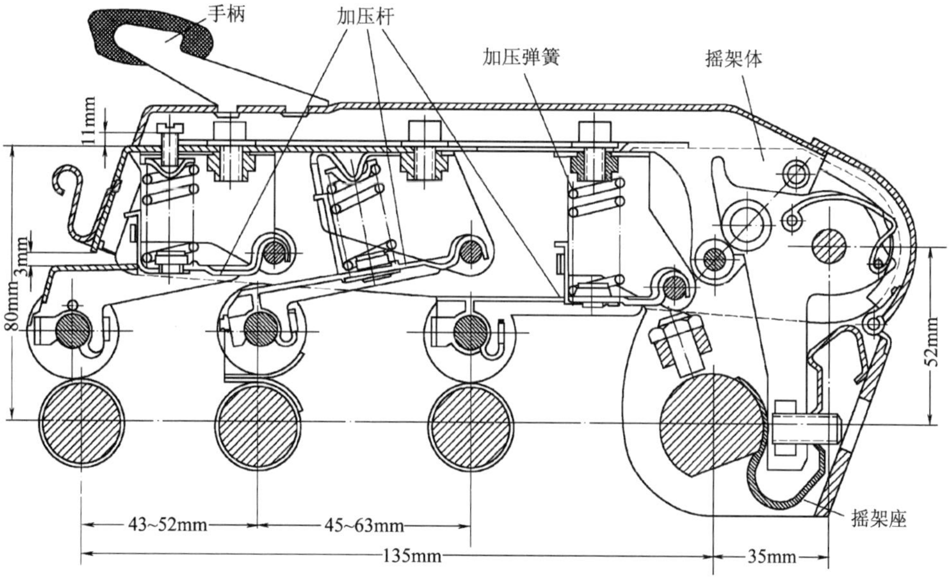

图 8－5 TF18—115 型摇架

（2）气动摇架加压：气动加压以压缩空气为动力源，将压力为（1.7～2.3）$\times 10^5$Pa（根据锭距不同而调节）的空气输送至车头尾两边的气囊中，气囊膨胀顶住压力板，再通过连接杠杆的传递作用对罗拉进行加压。如图 8－6 所示为 SYJQ1—160 型气动加压摇架的结构。

气动加压保持了弹簧摇架加压的优点，克服了弹簧加压使用日久后弹簧疲劳衰退的缺点，

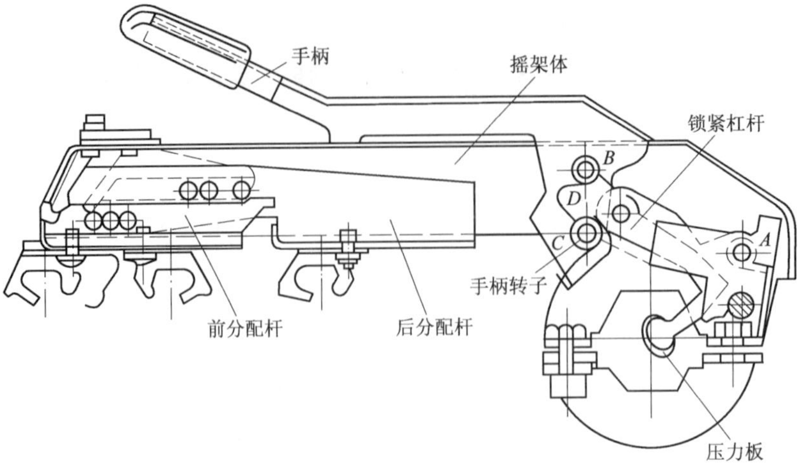

图 8-6　SYJQ1—160 型气动加压摇架结构

压力稳定充分，能适应重加压工艺，调压方便且可在机器运转状态中进行，压力大小可无级调节，关车时可以半释压，使胶辊上只产生微压力，防止胶辊上产生压痕，又阻止了细纱捻度进入牵伸区及开关车时胶辊与罗拉钳口中纱条位移，大大降低了再开车时的断头率，有助于提高成纱质量，且吸振能力强，能适应机器高速，结构简单，无易损零件，采用机下分段组装，维修管理方便。但气动加压需要一套气源发生设备及相应的伺服机构。对供气系统而言，气囊的密封性能及其弹性、强度要求较高，压力传递机构中采用了较多的杠杆，杠杆比值大，压力传递误差累积起来会影响加压精度和锭差，从而抵消气囊加压的优点，因此对杠杆传递机构的制造和安装精度比弹簧摇架加压要求更高。

9. 断头吸棉装置　它是利用风扇产生的吸力将断头后前罗拉吐出的须条吸入位于前罗拉下面的吸棉管（笛管）小孔内，经总吸棉管将纤维凝聚到储棉箱内。采用此装置可避免纱条断头飘动带断邻近纱线，减少毛羽和粗节，提高产品质量，也可改善车间卫生条件，减轻工人劳动强度。

吸棉装置分为单独吸棉与集体吸棉两种，采用集体吸棉装置，可减少停、开车时因吸力不足而造成的断头、飘头及绕罗拉、绕胶辊现象。吸棉真空度、吸孔形状及笛管安装位置对断头吸入率均有影响，纺纯棉要求吸棉真空度在 600Pa 以上，纺化纤时需增加 40% 左右，头、尾端差异要小。吸孔形状有圆形、椭圆形、三角形、梨形等，新型细纱机则以梨形为多。

二、牵伸工艺配置

1. 前区牵伸工艺配置　细纱牵伸装置的前区通常采用双胶圈牵伸，双胶圈牵伸的上下胶圈的工作面对须条直接接触，增强牵伸区内须条的中部摩擦力界强度和扩展幅度，能阻止纤维提前变速。在胶圈销处，组成一个柔和而又有稳定压力的胶圈钳口，既能控制短纤维运动，又能使前罗拉钳口握持的纤维顺利抽出。

(1)浮游区长度：浮游区(又称自由区)长度是指胶圈钳口至前罗拉钳口间的距离。通常以上销或下销前缘至前罗拉中心线间最小的距离表示。实际的浮游区长度要比计算的稍大些。缩短浮游区长度意味着一方面减少浮游区中未被控制的短纤维数量；另一方面胶圈钳口摩擦力界相应向前方伸展，使纤维在胶圈部分的摩擦长度增加，加强了对浮游纤维的控制力，因此缩短浮游区长度，会使牵伸区内纤维变速点分布向前钳口靠近而集中，扩展幅度小，纤维变速点稳定。图8－7所示的实验曲线，证实上述分析是正确的。在同一种牵伸装置上以不同的浮游区长度进行纺纱质量的对比实验，从实验结果表8－2可知，细纱黑板条干和25mm短片段不匀率均随浮游区长度缩小而得到改善。

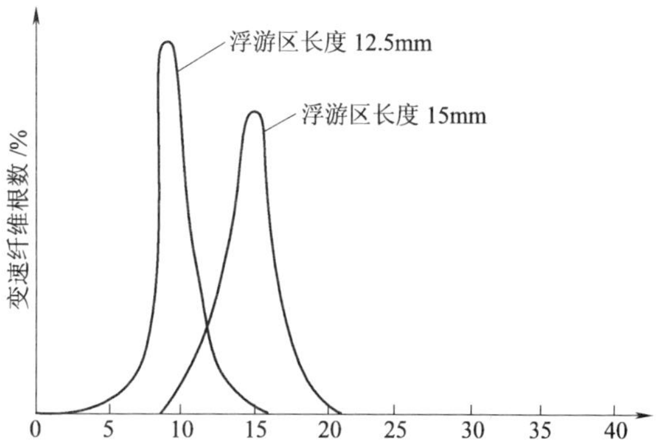

图8－7 浮游区长度与纤维变速点分布

表8－2 不同浮游区长度与细纱质量

浮游区长度(mm)	12.0	13.0	15.5	16.0
黑板条干(一级板块数)	8.0	7.2	5.7	5.0
25mm 片断不匀率(%)	13.1	12.9	13.9	14.2

(2)胶圈中部摩擦力界合理布置和控制：双胶圈使牵伸区中后部摩擦力界的强度增强和扩展幅度增大，但同样是双胶圈牵伸，牵伸能力和成纱质量可能会有较大的差异。

胶圈钳口型式、销子型式及胶圈材料的不同，牵伸区中后部摩擦力界的强度也有差异。双短胶圈在运行中易出现中凹现象，使摩擦力界减弱且不稳定；经改进后，使上销下压、下销下倾，改善了胶圈的中凹现象，而在FA506型细纱机中采用的曲面阶梯下销上托，也是为了同样的目的。一般销子上托或下压高度为1.5mm，使其摩擦力界强度低于胶圈钳口，通常使销子上托或下压点的位置在胶圈工作段长度的中部为好。

胶圈钳口是纤维变速最激烈的部位，钳口处的摩擦力界强度及其稳定性对纤维运动影响最大，胶圈钳口既要控制浮游纤维，又要保证快速纤维的顺利抽出。

FA506型细纱机采用下销位置固定、上销位置可调的弹性钳口，弹性上销支撑上胶圈处于一定的工作位置，借助上销片簧的作用力始终压向下销。弹性钳口上、下销子间原始隔距较小，钳口压力波动也较小。当某种原因使钳口压力增大，则上销向上摆动，使须条上压力增加没有固定销那么大；反之上销会下摆而起到对钳口压力的弹性自动调节作用。胶圈钳口隔距可根据纺纱线密度、喂入定量、胶圈特性、纤维性能及罗拉加压等条件而定，其选用范围见表8－3。

表 8-3　纺纱线密度与钳口隔距的关系

线密度(tex)	>32	20~31	9~19	<9
钳口隔距(mm)	3.0~4.5	2.5~4.0	2.5~3.5	2.0~4.0

(3)牵伸力与罗拉钳口的握持力:在前牵伸区中,喂入的粗纱线密度一定时,牵伸倍数越大,前罗拉握持的快速纤维数量越少,牵伸力越小。纤维的数量分布、喂入须条上捻度多少以及摩擦力界的布置对牵伸力的影响较大。

为了改善细纱条干,除控制牵伸力大小外,还必须控制牵伸力不匀率。牵伸力随着喂入纱条的不匀和摩擦力界分布的不匀而波动,引起纤维变速点的不稳定而影响纱条的条干均匀度。在握持力与牵伸力相适应的前提下,适当加强胶圈钳口压力对稳定牵伸力有一定效果。同时还必须适当加强胶圈中部的摩擦力界以稳定胶圈中部的纤维运动。

牵伸力大时,可适当减小粗纱捻系数,以降低纤维间的紧密度,减小快速纤维从慢速纤维中抽出时的阻力,降低牵伸力;适当加大后区牵伸倍数使进入前区须条的紧密度降低而达到降低牵伸力,使之与握持力相适应;在加压偏轻时,可适当增加前罗拉的加压量,使握持力与牵伸力相适应;弹性钳口还可将钳口隔距适当放大或适当降低钳口压力。

罗拉钳口的握持力是指上胶辊与下罗拉组成的钳口对须条的动摩擦力,其大小与罗拉加压、钳口下须条的粗细和几何形状、钳口与须条的动摩擦因数及胶辊的硬度和弹性等因素有关。罗拉钳口的握持力与加压、须条的形态有关,前钳口的握持力比中后罗拉小得多,在加压量增加时增幅亦较小,这是由于前、中、后钳口下握持的须条粗细与几何形状不同的缘故。胶辊加压后,胶辊与纱条同时变形,当胶辊变形小于变形后的须条厚度时,胶辊上全部压力集中于须条上。细纱机前、中、后钳口中须条均较薄,胶辊的变形往往会超过须条受压变形的厚度值,胶辊在整个宽度范围内均有变形,使胶辊压力有相当大的部分没有加在须条上。若须条受压后的厚度值越薄,加在须条上的压力损失就越多。随罗拉钳口加压增大,前、中、后钳口的握持力都随之增加,由于自后罗拉到前罗拉须条定量渐减,在同样的加压量时,它们获得握持力的大小也是渐减的。

增加罗拉的加压量,是生产上增大握持力的常用方法,但胶辊加压又不能过重,否则会引起胶辊严重变形、罗拉弯曲、扭振等而造成周期性纱条不匀,严重时会引起牵伸齿轮的爆裂。不同的机型和加压机构,能承受的最大加压量也不同,FA 系列细纱机在纺棉及 65mm 以下化纤时的钳口加压范围已增大到(130~200)×(80~140)×(120~180)N/双锭,使罗拉钳口的握持力能与牵伸力的增加相匹配。

在牵伸区放置集合器,可增加前钳口处须条厚度,减少边缘纤维,从而增加钳口对须条的有效压力而使钳口的握持力增大;适当加大胶辊直径,可使胶辊对须条的握持长度增加而增加握持力;增大胶辊表面的摩擦因数,可增加钳口的握持力;细纱机前区常采用"浮游区长度、钳口隔距和罗拉中心距"都较小的工艺,可以充分发挥前区牵伸能力,提高纱线的质量。

2. 后区牵伸工艺配置

(1)罗拉握持距:罗拉握持距与喂入粗纱定量、纤维长度、粗纱捻系数、温湿度等因素有关。握持距的大小与牵伸力有着密切的关系，握持距大，牵伸力小，握持距小，牵伸力大。如图 8－8 所示。在生产中一般所用的纤维细而长，喂入粗纱定量重，粗纱捻系数大，车间湿度高，罗拉握持距应偏大掌握，以减小牵伸力，使它与握持力相适应。反之则偏小掌握。

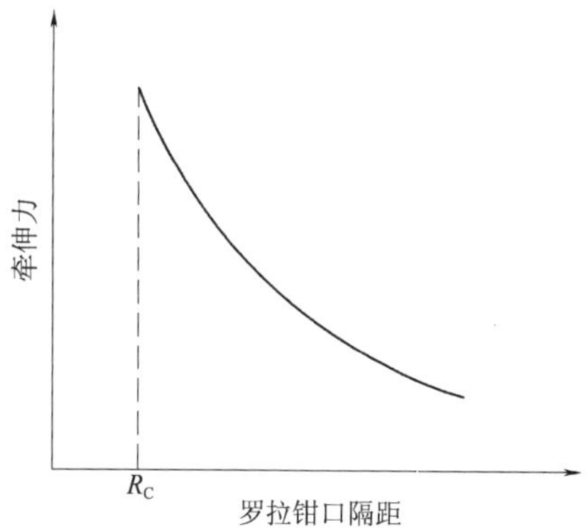

图 8－8 罗拉钳口隔距与牵伸力的关系

在牵伸区内为了有效地控制纤维运动，握持距以偏小为好。握持距小，牵伸力必然大，为解决握持力与牵伸力不适应的矛盾，“紧隔距”必须结合“重加压”。采用这种工艺，既有利于控制牵伸区内纤维运动，又可避免须条在罗拉钳口下打滑，从而改善输出须条的均匀度。

(2)后区牵伸倍数：后区牵伸倍数与前区牵伸倍数有着密切的关系。提高前区牵伸能力主要是合理配置胶圈工作区的摩擦力界，使之有效地控制纤维运动，提高成纱条干均匀度。但是仅有前区摩擦力界的合理布置，而喂入纱条的结构不均匀、纤维之间没有足够的联系力还不能充分发挥前区胶圈的牵伸作用。后区牵伸主要是为前区作准备，使喂入前区的纱条结构均匀并具有一定的紧密度，并使之与前区摩擦力界相配合而形成稳定的前区摩擦力界分布，以充分发挥胶圈控制纤维的作用，从而减少粗、细节，提高成纱条干均匀度。

提高细纱牵伸能力的方法有两种。一是保持较小的后区牵伸倍数，采用提高前区的牵伸倍数；二是采用较大的后区牵伸倍数以达到提高总牵伸倍数的目的。生产实践证明，后区采用较小的牵伸倍数，对成纱不匀率无显著影响。因此，细纱工艺必须增强胶圈控制作用，后区采用较小的牵伸倍数。由于后区牵伸小，牵伸力大，牵伸力不匀率小，同时可利用粗纱捻度来增大后区与前区牵伸纱条的紧密度，这样既有利于后区控制纤维运动，又有利于前区发挥胶圈控制纤维运动的作用，从而改善成纱均匀度。采用较小的后区牵伸倍数，工艺适应性较广，对原料条件、成纱线密度变化不大时，后区牵伸和后区隔距一般不需调整，简化了工艺管理工作，后区隔距较大有利于满足牵伸力小于握持力的条件。

在喂入纱条纤维整齐度好、条干均匀时，可采用较大的后区牵伸倍数。后区隔距必须与纤维长度相适应，一般为纤维品质长度加 2～4mm，中、后罗拉加压必须相应加重。当后区牵伸倍数超过 2.5 倍时，成纱中片段不匀显著增大。一般后区牵伸还是以偏小掌握为宜。

(3)粗纱捻系数：后区采用较小的牵伸倍数时，适当提高粗纱捻系数，对降低细纱断头，提高成纱均匀度是有利的。

在简单罗拉牵伸区中，利用粗纱捻回产生的附加摩擦力界控制纤维运动是有效的。当牵伸倍数较小，牵伸力较大时，合适的粗纱捻度可以防止牵伸须条中部发生局部分裂，同时纱条绕轴心不发生翻动，减少捻回重分布现象；牵伸区纱条上的捻回分布主要与牵伸倍数有关，即纱条上的捻回分布自后向前逐渐减小。在这种情况下，后纤维对浮游纤维的控制力大于前纤维对浮游纤维的引导力，使纤维不会提早变速，纤维变速点前移而趋于稳定，牵伸倍数越大，牵伸须条越扩散，在这种情况下，适当提高粗纱捻系数，使附加摩擦力界强度增加，纤维之间接触良好，浮游纤维变速点前移而趋于稳定。

在胶圈牵伸中，适当增加粗纱捻度，对胶圈控制纤维运动也是有利的。捻度较多的粗纱，经过后区牵伸后，捻度尚未完全解开，部分剩余捻回的纱条进入胶圈牵伸区，由于上、下胶圈对纱条的有效控制，纱条在胶圈间不可能发生翻动，消除了捻回重分布现象。剩余捻回在纱条牵伸时，受到张力的作用产生向心压力，增强了纱条中部摩擦力界，从而有助于控制纤维运动。

粗纱捻系数的利用还需结合喂入粗纱定量、后区牵伸倍数、中后罗拉隔距及加压和温湿度等因素综合确定。

3. 依纳V形牵伸工艺配置 依纳V形牵伸装置，如图8-9所示，其主要特点是后罗拉中心抬高12.5mm或13.5mm；后上胶辊沿后下罗拉表面后移，使后上胶辊和后下罗拉中心连线与水平线夹角成25°~31°，后胶辊与后罗拉在水平方向距离为f；后下罗拉前移，中、后下罗拉中心水平距离缩短为40mm左右（适于纺棉型纤维）；采用了喂入曲面导纱喇叭。

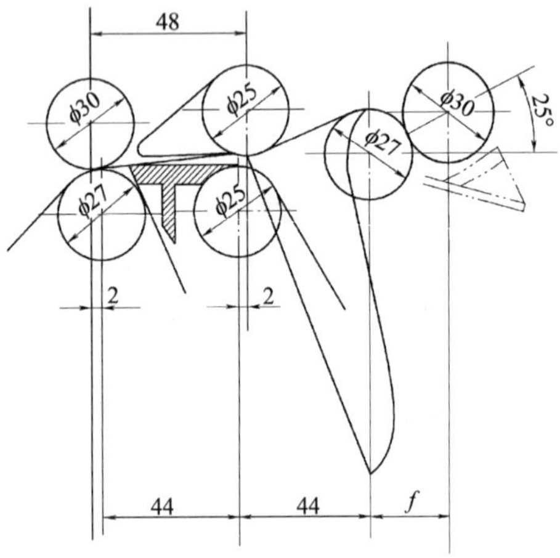

图8-9 依纳V形牵伸装置

V形牵伸可使喂入后牵伸区中的纱条在后罗拉表面形成一段包围弧。由于后罗拉抬高形成的曲线牵伸和适当的粗纱捻回配合，后罗拉附近形成较强的摩擦力界，使后牵伸区中的纱条获得较高的集合，纤维的变速点前移，牵伸纱条不会扩散，反而逐渐向中罗拉收缩集合，形成狭长的V字形，并以较高的纱条紧密度喂入前牵伸区，使总牵伸倍数得以增大。

在V形牵伸中，后区牵伸是为前区牵伸作准备，当喂入前区的纱条结构均匀，且具有较高的紧密度时，在前区会形成均匀稳定的摩擦力界，以达到改善成纱条干的目的。

V形牵伸依靠纱条在抬高的后罗拉表面形成的包围弧（包围角81°~85°，弧长约19mm）来增大后罗拉摩擦力界强度，并向前扩展，在粗纱捻回的配合下，纱条在后区牵伸过程中形成狭长V字形，与较小后区罗拉中心距的配合，使浮游区长度缩短为35mm左右，提高了牵伸区中喂入前区纱条的紧密度，增强了前区摩擦力界强度，防止胶圈中部出现中凹失控，加强了对纤维运动的控制。

V形牵伸并不是用提高后区的牵伸能力来提高总牵伸能力，而是通过改善喂入前区的纱条紧密度和内在结构，并在前区胶圈牵伸的配合下，进一步提高前区的牵伸能力，达到增大总牵伸能力的目的。

在工艺条件不变，总牵伸为47.1倍的情况下，采用不同的后区牵伸倍数，用依纳V形牵伸装置纺13tex涤棉纱，其结果见表8-4。

表 8－4　不同后区牵伸倍数与纱线质量

后区牵伸倍数		1.26	1.34	1.46	1.62	1.79	1.87
成纱质量	成纱条干 *CV* 值(%)	14.7	14.7	14.9	15.2	15.1	15.6
	－50% 细节	12.3	8.4	10.3	11.1	11.8	17.1
	＋50% 细节	26.9	27.0	25.8	27.6	22.2	32.0
	＋200% 棉结	37.5	36.6	38.0	29.5	22.9	31.4

由表 8－4 可见，成纱条干 *CV* 值和粗、细节都随后区牵伸倍数增大而增大，因此后区牵伸仍以偏小掌握为宜。因为随着后区牵伸倍数的增大，后区牵伸纱条紧密度下降，当牵伸倍数过大时，对成纱条干均匀度更加不利。在 V 形牵伸中，中罗拉钳口产生约 5.5mm 长的反包围弧，使后区前部的摩擦力界向后扩展，浮游纤维提前变速，增大了牵伸波所产生的附加不匀，所以 V 形牵伸后区牵伸倍数也宜偏小掌握。因此，V 形牵伸也只有在后区牵伸倍数较小的条件下，才能充分发挥它的优点。

V 形牵伸后区罗拉中心距纺纯棉纱时为 40mm 左右，纺涤棉混纺纱时为 44mm 左右，而罗拉握持距却增大到 60mm 左右，浮游区长度缩小到 35mm 左右，故特别适宜于整齐度差的短纤维纺纱，它既能有效地控制短纤维，又不致拉断长纤维，与普通牵伸相比，纤维的扩散显著减少，短纤维被较好地握持在牵伸纱条中，而且由于后区牵伸配合，使进入前区牵伸的纱条内纤维伸直平行度有所提高，从而改善了前区牵伸纱条的内在结构，可提高成纱质量和增加牵伸倍数，使总牵伸能力可比普通牵伸装置提高 30% ~50%。

V 形牵伸工艺潜力的发挥都是在前上胶辊采用软弹性的情况下取得的。不同硬度上胶辊对纱条不匀率的影响见表 8－5。

表 8－5　不同硬度上胶辊对纱条不匀率的影响

型　　号	Berlol	ME666	WRC849	DayCo	141—1	NO714	J490
产地	瑞士	美国	无锡	英国	上海	美国	美国
肖氏硬度	68°	60°	69°	72°	74°	82.5°	84°
成纱条干 *CV* 值(%)	14.93	14.96	15.76	15.56	15.77	16.03	16.14

由表 8－5 可见，成纱条干不匀率随着前上胶辊硬度的增加而增加。这是因为硬度小的前上胶辊可使横向摩擦力界更加均匀，使前钳口下的纤维得到强有力的握持，对改善成纱质量非常有利。

第三节　细纱的加捻卷绕

一、细纱的加捻卷绕过程

(一)细纱的加捻过程与成纱结构

要获得具有一定强力、弹性、伸长、光泽、手感等机械性能的细纱，必须通过加捻，改变须条结构来实现。

细纱的加捻过程如图 8－10 所示。前罗拉 1 输出的纱条 2 经导纱钩 3，穿过钢领 6 上的钢丝圈 4，绕到紧套于锭子的筒管 5 上。锭子回转时，借助纱线张力的牵动，使钢丝圈沿钢领 6 回转，钢丝圈带动纱条沿钢领回转一转纱条就获得一个捻回。

纱条的加捻，其实质就是利用须条横截面间产生相对角位移，使原来伸直平行的纤维与纱轴发生倾斜来改变须条结构。纱条由扁平状形成近似的圆柱形。如图 8－11 所示，前罗拉输出的须条呈扁平状态，纤维与纱轴平行排列。钢丝圈回转产生的捻回向前罗拉钳口传递，使钳口处的须条围绕轴线回转，须条宽度逐渐收缩，两侧也逐渐折叠而卷入纱条中心，形成加捻三角区。在加捻三角区中，须条的宽度和截面发生变化，从扁平状逐渐形成近似圆柱形的细纱。须条加捻时，产生了纤维的内外层转移。设纱条截面上纤维根数为 n，各根纤维与纱条输出轴向的夹角为 θ_i，在纺纱张力 T_s 作用下，每根纤维受到张力 $T_i\sin\theta_i$，其轴向按平衡条件有 $\sum T_i\cos\theta_i = T_s$，其径向产生向心压力为 $T_i\sin\theta_i$，边纤维 θ_i 大，$T_i\sin\theta_i$ 大，中心纤维 θ_i 接近于 0，$T_i\sin\theta_i$ 接近于 0。因此，从加捻三角区中纤维的几何位置和纺纱张力所产生的力学条件迫使边纤维挤向中心，把中心纤维挤向外缘。当边缘纤维挤入中心时，其向心压力趋于零，又被另一些外缘纤维挤出来，一根纤维通常要从外向内，又从内到外，发生内外层纤维反复转移多次，因此纱条中多数纤维的实际几何形状呈不规则的圆锥螺旋形，如图 8－12 所示。图 8－12(a)是纱条中一根纤维相隔 0.2mm 切片上各点横截面投影。图 8－12(b)是一根纤维在纱条中侧面投影，纤维头端被挤出后，由于没有张力和向心压力作用，所以不能再压向内部，而留在纱的表面形成了毛羽。纱条在承受拉伸负荷时，纤维承受张力，从而对纱条产生向心压力，促使纤维互相抱紧挤压，增加了纤维间的滑动阻力和纱条紧密度，使纱条获得一定强力及其他机械性能。

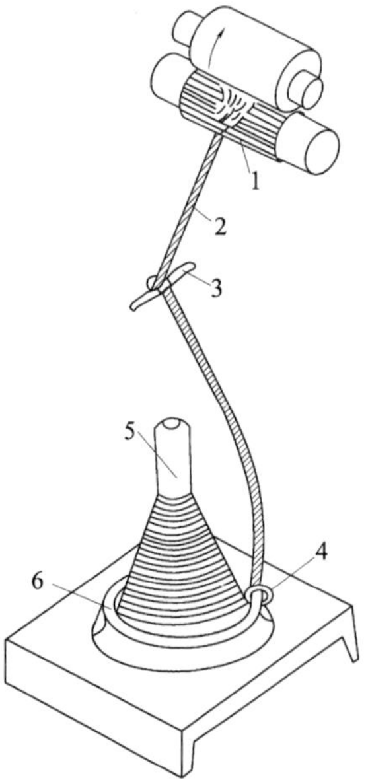

图 8－10　细纱的加捻过程

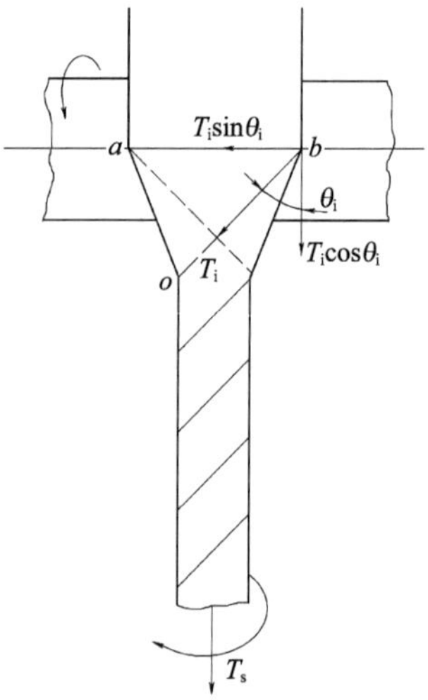

图 8－11　纱条的加捻

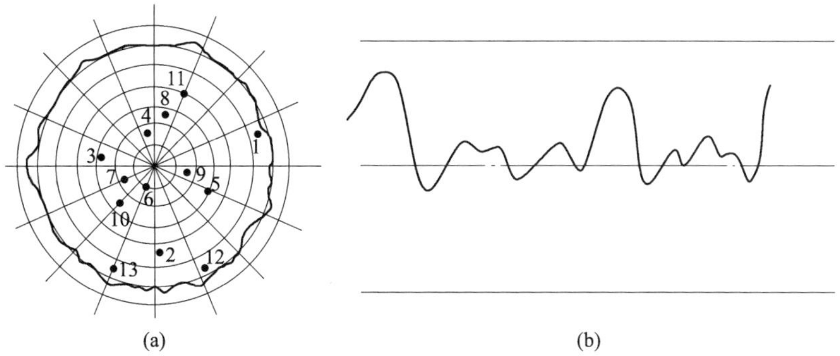

图 8－12 纱条结构示意图

（二）细纱捻系数和捻向的选择

1. 细纱捻系数的选择 细纱捻系数的选择主要取决于细纱品质的要求。一般要求经纱有较高的强力，弹性要好，因此捻系数要大些。由于经纱要经过络筒、整经、浆纱等工序，在织造过程中要承受较大的摩擦力及反复的拉伸变形，故对强力和弹性的要求较高。而纬纱经过的工序少且引纬张力小，为避免引纬扭结，捻系数可小些。纺相同线密度细纱时，经纱捻系数比纬纱高10% ~15%；针织用纱的捻系数接近于纬纱的捻系数，其值因纱线品种不同而异；棉毛衫用纱的捻系数较低，而汗衫要求有凉爽感，则捻系数应略大些。起绒织物与捻线用纱的捻系数较小。在保证成纱品质的前提下，生产中细纱捻系数应偏小选择，以提高细纱机的产量。

2. 细纱捻向的选择 为便于生产操作一般采用 Z 捻。在化纤混纺织物中，为了使织物获得隐条等特殊风格，经、纬纱常用不同的捻向。

二、加捻卷绕的高速元件

目前细纱机的锭速已达 14000 ~25000r/min，在细纱机高速生产过程中，加捻卷绕元件（锭子、筒管、钢领、钢丝圈）的高速化是非常关键的。

（一）锭子

锭子由锭杆、锭盘、锭胆、锭脚、锭钩组成。由于锭速很高且与产质量密切相关，因此生产上对锭子有着较高的要求。

1. 锭杆 锭杆作为高速回转轴，必须十分平直、坚韧且有弹性，其弯曲偏心必须控制在允许的范围内。锭杆用轴承钢制造，在其长度方向上有四个锥度，上锥度用来与筒管的天眼相匹配；次上锥度用来压配锭盘，锭杆与滚珠轴承配合处为圆柱体；次下锥度与下锥度用以保证在锭子转动时润滑油能适量上升而润滑轴承。锭杆底部做成 60°的锥形，锭尖有一很小的圆球面，可在承受轴向负荷时减少磨损。上、下两轴承处要求有较高的硬度（HRC62 以上）。

2. 锭盘 它紧套于锭杆的中部，呈钟鼓形，由铸铁制成，是锭子的传动件。锭子的上轴承置于其中，能防止飞花、尘杂进入，锭带张力作用部位与上轴承相接近，可减少上轴承的力矩。锭盘直径小时，可减少锭盘偏心对锭子振动的影响，也可降低锭带的速度以减少功率消耗。当锭盘钟鼓形部分的锥度小时，可减少跳筒管现象，但过小回丝不易剥取。

3. 锭胆 锭胆是锭杆的支撑。纺纱厂目前广泛采用的锭子，有上支撑是固定支撑，下支撑是弹性支撑两种。根据上、下支撑的结构，锭胆又有分离式锭胆和联接式锭胆两种。

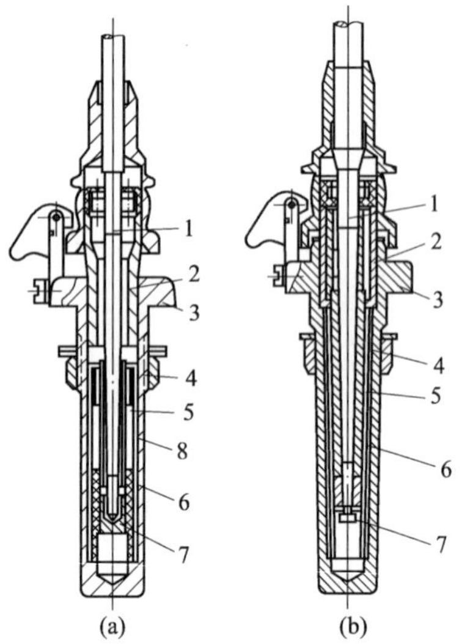

图 8 - 13　锭子

(1)分离式锭胆：如图 8 - 13(a)所示，锭杆 1 上支承 2 由上轴承连同轴承座压配在锭脚 3 中，锭底 7 装配在中心套管 5 中，借弹性元件组合装配在锭脚 3 内。下支撑由中心套管 5、弹性圈 4、隔离圈 8、圈簧 6 组成，安装在锭脚中。弹性圈的内圈与中心套管紧密配合，外圈与锭脚保持较小间隙，起确定锭子中心和下支撑的横向、纵向支撑作用。圈簧由弹簧钢卷成，当锭杆振动使下支撑偏离时能自调中心，同时利用各圈簧之间形成的多层油膜的黏性阻尼起到吸振作用。目前，广泛使用的这类锭子是 D1200 型系列高速锭子，FA506 型细纱机可配用该系列锭子。

(2)联接式锭胆：如图 8 - 13(b)所示，为克服分离式锭胆上支撑较软及润滑条件较差的缺陷，采用铣有螺旋槽的钢质弹性管将上、下支撑连接成整体，组装在锭脚内，便于使润滑油上升至上轴承，同时增加了下支撑的刚性，弹性管下部的有特长形吸振圈簧起自调中心作用，并利用多层油膜的黏性阻尼来吸收锭子的振动能量，保证锭子运转平稳。FA506 型细纱机采用 180 ~ 230mm 升降全程时配用的是 D3203 型锭子。

4. 锭脚 锭脚是整个锭子的支撑，兼作储油装置。

5. 锭钩 锭钩的作用是防止在高速运转时锭子上跳，防止拔管时将锭杆拔出锭脚。

锭子高速时的振动问题与细纱断头率高低、锭子使用寿命、功率消耗以及噪声等密切相关。为减少锭子的振动，既要考虑锭子的制造材质、热处理方法、制造精度等方面的问题，还要着重研究锭子的结构型式，并对支撑、弹性、阻尼等进行优化设计。目前，锭子向高速、小卷装、节能型方向发展。

(二)筒管

筒管有经纱管和直接纬纱管两种，其中经纱管如图 8 - 14 所示。筒管材料有塑料和木质两种。经纱管的长度根据钢领板升降全程与纺纱线密度决定，直径一般为钢领直径的 40% ~ 45%，而纬纱管长度和直径决定于梭子内腔的长度和宽度。无论经纱管或纬纱管，其内部尺寸都必须与锭子相适应。

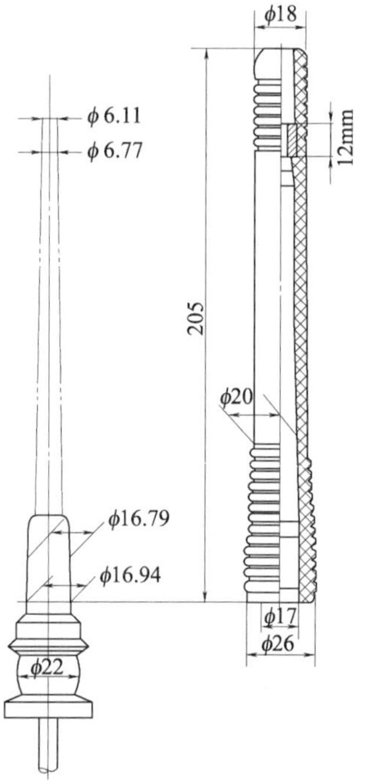

图 8 - 14　经纱管

筒管上部天眼与锭杆上锥度接触配合；底部与锭盘钟形部

分间隙配合(0.05 ~0.25mm)。目前,广泛采用的塑料管的优点为结构均匀、重心稳定、耐磨性好、制造方便,且节约木材。但在高速回转中弯曲刚度不够,中部弯曲后筒管内腔撞击锭杆,使锭子振幅增大,增加跳筒管现象。为增加塑料筒管的刚度,可在筒管内壁衬入铝套。随着细纱机速度的提高,对筒管质量的要求也日益严格,如筒管质量太差,不仅会使锭子振动增大,且会增多跳筒管断头。

(三)钢领与钢丝圈

环锭细纱机的"环"指的就是钢领,它是钢丝圈回转的轨道,在加捻过程中,纱线拖着钢丝圈在钢领上高速回转时,由于离心力的作用,使钢丝圈的内脚紧贴在钢领的内侧圆弧(又称内跑道)上滑行。两者的配合是否良好是关系细纱机能否高速和大卷装的问题,因此生产上对钢领有着较高的要求。

(1)钢领截面(尤其是内跑道)的几何形状要适合钢丝圈的高速回转。

(2)钢领跑道表面要有较高的硬度和耐磨性能,以延长使用寿命。

(3)钢领跑道表面要进行适当处理,使钢领与钢丝圈间具有均匀而稳定的摩擦因数,以利于控制纱线张力和稳定气圈形态。

细纱机的钢领分平面钢领和锥面钢领两种。

1. 平面钢领与钢丝圈 根据不同的纺纱要求,平面钢领主要有三种,如图8-15所示。纺超细特纱和细特纱常用高速平面钢领PG1/2型(边宽2.6mm),如图8-15(a)所示,其跑道由双曲率半径构成,抗楔性能好,适应高速;纺细特、中特纱常用高速平面钢领PG1型(边宽

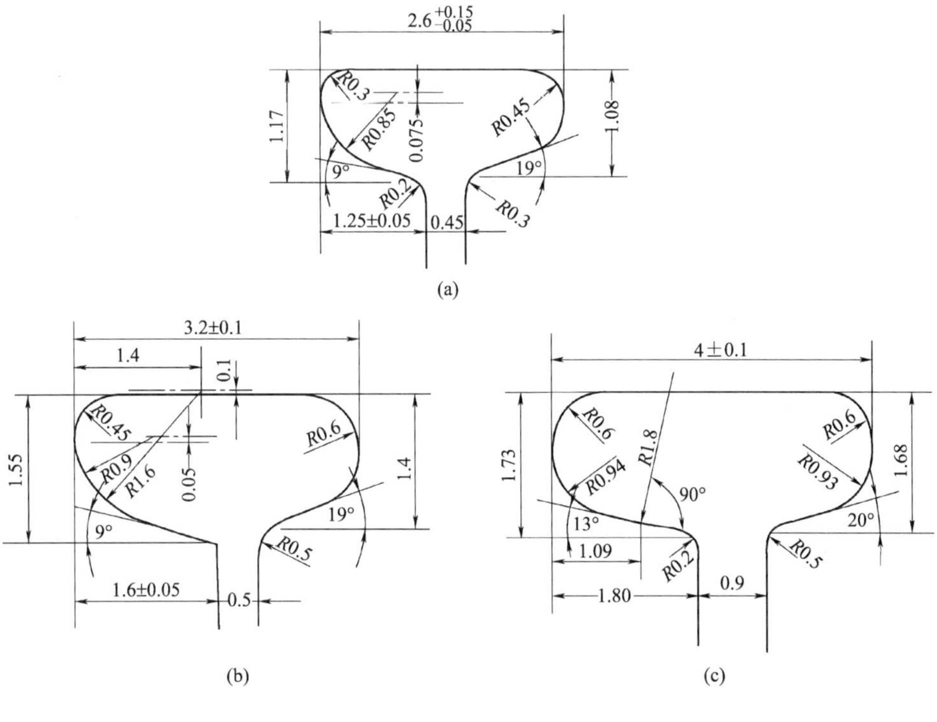

图8-15 钢领

3.2mm)，如图 8-15(b)所示，其跑道由多曲率半径构成，抗楔性能好；纺粗特纱用普通平面钢领 PG2 型(边宽 4mm)，如图 8-15(c)所示，其边宽较宽，使用寿命较长。

高速钢领的主要特点有如下几个方面。

(1)高速钢领的内跑道是由多段圆弧相接而成，与钢丝圈的触点位置高，接触弧较长，有利于钢丝圈的散热和耐磨，钢丝圈纱线张力较稳定。

(2)高速钢领的边宽较窄，可使钢丝圈圈形小、截面大、重心低，钢丝圈的运行灵活，散热快。

(3)高速钢领颈壁薄，内跑道深，可减少钢丝圈两脚碰内外壁而楔住的可能。

钢丝圈是加捻卷绕的重要元件之一，生产上还可利用钢丝圈的型号和号数来控制和稳定纺纱张力、达到降低断头的目的。平面钢领选配平面钢丝圈，现在细纱机上钢丝圈的速度已达 35~45m/s，国外有的高达 60m/s 左右。要求高速下的钢丝圈能减少磨损和烧毁，并保持平稳运行，为此对钢丝圈提出了很高的要求。

(1)钢丝圈几何形状与钢领跑道截面几何形状应正确配合；与钢领的接触面积要大，以利于钢丝圈的散热和稳定运行；钢丝圈的尺寸和开口应与钢领边宽相配合，避免两脚碰钢领的颈壁，保证有宽敞的纱线通道。

(2)材料硬度要适中(略低于钢领)、富于弹性而不变形。通常采用 70 号优质碳素钢轧制成形，淬火后硬度为 HRC52~58，并进行适当的表面处理，一般用镍或钴镀层，稳定与钢领间的摩擦，延长钢领与钢丝圈的使用寿命。

钢丝圈的型号是按钢丝圈的几何形状不同划分的，有的还反映钢丝圈线材截面形状的不同。钢丝圈重量用钢丝圈号数表示，以每 100 只钢丝圈的重量克数为标准，重于 1 号的依次为 2，3，4，…，30 号，号数越大，钢丝圈越重；轻于 1 号的依次为 1/0，2/0，3/0，…，30/0 号，2/0 号比 1/0 号轻，依此类推。

为了满足各种原料和纺纱线密度的要求，有许多型号的钢丝圈可供选用。目前，使用的钢丝圈号数的重量标准分为三个系列。

(1)G 型系列：如 G、GO 等型号钢丝圈等。

(2)O 型系列：如 O、OS、CO、OSS 等型号钢丝圈等。

(3)GS 型系列：如 GS、6701、6802、6903、FO、FU 等型号钢丝圈等。

不同系列的钢丝圈号数的重量标准不同，同系列内各种型号钢丝圈号数的重量标准则相同；三个系列钢丝圈的部分号数对应的每 100 只钢丝圈的重量见表 8-6。

表 8-6　部分钢丝圈号数与重量　　单位：g/100 只

号数	30	……	3	2	1	1/0	2/0	3/0	……	30/0
G 型	48.6	……	7.78	6.82	5.83	5.18	4.53	4.05	……	—
O 型	46.7	……	7.78	7.13	5.83	5.18	4.54	3.89	……	0.45
GS 型	—	……	7.78	7.13	6.48	5.83	5.18	4.86	……	0.32

2. 锥面钢领与钢丝圈 锥面钢领是实现高速、大卷装的主要措施之一。目前，生产上使用较多的锥面钢领主要有 ZM6 和 ZM9 两种型号，其几何形状如图 8－16 所示，其主要特点是钢领内跑道的几何形状为近似双曲线的直线部分。

选用的钢丝圈的几何形状为非对称形，如图 8－17 所示，内脚长，与钢领内跑道近似直线接触，接触面积大、压强小，可减少磨损与增大散热面积，钢丝圈运行平稳，有利于降低细纱断头。

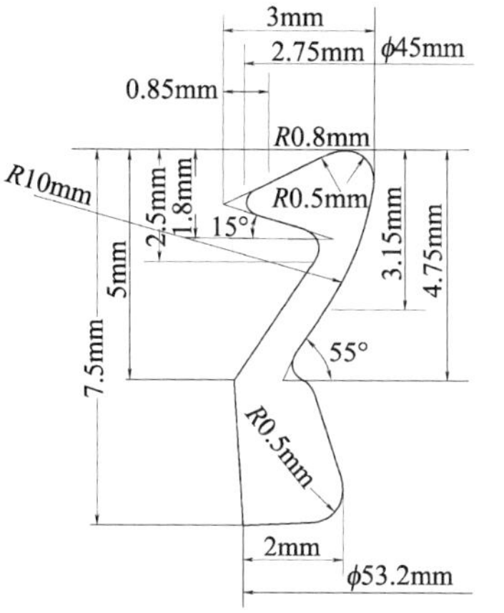

图 8－16 锥面钢领

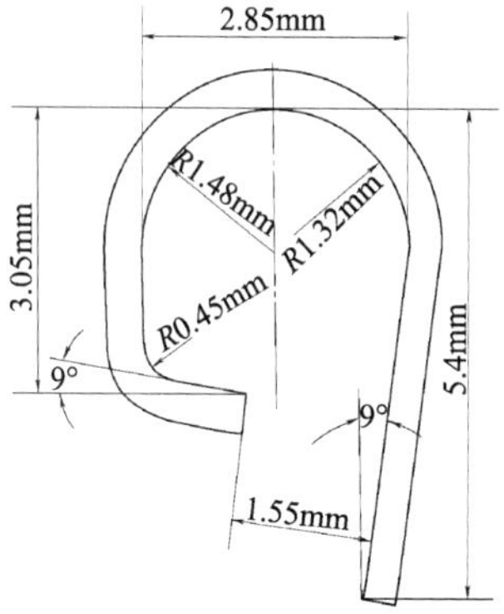

图 8－17 锥面钢领用钢丝圈

第四节 细纱的成形

一、细纱的成形过程

管纱成形要求卷绕紧密、层次清楚、不相纠缠，有利于后道工序高速退绕。管纱的卷装尺寸或容量除直接纬纱受梭子内腔尺寸限制外，应尽量增大，以减少细纱工序落纱和后道工序退绕时的换管次数，提高设备利用率和劳动生产率。细纱管纱都采用圆锥形交叉卷绕形式（又称短动程升降卷绕），如图 8－18 所示，截头圆锥形的大直径，即管身的最大直径 d_{max}（通常比钢领直径约小 3mm），小直径 d_0 就是筒管的直径。每层纱的绕纱高度 h 一般为 46～56mm，管纱的成形角 $\gamma/2$ 为 12.5°～14°。为了完成管纱的全程卷绕，每次卷绕一层纱后钢领板要有一个很小的升距 m（俗称为级升）。在管底卷绕时，为了增加管纱的容量，每层纱的绕纱高度和级升均较管身部分卷绕时小。从空管卷绕开始，绕纱高度和级升由小逐层增大，直至管底卷绕完成，才转为常数 h 和 m，即管底阶段卷绕时，$h_1 < h_2 < h_3 < \cdots < h_n = h$，$m_1 < m_2 < m_3 < \cdots < m_n = m$。为使相邻的纱层次分清，不相重叠纠缠，防止退绕时脱圈，一般钢领板向上卷绕时纱圈密些，称为卷绕层，钢领板向下卷绕时纱圈稀些，称为束缚层。这样在两层密绕纱层间有一层稀绕纱层隔开。因此，要完成纱圈的圆锥形卷绕，钢领板的运动应满足以下要求。

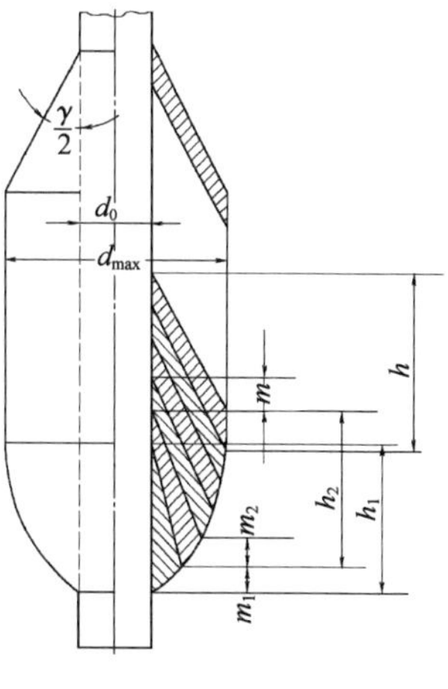

图 8－18 管纱的成形

（1）短动程升降，一般上升慢、下降快；

(2)钢领板每次升降后要改变方向,还应有级升;

(3)管底成形阶段绕纱高度和级升由小逐层增大。

二、FA506 型细纱机的成形机构

(一)钢领板的短动程升降和成形凸轮

细纱卷绕时钢领板沿纱管轴向升降的动程为 h,为了形成卷绕层与束缚层,其上升和下降的速度是不等的。在 FA506 型细纱机上,当钢领直径为 35mm、38mm 时,升降动程 h 为 46mm,选用的凸轮升降速比为 1∶3,常用于纺直接纬纱;当钢领直径为 42mm、45mm 时,升降动程为 56mm,选用的凸轮升降速比为 1∶2,常用于纺经纱。钢领板在升降中,由于卷绕同一层纱各处直径不等,为保证等圈距圆锥形卷绕,钢领板的升降速度 V_R 需与卷绕直径 d_X 成反比。

$$V_R = \Delta \frac{V_F}{\pi d_x} \qquad (8-1)$$

式中:Δ——卷绕圈距;

V_F——前罗拉表面速度。

FA506 型细纱机的升降卷绕机构如图 8-19 所示。成形凸轮 1 在车头轮系传动下匀速回转,推动成形摆臂 2 作上下摆动,通过摆臂左端轮 3 上的链条 3′拖动固装在上分配轴 4 上的链轮 5,使上分配轴 4 作正反向往返转动,固装在上分配轴 4 上的左、右钢领板牵吊轮 6 经牵吊杆、牵吊滑轮 29、牵吊带 30 牵吊钢领板横臂 31,使 31 上的尼龙转子 32 沿立柱 33 上下滚动,机台两侧的钢领板 34 以立柱 33 为升降轨道作短动程升降运动。图中 23 为小电动机,24 为链轮,25 为平衡凸轮,26 为平衡小链轮,27 为扇形链轮,28 为链条。

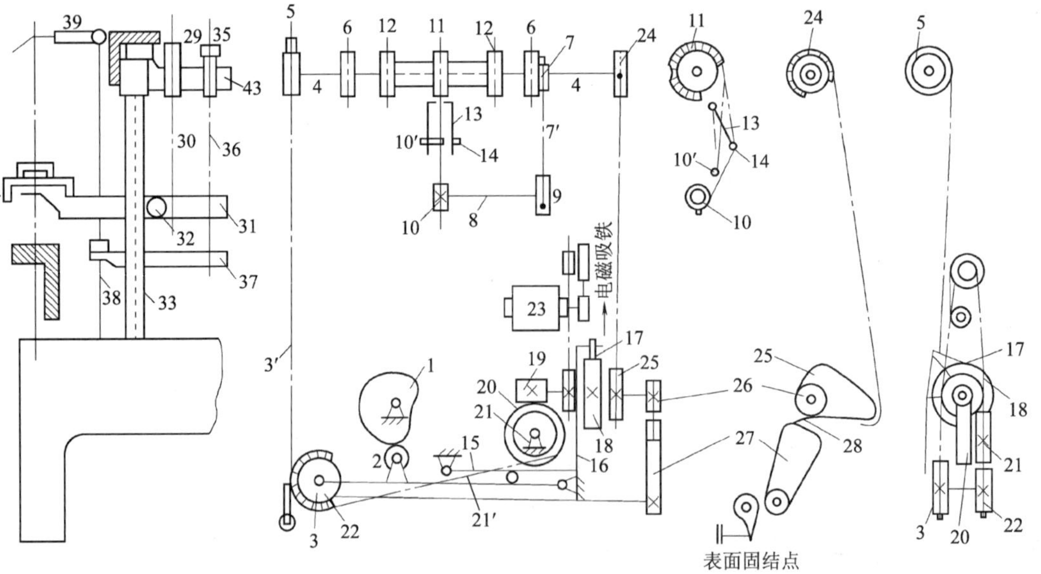

图 8-19 FA506 型细纱机升降卷绕机构

(二)导纱板短动程升降

上分配轴右侧轮 6 旁的链轮 7(两者是一体),通过链条 7′,去拖动固装在下分配轴 8 上的链轮 9,使下分配轴作正反向往返转动。固装在轴 8 上的链轮 10 通过链条 10′去拖动活套在上分配轴 4 上的链轮 11,而轮 11 和左、右两侧的导纱板牵吊轮 12 是一整体,所以下分配轴的正反向往复转动传递到轮 12,再由轮 12 经牵吊杆、牵吊滑轮 35、牵吊带 36 去牵吊导纱板横臂 37,再分别牵吊机器两侧的导纱板升降杆 38,使导纱板 39 作短动程升降运动。

(三)钢领板和导纱板的级升运动

钢领板和导纱板的级升运动是由级升轮 18(也称锯齿牙或撑头牙)控制的,其级升运动是在成形摆臂 2 向上摆动时带动小摆臂 15 向上摆动,15 右端顶着推杆 16 上升,使推杆 16 上端的撑爪 17 撑动级升轮 18。当成形摆臂 2 向下摆动时,撑爪就在级升轮上滑过。所以在成形摆臂升降摆动中,级升轮间歇转动,通过蜗杆 19 和蜗轮 20 传动卷绕链轮 21 间歇转过一个角度,再通过链条 21′使链轮 22 间歇转动。链轮 22 与链轮 3 为一整体,这样就使链轮 3 间歇卷取链条 3′的一小段而产生了钢领板和导纱板的级升运动。因此,每次链条缩短的长度或钢领板的级升距取决于级升轮的齿数和撑爪每次撑过的齿数。

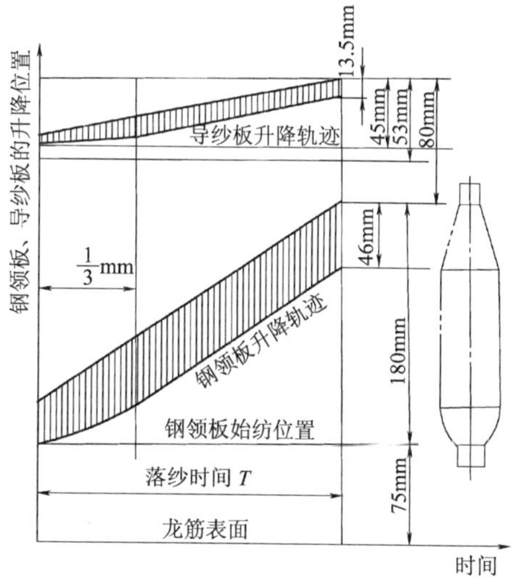

图 8-20 钢领板、导纱钩升降轨迹

为了压缩小纱气圈高度以降低小纱张力,导纱钩采用变动程升降,即从管纱始纺开始,导纱钩的升降动程和级升量逐渐增大到正常值,如图 8-20 所示。为此在轮 10 与 11 之间装有位叉机构,位叉 13 叉在链条 10′的一个横销 14 上,在小纱始纺时,迫使链条 10′曲成折线,此时轮 12 的正反向往复转动也造成位叉 13 的来回摆动,减少了轮 11、12 往复转动的角度。由于级升运动将曲折的链条逐步拉直,在管纱成形三分之一时链条上的横销 14 与位叉 13 脱离,位叉不再起作用。这时,轮 10 带动轮 11、12 牵吊导纱板作正常升降与级升运动。

(四)管底成形机构

FA506 型细纱机的管底成形机构采用凸钉式,如图 8-19 所示。在轮 5 上装有管底成形凸钉,在凸钉处轮 5 的半径较大。

(五)升降系统的平衡机构

FA506 型细纱机采用双弹性扭杆平衡,对钢领板和导纱板的重量加以平衡,确保钢领板升降平衡。如图 8-19 所示,当卷绕管底时与凸钉接触的链条 3′随成形摆臂 2 上下运动相同距离,因轮 5 的转动半径较大而使上分配轴 4 上的轮 6 作较小的往复转动,从而使钢领板升降动程较卷绕管身时为小。在管底卷绕时,链条 3′逐层缩短同样一小段长度,由于轮 5 的转动半径较大,所以钢领板逐层级升较管身卷绕时为小。当链条 3′逐层缩短,待轮 5 间歇转动使凸钉脱离与链条3′的接触时，钢领板的每次升降动程和级升才达到正常值，完成了管底的卷绕。

第五节　降低细纱断头率与细纱质量控制

一、降低细纱断头率

(一)细纱断头基本规律

细纱断头关系到细纱工序高产、优质、低耗，影响劳动生产率和设备生产率的提高。断头多生产状态有波动，工人劳动强度高，成纱疵点多，产品质量差，回花回丝、机物料消耗增多，直接影响产量。细纱断头是多种因素的综合反映，因此为了减少断头，必须掌握产生断头的原因，从根本上予以解决。

前罗拉到导纱钩之间的纱段，称为纺纱段纱线。纺纱段纱线所具有的强力称为纺纱强力，该段纱线所承受的张力称为纺纱张力。在纺纱过程中，如果纱线某截面处强力小于作用在该处的张力时，就发生断头，因此断头的根本原因是强力与张力的矛盾，如图8-21所示为实测中特纱纺纱张力 T_s 和纺纱强力 P_s 的变化曲线。从图中曲线可知，纺纱张力平均值 $\overline{T}_s$ 比纺纱强力平均值 $\overline{P}_s$ 小得多，断头机会是很少的。尽管纺纱张力与纺纱强力两者各自按其本身规律波动，但大多数时间内并不一定发生断头。当某一瞬间，作用在纱线上某点张力大于该点的强力时，即发生断头(如图中 A、B 点)，这就说明断头主要发生在张力与强力两者波动中波峰波谷交叉点，而不在于它的平均值大小。生产中平均张力总是比平均强力小，否则就无法进行生产。由于张力和强力存在波动，因此当纱线平均张力增加和平均强力降低，两者数值靠近时，就会增加波峰波谷交叉概率，断头率也增加。如果张力、强力波动范围小，特别是降低张力较高的波峰值或提高强力较低的波谷值，两者的平均值即使靠近些，断头仍可稳定，甚至有可能减少。所以降低断头率的主攻方向是控制和稳定张力，提高纺纱强力、降低强力不匀率，尤其是减少突变张力和强力薄弱环节，以减少张力与强力波峰波谷交叉概率。

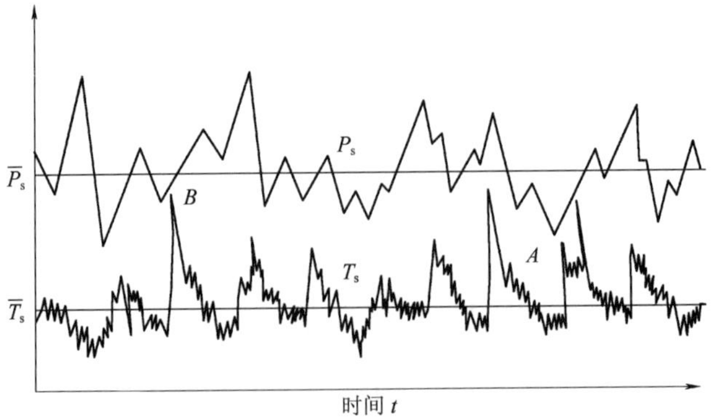

图8-21　纺纱强力 P_s 与纺纱张力 T_s 变化曲线

在正常生产中出现的断头规律与张力和强力这两个因素有着密切关系。细纱断头可概括为成纱前断头和成纱后断头两类。成纱前断头是指纱条在输出前罗拉之前的断头，发生在喂入部分和牵伸部分。成纱后断头是指纱条从前罗拉输出后至筒管间这段纱条在加捻卷绕过程中发生的断头。在正常条件下成纱前的断头应该是较少的，主要是成纱后断头。实践证明成纱后的断头规律如下：

(1)一落纱中断头分布，一般是小纱断头最多，中纱最少，大纱断头多于中纱。

(2)成纱后断头部位较多发生在纺纱段(称为上部断头)，在钢丝圈至筒管间断头(称为下部断头)出现较少，但当钢领与钢丝圈配合不当时，会引起钢丝圈的振动、楔住、磨损、烧毁、飞圈等，使下部断头有所增加。断头发生在气圈部分的机会是很少的。

(3)在正常生产情况下，绝大多数锭子在一落纱中没有断头，而在个别锭子上会出现重复断头。

(4)随着锭速增加，卷装增大，张力也随着增大，断头一般也随之增加。

(二)气圈形态与断头

1. 气圈方程 建立以导纱钩中心为原点的直角坐标系，如图 8－22 所示。作用于气圈纱段的力主要有气圈顶部张力 T_0、底部张力 T_R、高速转动的离心力 C_m 及空气阻力、哥氏力和纱线重力。气圈的形态客观上反应了这些力的大小和相互关系，因此在某种程度上纱线张力及其变化可以根据气圈形态来观察。

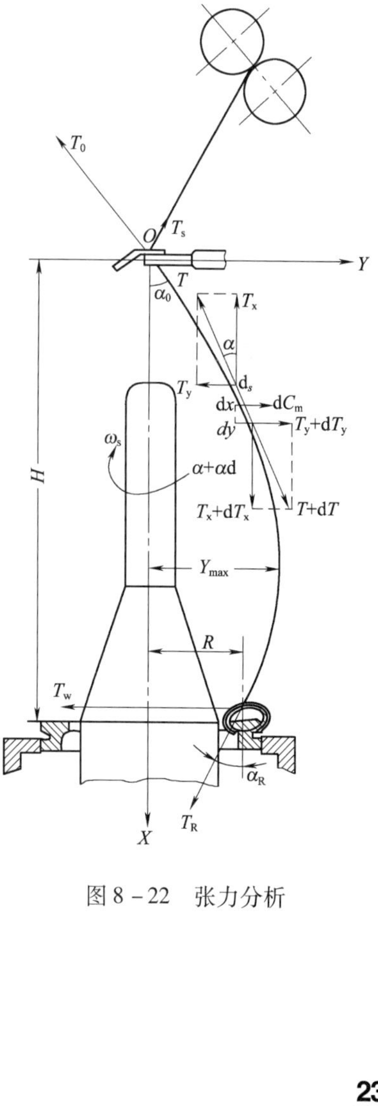

图 8－22 张力分析

为方便分析，略去空气阻力、哥氏力、纱线重力等一些次要力，将气圈简化为一平面曲线。在气圈上任取一微分纱段 ds，其回转半径为 y，在纱段离心力 dC_m 与两端张力 T 和 $T+dT$ 作用下，可得：

$$\sum F_x=0 \quad T_x+dT_x=T_x \qquad (8-2)$$

$$\sum F_y=0 \quad T_y+dT_y+dC_m=T_y \qquad (8-3)$$

由式(8－2)得：$dT_x=0$，故 $T_x=T\cos\alpha=$常数，这表示气圈中纱线张力的垂直分量处处相等。

由式(8－3)得：

$$dT_y=-dC_m=-my\omega_t^2 ds$$

式中：m——纱线单位长度的质量，g/cm；

ω_t——气圈的回转速度，r/min。

$$\tan\alpha=\frac{dy}{dx}=\frac{T_y}{T_x}$$

所以：
$$\frac{d^2y}{dx^2}=\frac{1}{T_x}\times\frac{dT_y}{dx}=-\frac{my\omega_t^2}{T_x}\times\frac{ds}{dx}$$

因为：
$$ds=\sqrt{dx^2+dy^2}=\sqrt{1+\left(\frac{dy}{dx}\right)^2}dx$$

所以：
$$\frac{d^2y}{dx^2}=-\frac{m\omega_t^2}{T_x}y\sqrt{1+\left(\frac{dy}{dx}\right)^2}$$

令$\frac{m\omega_t^2}{T_x}=a^2$，则：

$$\frac{d^2y}{dx^2}=-a^2y\sqrt{1+\left(\frac{dy}{dx}\right)^2} \qquad (8-4)$$

因 α 角不大，为求近似解，$\left(\frac{dy}{dx}\right)^2=\tan^2\alpha$ 可忽略，则式(8－4)可简化为：

$$\frac{d^2y}{dx^2}=-a^2y$$

对此微分方程求解，并代入边界条件，可得平面气圈方程。

$$y=\frac{R\sin ax}{\sin aH} \qquad (8-5)$$

式中：R——钢领半径，cm；

H——气圈高度，cm。

对式(8－4)求 x 的导数，可得：

$$\tan\alpha_R=\left.\frac{dy}{dx}\right|_{x=H}=aR\cdot \mathrm{ctan}aH \qquad (8-6)$$

气圈形态可通过式(8－5)和式(8－6)两式来表示，即以气圈凸形的半径或气圈底角 α_R 的大小来反映气圈的特征。

当 $ax=\pi/2$ 时，$\sin ax=1$，气圈最大半径为：

$$y_{max}=\frac{R}{\sin aH} \qquad (8-7)$$

2. 影响气圈形态的因素 当气圈的最大半径 y_{max} 处于钢领板的上方，H 值在 $\pi/2<aH<\pi$ 范围内时，有以下主要工艺参数影响气圈形态。

(1)气圈角速度 ω_t：当 ω_t 变化时，因纱线张力分量 T_x 随 ω_t^2 正比例变化，使 a 值不变，故对气圈形态没有影响。

(2)纱条线密度：纱条线密度大，即 m 大，使 a 值增大，$\sin aH$ 值减小，故 y_{max} 增大，气圈凸形变大。

(3)钢丝圈重量:钢丝圈重,T_x 增大,使 a 值减小,sinaH 值增大,y_{max}减小,气圈凸形变小。

(4)钢领半径 R:R 增大,则 T_x 增大,使 a 值减小,sinaH 值增大,y_{max}减小,但 R 的增大对 y_{max} 的增大起主导作用,故气圈凸形增大。

(5)气圈高度 H:一落纱由小纱到大纱,气圈高度 H 随之缩小,y_{max}也随之减小。

(6)纱线张力 T_x:根据 $T=m\omega_t^2H^2/(aH)^2$ 可知,当 m、ω_t、H 相同时,T_x 小,aH 大,凸形大;反之,T_x 大,aH 小,凸形小。当观察同机台各锭的气圈形态发现有凸形差异时,往往是由于张力异常所致。

3. 稳定气圈形态,减少细纱断头

(1)气圈形态与细纱断头:纺纱张力与气圈形态有密切关系,可利用气圈形态来调节纱线张力。当气圈凸形过大时,会引起气圈猛烈撞击隔纱板,不仅刮毛纱线,而且会引起气圈形态的剧烈变化,使钢丝圈运行不稳定、楔住或飞圈而断头。同时凸形过大会使气圈的顶角 α_0(图 8-22)过大,纱线上如有较大的粗节或结杂通过时,气圈顶部会出现异常凸形,纱线容易被导纱钩上的擒纱器缠住而断头。在小纱阶段尤其是管底成形卷绕大直径时,气圈凸形过大。

当张力过大引起气圈凸形过小时,断头后接头时拎头重,操作困难。小纱时凸形过小会使 α_0 过小,易引起筒管顶部与纱条摩擦而断头。但是大纱小直径时气圈更趋平直,气圈失去对张力波动的弹性调节能力,这时若出现突变张力,就容易引起纱线与钢丝圈磨损缺口交叉而割断纱线,或张力迅速传递到纺纱段弱捻区引起上部断头。

一落纱的最大气圈高度 H_{max} 和最小气圈高度 H_{min} 如图 8-23所示,一落纱的最大和最小气圈高度分别为:

$$H_{max}=L+D+C \tag{8-8}$$

$$H_{min}=l+D+C \tag{8-9}$$

式中:L——卷装高度;

D——满管时卷绕锥面的顶点至筒管头的距离;

C——筒管顶端至导纱钩的距离;

l——导纱钩的升降动程。

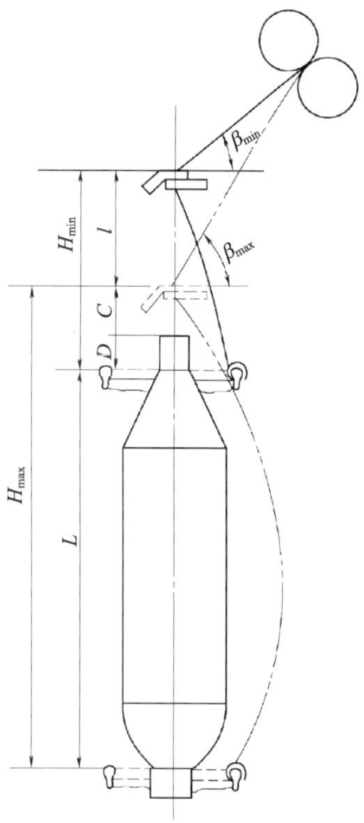

图 8-23 气圈高度

(2)稳定气圈形态的措施:气圈凸形过大或过小都是不利的。小纱时气圈凸形容易过大,大纱时气圈凸形容易过小。因此,要减少大、小纱时的断头,应使大、小纱纱线张力与气圈形态尽量向中纱靠拢。

在卷装高度 L 一定时,压缩最大气圈高度 H_{max} 就决定于($D+C$)的大小。生产上为防止冒头纱,D 一般为 13~15mm,C 的大小若以纱条与筒管头相切为准可小到 12~16mm。FA506 型细纱机的($D+C$)为 35~40mm。压缩 H_{max} 会导致大纱最小气圈高度 H_{min} 的不足而导致大纱断头增加。在($D+C$)一定时,放大 H_{min} 主要体现在增大导纱钩的升降全程上。一般在卷装尺寸为(35～42mm)×(150～180mm)、锭速为16000～20000r/min时，H_{min}以不小于75～80mm为宜。增大导纱钩的升降全程来放大H_{min}，对降低大纱小直径的断头有利，但却受到导纱角最小值β_{min}的限制。

为了压缩小纱气圈高度，降低小纱张力，减少小纱断头，FA506型细纱机的导纱钩采用变程升降如图8－23所示，使导纱钩的每次升降动程和级升自管底始纺时逐渐增大到正常值。

(三)纱线张力与断头

在加捻卷绕过程中，纱线上的张力是因为纱线要拖动钢丝圈高速回转，必须克服钢丝圈与钢领之间的摩擦力、导纱钩和钢丝圈给予纱线的摩擦阻力及气圈段纱线回转的空气阻力和离心力等，纱线要承受较大的张力。在纺纱过程中，保持适当的张力，是保证正常加捻卷绕的必要条件，过大的张力不仅增加每锭功率消耗，而且会使断头增加；张力过小，会降低卷绕密度，影响细纱强力，也会因气圈膨大碰隔纱板，使细纱毛羽增多，光泽较差，同时还会造成钢丝圈运行不稳定而增加断头。所以张力大小应恰当，并与纱线的特数、强力相适应，达到既提高卷绕质量，又降低断头率。正常的张力大小及其变化不致直接引起断头，而当突变张力超过纱线强力时才是造成断头的根本原因。高速元件质量不良，钢丝圈圈形不当。楔住或飞脱，一落纱过程中张力波动过大等都是产生突变张力而造成断头的原因。

1. 纱线张力分析 在加捻卷绕过程中，纱线张力可分为三段，前罗拉至导纱钩之间纱线张力称为纺纱张力T_s；导纱钩至钢丝圈之间纱线张力称为气圈张力，且其分为气圈顶部张力T_0和气圈底部张力T_R；钢丝圈到管纱之间纱线张力称为卷绕张力T_w。了解纺纱张力T_s的目的是为了掌握它与动态强力的比例，以及导纱钩的结构、安装位置对张力的影响。了解气圈张力T_0、T_R的目的是为了掌握气圈形状与张力的关系，从而可以由直观的气圈形态来掌握张力的变化。了解卷绕张力T_w的目的是为了判断钢丝圈的重量变化、钢丝圈与钢领的摩擦力变化、钢领与筒管卷绕直径比对张力的影响。

如图8－22所示，T_R、T_0、T_w、T_s之间的关系是密切的，变化规律是一致的，而且相互联系和影响。为了获得各张力的数值，T_s一般采用动态应变仪进行测定，T_0与T_s间可用欧拉公式计算。

$$T_0 = T_s e^{\mu_0 \theta_0} \tag{8-10}$$

式中：μ_0——纱线与导纱钩间摩擦因数；

θ_0——纱线在导纱钩上的包围角。

2. 纱线张力变化规律 在加捻卷绕过程中，各段张力的分布规律是$T_w > T_0 > T_R > T_s$。

(1)影响张力的主要因素：

①钢丝圈重量G_t：与纱线张力成正比，这是由于钢丝圈的离心力C_t与钢丝圈重量G_t成正比。在日常生产中，可根据钢丝圈的重量来调节纱线张力。

②钢领与钢丝圈之间的摩擦因数f：该摩擦因数与纱线张力呈正比。

③钢领半径R：钢领半径R与T_R呈正比，因此增大卷装、加大钢领直径时会增加纱线张力。

(2)一落纱中纱线张力的变化规律：当纺纱品种与线密度确定后，锭子速度、钢领半径、钢丝圈型号等随之确定。一落纱中的纱线张力将随着气圈高度和卷绕直径的变化而变化，其规律如图8－24所示。

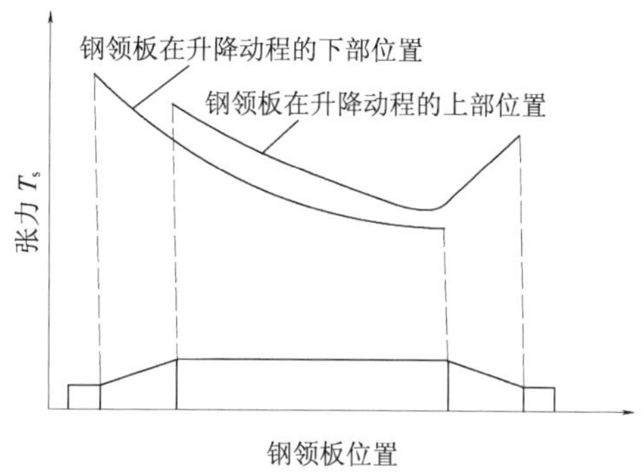

图 8－24　固定导纱钩时一落纱过程中张力 T_S 的变化

①一落纱中，在小纱管底成形阶段，由于气圈长、离心力大、凸形大、空气阻力大，因此张力大。随着钢领板的上升，张力有减小的趋势。中纱阶段，气圈高度适中，凸形正常，张力小；大纱时气圈短而平直，弹性调节作用差，造成张力增大。因此，卷绕直径的变化对张力的大小起主导作用。

②在钢领板一次升降中，钢领板在底部时，卷绕直径大，卷绕角大，张力小；钢领板在顶部时，卷绕直径小，卷绕角小，张力大。

3. 稳定张力与减少断头　细纱生产中，稳定细纱张力，降低细纱断头的主要措施有以下几个方面。

（1）钢领和钢丝圈的选配：锭速的提高，新品种的开发，需要研究钢领和钢丝圈的配合，设计新型钢丝圈。但对工厂来说，主要是根据所用钢领型号选配钢丝圈型号。用 PG2 钢领纺 32tex 以上细纱，可选配 G、GO 型钢丝圈；用 PG1 钢领纺 21～29tex 细纱，可选配 6802、6903、FO 型钢丝圈；用 PG1/2 钢领纺 19tex 以下细纱，可选配 OSS、WSS 型钢丝圈。在选配钢丝圈型号时，可先在少量锭子上试纺，然后逐步扩锭。

（2）钢丝圈号数（重量）的选择：工艺上用号数表示钢丝圈的重量。生产中通常选用合适的钢丝圈号数来控制纺纱张力，在各种气圈的条件下（如在最大、最小气圈高度和最大气圈直径不超过隔纱板间距条件下），能维持一个正常气圈形态和较低的断头率。不同线密度细纱常用的钢丝圈号数见表 8－7。

表 8－7　钢丝圈号数的选择

纺纱线密度（tex）	97	58	49	36	32	29	28	25	24	21	19	18	16	15	14	9.7	7.3
英制支数	6	10	12	16	18	20	21	23	24	28	30	32	36	40	42	60	80
钢领型号	PG2					PG1								—			
钢丝圈号数	16～20	8～10	5～7	2～4	2/0～2	1/0～4/0	2/0～5/0	3/0～6/0	4/0～7/0	6/0～9/0	7/0～10/0	8/0～11/0	10/0～14/0	—			
钢领型号	—					—					PG1/2						
钢丝圈号数	—					—					4/0～6/0	5/0～7/0	6/0～10/0	8/0～11/0	9/0～12/0	12/0～15/0	16/0～18/0

由于锭速高低、钢领新旧、卷装尺寸等纺纱条件的不同，纺相同线密度的细纱，所用钢丝

圈号数也不尽相同。在新钢领上机时，钢领与钢丝圈间摩擦因数较大，钢丝圈要偏轻选用，而随着钢领使用时间延长，生产中会出现气圈膨大、纱发毛，断头增加，此时应加重钢丝圈重量。

除损坏换圈外，一般钢丝圈都要定期整批换圈，常选择在中纱时换圈。因新钢丝圈上车有一段走熟期，走熟期内，钢丝圈运行不稳定，容易引起断头。中纱换圈，待纺至大纱或下一落纱的小纱时，断头会大大减少。纺线密度大的细纱时，因锭速低等原因，钢丝圈使用期长，不必定期换圈，而是飞掉一只换一只。

(3)钢丝圈抗楔性能：钢丝圈在运行过程中呈倾斜状态，容易引起钢丝圈在钢领上被楔住而使小纱张力产生突变，导致小纱断头。提高钢丝圈抗楔性能的措施主要有以下几个方面。

①降低钢丝圈的重心，可减小钢丝圈 H 与 D 的比值，如图 8－25 与图 8－26 所示，以减小钢丝圈的外倾角∠A，这时钢领与钢丝圈的接触点上移，外脚不碰钢领颈壁，散热好，但纱线通道较窄。重心过低的钢丝圈在前倾后常使纱线通道不畅而楔住断头。图中 H 为钢丝圈高度，D 为钢丝圈宽度，C 为钢丝圈开口宽度，β 为钢丝圈的脚倾角，R_1、R_2、R_3 分别为钢丝圈不同之处的曲率半径。

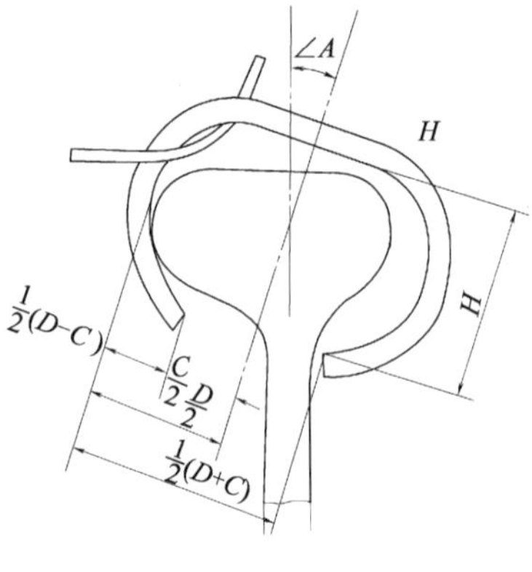

图 8－25　钢丝圈楔住几何条件

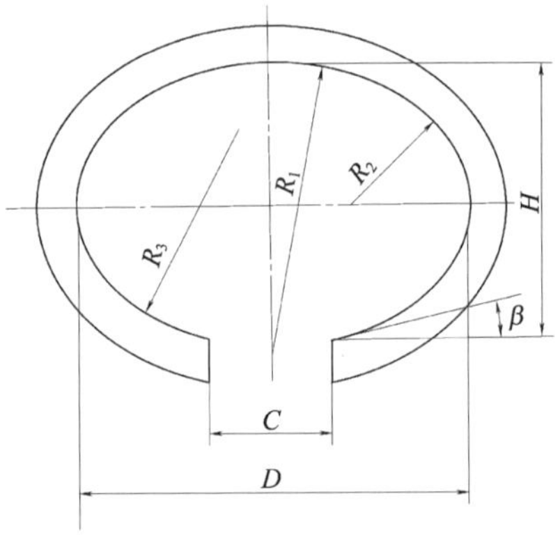

图 8－26　钢丝圈的主要参数

②提高钢领与钢丝圈的接触位置，以稳定钢丝圈的运动状态。

③加深钢领内跑道，在不影响刚度与强度的条件下，尽量减薄颈壁厚度，防止钢丝圈内脚碰钢领颈壁。

④新上车的钢丝圈与钢领接触面积小，运行不稳定，接触压强大，磨损快，易楔住或烧毁引起飞圈。通常抗楔性能好的钢丝圈走熟期短。钢领表面采用水磨、喷砂、喷珠处理，有利于缩短走熟期。钢丝圈表面用镍或高镍合金镀层，可使纱线通道的阻力减小，钢丝圈散热和耐热性能提高，虽然走熟期略有延长，但走熟期内烧毁飞圈少，钢丝圈的寿命也较长。

(4)改善钢丝圈的散热性能：随着钢丝圈速度的提高，磨损加剧，飞圈断头增加。因高速运行中的钢丝圈离心力很大，与钢领接触面积又小，使接触压强很大，在高速滑动摩擦中产生大量的热量。该热量一部分传向钢领；另一部分沿钢丝圈分别向上传向外脚和向下传向内脚。钢领上的摩擦触点时刻在变，热容量大、散热快；而钢丝圈的摩擦接触点变化很小，截面积小，尤其是内脚，更因其短小而使散热不易，使接触点处的温度显著上升（一般可达300℃左右），从而易使钢丝圈产生局部退火、软化，迅速磨灭、飞圈而产生断头。

（四）提高纺纱段强力与降低断头

在实际生产中，大部分细纱断头发生在前罗拉钳口至导纱钩间的纺纱段上，其原因是过大的突变张力以及罗拉输出的纱条中存在强力弱环。因此，要减少纺纱段纱条的断头，必须提高纺纱段纱条的动态强力，减少强力弱环。

1. 上部断头的原因 实际观察可知，纺纱段纱线的断头大都发生在加捻三角区，此处为纱条强力的“弱环”。根据加捻三角区中纤维承受张力的情况可以认为，在被罗拉钳口握持的纱条中，有小部分纤维头端在加捻三角区内，它们不承受纱线的张力；大部分纤维头端伸入已被加捻的纱线内，承受了纱线上的张力。纱线断裂时，部分纤维或罗拉握持力不足从罗拉钳口中滑出，或因纺纱段捻度太小从已加捻的纱线中滑出，或是纤维断裂。根据对该处纱条断裂时的强力计算，每根纤维只受到1cN左右的力，故纤维断裂的可能性很小，主要是因纤维滑移所致，因此不仅要保证前罗拉对须条有足够的握持力，还要提高加捻三角区纱条的强力。

2. 减小无捻纱段的长度 从前罗拉钳口输出的纱条在前罗拉上存在一包围角 γ，如图8－27所示，其与导纱角 β、罗拉座倾角 α 之间的关系为：

$$\gamma=\beta-\alpha \qquad (8-11)$$

γ 的大小影响加捻三角区无捻纱段的长度，即影响罗拉钳口握持的须条中伸入已加捻纱线中的纤维数量和长度，是对纺纱段动态强力颇有影响的一项参数。要减小 γ，可减小导纱角 β 或增大罗拉座倾角 α，而 α 在细纱机设计时已确定（如FA506型细纱机为45°），而导纱角 β 的减小受到纱条在导纱钩上包围弧增大和由此而引起的捻陷增大的限制；若 β 增大，捻陷虽小，但在导纱钩与前罗拉水平距离不变时，纺纱段长度较长，也使纺纱段捻度减少。在 α 和 β 已定的情况下，通常采用胶辊前冲来减小包围弧长度，即从 $\widehat{ab'}$，减小为 $\widehat{ab}$。但胶辊前冲会增大浮游区长度，所以前冲量一般为2～3mm。

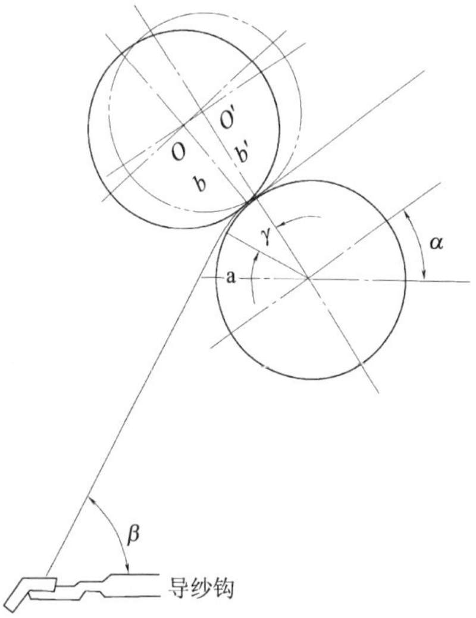

图8－27 须条的包围弧

3. 增加纺纱段纱条的动态捻度 纱线上的捻度分布由钢丝圈到前罗拉钳口是逐渐减小的，如图8－28所示。因为钢丝圈回转产生的捻回先传向气圈，然后通过导纱钩传向前罗拉钳口。在捻回传递过程中，由于捻回传递的滞后现象及导纱钩的捻陷作用，使纺纱段捻度 t_S 逐渐减小。特别是在靠近前罗拉钳口附近捻度最小，通常被称为弱捻区。对一落纱的 t_S 进行测定，其结果如图8－29所示。

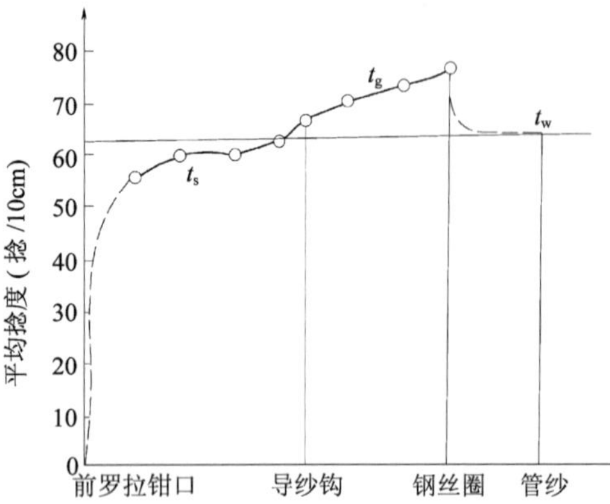

图 8-28 加捻纱条上捻度分布

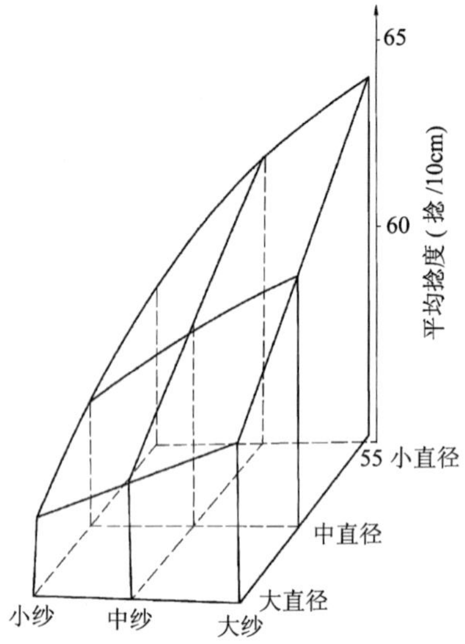

图 8-29 动态捻度分布

(1)空管始纺时捻度较少,满纱时捻度较多,中纱阶段捻度居中。

(2)在钢领板短动程升降中,卷绕小直径时捻度多,大直径时捻度少,因此在小纱管底成形完成卷绕大直径时,捻度是一落纱中的最小值,此时纱线强力明显降低,这也是此处断头较多的原因之一。

影响纺纱段动态捻度的主要因素有以下几个方面。

(1)捻度传递长度和纺纱段长度:小纱时,钢领板、导纱板位置较低,气圈段纱条长,捻度传递到纺纱段距离较长,此时纺纱段纱条也长,因此使纺纱段动态捻度减少。随着钢领板和导纱板的级升,气圈段与纺纱段纱条逐渐缩短,因此纺纱段动态捻度在中纱较多,大纱更多。

(2)导纱角 β:β 较大,导纱钩的捻陷小,有利于捻回的传递。但随着 β 增大,纱线在导纱钩上的包围角 θ 相应减小,增加了纺纱段的张力波动。如 FA506 型细纱机导纱角为 58°~63°。

(3)气圈顶角 α_0:当气圈凸形大时,α_0 较大,导纱钩捻陷作用较大。在管底成形完成卷绕大直径时,气圈凸形最大,α_0 为一落纱中的最大值,对捻回传递不利,此时纺纱段动态捻度最少;而大纱时气圈收紧,α_0 最小,对捻回传递有利,使动态捻度达到一落纱的最大值。

(4)纺纱张力 T_s:随着张力增加,导纱钩对纱条的正压力增大,从而使捻陷增大。

二、细纱质量控制

细纱是纺部的成品,其质量优劣直接影响后加工、织造以及织物质量,而细纱质量不仅与本工序工艺、机械、操作等技术管理工作有关,而且还受清、梳、并、粗各工序半制品质量的影响。

(一)降低细纱条干不匀

1. 合理选择牵伸工艺参数 根据产品的特点、纤维性质和粗纱结构合理选择牵伸工艺参数,有效地控制纤维运动,减少牵伸波。罗拉隔距、粗纱定量、粗纱捻系数均应和细纱牵伸倍数、细纱机牵伸型式及细纱牵伸分配相适应。罗拉加压应稳定、均匀，确保稳定的牵伸效率。

2. 合理布置摩擦力界　适当调节牵伸罗拉隔距、适当前移或后移胶辊以及适当地增大或减小胶辊加压，可改变摩擦力界分布，改善对纤维的控制状态。

3. 合理选择原料，提高半制品质量　合理选择纤维长度、长度整齐度及线密度，加强原料的混合，严格控制前纺半制品定量，减少重量不匀；合理掌握半制品的并合数、提高纤维伸直度。

4. 加强机械维修保养工作　牵伸部件的工作状态是影响成纱条干的主要因素，必须加强对牵伸部件的维护保养，定期检查，保证隔距和有关部件的准确位置。对易损部件需定期更换，确保机械处于良好的运行状态。

（二）减少捻度不匀

在实际生产中，由于加捻部件的运转不正常，操作管理制度不完善，而造成细纱的捻度不匀，主要反映在细纱的强捻纱和弱捻纱。

1. 强捻纱产生的原因及消除方法　强捻纱即纱线的实际捻度大于规定的设计捻度8%以上。形成的主要原因有锭带滑到锭盘的上边；接头时引纱过长，提得过高，造成接头动作慢；一手接头，一手扯胶辊花；捻度变换齿轮用错，或细纱机两侧不统一等。

针对上述产生强捻纱的原因，应加强设备检查，严格执行操作规程，一经发现，立即纠正。

2. 弱捻纱产生的原因及消除方法　弱捻纱即纱线的实际捻度小于规定的设计捻度8%以上。形成的原因有锭带滑出锭带盘，挂在锭带盘支架上；锭带滑在锭盘边缘上；锭带过长或过松，张力不足；锭胆缺油或损坏；锭盘上或锭胆内飞花污物阻塞；锭带盘重锤压力不足或不一致；细纱筒管没有插好，浮在锭子上转动，或跳动；捻度变换齿轮用错。

针对上述原因，应加强专业检修工作，新锭带上车时应给予张力伸长，使全机锭带张力一致。锭胆定期加油，筒管加强检修，对于不合格的予以剔除。凡发现车上造成捻度不匀的因素立即纠正，确保成纱质量。

（三）成形不良的种类和消除方法

1. 冒头、冒脚纱的产生及消除方法　造成冒头、冒脚纱产生的主要原因有落纱时间掌握得不好；钢领板高低不平；钢领板位置打得过低，筒管天眼大小不一致，造成筒管高低不一；小纱时跳筒管（落纱时筒管未插紧、坏筒管、锭杆上绕有回丝、锭子摇头等）；钢领起浮；筒管插过紧，落纱时将纱拔冒等。

消除方法可根据冒头、冒脚情况，严格掌握落纱时间；校正钢领板的起始位置及水平；清除锭杆上的回丝；加强对筒管的维修、管理等。

2. 葫芦纱、笔杆纱的产生及消除方法　葫芦纱产生的主要原因是倒摇钢领板；成形齿轮撑爪失灵；成形凸轮磨灭过多；钢领板升降柱套筒飞花阻塞；钢领板升降打顿；空锭（空粗纱、断锭带、断胶圈、坏胶辊、试验室拔纱取样及其他零件损坏未修理等）一段时间后再接头等因素而造成。笔杆纱产生的主要原因是某一锭子断头特别多而形成的。

消除方法可根据所造成的原因，加强机械保养维修，挡车工严格执行操作规程，注意机台清洁工作。

3. 磨钢领纱的产生及消除方法 磨钢领纱又称胖纱或大肚子纱。由于管纱与钢领摩擦，纱线被磨损或断裂，给后加工带来很大的困难。其产生的主要原因有管纱成形过大或成形齿轮选用不当；歪锭子或跳筒管；成形齿轮撑爪动作失灵；钢领板升降柱轧煞；弱捻纱；个别纱锭钢丝圈用错(太轻)等。

消除方法是严格控制管纱成形使之与钢领大小相适应，一般管纱直径应小于钢领直径3mm，消除产生跳筒管、弱捻纱的因素，提高机台平修质量，加强巡回检查。

第六节 细纱机的传动与工艺计算

一、FA506型细纱机传动系统

FA506型细纱机的传动系统及传动图分别如图8－30和图8－31所示。该机适纺线密度范围较广，牵伸倍数较大，为满足工艺需要及细调和粗调之用，变换齿轮除级升轮Z_{12}外，总牵伸倍数、捻度和卷绕圈距等调节，都安排2～4个变换齿轮。传动系统中安排有捻度成对变换齿轮Z_1/Z_2和捻度变换齿轮Z_3，牵伸成对变换齿轮Z_4/Z_5和牵伸变换齿轮Z_6、Z_7，后牵伸变换齿轮Z_8、Z_9，卷绕成对变换齿轮Z_{10}/Z_{11}。

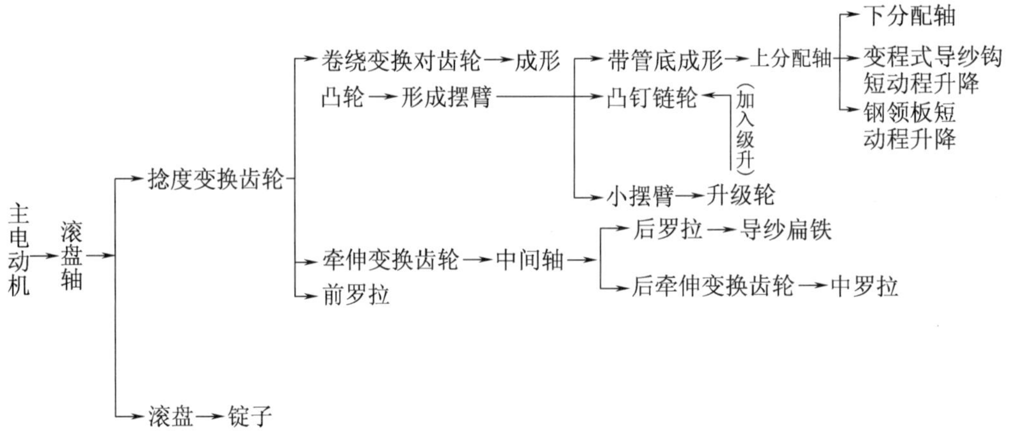

图8－30 细纱机传动系统

二、FA506型细纱机工艺计算

(一)速度

1. 主轴转速n_m(r/min)

$$n_m = n \times \frac{D_1}{D_2} = 1460 \times \frac{D_1}{D_2} \quad (8-12)$$

式中：D_1——主电动机胶带轮直径，有170mm、190mm、200mm、210mm四种；

D_2——主轴胶带轮直径，有180mm、190mm、200mm、210mm、220mm、230mm、240mm数种。

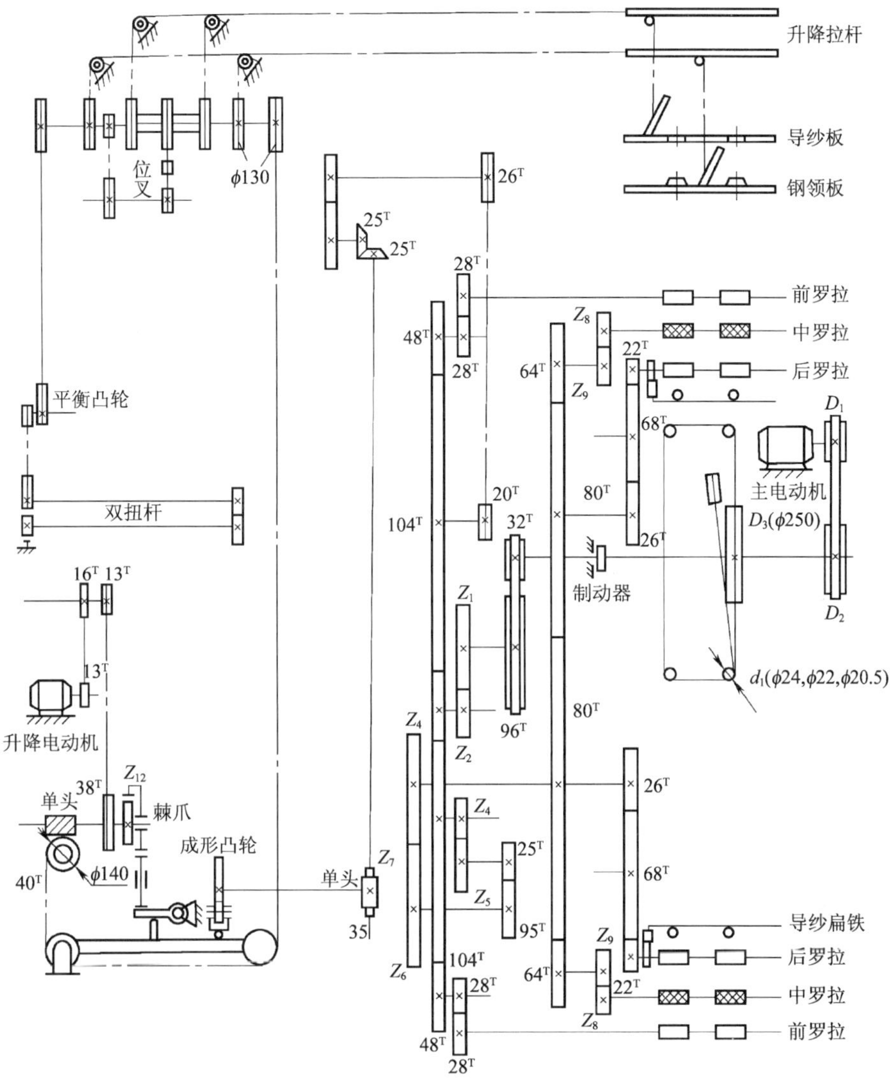

图 8-31 FA506 细纱机结构传动图

2. 锭子转速 n_s(r/min)

$$n_s = n_m \times \frac{D_3 + \delta}{d_1 + \delta} = 1460 \times \frac{D_1}{D_2} \times \frac{250 + 0.8}{22 + 0.8} = 16060 \times \frac{D_1}{D_2}\text{（未记滑溜率）} \quad (8-13)$$

式中：D_3——滚盘直径，250mm；

d_1——定盘直径，22mm；

δ——锭带厚度，0.8mm。

3. 前罗拉转速 n_f(r/min)

$$n_f = 1460 \times \frac{D_1}{D_2} \times \frac{32}{96} \times \frac{Z_1}{Z_2} \times \frac{Z_3}{48} \times \frac{28}{28} = 10.14 \times \frac{D_1}{D_2} \times \frac{Z_1 \times Z_3}{Z_2} \quad (8-14)$$

式中：Z_1/Z_2——捻度成对变换齿轮齿数，有 32/88、38/82、45/75、52/68、60/60、68/52、75/45、82/38 数种；

Z_3——捻度变换齿轮齿数为 31～39。

(二)牵伸倍数和牵伸变换齿轮

1. 机械牵伸倍数

(1)总牵伸倍数 E：

$$E=\frac{22}{26}\times\frac{Z_7}{Z_6}\times\frac{95}{25}\times\frac{Z_5}{Z_4}\times\frac{104}{48}\times\frac{28}{28}\times\frac{25\times\pi}{25\times\pi}=6.9667\times\frac{Z_7\times Z_5}{Z_6\times Z_4} \tag{8-15}$$

式中：Z_4/Z_5——牵伸成对变换齿轮齿数，有 44/62、25/81 两种；

Z_6/Z_7——牵伸变换齿轮齿数，Z_6 的齿数有 34、38、42、47、52、58、64、71、79 数种，Z_7 的齿数为 79～87。

(2)后牵伸倍数 E_B：

$$E_B=\frac{22}{26}\times\frac{80}{64}\times\frac{Z_9}{Z_8}\times\frac{25\times\pi(\text{未计胶圈厚度})}{25\times\pi}=1.0577\times\frac{Z_9}{Z_8} \tag{8-16}$$

式中：Z_8/Z_9——后牵伸变换齿轮齿数，Z_8 的齿数有 20、22、27 三种，Z_9 的齿数为 27～37。

2. 牵伸效率和牵伸配合率 靠下罗拉摩擦传动的上罗拉，其表面速度难以与下罗拉完全一致，且由于某种原因使须条在罗拉钳口下产生滑溜，导致机械牵伸 E 与实际牵伸 E_P 之间存在一定的差异，一般以牵伸效率 η 表示。

$$\eta=\frac{E_P}{E}\times 100\% \tag{8-17}$$

实践得出，细纱机的牵伸效率一般小于 1。

3. 试纺时牵伸倍数和牵伸变换齿轮的确定

(1)根据喂入粗纱线密度和要求纺出细纱线密度计算实际牵伸倍数 E_P。

(2)按历史资料或经验选取牵伸配合率计算机械牵伸倍数 E。

(3)将 E 代入总牵伸倍数计算公式，先选取牵伸成对变换齿轮，再计算 Z_7 和 Z_6 的比值，因齿数必须为整数，应圆整并确定 Z_6、Z_7 后再计算 E。

(4)生产中如纺出定量或细纱线密度不符合设计要求时，应调整 Z_7、Z_6，在其他条件不变时，要注意 Z_7 和 E 成正比，Z_6 和 E 成反比。

(5)根据成品要求先选后牵伸倍数 E_B，并计算出 Z_8、Z_9，然后圆整并确定 Z_8、Z_9 后再计算 E_B。

(三)捻度和捻度变换齿轮

1. 计算捻度 T'_{tex}(捻/10cm)

$$T'_{tex}=\frac{28}{28}\times\frac{48}{Z_3}\times\frac{Z_2}{Z_1}\times\frac{96}{32}\times\frac{D_3\times\delta}{d_1\times\delta}\times\frac{1}{25\times\pi}\times 100=2017.8\times\frac{Z_2}{Z_1\times Z_3} \tag{8-18}$$

2. 实际捻度（又称工艺设计捻度）T_{tex}　首先根据细纱线密度、用途、品质要求、原料特性等确定细纱捻系数 α_t，然后根据 $T_{tex}=\alpha_t/\sqrt{Tt}$ 计算出细纱的实际捻度 T_{tex}，T_{tex} 与 T'_{tex} 有以下关系。

$$T_{tex}=T'_{tex}\times\frac{1-锭带滑溜率}{1-捻缩率}\times加捻效率 \quad (8-19)$$

3. 试纺时捻度及捻度变换齿轮的确定

（1）选取细纱捻系数 α_t，计算实际捻度 T_{tex}，再按式（8－19）计算 T'_{tex}。

（2）按式（8－18）选取捻度成对变换齿轮 Z_2/Z_1 并代入 T'_{tex} 求出 Z_3，圆整后再修正 T_{tex} 与 T'_{tex}。

（3）当试验测出的捻度与实际所需捻度的差异大于3%时，应调整 Z_3。

（四）卷绕圈距与卷绕成对变换齿轮

1. 卷绕圈距 Δ（mm）　Δ 是指卷绕层的圈距，如图8－32所示，其大小与绕纱密度及退绕时脱圈有关，一般取细纱直径的4倍。设纱条单位体积重量为 $0.8\ g/cm^3$，则细纱直径 $d=0.04\sqrt{Tt}$，于是可以得出：

$$\Delta=0.16\sqrt{Tt} \quad (8-20)$$

式中：Tt——细纱线密度，tex。

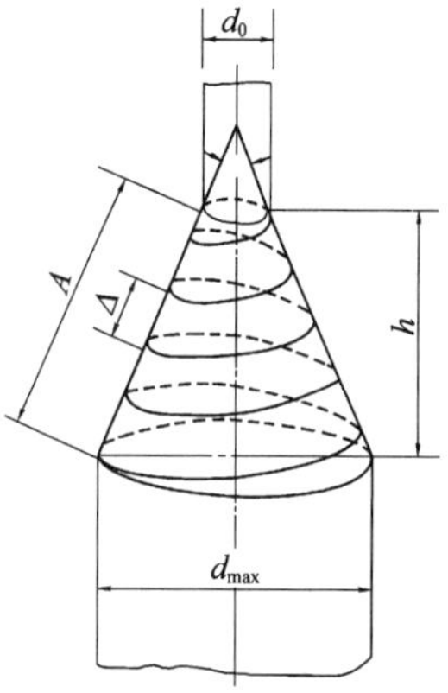

图8－32　卷绕圈距

2. 卷绕成对变换齿轮 Z_{10}/Z_{11}　Z_{10}/Z_{11} 是调整成形凸轮转速和钢领板一次升降时间的，直接影响卷绕圈距 Δ 的大小。Z_{10}/Z_{11} 的计算是基于钢领板一次升降前罗拉输出纱条的长度 L 应等于同一时间内管纱的绕纱长度 L'，即：

$$L=成形凸轮转一圈时前罗拉转数\times前罗拉直径\times\pi$$

$$=\frac{28}{28}\times\frac{104}{48}\times\frac{26}{20}\times\frac{Z_{11}}{Z_{10}}\times\frac{25}{25}\times\frac{35}{1}\times25\pi=7742.72\frac{Z_{11}}{Z_{10}} \quad (8-21)$$

$L'=$ 纱圈平均长度 × 卷绕层纱圈数 ×（1＋凸轮升降比）

（1）当凸轮升降比为1∶3时：

$$L'=\pi\times\frac{d_{max}+d_0}{2}\times\frac{A}{\Delta}\times\left(1+\frac{1}{3}\right)=\pi\times\frac{d_{max}+d_0}{2}\times\frac{4}{3\Delta}\times\frac{d_{max}-d_0}{2\sin(\gamma/2)}=\frac{\pi\times(d_{max}^2-d_0^2)}{3\Delta\times\sin(\gamma/2)} \quad (8-22)$$

则：

$$\frac{Z_{10}}{Z_{11}}=7349\times\frac{\Delta\sin(\gamma/2)}{d_{max}^2-d_0^2} \quad (8-23)$$

（2）当凸轮的升降比为1∶2时：

$$L'=\pi\times\frac{d_{max}+d_0}{2}\times\frac{A}{\Delta}\times\left(1+\frac{1}{2}\right) \quad (8-24)$$

可得：
$$\frac{Z_{10}}{Z_{11}}=6572\times\frac{\Delta\sin(\gamma/2)}{d_{max}^2-d_0^2} \quad (8-25)$$

式中：Z_{10}，Z_{11}——配备有38～74间的双数齿数和33、45、47、75、77、80、82、86、89数种，但使用中必须使$Z_{10}+Z_{11}=122$。

在日常生产中除翻改线密度外，一般卷绕成对变换齿轮很少变换。在其他条件不变时，因Z_{10}/Z_{11}与Δ或$\sqrt{\mathrm{Tt}}$成正比，故翻改线密度时，可利用这种关系直接求出所需的卷绕成对变换齿轮的齿数比。

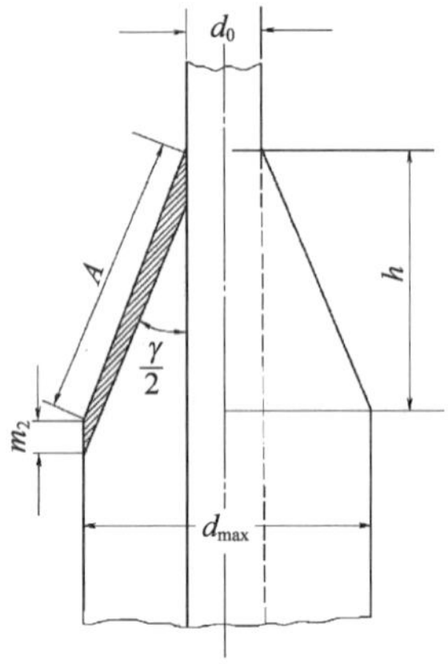

图8－33　级升计算

（五）钢领板级升距和级升轮（棘轮）

1. 钢领板级升距m_2　钢领板每升降一次，级升轮Z_{12}（也称成形轮或撑头牙）间歇地被撑过一定的齿数，钢领板卷绕链轮间歇地卷取链条，使钢领板产生一次级升m_2。

（1）当凸轮的升降比为1∶3时，由式（8－22）可知钢领板一次升降绕纱长度为：

$$L'=\frac{d_{max}+d_0}{2}\times\pi\times\frac{A}{\Delta}\times\frac{4}{3}\times\frac{1}{1000}$$

对应L'重量G为：

$$G=L'\times\mathrm{Tt}\times\frac{1}{1000}=\frac{d_{max}+d_0}{2}\times\pi\times\frac{A}{\Delta}\times\frac{4}{3}\times\mathrm{Tt}\times10^{-6} \quad (8-26)$$

如图8－33所示，但钢领板一次升降的绕纱重量G(g)又应等于阴影部分面积的回转体积V(cm^3)乘以管纱绕纱密度ρ(g/cm^3)。

$$G=V\times\rho=\frac{d_{max}+d_0}{2}\times\pi\times A\times m_2\times\sin\frac{\gamma}{2}\times\rho\times\frac{1}{1000} \quad (8-27)$$

式（8－26）应等于式（8－27），经整理得：

$$m_2=\frac{\sqrt{\mathrm{Tt}}}{120\times\rho\times\sin(\gamma/2)} \quad (8-28)$$

（2）当凸轮的升降比为1∶2时，同理可得：

$$m_2=\frac{3\sqrt{\mathrm{Tt}}}{320\times\rho\times\sin(\gamma/2)} \quad (8-29)$$

在一般卷绕张力下，ρ为0.55 g/cm^3。

2. 级升轮　钢领板每升降一次，级升轮Z_{12}撑过一定的齿数，获得级升值为m_2。

$$m_2=\frac{n}{Z_{12}}\times\frac{1}{40}\times\frac{140}{130}\times\pi\times130=10.995\times\frac{n}{Z_{12}}$$

$$\frac{Z_{12}}{n}=\frac{10.995}{m_2} \tag{8-30}$$

式中：Z_{12}——级升轮的齿数，有 43、45、48、50、55、60、65、70、72、75 数种；

n——级升轮每次撑过的齿数，一般为 1～3。

在纺纱线密度和卷装确定后，可将 Tt、$\gamma/2$、ρ 代入式(8－28)或式(8－29)求出 m_2 值；然后将 m_2 代入式(8－30)求出 Z_{12}/n 比值并选取 Z_{12} 和 n。

因 $n/Z_{12}\propto m_2\propto\sqrt{\mathrm{Tt}}$，在翻改细纱线密度时可直接按这种关系求出所需的 Z_{12} 和每次撑过的齿数 n。由于实际纺出的 ρ 与计算时有差异，所以上机后还需做适当的调整，使管纱最大直径小于钢领直径 3mm。

(六)理论产量 G_L[kg/(h·千锭)]

细纱产量以 1000 枚锭子 1h 生产的细纱量(kg)来表示。

$$G_L=\frac{\pi\times d_f\times n_f}{1000}\times 60\times 1000\times\frac{\mathrm{Tt}}{1000}\times\frac{1}{1000}\times(1-\text{捻缩率})$$

$$=\frac{\pi\times d_f\times n_f\times 60\times \mathrm{Tt}\times(1-\text{捻缩率})}{1000\times 1000} \tag{8-31}$$

第七节 紧密纺纱技术

紧密纺细纱机是在传统环锭纺细纱机上进行适当改造而形成的一种新的环锭纺技术。

一、紧密纺纱原理

在传统的环锭纺纱中，粗纱经细纱后区牵伸进入主牵伸区，须条在主牵伸区被牵伸至所要求的线密度。主牵伸区中的须条呈扁平状，须条宽度 B 是所纺纱直径的数倍。扁平状须条离开前钳口后，进入加捻区，形成具有一定抱合力的圆形截面细纱。当钢丝圈所加的捻回传递至细纱在前钳口附近的极限位置时，该极限点的圆形截面的细纱和前钳口输出的扁平须条间就形成了一个三角形的加捻三角区，如图 8－34 所示。在这个三角区中，b 宽度的纱体被捻入纱体，边缘纤维在加捻之前脱离主体形成飞花，或者纤维一段被捻入纱体，而另一端形成毛羽。另外，纤维在加捻时，产生了向心压力，使处于三角区外侧的纤维向心压力最大，而在中心的纤维受到的向心压力最小，这样加捻三角区的纤维发生内外转移，从而造成纤维两端暴露在纱干外面而形成纱线毛羽。

在紧密纺细纱机上，须条经过主牵伸区进入加捻区前，利用气流或机械等作用，使松散的须条纤维向纱干中心集聚，大大减少了须条宽度与纱线直径的比值，减小甚至消除了加捻三角区，如图 8－35 所示，从而大大减少了纱线的毛羽和飞花，同时纱线的强力也得到了提高。

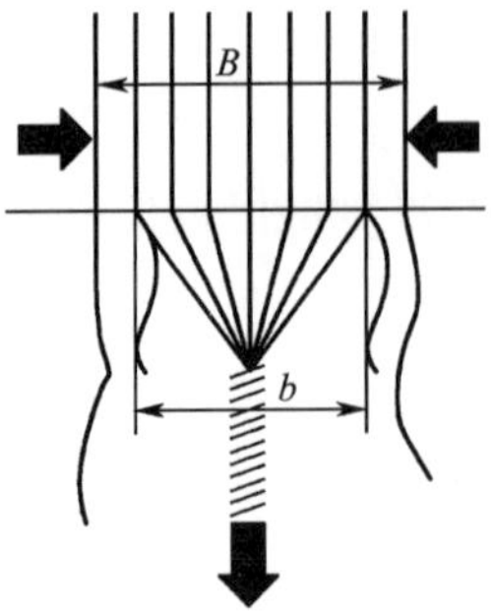

图 8－34　环锭纺加捻三角区

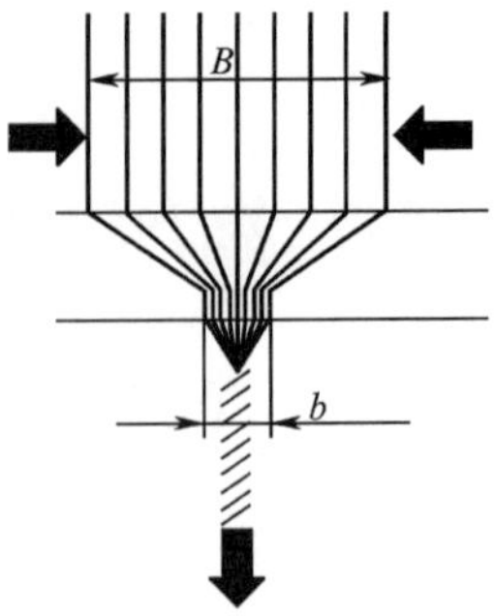

图 8－35　紧密纺加捻三角区

二、紧密纺纱系统

根据紧密纺产生集聚作用的方式不同，紧密纺系统主要可分为两类，一类是气流集聚型紧密纺系统，主要以负压气流力使集聚区内的纤维收缩而集聚紧密；另一类是机械集聚型紧密纺系统，主要以机械作用力使集聚区内的纤维横向收缩而集聚的。目前，大多数的紧密纺设备都是采用气流集聚作用。

在气流集聚紧密纺系统中，按照气流集聚机构的不同又可分为集聚罗拉集聚型紧密纺系统（图 8－36）和吸风管套集聚圈集聚型紧密纺系统（图 8－37）。在吸风管套集聚圈集聚型紧密纺系统中，根据吸风管的横截面不同，可分为圆形吸风管紧密纺系统（图 8－38）和非圆形吸风管紧密纺系统（图 8－39）；根据吸风集聚装置的安装位置不同，可分为上置式气流集聚型紧密纺系统（图 8－40）和下置式气流集聚型紧密纺系统（图 8－37～图 8－39）。

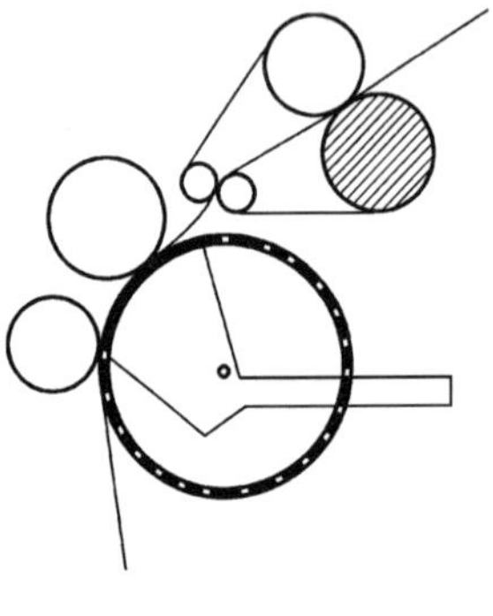

图 8－36　典型集聚罗拉集聚型紧密纺系统

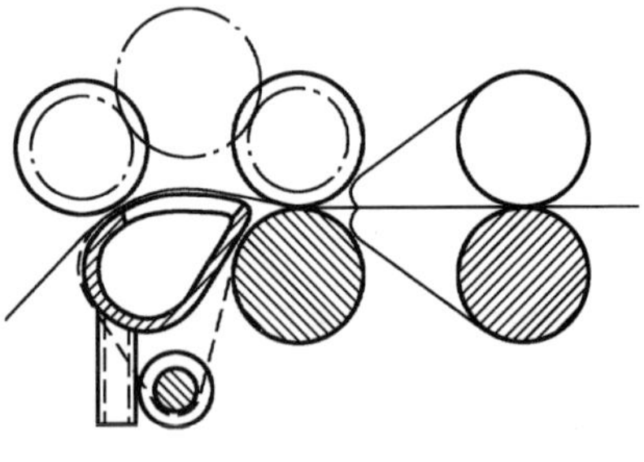

图 8－37　典型吸风管套集聚圈集聚型紧密纺系统

三、代表性紧密纺设备

1. 瑞士立达的紧密纺设备　瑞士立达公司紧密纺设备的注册商标为 ComforSpin ®，音译为卡摩纺；该设备生产的纱线也被称为卡摩纱，注册商标为 COM4 ®。K44 型紧密纺装置结构示意图如图 8－41 所示。

该系统将原来细纱机牵伸机构的实芯前罗拉改为集聚罗拉如图 8－42 所示。集聚罗拉的直径比常规前罗拉大，该罗拉中间的周向均匀地分布有吸风小孔，内有吸风插件，并与负压气源相连，负压气流通过吸风小孔将从前钳口出来的纤维须条集聚成紧密纺纱线。

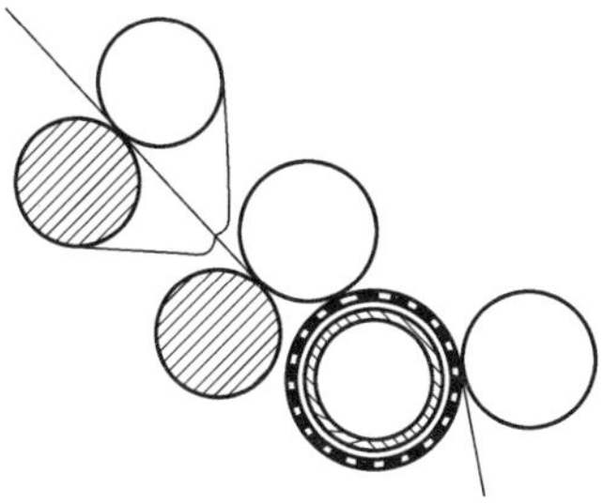

图 8－38　圆形吸风管紧密纺系统

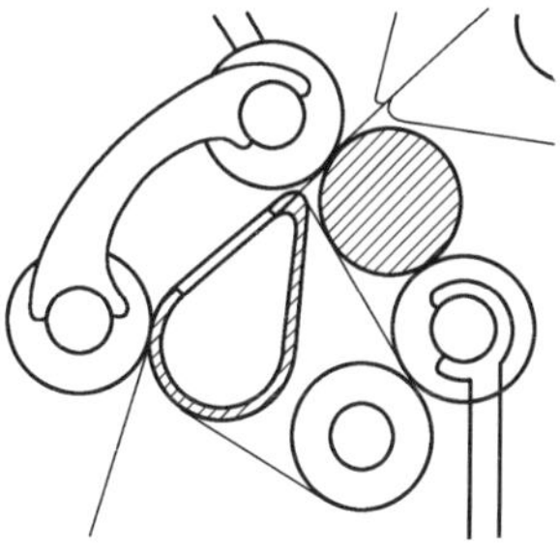

图 8－39　非圆形吸风管紧密纺系统

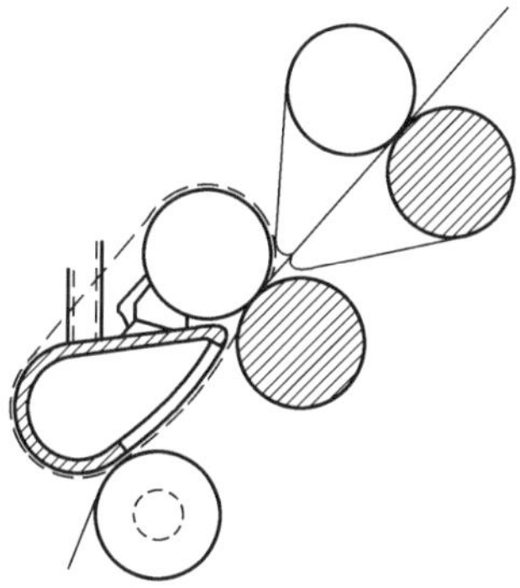

图 8－40　上置式气流集聚型紧密纺系统

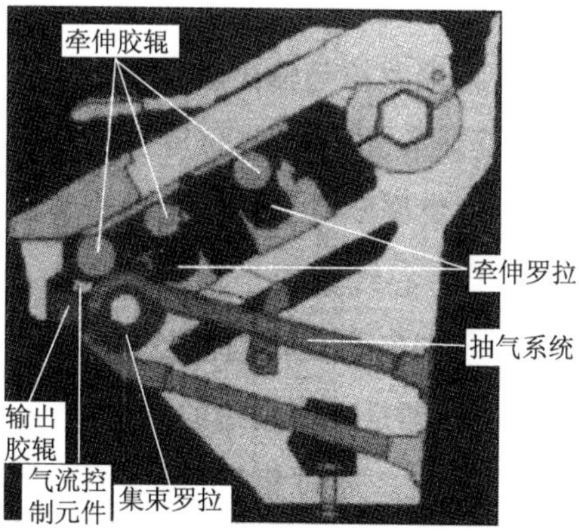

图 8－41　K44 型紧密纺装置结构示意图

图 8－42　集聚罗拉

该紧密纺系统的最大特点是将集聚罗拉取代原牵伸装置中的前罗拉，集聚罗拉既具有原前罗拉的牵伸功能，又具有集聚纤维，并输送纤维进入牵伸区的作用。集聚罗拉表面打孔，并与前

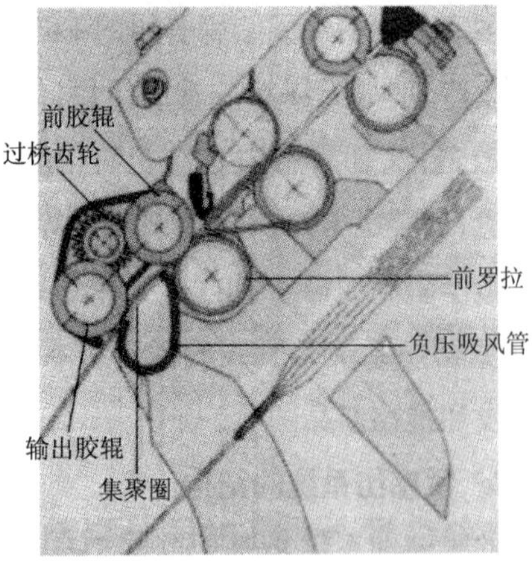

图 8－43　EliTe® 紧密纺装置示意图

胶辊配合在加压状态下进行牵伸，因此集聚罗拉的刚度、硬度、圆整度、耐磨性等要求非常高。

2. 德国绪森的紧密纺设备　德国绪森公司紧密纺设备的注册商标是 EliTe®，其生产的纱线被称为 EliTe® 纱。EliTe® 紧密纺细纱机是通过在环锭细纱机 Fiomax 上加装 EliTe® 紧密纺装置而达到集聚效果的。

图 8－43 为 EliTe® 紧密纺装置。该装置由异形截面的负压吸风管、集聚圈、输出胶辊及过桥齿轮组成，前胶辊和输出胶辊通过相互啮合的中间过桥齿轮，同向转动。

一根异形截面的负压吸风管对应多个锭位，在吸风管上部每一个锭位上开有一个狭小的槽，槽的长度由前罗拉钳口一直延伸到添加的集聚圈与输出胶辊的钳口线上。当纤维一离开前罗拉钳口线，即被真空吸附到集聚圈上，纤维黏着集聚圈被输送到输出胶辊的钳口线，所以纤维始终在负压作用下互相紧密地排列在一起，基本消灭了加捻三角区。

该系统为下置式吸风管套集聚圈集聚型紧密纺系统，所用的集聚圈为微孔织物圈，且其采用合成纤维长丝织制而成，具有良好的耐磨性、透气性和抗疲劳性。集聚圈微孔一般只允许吸风气流通过，不允许纤维通过，但纤维很小时也可能被吸风带过去，因此需对微孔织物圈定期进行清洗，以保证清洁透气，达到良好的集聚作用。

绪森 EliTe® 紧密纺系统主要包括两种机型，一种是适于加工棉及棉型化纤的 Fiomax E1 棉型紧密纺细纱机；另一种是适于加工羊毛及中长化纤的 Fiomax E2 毛型紧密纺细纱机。其毛型紧密纺系统是最早面世的毛型紧密纺细纱机。

该系统的最大特点是在原有牵伸装置的基础上，在前罗拉出口处加装一套 EliTe® 紧密纺装置，机构简单，适合于多种普通细纱机的改造。

3. 德国青泽公司的紧密纺设备　德国青泽公司的 AirComTex 紧密纺细纱机是在青泽传统细纱机的基础上加装集聚装置改造而成的，主要机构包括一对输出罗拉、表面带有单列间隔小孔的多孔胶圈和胶圈架，青泽紧密纺装置结构如图 8－44 所示。该装置与绪森紧密纺装置相似，区别在于该吸风管套集聚圈，集聚机构位于须条的上方，属于上置式吸风集聚型紧密纺系统。

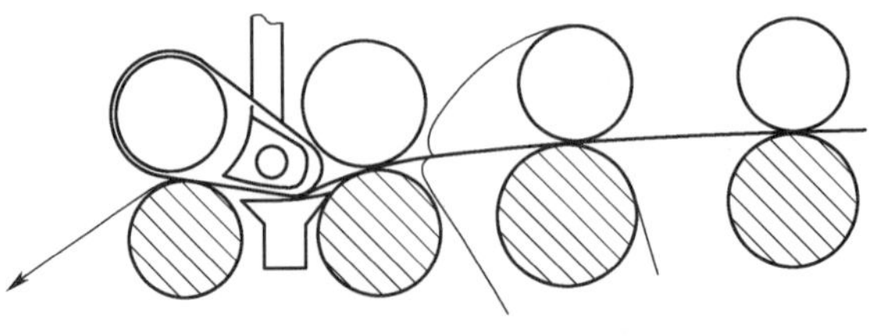
图 8－44　青泽紧密纺装置结构示意图

青泽紧密纺系统采用胶质集聚圈，该集聚圈以传统胶圈为基础，采用青泽公司的专用打孔技术生产。该多孔胶圈由输出罗拉摩擦传动，并有自动清洁装置，不易堵塞，适合长期运转。

四、紧密纺纱线的特点

紧密纺是一种新的环锭纺技术，紧密纺纱线与环锭纺纱线相比，具有以下特点。

1. 成纱毛羽少　紧密纱与传统环锭纱比较，毛羽明显减少。Uster 纱线毛羽仪测试结果显示，与传统环锭纺相比，3mm 及以上的毛羽指数减少约 20%。

2. 强伸性能明显改善　紧密纺纱强力及伸长率大大提高，棉纱的最大断裂强力可提高 5% ~15%，化纤纱的最大断裂强力提高 10%，普梳纱的断裂伸长率可提高 10%，精梳纱断裂伸长率提高 15%。

3. 成纱条干好　紧密纺中的纤维从前钳口输出后，受到气流集聚或机械集聚作用，纤维平行伸直度提高，纱线条干均匀度得到改善。

4. 成纱捻度可偏小掌握　如果要获得与传统环锭纱相同的强力，紧密纺纱的捻度可以减少 20% 左右，这样除了可以提高产量、增加效益外，还可以获得特殊的纱线手感和风格。

五、紧密纺工艺对后续工序的影响

紧密纺纱除了获得较好的纱线质量外，在后续加工过程中还有巨大的优势。整经断头率最高可以降低 30%，因而可以提高整经的效率和生产率。织造时，经纱在开口中存在的纤维扭结问题得到了较好的解决。经、纬纱都用紧密纱线，断头率降低至少可达 50%。同时，织物结构清晰，轮廓清楚，外观效果好；织物悬垂性得到明显改善；织物断裂和撕裂强力提高；起球减少，同时耐磨性改善。由于毛羽的减少，可以省去烧毛工序，同时由于纱线结构和捻度减少的影响，使得吸收性能得到改善，可以节约染料和整理试剂。另外因毛羽少，不容易堵塞网眼，使印花效果更佳。

六、紧密纺技术的缺点

(1) 粗纱须条横动动程小，使胶辊胶圈磨损较快，钢丝圈等部件寿命较短，吸引孔、网眼胶圈处易结灰尘，使设备保养时间延长，开机成本提高。

(2) 紧密纱因毛羽较少，纱体光滑，空气捻结器的捻结效果较差，接头明显，影响纱线的美观和内在强力。

(3) 紧密纱因大多采用气流集聚，由于负压吸力的作用，其他工序产生的飞花易在此集聚，影响紧密纺工艺的效果，因此要改善生产的环境条件，加强清洁工作。

思考题

1. 细纱工序的任务是什么？叙述细纱机的工艺过程。
2. 试述细纱机主要牵伸元件的作用和要求。

3. 如何配置细纱牵伸工艺？
4. 依纳 V 形牵伸有哪些工艺特点？
5. 如何选择细纱捻系数和捻向？
6. 试述锭子的结构。
7. 叙述钢领和钢丝圈的种类和特点，对钢领和钢丝圈有哪些要求？
8. 细纱是如何成形的？
9. 试述细纱的断头规律。
10. 影响气圈形态的因素有哪些？
11. 试述细纱强力与断头的关系。
12. 试述影响纺纱张力的因素。
13. 如何降低细纱断头率？
14. 细纱捻度不匀，成形不良产生的原因有哪些？如何消除？
15. 试述细纱机各种变换齿轮的作用，细纱翻改品种工艺上如何调整？
16. 试述紧密纺纱的成纱原理。
17. 紧密纺纱线有哪些特点？

第九章 后加工

本章知识点

1. 后加工工序的任务。
2. 后加工工序的工艺流程。
3. 络筒机和并纱机的结构与作用。
4. 捻线机的结构与作用及股线捻系数的选择。
5. 花式纱线的基本概念。

第一节 后加工概述

用原棉和各种化纤做原料经多道工序纺成的细纱，还需要经过后加工工序，以满足不同品种成纱的要求。后加工工序包括络筒、并纱、捻线、烧毛、摇纱、成包等加工过程，根据需要可选用部分或全部加工工序。

一、后加工工序的任务

1. 改善产品的外观质量 后加工工序可以清除管纱中较大的疵点、杂质、粗细节等。为使股线光滑、圆润，有的捻线机上装有水槽进行湿捻加工。有的高级股线还要经过烧毛除去表面毛羽，改善纱线光泽。对纱线要求光滑的产品可进行上蜡处理。

2. 改善产品的内在性能 股线加工能改变纱线结构，从而改变其内在性能。不同的单纱经一次或两次合股加捻，采用不同生产工艺过程，可达到改善纱线物理性能的目的，如强力、耐磨性、条干、光泽、手感等。花式捻线还能使纱线结构、形式发生改变，形成环、圈、结、点、节以及不同颜色、不同粗细等具有特殊效果的异形纱线。

3. 稳定产品结构状态 经过不同的后加工工序，可以达到稳定纱线的捻回和均匀股线中单纱张力。如纱线捻回不稳定，易引起“扭结”、“小辫子”、“纬缩”等疵点。对捻回稳定性要求高或高捻的纱线，有时要经过湿热定型。如股线中各根单纱张力不匀，会引起股线的“包芯”结构，导致股线强力、弹性和伸长率下降。

4. 制成适当的卷装形式 为了满足后道工序加工的需要，要将纱线制成不同的卷装形式。卷装形式必须满足卷装容量大，易于高速退绕，且适合后续加工，便于储存和运输。

二、后加工的工艺流程

根据产品要求、用途不同，后加工工序的流程也不同。

1. 单纱的工艺流程

管纱→络筒—┬→筒子包
　　　　　　└→摇纱→成包

2. 股线的工艺流程

┌→管纱直接并纱──┐
管纱→络筒→并纱→捻线→线筒→摇纱→成包
　　　└→并捻联合──┘

3. 较高档股线的工艺流程

管纱→络筒→并纱→捻线→线筒→烧毛→摇纱→成包

根据需要，可进行一次烧毛或两次烧毛。需定型时，一般在单纱络筒后或股线络筒后进行。

4. 缆线的工艺流程　所谓"缆线"是经过一次以上并捻的多股线。第一次捻线工序称为初捻，第二次捻线工序称为复捻。如缝纫线、绳索、帘子线等，一般多在专业工厂进行复捻加工。

第二节　络筒与并纱

一、络筒与并纱工序的任务

络筒就是把管纱连接起来，卷绕成大容量筒子，以满足后道工序的要求，同时还可减少疵点提高品质。并纱是捻线的准备工序，其任务是将两根或多根(一般不超过 5 根)单纱并合后卷绕成筒子。经过并纱，可以保证单纱股数，均衡各单纱张力，减少股线捻度不匀，提高股线强力，改善外观。

络筒与并纱工序有下列四个要求。

(1)筒子卷绕应满足捻线工序对筒子尺寸以及退绕的要求，少损伤原纱的物理性能。

(2)筒子表面纱线分布均匀，在适当卷绕张力下，保持一定的密度，并尽可能增加筒子容量。

(3)筒子应大小一致，成形良好。

(4)保证并纱股数与单纱张力均匀。

二、络筒与并纱工序的特点

络筒机和并纱机的主要技术特点有以下四个方面的内容。

(1)卷装形式主要有圆锥形筒子与圆柱形筒子。

(2)防叠方法有周期性改变滚筒转速、导纱往复速度、移动筒子托架，以及采用防叠槽筒等。

(3)为了维持单纱一定的张力,可采用多种形式的张力装置,如重力圆盘式或弹簧圆盘式张力装置。

(4)络筒机和并纱机上使用清纱装置,以清除粗细节、杂质等。

(5)为了保证并纱股数,每锭均装有断头自停装置。

三、络筒机

(一)络筒机的工艺过程

1332M 型槽筒式络筒机的工艺过程如图 9-1 所示。纱线自管纱(线)1 退绕下来,经导纱杆 2 引入导纱板 3,再经过圆盘张力器 4 和清纱板 5 的缝隙以及张力杆 6 引入槽筒 7 的沟槽。由于槽筒摩擦传动筒子回转和沟槽的往复导纱运动,从而使纱线交叉地卷绕在筒子上。图中 8 为车顶板,9 为空管运输带。

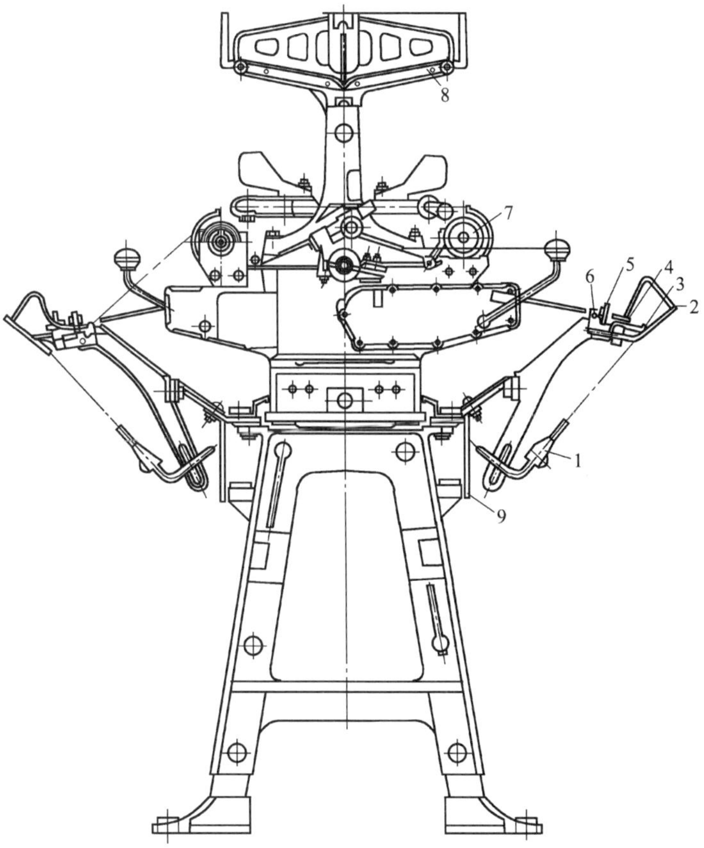

图 9-1 1332M 型络筒机工艺流程

车顶板上可存放落下的筒子,换下的空管投放在两侧的输送带上,自动输送到机尾的空管箱中。备用的管纱(线)存放在两侧的储纱库中。如国产 1332M 型络筒机为双面车,两侧分别

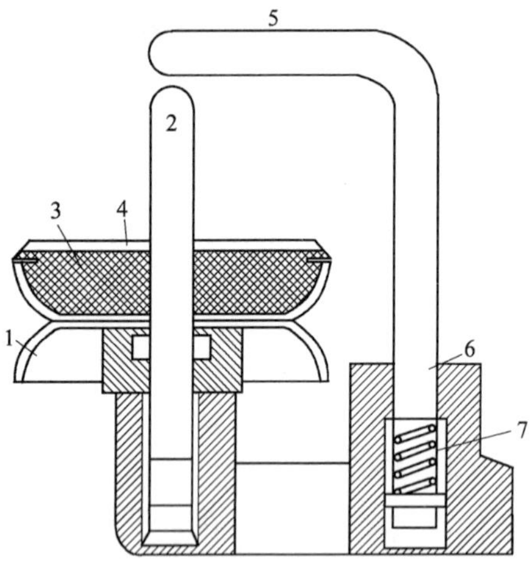

图9－2　垫圈式张力装置

由两只电动机直接传动槽筒轴，两侧可采用不同速度或络不同品种的纱线。

（二）清纱张力装置

清纱张力装置是用来消除纱线上的杂质，并给予纱线一定的张力，以便获得品质优良的筒子。

垫圈式张力装置如图9－2所示，由两片圆盘形张力盘1和芯轴2所组成，在上张力盘内装有毛毡垫圈3和张力垫圈4。纱线在上下两片张力盘之间通过时，由于张力盘与纱线的摩擦作用，上张力盘及张力垫圈随着纱线的前进而回转，纱线上落下的尘屑被抛出，同时由于摩擦阻力而使纱线具有一定的张力。毛毡垫圈的作用是吸收上张力盘和张力垫圈在高速转动时的震动，使纱线张力均匀，从而得到良好的成形。

为了张力垫圈不致失落和便于更换，在芯轴2的上端装有弹簧控制杆5，更换张力垫圈时，可将控制杆向上抬起并转过90°，由于其上销钉6及弹簧7的作用，将控制杆紧压于另一侧，因此可从芯轴2上取出张力垫圈进行调换，更换结束后将控制杆再抬起转回90°，复位到原来位置压在芯轴上，防止张力垫圈跳出。

络筒时，依据上张力盘及张力垫圈的重量大小来控制纱线的张力。在保证筒子成形良好的前提下，纱线张力应尽量小，以免损伤纱线的弹性和强力。如果张力过大，会使纱线伸长，失去弹性且增加织造断头；如张力过小，做成的筒子松弛，断头时纱头易嵌入纱层里面，接头时寻头困难，而且在后道工序退绕时可能造成纱圈重叠脱落。

（三）清纱装置

清纱装置有机械式和电子式两种。常用的机械式清纱装置有清纱板式和梳针式等。络筒机上常采用电子式清纱器，按检测方式不同可分为光电式电子清纱器和电容式电子清纱器两种。

光电式电子清纱器检测纱疵侧面的投影，较接近视觉，检测信号与纤维种类的回潮率无关。检测头由光源、光敏接收器、光学系统组成。纱线通过时，若直径变化，则光敏接收器输出的信号亦相应起变化，此信号经放大输送给纱疵识别电路，如果纱疵大小达到清除要求，则驱动电路推动剪刀切断纱线，但对扁平状纱疵可能漏切。

电容式电子清纱器检测单位长度纱线的质量，检测信号与纤维种类和回潮率变化有关。检测头是两块金属板组成的空气电容器，纱线通过时若质量变化，则调制了振荡器的幅度，该信号经放大输送给纱疵识别电路，如果纱疵达到切除程度，则纱线被剪刀切断，对扁平状纱疵漏切的可能性较少。这两种电子清纱器的主要区别在于检测机构的转换特性，光电式纱线通过时产生的电信号与纱线直径成正比，电容式纱线通过时产生的电信号与纱线短片段的质量成正比。

四、精密卷绕并纱机

（一）精密卷绕并纱机的工艺过程

精密卷绕并纱机工艺过程如图9－3所示，喂入单纱筒子1放在搁架上，在纱筒之间有隔纱器。纱线由筒子退绕后，经过气圈控制器2、导纱器3，穿过机械式预清纱器4、纱线张力装置6、断头探测器5、切纱与夹纱装置7，由支撑罗拉10支撑，并由导纱装置8导向卷绕成并纱筒子9。

纱线通道呈一条直线，即张力装置、切纱与夹纱装置、导纱装置与卷绕位置呈一直线。并纱机上的纱管应平行接触在支撑罗拉上，导纱装置也必须与支撑罗拉平行。

（二）精密卷绕并纱机技术特点

精密卷绕并纱机，普遍采用定长（定径）自停、空气打结、变频电动机直接传动、变频防叠、精密卷绕等技术，使并纱质量达到较高的水平。

精密卷绕并纱机的每个锭子上均装有定长（定径）装置，当卷绕至一定长度（直径）时，传感器发出信号，纱被切断并被夹纱装置夹持保留。卷绕筒管被刹停后抬起，信号灯发出指示信号，挡车工落筒子。

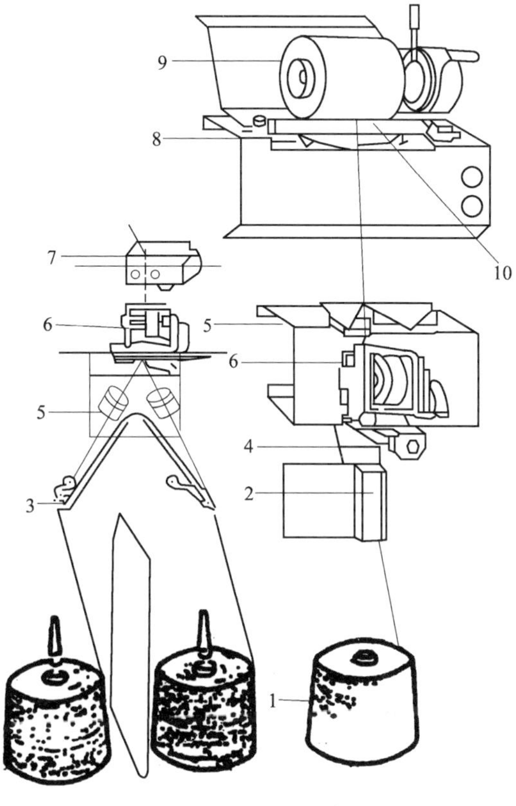

图9－3　精密卷绕并纱机工艺过程

由于并纱机一般以筒子喂入，且卷绕张力较小，故在并纱机上出现的断头较络筒机少，需要打结的机会也较少，所以在并纱机上一般只配备可移动的空气捻接器。该捻接器安装在轨道上，沿机器长度方向可以移动，压缩空气通过管道供给捻接器，需要接头时，由挡车工将捻接器移动至需要接头的锭位即可操作。一般20～40锭配备一只空气捻接器。

第三节　捻　线

一、捻线工序的概述

（一）捻线的任务

一般的单纱不能充分满足某些工业用品和高级织物的要求。因为单纱加捻时内外层纤维的应力不平衡，很难充分发挥纱线中所有纤维的强力作用；另一方面单纱也不能同时全面地满足较多物理性能的要求。单纱经过并合后获得的股线，性质变化较大，能够比较全面地满足这些要求。捻线的实质,就是通过改善纱线中纤维的受力状况来提高纱线的品质。

(二)合股线加捻后性质的变化

1. 改善条干 根据并合原理,n 根单纱并合后其条干不匀率可降低到 $1/\sqrt{n}$,但合股纱各自分离,外观仍能分辨各股单纱。捻合成股线后才能起到并合的效果,甚至股线条干比理论计算更好些,因为纱上的粗节或细节总有部分隐藏在纱芯里面。

2. 提高强力 n 根单纱并合后的强力一般达不到原来单纱强力的 n 倍,见表 9-1。因为各股单纱伸长率不一致,伸长率小的应力较集中,受力拉伸时各根单纱不同时断裂的缘故。股线是一个整体而且条干比较均匀,因此股线的强力常超过单纱强力的总和,一般双股线中的单纱平均强力是普通单纱强力的 1.2~1.5 倍,三股线强力是 1.5~1.7 倍。

表 9-1 并合后单纱强力的利用系数

并合数	1	2	3	4	5
强力利用系数(%)	100	92.5	86.8	81.2	76.5

3. 弹性及伸长率改变 单纱中的纤维排列成螺旋线状,在拉伸不大时能表现出如弹簧般的伸长特性。股线的捻回使各单纱相互扭成螺旋线状,在较大张力下能像复式弹簧似的表现出更大的弹性伸长,而总伸长率则因为股线的结构较好,滑动纤维减少,所以比单纱要小一些。

4. 耐磨性增加 纱线的耐磨性主要表现在轴向运动时纱线与机件接触的磨损程度,由于股线条干均匀,截面比较圆整,股线织物在使用中受到各向摩擦,即使表面纤维局部磨损,而纤维相互间仍有稳定的结构关系,股线仍有一定强度,因此有较好的耐磨性能。

5. 光泽改变 纱线的光泽取决于表面纤维的轴向平行程度。单纱捻度越大,纤维的轴向倾斜越大,光泽较暗淡,反向加捻的股线可使表面纤维的轴向平行度提高,得到良好的光泽。另外股线条干均匀、截面圆整、表面光洁,可使外观和光泽获得改善。

6. 手感改变 纱线的手感主要取决于它的径向压缩弹性和轴向挠曲刚性等方面。外松里紧结构的股线,径向弹性较好,轴向刚性较差,所以手感较柔软,外紧里松结构的股线则相反,手感坚实。

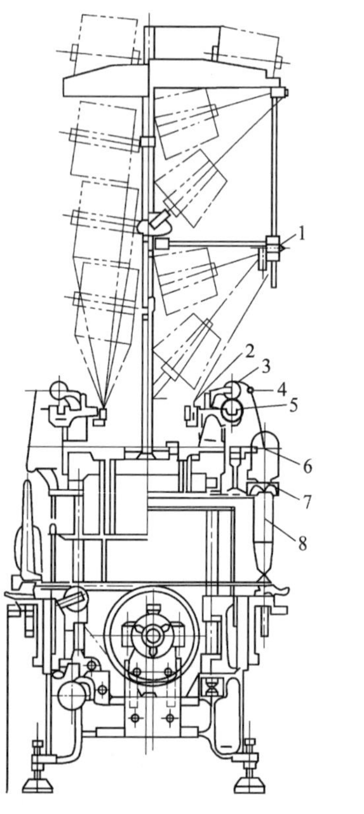

图 9-4 FA721 型环锭捻线机工艺过程

二、捻线机的工艺过程

国产 FA721-75 型环锭捻线机的工艺过程如图 9-4 所示,且该机有纯捻和并捻联合两种纱架可供选择。左边喂入并纱筒子可进行纯捻捻线;右边喂入圆锥形单纱筒子,可作为并捻联合使用。现以右边为例,从圆锥形筒子引出的纱,通过导纱杆1,在导纱器2处并纱后,经上罗拉3和下罗拉5组成的钳口,绕过上罗拉引出,通过断头自停装置4,穿过导纱钩6,绕过钢领7上回转的钢丝圈,最后卷绕在筒管8上。

三、捻线工艺

(一)股线股数和捻向的确定

一般衣着用线两股并合已能达到要求,股数太多不经济,实用性能也不佳。对强力及圆整度要求高的股线需用较多的股数,如缝纫线一般用三股。当超过五股以上时,容易使某根单纱形成芯纱,使纱受力不均匀,降低并捻效果。因此,常用复捻方式制得缆线。

用复捻方式制成的缆线强力高,而且比较紧密,其耐磨、抗挠、抗压性能较好,捻回也比较稳定,因此股线较多的缆线大多是用复捻方法制成,如帘子线、渔网线等。对强力、圆整度要求很高,但要求比较厚而紧密的织物,如帆布、尼龙带等,也可采用单捻方式,因其工艺过程简单,制成织物较紧密有挠曲性,也能符合使用上的要求。

合股线的捻向对股线的性质有很大影响,单捻反向加捻时,可使捻幅均匀,纤维的应力和变形差异小,能得到较好强力、光泽和手感,捻回稳定,捻缩也小,所以绝大多数的单捻股线是反向加捻。单纱同向加捻时,股线比较坚实,光泽及捻回稳定性较差,股线伸长大,若单纱与股线捻系数配合得当,也能得到较高的强力。同向加捻的股线,外层纤维捻幅大于内层,外紧内松,具有回弹性高、渗透性差的特点,用于编制花边、结网及一些装饰性的织物。同向加捻股线强力增加很快,所以捻系数较小,生产率较高,故要求不高的股线也有同向加捻的。

在复捻时,为使捻回比较稳定,通常有两种捻向,即ZZS或ZSZ。这两种方式对股线性质的影响见表9-2,在复捻捻度较小时,ZZS的方式纤维强力利用系数和断裂长度较好;在复捻捻度较大时,ZSZ的方式要好些。用ZZS的缆线断裂伸长要大于ZSZ,捻回平衡方面两种方式都能达到。不过ZSZ不论在初捻或复捻时,都比ZZS的捻度大,因而机器的生产率较低。通常根据缆线用途要求确定捻向。

表9-2 两种捻向方式对股线性质的影响

指标	捻向	复捻捻系数(捻/m)					
		327	402	496	592	635	770
股线断裂长度(km)	ZZS	23.6	23.6	24.6	23.3	23.2	22.3
	ZSZ	22.2	22.1	24.3	25.4	23.4	24.0
断裂伸长(%)	ZZS	5.6	6.2	6.4	7.5	7.6	7.4
	ZSZ	5.4	6.0	5.8	5.7	6.2	6.4
强力不匀率(%)	ZZS	5.7	5.6	5.8	6.0	6.0	7.2
	ZSZ	5.0	5.3	4.7	5.5	4.7	5.6
纤维强力利用系数	ZZS	0.835	0.837	0.87	0.83	0.835	0.805
	ZSZ	0.775	0.775	0.845	0.89	0.835	0.86

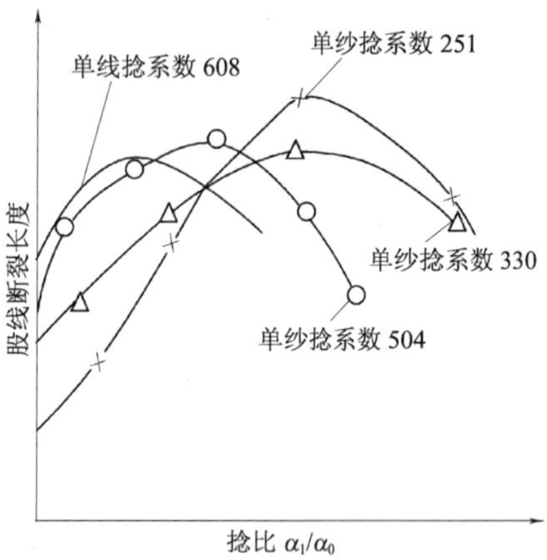

图 9-5　股线与单纱捻比同强力的关系

(二)股线捻系数的选择

股线捻系数与股线性质关系密切,应根据股线不同用途和要求选用合适的股线捻系数,同时还应结合单纱的捻系数综合考虑,一般强捻单纱股线与单纱的捻度比(简称捻比)可小些,弱捻单纱股线与单纱的捻比可大些。

如图 9-5 所示为 4 种不同捻系数的单纱在不同捻比配合时的股线强力(断裂长度)变化情况,其特点有以下两个方面。

(1)强捻单纱股线最大强力出现较早,弱捻单纱股线最大强力出现较迟。

(2)同样强度的股线,弱捻单纱捻比较大,强捻单纱捻比较小。

如果要求股线的强力好,则股线捻系数的配合应使股线内纤维的捻幅尽量均匀,以减少纤维应力与变形差异。一般股线不用它的最高强力点,因为这样的股线捻系数偏大,股线外层纤维倾斜程度较大呈里松外紧的结构,除强力较好外,手感、耐磨、渗透等性能不佳。当然捻比过小,强力、刚性、回挺性就差,股线呈外松里紧结构。衣着织物的经线要求股线结构内外松紧一致,强力高,在采用双股线反向加捻时的捻比一般为 1.2~1.4。

相同强度的股线,弱捻单纱股线的捻系数应较大,如图 9-5 所示,这对捻线机产量不利,但捻比大,股线捻系数的绝对值并不按比例增加,因为单纱捻系数在减小。又如图 9-5 所示弱捻单纱的股线强力较大,因此生产上股线用的单纱捻系数一般偏低选用,当然也要考虑原料性能与工艺条件。

如要求股线的光泽与手感好,则股线捻系数的配合应使表面纤维轴向性好,这样不仅光泽好,而且轴向移动时的耐磨性较好,股线结构呈外松里紧的结构,因此手感较柔软,渗透性能也好。当股线表面的纤维轴向平行时,捻比为 0.707,在生产实践中取 0.7~0.9 时,外层纤维的轴向性最好。不同用途的股线,还需考虑工艺要求与加工方法的不同来具体选择。

四、倍捻捻线机

倍捻捻线机的锭子转一转使纱线加上两个捻回,故称为"倍捻"。它与环锭捻线机相比,锭子每一回转可获得两个捻回,因此产量较高,并可直接做成大卷装的筒子,省去一道络筒工序;不用钢领钢丝圈,锭速不受钢丝圈速度的限制,减少纱线油污;工序少,卷装大,可以提高劳动生产率。倍捻机也存在锭子结构复杂,造价高,耗电量大,断头后接头比较麻烦等缺点。

倍捻机的工艺过程如图 9-6 所示,并纱筒子 1 套在静止的空心管 3 上,并纱由筒子顶端引出,经过空心管,再进入锭管与储纱盘 4 的径向孔。储纱盘随锭子回转,纱线则随锭子每转一转加一个捻回,如图中 AC 段,这和环锭捻线机加捻性质基本相同。当这段已加了捻回的纱线从加捻盘的径向孔出来引向上方时,又追加一个捻回,如图中 BC 段。因此,锭子转一转就加上两个捻回。加捻过程中纱线成两个气圈,从并纱筒子的退绕处到空心管入口形成第一个气圈,当纱线离开储纱盘引向导纱钩2时,又形成第二个气圈。

倍捻的原理可以从假捻的概念引出。如果将纱条两端握持,加捻器在两握持点的中间加捻,由于 AC 与 BC 段捻向相反,捻回互相抵消,输出纱条不能获得捻回,如图9-7(a)所示。如果将 B 点移至加捻点的另一侧,如图9-7(b)所示,而将 C 点扩大成为包含两段纱段(AC、CB)的平面而回转,则 AC 纱段以自己本身的轴线作自转,BC 则以 AB 轴作公转,这时再从定点 A 与 B 看 C 点,都是逆时针方向回转,于是 AC、CB 段都获得S捻。若纱线沿轴向移动时,AC 段上纱的S捻输送到 CB 段即成为两个 S 捻了。

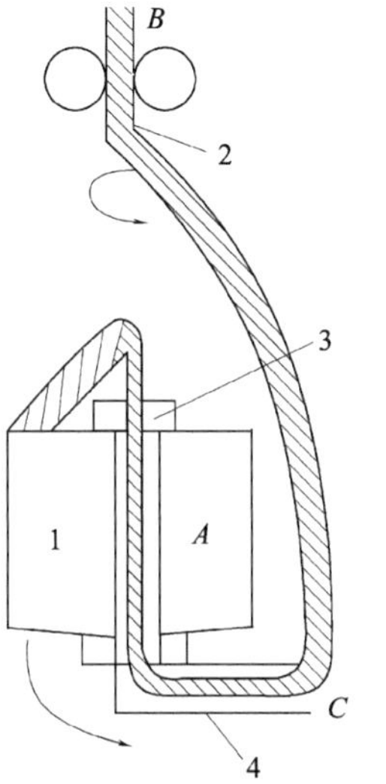

图9-6 倍捻捻线示意图

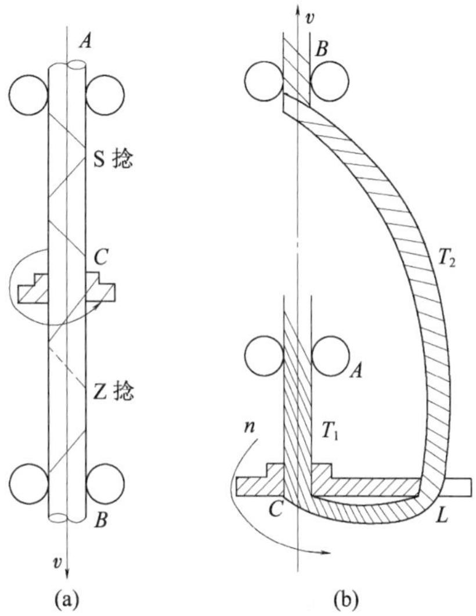

图9-7 两个加捻区的加捻情况

设纱线轴向移动的速度为 v(m/min),加捻器速度为 n(r/min),在稳定状态时 AC 段的捻度平衡式为:

$$T_1 = \frac{n}{v} \tag{9-1}$$

BC 段的捻度平衡式为:

$$T_2 = \frac{n}{v} + T_1 = \frac{n}{v} + \frac{n}{v} = 2\,\frac{n}{v} \tag{9-2}$$

由式(9-1)与式(9-2)可见,在倍捻捻线中纱线获得的捻回为加捻器回转数的两倍,即获得倍捻。

第四节 花式纱线

除了常见的普通纱线外,还有着各种各样截面不规则、结构不同或色泽各异的特殊纱线,这类纱线统称为花式纱线。花式纱线一般分为两大类，一类为花式纱线，其主要特征是具有不规则的外形与纱线结构，如纱线截面具有不规则几何形状、纱线结构变化等，主要有竹节纱、结子纱、雪花纱、珠圈纱等；另一类为花色纱线，这类纱线主要特征是外观在长度方向上呈现不同的色泽或特殊效应的色泽，常用的加工方法有间隔印色纱线、染色纱线、拆编印色纱线等。

花式纱线有许多加工方法，在普通棉纺、毛纺细纱机，喷气纺纱机，空气变形纱机等设备上，经过适当改造，可以生产某些种类的花式纱线，最常用的为空心锭花式捻线机。空心锭花式线捻线机可以生产不同粗细、不同捻度的纱线，主要有圈圈纱、竹节纱、雪花纱、珠圈纱、结子纱等，如交替喂入不同颜色变化的粗纱，还可生产颜色变化的花色纱。原料很广泛，棉、毛、丝、麻、化纤、纱线、长丝等都可使用。

花式纱线一般由三根纱线组成，即芯线、固线、饰线，如图9－8所示，芯线起骨架作用，主要提供纱线的强力，一般选用强力较高的长丝或纱线作为芯线。固线起加固作用，用来固定花形，使花形按生产时的方式固定下来，从而避免沿长度方向滑移。固线大多采用细且强力高的长丝。花式纱线的花式效应是通过饰线而表现出来的，如粗细节、圈圈、小辫子等。饰线可采用棉条或粗纱经相同的牵伸但不同超喂生产（如圈圈纱）或经不同的牵伸来生产（如竹节纱），也可采用长丝经不同的超喂来生产（如结子纱）。采用不同颜色的两根粗纱经不同牵伸不同超喂，可生产出粗细变化且颜色变化的花式纱线。

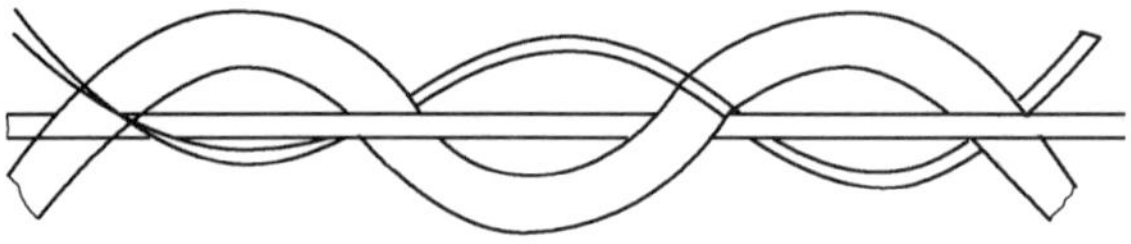

图9－8　花式线结构

花式捻线机大多采用空心锭子加工方式，芯线由喂入罗拉喂入，经导纱棒、导纱罗拉进入空心锭子中心；饰线经牵伸机构后进入空心锭子，饰线的喂入速度（一般为超喂）不断地变化；固线从空心锭子筒管上引出并一起进入空心锭子。三根线同时喂入，在加捻钩以前，芯线、饰线随着空心锭子一起回转而得到假捻，而固线由于从空心锭子上退绕下来，与芯线、饰线平行但不被假捻。通过加捻钩后，芯线、饰线的假捻消失，而固线包缠在芯线和饰线上，将由于饰线超喂变化形成的花形固定下来，形成花式纱线。芯线需有一定张力，饰线要有超喂，固线必须包缠。整个纺纱过程中，一次完成牵伸，形成花形和络筒的工序。

思考题

1. 试述后加工工序的任务。
2. 试述后加工工序的工艺流程。
3. 试述络筒和并纱工序的要求。
4. 试述清纱装置的作用和种类及电子清纱器的工作原理。
5. 叙述络筒机的工艺过程。

6. 叙述并纱机的工艺过程。
7. 试述合股线的性能。
8. 叙述捻线机的工艺过程。
9. 如何选择股线的股数、捻向和捻系数?
10. 叙述倍捻捻线机的倍捻原理。
11. 试述花式线的组成。
12. 叙述花色捻线机的加工原理。

第十章　新型纺纱

本章知识点

1. 新型纺纱概述。
2. 转杯纺纱机主要机构及工艺过程、机构工作原理。
3. 喷气纺纱机主要机构及工艺过程、机构工作原理。
4. 其他新型纺纱机。

第一节　新型纺纱概述

一、新型纺纱的分类

新型纺纱按纺纱原理分为自由端纺纱和非自由端纺纱两类。

(一)自由端纺纱

自由端纺纱是指在纺纱的过程中，先将喂入的纤维条松解成单纤维，再使单纤维凝聚成自由端纤维条，纤维条随加捻器一起回转而加捻成纱的纺纱方法，如图 10－1 所示。自由端纺纱的形式有多种，但都必须经过松解、凝聚、加捻和卷绕四个过程。自由端纺纱方法有转杯纺、摩擦纺、涡流纺、静电纺等。

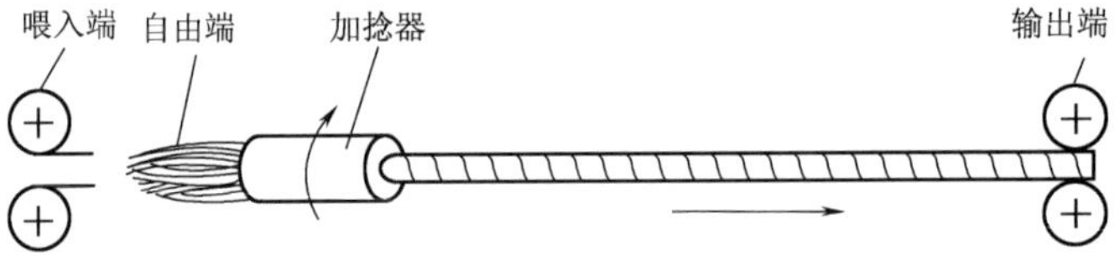

图 10－1　自由端纺纱加捻示意图

(二)非自由端纺纱

非自由端纺纱与自由端纺纱的主要区别在于纺纱过程中，喂入的纤维条没有产生自由端，须条两端被握持，借助假捻、包缠、黏合等方法，将纤维抱合到一起，使纱条获得强力，如图10－2所示。非自由端纺纱方法有喷气纺、自捻纺、平行纺、无捻纺等。

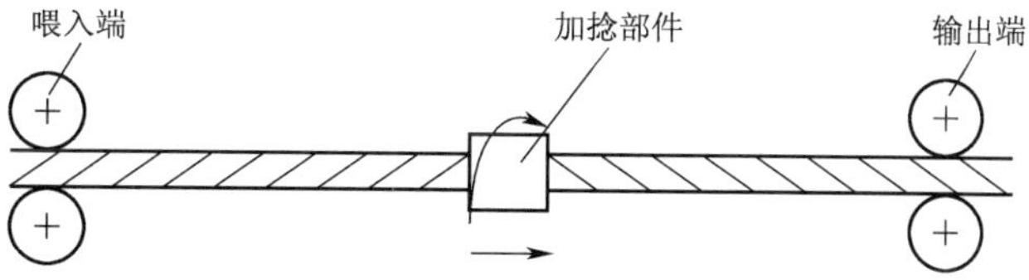

图 10-2 非自由端纺纱加捻示意图

二、新型纺纱的特点

(1)产量高:由于加捻和卷绕采用不同的机构完成,加捻卷绕速度可以大大提高。因此产量大幅度提高,一般是环锭纺的几倍到几十倍。

(2)卷装大:采用筒子卷绕,不受钢领直径、筒管高度等的限制,因此卷装增大。

(3)流程短:大都采用棉条喂入,纺成的纱直接绕成筒子纱,省去了粗纱、络筒等工序,简化了生产工序,降低了生产成本。

(4)自动化程度高:新型纺纱的输出速度高,卷装容量大,客观上要求提高自动化程度,因此在许多新型纺纱机上配备了自动接头装置及自动落筒装置。

(5)成纱风格独特:各种新型纺纱的纺纱原理不同,因此成纱结构特征也不相同。多样化的成纱结构,丰富了产品风格。

第二节 转杯纺纱

一、转杯纺纱概述

(一)转杯纺纱的主要技术特征

国内外几种转杯纺纱机的主要技术特征见表 10-1。

表 10-1 国内外几种转杯纺纱机的主要技术特征

制造厂商	德国 SCHLAFHORST	立达 RLETER	捷克 BASETEX	中国 浙江泰坦	中国经纬 纺机厂
机型	Autocoro360	R40	BT903	TQF268	F1631
排风方式	抽气式	抽气式	自排风式	抽气式	自排风式
适纺纤维长度(mm)	<60	<60	<60	<60	25~40
适纺特数(tex)	145~10	200~10	240~15	250~10	100~14.5
牵伸倍数	20~450	40~400	18~300	—	35~230.5
棉条定量(g/m)	2.5~7.0	3.0~7.0	2.2~6.25	3.0~7.0	2.2~5.0
头距(mm)	230	245	216	210	200
每台最多的头数	360	400	240	240	192

续表

制造厂商			德国 SCHLAFHORST	立达 RLETER	捷克 BASETEX	中国 浙江泰坦	中国经纬 纺机厂
纺杯最高转速(r/min)			150000	160000	100000	100000	75000
纺杯直径(mm)			28,30,31,33, 36,40,46,56	28,30,31,33,34, 36,40,41,46,47, 48,56,57	33,40,43,48, 50,54,64,66	66,54,43,36,34	43,54,66
分梳辊	直径(mm)		64	64	75	64	—
	转速(r/min)		6600 ~ 11000	6500 ~ 8500	5000 ~ 10000	5000 ~ 10000	6000 ~ 9000
条筒最大尺寸(mm)			ϕ530 × 1200	ϕ530 × 1200	ϕ530 × 1070	ϕ430 × 914	ϕ350 × 900
最大卷装 (mm)		平筒	ϕ300 × 150	ϕ340 × 150	ϕ300 × 150	ϕ300 × 150	ϕ300 × 150
		锥筒	ϕ270 × 150	ϕ270 × 150	ϕ270 × 150	ϕ270 × 150	ϕ250 × 150
满纱重量 (kg)		平筒	5.00	5.00	4.15	4	4
		锥筒	—	3.30	3.30	—	3.2
最大引纱速度(m/min)			300	350	180	—	116.7
控制方式			微处理系统	PC 机	微处理系统	智能化电控系统	PLC 控制系统
清纱功能			有	有	有	有	有
主电机类型			换向器	变频控制	变频控制	变频控制	带减速器

(二)转杯纺纱机的工艺过程

转杯纺纱机的工艺过程如图 10－3 所示，棉条 1 经喂给集合器 2，由喂给罗拉 3 和喂给板 4 缓慢喂入，被表面包有金属锯条的分梳辊 5 分解为单纤维状态后，经输送管道 6 被杯内呈负压状态（风机抽吸或排气孔排气）的纺纱杯 7 吸入，由于纺杯高速回转的离心力作用，纤维沿杯壁滑入纺杯凝聚槽凝聚成纤维须条；生头时，先将一根纱线送入引纱管 8 出口，由于气流的作用，这根纱线立即被吸入杯内，纱尾在离心力的作用下被抛向凝聚槽，与凝聚须条搭接起来，引纱由引纱罗拉握持输出，贴附于凝聚须条的一端和凝聚须条一起随纺纱杯回转，因而获得捻回。由于捻回沿纱条轴向向凝聚槽内的须条传递，使二者连为一体，便于剥离。

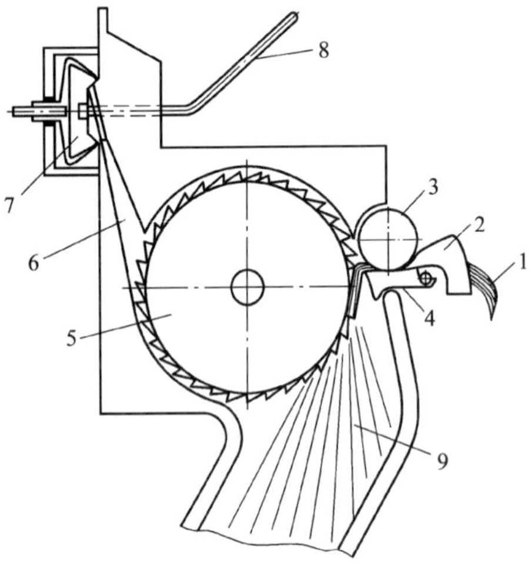

图 10－3　转杯纺纱工艺过程

纱条在加捻过程中与阻捻头摩擦产生假捻作用，使剥离点至阻捻头一段纱条上的捻回增多，有利于减少断头，引纱罗拉将纱条自纺纱杯中引出后，经卷绕罗拉卷绕成筒子。图中 9 为排杂区。

二、转杯纺纱的纤维原料及前纺工艺

（一）转杯纺纱的纤维原料

转杯纺纱适用原料广泛，原棉与各种化纤及羊毛、绢丝、麻类等多种纤维均可在转杯纺纱中应用。

（二）转杯纺纱的前纺工艺

转杯纺纱机采用条子喂入，条子质量的好坏对成纱质量和断头率影响很大，因此对条子的质量有以下要求。

（1）含杂率低，以减少转杯纺纱过程中转杯内尘杂积聚的数量与速率。

（2）纤维的分离度与伸直平行度高是提高转杯纺纱成纱均匀度和强力的根本保证，同时能充分发挥分梳辊的分梳作用。

随着转杯纺纱技术的发展，转杯转速不断提高，转杯纱应用领域也逐渐扩大，转杯纺所纺细纱线密度、纺纱原料和使用机型不同，对前纺设备及工艺路线的配置也不一样。目前有两种不同的工艺路线，一种是采用具有高效开棉机械和新型除杂装置的开清棉联合机组，加强开清棉工序的开松和除杂作用；另一种是采用双联梳棉机，加强梳棉工序的梳理与除杂作用。并条一般采用二道，并条道数过多会影响熟条的条干均匀度，特别是原料质量较差时，并条对条子的改善作用较小，在梳棉机上加装自调匀整装置则可达到较好的效果。所以在质量要求较低的粗特纱及废纺时，可采用一道并条或生条直接喂入，纤维的弯钩方向对转杯纺纱无显著影响。

三、转杯纺纱机的主要机构及作用

（一）给棉分梳机构

给棉分梳机构的作用是将喂入条子分解为单纤维状态，同时将条子中的细小杂质排除，以达到提高质量，降低断头的目的。喂给分梳机构一般采用喂给集合器、喂给罗拉、喂给板和分梳辊等机构。

1. 喂给集合器　喂给集合器由塑料或胶木压制而成，其通道截面自入口至出口逐渐收缩成扁平状，使须条在进入喂给罗拉和喂给板握持钳口之前，受到必要的压缩，其截面随之相应变化，以提高纤维间的抱合力，并可使条子横截面厚薄均匀，密度一致，以保证喂给罗拉与喂给板对条子的握持力分布均匀，有利于分梳辊的分梳。为减少意外牵伸，喂给集合器出口应尽量靠近握持钳口。喂给集合器的内壁必须光滑，以减少纤维须条与集合器之间的摩擦阻力。喂给集合器出口截面尺寸与喂入纤维须条的定量有关，一般为 2mm × 7mm、2mm × 9mm、3mm × 9mm。

2. 喂给罗拉与喂给板　转杯纺普遍采用的给棉方式是喂给罗拉和喂给板共同握持须条供分梳辊分梳。

喂给罗拉为一沟槽罗拉。视机型不同，喂给罗拉的结构及传动不同。一种是单头传动结构，单头罗拉由纺纱机每一面的一根传动轴上的涡杆通过活套套在喂给罗拉颈上，由电磁离合器控制涡轮传动，当纱线断头时，电磁离合器与涡轮脱开，喂给罗拉及时停止回转，以避免纺纱杯积聚纤维。还有一种是设备两侧各有一根由多节连接起来的喂给罗拉，每节10～12头，罗拉由车头齿轮直接传动。断头自停装置与罗拉回转无关。

喂给板为一弧形板，为避免条子受分梳时向分梳辊两端扩散，喂给板的前端被设计成凹状，以限制条子的宽度。喂给钳口压力来自喂给板下的弹簧，使喂给罗拉与喂给板钳口比较均匀地握持纤维须条，喂给罗拉与喂给板之间的压力一般控制在25～30N。

3. 分梳辊 分梳辊的作用是将纤维须条梳理分解成单纤维状态，排除杂质，将纤维流转移到输纤通道，其分梳性能对成纱质量的优劣起到关键性的作用。分梳辊一般采用铝合金胎基，表面包覆金属针布（锯齿辊）或表面植有钢针（针辊），直径约为60～80mm，转速可达5000～9000r/min。

4. 影响分梳效果的因素 影响分梳效果的因素包括喂入须条的定量与结构、喂给机构及握持状态、锯齿规格、分梳辊转速等。

（1）喂给机构：喂给集合器出口的截面大小，应与喂入须条定量相适应，出口过大，起不到集束和整理作用；出口过小，易堵塞集合器。喂给板加压大小要适当，压力过小，握持不牢，易形成束纤维；压力过大，可能会使须条分层，贴紧喂给板上的纤维层拥塞。喂给板与纺纱壳体腔壁组成的分梳工作面长度，即喂给罗拉与喂给板握持点至分梳辊与纺纱壳体腔壁最小隔距点之间的一段弧长，影响分梳效果，分梳工作面长度应稍短于纤维的主体长度。分梳点隔距的大小，决定了未被针齿分梳的纤维层的厚薄，即影响到未被分梳纤维的数量，所以分梳点隔距以小为好，一般为0.15mm。

（2）锯齿规格：锯齿规格是指锯齿的工作角、齿尖角、齿背角、齿高、齿深、齿密等，其中以锯齿工作角、齿密对分梳效果影响较大。

锯齿工作角小，抓取纤维的能力强，分梳作用强，有利于提高成纱质量，但工作角不能过小，否则易损伤纤维，且易绕锯齿，从而影响纤维转移。一般纺棉时，因摩擦因数较小而易于转移，所用工作角较小以增强分梳效果；纺化纤时，因摩擦因数较大而转移困难，为防止缠绕工作角宜大些。

齿密分纵向密度和横向密度，纵向密度对分梳质量影响大，因此选择齿密时，大都考虑纵向密度。目前有增加横向密度以增加总齿密的趋势，齿密越大，分梳作用越强。纺化纤时，应兼顾分梳与转移的要求，齿密可较纺棉时稀些。

齿尖硬度关系到锯齿的锋利度和耐磨度，与锯齿材料和热处理硬度有关，转杯纺纱用锯齿采用新型铝合金、金属镀层和特殊淬火的方法来提高齿尖硬度，增加锯齿的使用周期。锯齿表面的光洁度对分梳效果也有影响，所以淬火后的锯齿需进行抛光处理。转杯纺分梳辊锯齿规格和工作性能见表10－2。

（3）分梳辊转速：分梳辊转速对纤维分解、除杂和转移有显著影响。在其他工艺条件不变时，分梳辊转速高，分梳作用强，杂质易排除，纤维转移顺利，成纱条干好，但强力下降。其原因在于高速后纤维的损伤增加，纤维长度越长，损失越严重，一般在不损伤纤维的前提下适当提高速度，有利于分梳质量和纱条转移，并有利于排杂。

表 10－2 转杯纺分梳辊锯齿规格

型 号	工作角	齿距(mm)	总齿高(mm)	工 作 性 能
OB20	65°	2.13	4.0	开松、梳理、除杂能力强，纤维损伤大，转移能力差
OS21	78°	3.4	4.0	开松、梳理弱，转移能力好
OB174	75°	2.1	3.6	开松、梳理、转移适中
OB187	65°	2.1	3	
OK36	90°	4.95	3.6	比 OB21 型稍弱
OK37	100°	4.95	3.6	比 OK36 型更弱，适宜纺转移能力很差的纤维
OK40	65°	2.62	3.6	接近 OB20 型
OK61	75°	3.93	3.6	开松、除杂能力比 OK36 型强
OK74	65°	4.95	3.6	开松、梳理、除杂能力稍低于 OK40 型，但损伤纤维少

分梳辊转速可根据不同原料及分梳要求而定，一般为 4000～9000r/min。分梳辊转速与加工原料、喂入条子的定量、喂入速度、分梳辊型式规格等有关。当喂入条子定量重或单位时间内喂给量增加时，应相应提高分梳辊转速，以防止分梳辊绕花。增大分梳辊直径，可提高对纤维的分梳效果，而小直径、高速度则有利于排杂。

分梳辊转速的选择还应与输棉管道入口、出口速度及纺杯速度相匹配，以保证纤维在喂入、分梳、输送、凝聚过程中始终处于加速状态，以利于纤维在成纱中的伸直形态。

5. 喂给分梳部分的排杂作用 转杯纺纱机的排杂机构在须条松解的过程中，利用纤维和杂质的动能和运动轨迹的差异，实现纤维与杂质的分离，从而达到排杂的目的。采用排杂机构有利于减少纺杯内凝聚的积尘，提高成纱质量，减少断头，为高速创造条件，并可延长纺杯的清扫周期，有利于减轻工人的劳动强度。转杯纺纱机的排杂装置根据补风方式不同，分为固定式排杂装置和调节式排杂装置。

固定式排杂装置如图 10－4 所示。纺纱时，由喂给板 1 和喂给罗拉 2 握持喂入的纤维，被分梳辊 3 抓取，随同分梳辊一起运动到排杂区 4，杂质靠离心力的作用，从排杂区排出，抛入吸杂管，并被吹出机外。为了达到气压平衡，必须需有外界气流补入，补入气流 5 的一部分进入吸杂系统，形成输送杂质的气流，另一部分进入排杂区，这股气流随同微尘及小杂回入分梳辊，经输棉管进入转杯凝聚槽，影响成纱质量和断头。为克服这个缺点，在给棉罗拉处开补风孔补气以减少排杂区中的回收气流，使微小尘杂尽量排出，由吸杂管吸走，提高除杂效率。同时，还有助于避免在给棉罗拉处产生积花。吸杂系统采用间歇式抽吸，所产生真空度的大小，对排杂效果影响很大，并且头与头之间还将产生差异，故须注意调节。有些机型改用大型积杂箱，排出的杂质采用输送带输出，可避免抽吸的影响。Autocoro 系列型、R20 型、BD—D320 型、BT903 型等转杯纺纱机采用固定式排杂装置。

调节式排杂装置如图 10－5 所示，纺纱时，由喂给板 1 和喂给罗拉 2 握持喂入的纤维，被分梳辊 3 抓取，杂质受离心力的作用自排杂区 6 排出，第一补风区 8 补入的气流起托持纤维的作用，防止纤维随杂质排出。可调补风阀 5 可根据原棉含杂情况及成纱质量的不同要求调节补入气流量，当补风阀调小时，第二补风区4补入气流量减少，由于纺杯真空度的影响，固定补风口的补入气流量增多，回收作用增强，落棉量减少，落棉中排除的主要是大杂；当补风阀调大，第二补风区补入气流量较多时，第一补风口气流量则相应减少，落棉增多。图中7为导流板。如R40型转杯纺纱机设置可调补气阀、BDA10型设置调节板等。

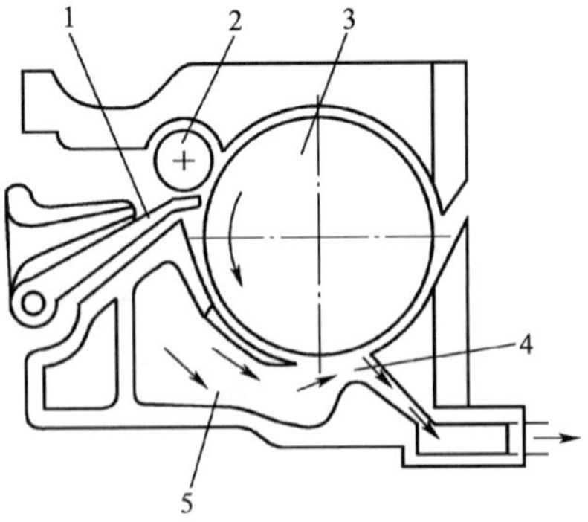

图10－4　固定式排杂装置

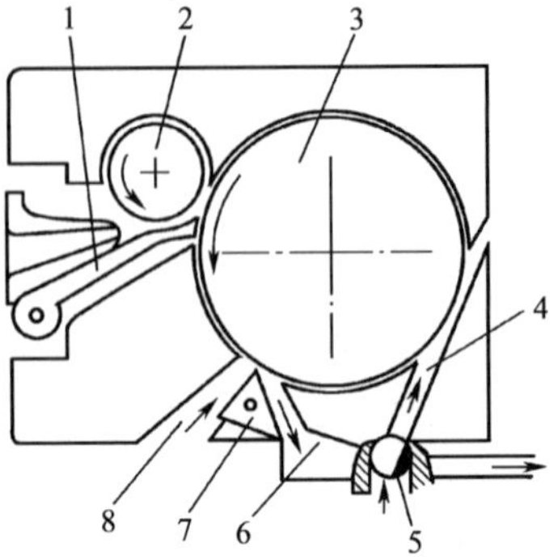

图10－5　调节式排杂装置

各种机型的排杂区、落杂回收系统各有特点。一般来说，抽气式转杯负压绝对值大，故排杂区大，排杂效果好；自排风式转杯纺纱机采用立式分梳辊与卧式转杯，故采用真空度1.6～1.9kPa的吸风管吸走落棉与杂质。为使排杂系统的流畅、简化工艺操作、减少挂花和故障等原因，许多转杯纺纱机上不设置排杂可调机构，采用固定式排杂装置。

（二）凝聚加捻机构

转杯纺纱机的凝聚加捻机构主要由输棉管道、隔离盘、纺纱杯、阻捻盘及引纱管等机件组成。其主要作用是完成纤维的凝聚与须条的加捻。

1. 纺纱杯　纺纱杯是转杯纺纱机的核心部件，起凝聚加捻作用。一般采用硬质铝合金材料制成，内表面抛光处理，以适应纺纱需要和延长使用寿命。纺纱杯转速一般为30000～150000r/min，纺纱杯的形式有抽气式和自排风式两种。

自排风式纺纱杯如图10－6所示，底部有排气孔1，当纺杯7高速回转时杯内气流通过这些小孔被排出杯外，形成杯内负压，从而利用补气形成的吸力将纤维流和种子纱吸入凝聚槽2，杯内负压与纺杯转速有关，气流呈空间螺旋状自上而下流动。自排风式纺纱杯凝聚槽中易积粉尘，断头后杯内有剩余纤维，需清除后方可接头，不利于自动接头的实现。由于排气孔的存在，杯壁不可能很薄，纺杯构造复杂而造价高，运转时噪声大。图中3为阻捻头，4为梳棉管道，5为引纱管，6为隔离盘。

抽气式纺纱杯如图10－7所示，底部无孔，纺纱杯2内负压由风机抽吸而成，与纺杯转速无关，其杯内气流呈空间螺旋状自下而上流动。抽气式纺杯薄而轻，造价低，运转噪声小，适应于高速，纺杯内粉尘易被气流吸走，断头后可直接接头，有利于使用自动接头器。图中1为梳棉管道，3为抽气孔，4为凝聚槽，5阻捻头。

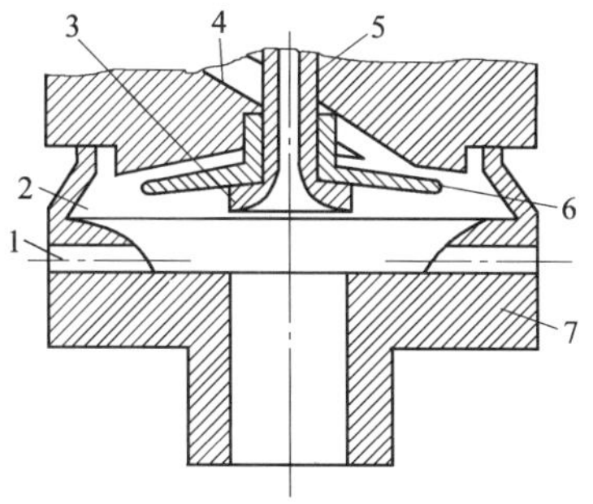

图 10-6　自排风式纺纱杯

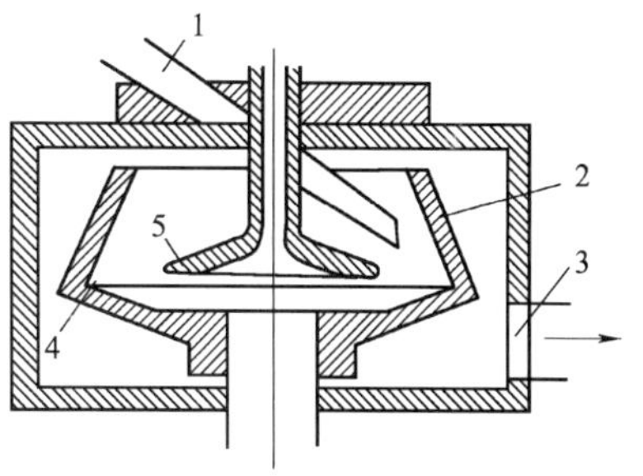

图 10-7　抽气式纺纱杯

(1)纺纱杯直径:纺纱杯直径指凝聚槽的直径。纺纱杯直径加大,离心力增大,纺纱张力提高,容易断头,且能耗增加,噪音增大,因此在满足纤维长度要求下,应尽量缩小纺纱杯的直径以提高纺纱杯速度,即采用“高速小直径”的工艺(纺纱杯直径在 50mm 以下称小直径,大于 50mm 的称大直径)。纺纱杯直径的选择应与纤维长度相适应,纺纱杯直径必须大于纤维的主体长度,以利于减少缠绕纤维,并使纤维从输送管道向纺纱杯杯壁过渡时,纺杯回转角不至于过大而影响棉气分离。纺纱杯直径也应与纺纱线密度相适应,线密度愈大,纺杯直径也应加大。

(2)纺纱杯速度:当其他工艺参数一定时,提高纺纱杯转速,可增加产量。但纺纱杯速度过高,会使回转纱条张力增加,断头率增大。同时由于回转纱条的假捻捻度增加,使成纱强力降低。

(3)纺纱杯凝聚槽:纤维流进入纺纱杯后通过倾斜滑移面在离心力的作用下,纤维向纺纱杯凝聚槽滑移、积聚。较好的凝聚槽结构能使须条凝聚紧密、并合均匀、缠绕纤维少、槽内积尘少,使断头减少、成纱质量提高。

凝聚槽的型式较多,但大致可分为圆形槽和 V 形槽两类。实践证明,V 形凝聚槽的须条结构紧密,纤维与纤维间的抱合力大,成纱强力增加,所以现代纺纱杯多采用 V 形凝聚槽。V 形凝聚槽截面的角度称为凝聚角,如图 10-8 所示。为了兼顾须条的紧密和顺利排除积杂,纺杯凝聚角可由正、负角组成,通过凝聚角顶端垂直于纺杯轴的平面,将凝聚角分成两部分,杯口一侧为正角,使纤维易于滑入,杯底一侧为负角,使尘杂易被纱条带出。凝聚角的负角一般为 15°~20°。在纺制同一产品时,凝聚角小,纺杯的自我清洁作用较好,成纱强力高;采用较大角度,则缠绕纤维较少。

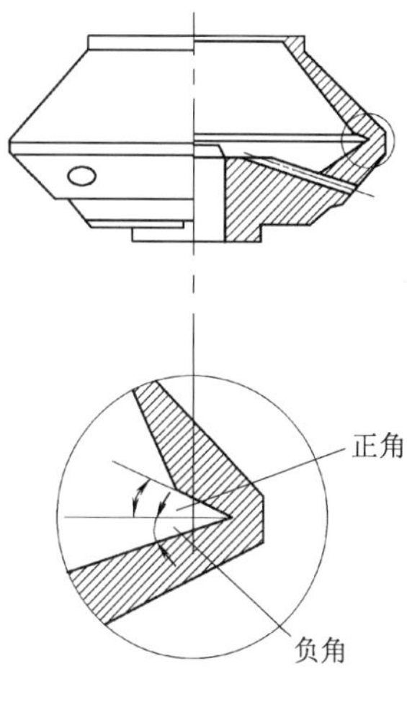

图 10-8　凝聚槽

纺纱杯凝聚槽结构与纺纱性能的关系见表 10-3。凝聚角的大小、深度与所纺纱线线密度、喂入品的含杂量相适应,线密度大,含杂量多,凝聚角宜大些,反之宜小些。

表 10－3　纺纱杯凝聚槽结构与纺纱性能的关系

名　称	槽形结构	纺纱性能
G 形	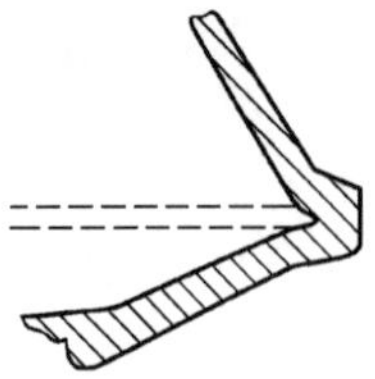	纺纱稳定性好，可纺中、细特机织、针织、牛仔布用纱以及染色布用纱，G 型杯适用于加工精梳纱
T 形	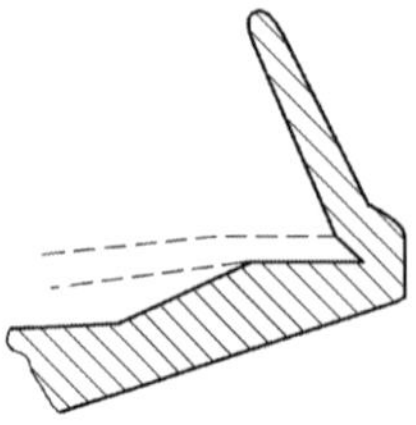	纱的结构类似环锭纱，纱的强力、条干好、有光泽，纱质量的负面影响小，应用面广，纺纱稳定性好适用于普梳机织纱、针织纱
S 形	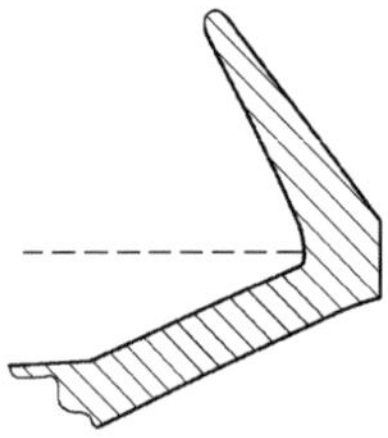	适纺柔软的针织用纱，有蓬松感，少波纹纱，纱的强力稍低，适用于加工棉纤维
U 形	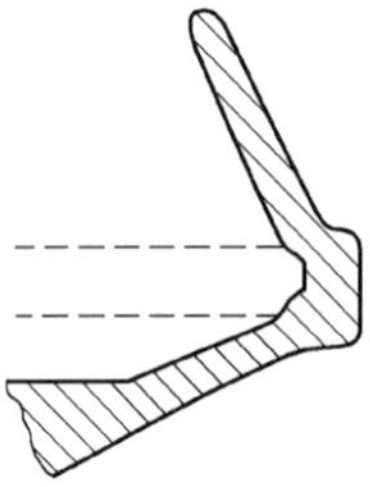	适纺粗斜纹布纱、牛仔布纱、靛蓝经纱及低捻纱，波纹纱较少，纱质蓬松，但强力低，适用于加工粗特纱

凝聚槽表面必须光滑、耐磨，且不同原料最好采用不同材料制造的纺纱杯，采用不同的表面处理，以减少摩擦因数。

(4)滑移角 α：滑移角是指纺纱杯滑移面与水平线的夹角，如图 10－9 所示。它影响纤维向凝聚槽滑移的快慢。滑移角过大，纤维与滑移面间的摩擦力过大，难以向凝聚槽滑移，影响纺纱；滑移角过小，滑移速度较大，纤维过早进入凝聚槽，不利于纤维的伸直、并合，影响成纱质量。一般滑移角以 60°～65°为宜。纤维到达纺纱杯杯壁后，随着纺纱杯的回转，在离心力的作用下沿纺纱杯的杯壁滑移至凝聚槽，由于凝聚槽处线速度最大，纤维向下滑移时呈加速运动，所以纤维滑移的过程实质上是一个牵伸过程，纤维在滑移过程中因头尾差异而获得伸直，并排列整齐，依次进入凝聚槽内。纤维滑移的运动轨迹决定了凝聚须条的排列形态，从而决定了成纱质量的好坏。

2. 阻捻盘　阻捻盘是设置在转杯内且位于回转中心线位置的固定元件，阻捻盘一般都是圆弧状，表面光滑或刻槽。对纺纱杯内高速回转的纱条摩擦产生假捻效应，使纱条与凝聚槽剥离点处捻度暂时增加，从而可降低转杯纺纱的设计捻度或增加剥离点处纱条的动态强力，减少断头。

如图 10－10 所示，采用阻捻盘后，由于 B 点的捻陷作用，AC 段纱条上的捻度分布不均匀，捻度不易向 C 端传递，在 AB 段上分布较多，而在 BC 段上分布较少。造成剥离点处须条的强力降低而引起断头。同时，由于 B 点的摩擦阻力，阻捻盘对 AC 段纱条产生一个与纺纱杯转向相反的摩擦力矩 M 而产生假捻效应，AC 段纱条获得假捻捻度。假捻捻度向剥离点方向传递，增强了 AC 段纱条的动态强力及回转纱条与凝聚槽中须条的联系力，从而达到既降低成纱捻度又减少断头的目的。

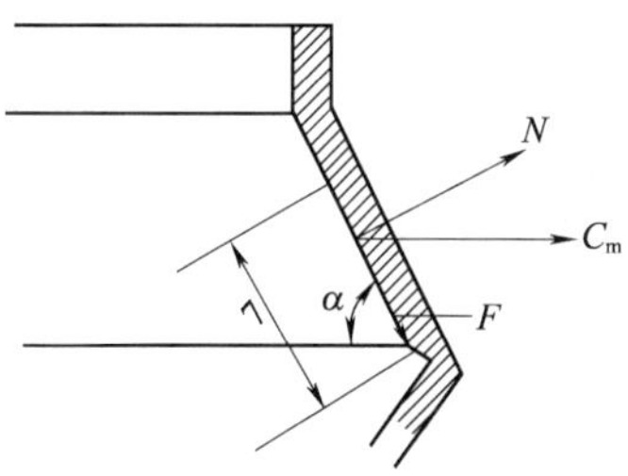

图 10－9　纤维的滑移

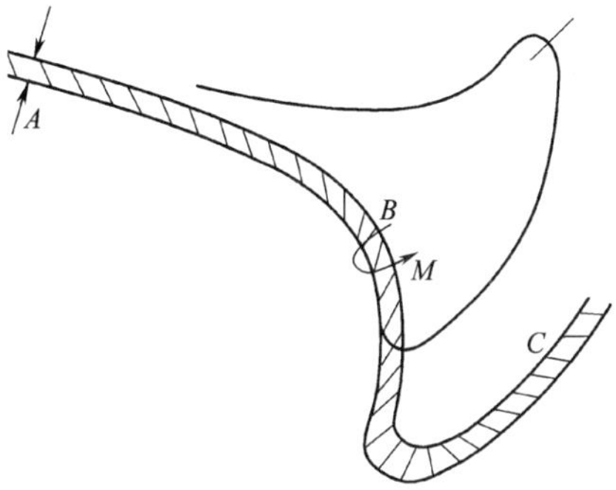

图 10－10　阻捻盘的假捻作用

在一定的纺纱特数和工艺条件下，阻捻盘假捻效应主要与纺杯转速、纺纱杯直径、阻捻头的材料、纱条与阻捻头的摩擦因数等有关。对不同材料和不同规格的阻捻盘进行假捻效果测定得到的数据见表 10－4。

表 10－4　不同材料、规格阻捻头的假捻效果

项　目	摩 擦 因 数				纱条包围角(°)			阻捻头直径(mm)	
	0.62	0.45	0.38	0.37	90	60	30	15	10
假捻捻度(捻/10cm)	27.9	16.8	9.3	8.4	16.8	10.9	4.2	16.8	14.1

从表 10－4 可知，假捻捻度随阻捻盘表面摩擦因数、纱条对阻捻盘的包围角，阻捻盘直径的增大而增加。假捻捻度愈大，纺纱段的动态强力愈大，纱尾与凝聚须条处的联系力愈强，断头愈少。

3. 隔离盘　自排风式纺纱杯一般采用短通道输棉管，因纺纱杯中形成的自上而下的旋转气流，纤维从输棉管输出后有下冲趋势。为了防止纤维直接冲向已加捻的纱条形成缠绕纤维，必须采用隔离盘。隔离盘位于输纤管出口的前方，其主要作用是引导纤维进入纺纱杯，将纤维流与已经加捻成纱的纱条进行隔离，使这些纤维避免与纱条直接接触而形成缠绕纤维，并实现纤维和气流分离，如图 10－11 所示。输棉管与隔离盘的合理配置，可使纤维从输棉管输出后，有一个合理的空间，并受到纺纱杯内回转气流的影响，纤维沿切向凝聚在凝聚槽内，提高了纤维的伸直度和成纱强力。

隔离盘的表面要光滑无毛刺，直径大小要适当，隔离作用要完善，同时要考虑气流的影响，应注意输棉管出口方向与隔离盘背面之间的配合，使纤维自输棉管出口到隔离盘上以切向滑动，避免垂直的冲撞，以减少纤维弯钩的形成。

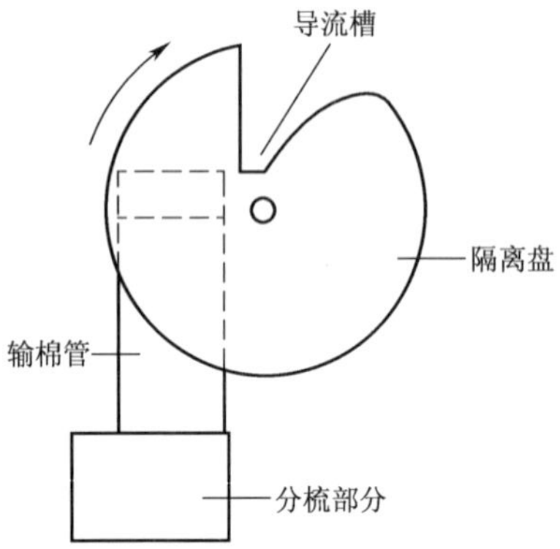

图 10－11　隔离盘

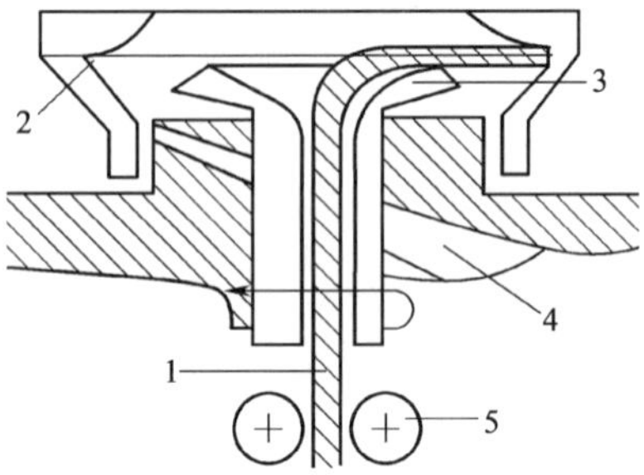

图 10－12　纱条的加捻

4. 纺纱杯的加捻作用　被分梳辊分解成单纤维状态的纤维流，受纺纱杯内负压的作用，经输棉管随气流吸入纺纱杯的内壁，依靠纺纱杯回转所产生的离心力沿杯壁斜面滑移至转杯的凝棉槽 2 而形成纤维环，即加捻自由端。引纱从引纱孔被吸入纺纱杯后，与凝聚须条搭接并将其剥离。纺纱杯回转带动自由端纱尾绕引纱罗拉握持点高速回转，使得纺纱杯至引纱罗拉 5 之间的纱条 1 获得捻回，如图 10－12 所示。转杯纱捻度的方向和大小取决于纺纱杯回转的方向和速度，以及纱条的引出速度。图中 3 为阻捻盘，4 为输棉通道。转杯纱的计算捻度由下式表示。

$$T_{tex} = \frac{n}{v} \tag{10-1}$$

式中：T_{tex}——纱线捻度，捻/m；

n——纺纱杯的回转速度，r/min；

v——为引纱罗拉的速度，m/min。

由于加捻须条尾端是非强制性握持，而且须条是多层纤维叠合起来的，因此实际纱条的捻度小于计算捻度。

5. 须条的凝聚与剥取　在纺纱过程中，须条的剥取和纤维向凝聚槽的滑移是同时进行的。从分梳辊剥离下来的纤维连续不断地经输送管道被吸入纺纱杯滑移面，滑入凝聚槽而形成凝聚须条，因为输送管道的位置是固定的，纺杯回转一周，则凝聚槽相对输送管道口转过了一周，槽内被铺上一层纤维，而剥离点剥取一段纱条，当剥离点绕纺纱杯剥取一圈后，凝聚须条沿剥离点的相对运动方向，由粗逐渐变细。此后剥离点自须条粗端连续剥取，而纤维不断地自输送管出口补入,使纺纱过程连续不断。剥离点处纤维的数量等于成纱截面中纤维的数量,剥离点相对纺杯回转一周称为一个剥离周期。

纺纱是一个连续的过程,因此一方面引纱逐步将须条从凝聚槽中逐渐剥离下来;另一方面喂入纤维在凝聚槽中形成新的纤维层。当引纱被吸入纺杯后,依靠纺杯回转产生的离心力作用被甩到凝聚槽中,与槽内须条搭接形成剥离点 P。引纱的前端被引纱罗拉所握持,尾端随纺杯回转而加捻,捻度沿纱尾向凝聚须条传递,与须条捻合。由于引纱罗拉的回转牵引,随纺纱杯加捻成纱,如图 10－13 所示。须条顺利剥取必须满足下面三个条件。

(1)剥取须条需依靠引纱罗拉连续卷取。

(2)剥离点与凝聚槽有相对运动,即速度差。

(3)纱尾与凝聚须条的联系力大于凝聚槽对须条的摩擦阻力。

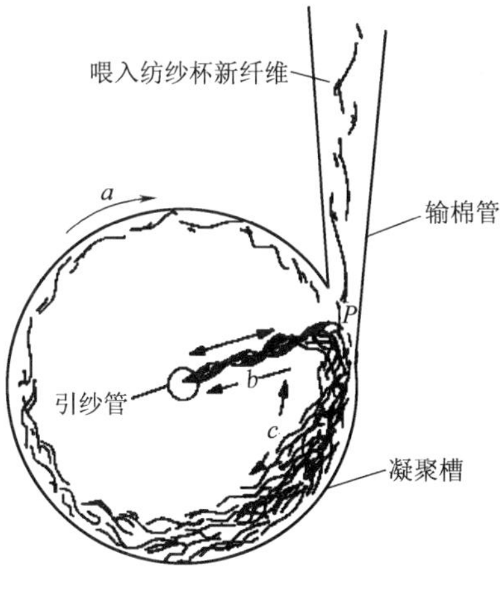

图 10－13 纺纱杯中纤维凝聚与剥取

剥离点的运动,可略快于纺杯速度,称为超前剥离,如图 10－14(a)所示;也可略慢于纺杯速度,称为滞后剥离,如图 10－14(b)所示。剥离点与纺杯两者回转速度之差,就是自凝聚槽剥取须条的圈数。正常纺纱情况下,均为超前剥离。

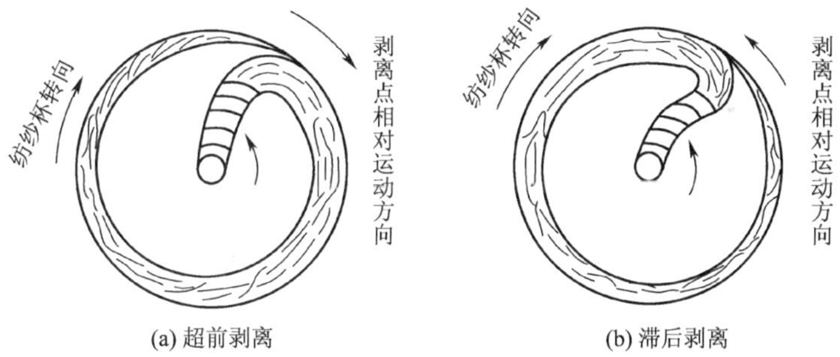

图 10－14 纱条的超前与滞后剥离

6. 缠绕纤维 在回转纱条剥取凝聚须条的过程中,在剥离点后会产生空隙,但通过高速摄影可观察到空隙并不明显存在,而是被少量纤维所填补,这些纤维骑跨在剥离点和须条尾端,因而被称之为搭桥纤维或骑跨纤维,如图 10－15 所示。搭桥纤维形成的原因是当剥离点经过输送管道口下方时,喂入纤维的头端与回转纱条粘连,而尾端被甩到凝聚槽中与须条尾端相连。

在纺纱过程中,搭桥纤维的头端随回转纱条前移,尾端随纺杯移动,当前端剥离以后,其后端从凝聚须条中抽出,缠绕在纱条表面,成为缠绕纤维。当隔离措施不良时,有的纤维会随导流槽下行的气流进入纺杯附着在回转纱条上,也能形成缠绕纤维。

缠绕纤维是转杯纱的结构特点,在现有的转杯纺纱机上纺纱,缠绕纤维是不可避免的。缠绕纤维反向、无规则地缠绕于纱条表面,其纤维强力不能充分利用,从而影响转杯纱的外观和

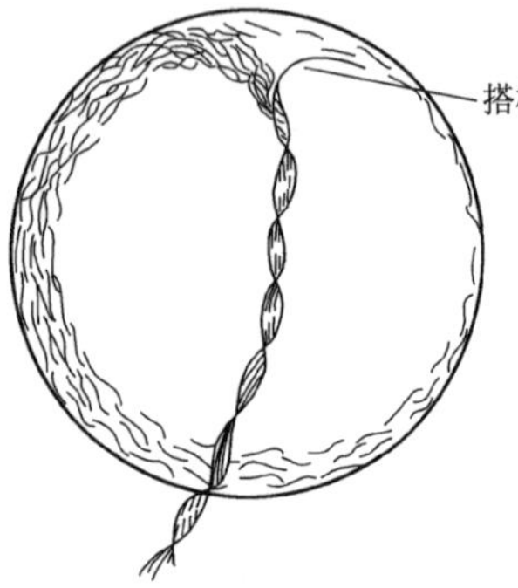

图 10 - 15 搭桥纤维

强力。

7. 凝聚须条过程的并合效应 在正常纺纱条件下，由于纺纱杯内凝聚须条始终呈现由粗变细的过程，在剥离点处截面的纤维根数，是由很多层纤维凝聚而成的，因而产生并合效应，有利于成纱条干均匀度。

由于剥取运动是由引纱罗拉牵引而成，所以单位时间剥离点相对纺杯转过的圈数为 $1000v/(\pi D)$，又因为单位时间凝聚槽内滑入的纤维层数为纺杯的转速 n，所以凝聚须条中纤维的并合数 B 为：

$$B = \frac{n}{\frac{1000v}{\pi D}} = \frac{\pi D n}{1000v} \qquad (10-2)$$

式中：v——引纱速度，m/min；

D——凝聚槽直径，mm。

又因为纺杯转一圈纱条上加上一个捻回，所以将捻度 $T_{tex} = n/v$ 代入式（10 - 2），可得：

$$B = \frac{\pi D T_{tex}}{1000} \qquad (10-3)$$

式中：T_{tex}——纺纱捻度，捻/ m。

由式（10 - 3）可知，纺杯直径愈大，捻度愈大时，其并合层数愈多，并合效果愈好。

（三）卷绕成形机构

卷绕成形机构由横动装置、卷绕罗拉、筒子架及张力补偿装置等组成。其主要作用是将引纱罗拉引出的经加捻的纱条有规则地卷绕成筒子纱，并通过张力牵伸与筒子架压力，使筒子纱具有一定的卷绕密度和良好的成形。

转杯纺常用的导纱成形机构有急行往复式和槽筒式两种，卷绕原理和结构与络筒机基本一致。筒子加压是为了使卷绕的筒子纱获得一定的紧密度，以增大容量并使成形良好，保持筒子纱内外层卷绕松紧基本一致。

（四）其他机构

1. 筒子输送机构 筒子卷绕到一定长度时，满筒信号灯亮，输送带自动启动或关闭（或人工操作），将筒子纱推至车顶输送带上，送到车尾纱箱内。

2. 留头机构 由于转杯纺纱过程中喂入条子与输出纱条间是不连续的，喂给分梳机件、凝聚加捻机件、卷绕机件等在开关车过程中的转动惯量与运动速度等各不相同，因而带来了转杯纺纱开关车留头的特殊要求。所谓开关车留头，其实质是由于关车时正常纺纱的连续性被破坏，而在开车时设法恢复正常成纱的连续性，也就是要解决重新集体生头的问题，使开车时纱条与自由端恢复正常的连续性，完成集体生头，保证生产正常进行。所以要求留头机构的留头率高而稳定，减少人工生头，提高劳动生产率；接头处纺纱的质量要好；结构简单，操作准确方便，外形美观。

根据留头原理,转杯纺纱机的留头机构有卷绕罗拉倒顺转法留头机构和拉纱法留头机构两种类型。由于两种类型的接头质量都较差,留头效率不稳定,因此全自动转杯纺纱机一般不设置开关车留头装置,而是用巡回接头走车解决开关车接头问题。一般转杯纺纱机常用人工接头和半自动接头装置取代开关车留头机构。

3. 自动接头机构　自动接头是一种模拟人工接头的方法,通过机械、电器、光学和高压气体等组合构成巡回走车来完成全部接头动作。

当断头发生后,纱筒自动抬起并发出信号,自动巡回走车到达断头的纺纱器处进行接头。机械手清扫纺纱杯,并寻找纱筒上的纱头。自动巡回接头走车的喂给引纱系统根据设定的预喂纤维时间、引纱时间控制纺纱杯、分梳辊和喂给罗拉速度,机械手将种子纱放入纺纱杯,完成接头。

4. 半自动接头机构　半自动接头是将清扫纺纱杯、断头后在纱筒上寻找纱头、确定沉纱长度、保证接头纱尾蓬松性等工作由挡车工操作完成。而接头瞬间的预喂纤维量、附加捻度、沉纱、引纱和卷绕时间是通过时间程控系统来完成。半自动接头是在纺纱杯全速状态下进行接头的。一般情况下,半自动接头质量优于人工接头,但不及自动接头。

四、转杯纺纱成纱结构及性能

(一)转杯纱的结构

1. 转杯纱中纤维的排列形态　转杯纱由芯纱和缠绕纤维两部分组成。芯纱由凝聚须条加捻而成,其结构与环锭纱相似,比较紧密,但由于纺纱张力小,且纱条截面是由三角形逐渐过渡到圆形,须条在加捻前受到一定的约束,纤维密度较大,内外转移困难,所以圆锥螺旋线形状较少而圆柱形螺旋线形状较多。因分梳辊分梳和气流输送原因,纤维呈弯钩、弯曲状态者多。缠绕纤维由骑跨纤维、飞入纤维、剥离残余纤维等以反向无规则包缠在芯纱上形成,结构较为松散,打圈、对折纤维较多。转杯纱中各种纤维状态的数量分布见表 10－5。

表 10－5　转杯纱中各种纤维排列形态与环锭纱对比　单位:%

纤维排列形态	圆锥形螺旋线	圆柱形螺旋线	弯钩、打圈、对折	边　缘	缠　绕
环锭纺	46	31	23	0	0
转杯纺	15	9	73	1	2

2. 转杯纱截面内捻回的分布　由于纺纱过程中,转杯内回转纱条随着转杯的回转而加捻,捻回不断向凝聚须条传递,而凝聚须条是逐层叠加的,因而转杯纱纱线截面内的捻度分布为从表层到内层捻回逐渐增加。转杯纱截面内各个层面的捻回数及它们之间的差异,与纺纱原料、纱线线密度、纺纱器机构和捻回传递能力等因素有关。

(二)转杯纱的特性

1. 强伸度　转杯纱中纤维的内外转移差,弯曲、对折、打圈、缠绕纤维多,使纱中纤维间的抱合力减少，纱线断裂时滑脱纤维数增加，纤维断裂的不同时性增加，因此转杯纱的强力低于环锭纱，纺棉时较环锭纱低 10% ~20%，纺化纤时低 20% ~30%。

转杯纱的伸长一般大于环锭纱 0 ~45%，这是由于转杯纺属于低张力纺纱，纱比较蓬松，在拉伸时，纱中纤维相互滑动而使伸长增大，同时纱中纤维伸直度差，纤维自身受外力而产生的伸长变形大。

2. 条干均匀度 由于转杯纱利用分梳辊将须条分解成单纤维，避免了牵伸波和机械波，同时在凝聚过程中又有并合效应，所以其成纱条干比环锭纱均匀。纺中特纱时，乌斯特条干不匀率平均为 11% ~12%。由于原棉经过前纺工序的开松、分梳、除杂、吸尘后，在进入纺杯以前，又经过了一次单纤维状态下的除杂过程，所以转杯纱比较清洁，纱疵少而小，其纱疵数仅有环锭纱的 1/4 ~1/3。

3. 耐磨度 转杯纱由于条干均匀，表面有缠绕纤维及捻度分层结构的特点，一般转杯纱的耐磨度比环锭纱高 10% ~15%。转杯纱因其表面毛糙，纱与纱之间的抱合良好，因此制成股线比环锭纱股线有更好的耐磨性能。

4. 弹性 纺纱张力和捻度是影响纱线弹性的主要因素。一般情况是纺纱张力大，纱线弹性差；捻度大，纱线弹性好。因为纺纱张力大，纤维易超过弹性变形范围，而且成纱后纱线中的纤维滑动困难，故弹性较差。纱线捻度大，纤维倾斜角大，受到拉伸时，表现出弹簧般的伸长性，故弹性较好。转杯纱属于低张力纺纱，且捻度比环锭纱多，因而转杯纱弹性比环锭纱好。

5. 蓬松性 由于转杯纱中的纤维伸直度差，而且排列不整齐，在加捻过程中纱条所受张力较小，外层又包有缠绕纤维，所以转杯纱的结构蓬松。一般转杯纱的比体积（cm^3/g）比环锭纱高 10% ~15%。由于转杯纱的结构蓬松，因而吸水性强，所以转杯纱的染色性和吸浆性较好。

6. 捻度 转杯纱由于成纱结构不同，要保证获得必要的强力必须增加转杯纱的捻度，一般转杯纱的捻度比环锭纱高 20% 左右，因此转杯纱的手感比较粗硬。新型转杯纺纱机采用假捻、阻捻作用后，捻度有所降低。

第三节　喷气纺纱

一、MJS 型喷气纺纱机

（一）MJS 型喷气纺纱机的工艺过程

如图 10 -16 所示，纤维须条经牵伸装置牵伸后，牵伸成一定线密度，由前罗拉输出，依靠加捻器（喷嘴）的负压，被吸入加捻器。加捻器是由第一和第二喷嘴串联而成，两个喷嘴的气流旋转方向相反。须条在两个方向相反的高速旋转气流作用下假捻包缠成纱。加捻成纱后由引纱罗拉引出，卷绕成筒子纱。

前罗拉输出速度应略大于引纱罗拉输出速度，通常称为超喂，超喂率一般控制在 1% ~3%，使纱条在气圈状态下加捻。

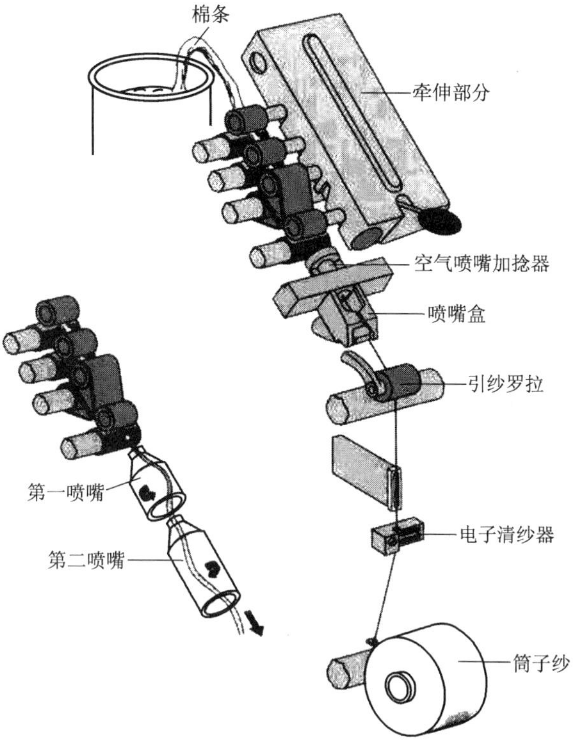

图 10－16　MJS 型喷气纺纱机工艺过程

(二)成纱原理

喷气纺纱的加捻是由假捻转化为真捻的加捻过程。如图 10－17、图 10－18 所示，须条在前罗拉和引纱罗拉的握持下，中间受到两个不同转向加捻器的作用，使纱条产生假捻。

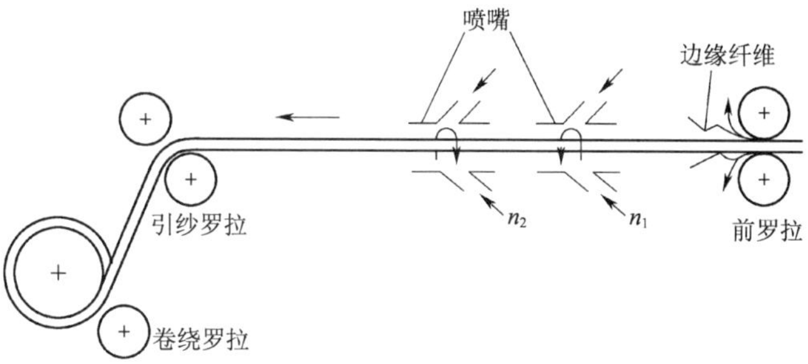

图 10－17　喷气纺纱加捻过程

正常纺纱时，加捻器的第一喷嘴离开前钳口的距离是小于纤维主体长度的。当纤维离开罗拉钳口进入加捻器时，由于第二喷嘴 n_2 作用于纱条上的旋转力矩远大于第一喷嘴 n_1。第一喷嘴的气流旋向与第二喷嘴相反，使纱条作顺时针方向的回转，但因为其气流回转速度低于第二喷嘴，故仅对第一喷嘴至前罗拉钳口一段纱条起退捻作用。从前罗拉送出的须条有一定的宽度，处于边缘的纤维，在其头端离开前罗拉后，因受两喷嘴正反转向振动影响及胶辊、罗拉的摩

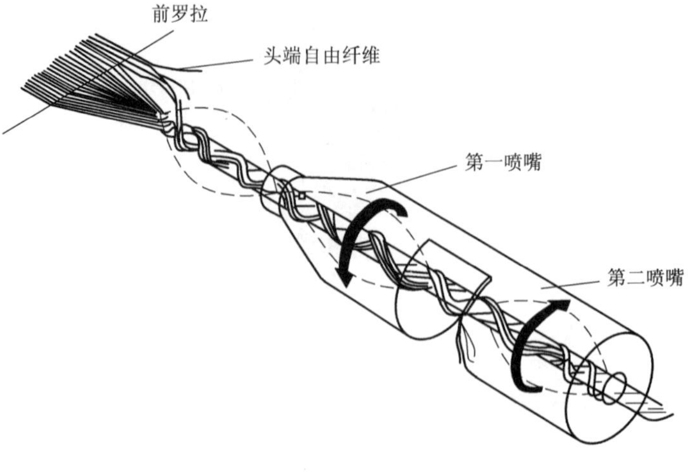

图 10－18　包缠纤维的形成

擦、周围气流的作用而扩散，这种尾端处于前钳口须条中，头端从须条中分离出来的纤维被称为“头端自由纤维”。头端自由纤维的尾端在离开前罗拉钳口时，与其他纤维一起被捻入纱中。头端自由纤维在第一喷嘴负压的吸引下随纱条一起被吸入喷嘴后，在第一喷嘴气流的作用下，以第一喷嘴的气流旋向松散地包缠在纱芯的外面。

纱条经过第一喷嘴的喷射孔后，因第一、第二喷嘴给这段纱条上所加的捻回方向相同，纤维抱合紧密。纱条进入第二喷嘴，经过第二喷射孔后，纱芯的假捻开始退捻，退捻方向同外层缠绕纤维的绕向一致，使外层包缠的头端自由纤维因受第二喷嘴纱道的摩擦作用而愈缠愈紧。由于头端自由纤维的包缠，加大了纱条的向心压力，增加了纱芯纤维间的摩擦，使芯纱捻度不易退完。由加捻器出来的纱条，即成为纱芯基本平行排列、表面具有捻回的喷气纱。

（三）MJS 型喷气纺纱机的喷嘴

1. 喷嘴的结构　喷嘴是喷气纺纱机的加捻器，也是喷气纺纱中的关键部件。MJS 型喷气纺纱机的喷嘴由两个独立的喷嘴即第一喷嘴和第二喷嘴串接而成，其结构如图 10－19 所示。它由吸口 1、喷射孔 2、纱道 4、开纤管 3 和壳体 5 组成。第一喷嘴开纤管又称中间管，起抑制气圈形态和阻止捻度传递的作用。喷射孔与纱道内壁成切向配置，两喷嘴喷射孔的喷射方向相反。第一喷嘴和第二喷嘴之间大约有 5cm 的间距，使第一喷嘴的气流向外排出而不干扰第二

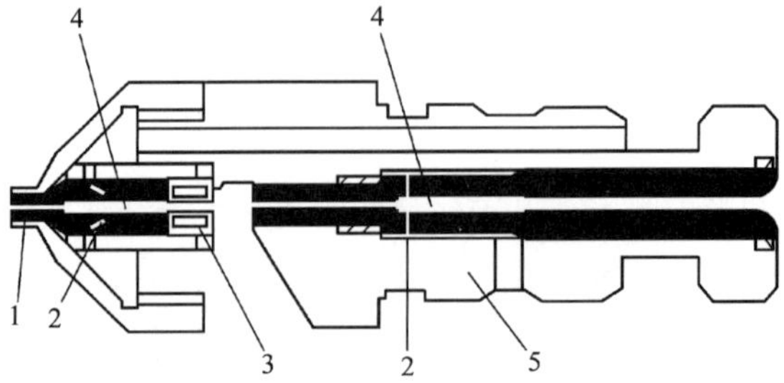

图 10－19　双喷嘴结构示意图

喷嘴，这样可以提高第二喷嘴的加捻效率。由于第一喷嘴和第二喷嘴的压缩空气分别由各自气室供给，因而可单独调节各个喷嘴的气压，以适应不同线密度的纱和不同工艺的需要。

2. 喷嘴的结构参数 喷气纺能否成纱及成纱质量好坏，与喷嘴结构和其参数密切相关，因此必须正确选择和配置各个结构参数。

(1)喷射孔孔径和孔数：喷射孔孔径和孔数在某种程度上是相关联的，它们决定了喷射孔的总截面积，与纱条产生的气圈转速有关，也会明显影响耗气量。喷射孔孔径和孔数的确定原则是它们的配合应使喷嘴在气圈转速一定时，具有较低的空气动力消耗，或在能耗一定时能产生较高的气圈转速，喷射孔孔径一般选取 0.35 ~ 0.45mm 为宜。

喷射孔孔数的多少必须满足能产生均匀而稳定的旋转流场，并尽量提高气圈转速。若喷射孔数目太少，显然流场某截面上的不匀较大，使纱条在该截面上所受到的涡流强度产生变化，影响纱条的稳定运动。适当增加喷射孔数目可使均匀度获得改善，但同时空气动力消耗增加。在满足喷嘴流量一定的前提下，喷射孔数应须结合喷射孔孔径综合选择，第一喷嘴喷射孔数一般选取 4 个，第二喷嘴喷射孔数一般选取 8 个。

(2)喷射孔角度：喷射孔角度是指喷射孔相对于喷嘴轴线的倾斜程度。它是喷嘴结构参数中最为重要的一个，是影响喷气纱假捻包缠程度大小和纺纱过程能否顺利进行的关键因素。它决定了喷射孔出口处气流速度的各向分量大小，如图 10 - 20 所示。

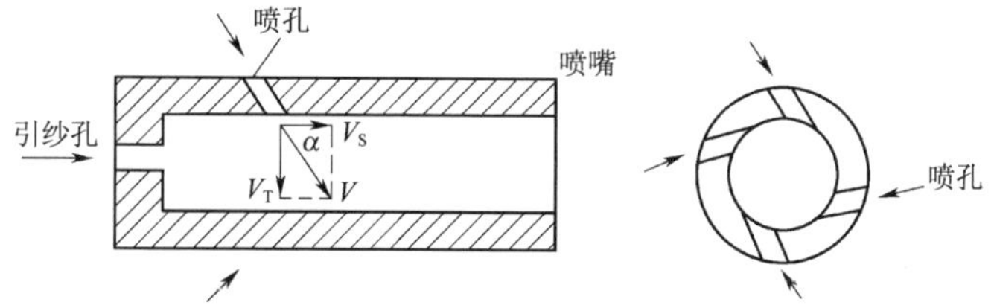

图 10 - 20 喷射孔出口处气流速度分解

可见，α 角增大，则气流速度的切向分量增大，喷嘴的加捻能力增强，同时轴向速度减小，吸引纱条的能力降低。但 α 角增大到一定值后，也会出现反喷现象。第一喷嘴既要产生一定量的气圈转速，又必须保证将前罗拉输出的纤维须条顺利吸入喷嘴并向后传递。第二喷嘴所担负的主要任务是对整根纱条施以积极强烈的假捻，假捻程度越大，则最终成纱的强力也将越高。一般第一喷嘴喷射孔角度选取 35° ~ 50°，第二喷嘴喷射孔角度选取 75° ~ 90°，常以 90°为宜，可获得较好的加捻效果。

(3)喷嘴内径：喷嘴内径（即纱道内径）的大小影响加捻效果，并决定着气圈的直径和排气率。内径大，则气圈转速小，纤维的回转力大，蓬松余地大，纤维间滑移量增多，解捻效果明显，但影响吸引力。喷嘴内径的大小还与所纺纱线的线密度有关，要使纱条在纱道内有足够的空间旋转，成纱线密度小，喷嘴内径可小些，反之应大些。为了保证获得较高的纱条气圈转速，应尽量选择较小的喷嘴内径。第一喷嘴的纱道直径一般为 2 ~ 2.5mm。第二喷嘴的内径从入口端到出口端设计成渐扩形式，随纱条在喷嘴内的进程逐步降低气流流速，减弱对气圈的推动力，以利于形成稳定的多级气圈，一般入口端直径为 2～3mm，出口端直径为 4～7mm。

(4) 喷嘴长度：由于喷嘴内的旋转气流运动可近似地看作为一衰减的螺旋涡流运动。因此为获得稳定的涡流和气圈，第一喷嘴长度为 10～12mm，第二喷嘴长度为 30～50mm。

(5) 两喷嘴的喷射孔间距：两个喷嘴喷射孔之间距离的大小，对边缘纤维的包缠效果及成纱强力都有很大影响，是影响纱线结构和性能的重要参数，是顺利成纱和提高成纱质量的关键。另外，两喷嘴喷射孔间距的选择也应根据所纺原料的纤维主体长度来确定，一般来说要略小于纤维的主体长度。

(6) 开纤管：开纤管又称中间管，安装在第一喷嘴的出口处，内壁开有各种形状的槽。开纤槽的主要作用是阻碍第二喷嘴处纱条上的捻回向第一喷嘴处的须条上传递，保证须条在第一喷嘴处呈一定的松散状态，以便产生足够的头端自由纤维，增加包缠纤维的数量，从而有利于提高成纱强力。由于其截面积大于纱道截面积，有利于喷嘴中气流的排出，从而对稳定流场和纱条回转起到一定作用。

开纤槽的沟槽状态，沟槽长度、深度和数量对成纱强力都会有影响。长度增加，使纱条受到的摩擦阻力矩的作用长度增加，整个纱条所受到的回转阻力矩随之增大，有利于前钳口下纱条的解捻，而产生更多的头端自由纤维。但长度太长又将对喷嘴位置产生影响，从而影响成纱强力。适宜的槽深有利于排气通畅，并增加了纱条对槽的冲击力矩而使纱条所受的摩擦阻力矩增加，解捻作用增加。但深度过大，将使冲击力矩过大而使纱条回转不稳定，并使纱条刮毛而损伤、包缠松散、毛羽增加，反而使成纱强力减少。开槽数量增加，可使纱条在一转内受到的撞击次数增加，每次撞击的撞击力矩减小，使纱条回转稳定，排气通畅，从而使成纱质量提高。但过多的槽数反而会引起加工困难。一般的开纤槽的内径略小于喷嘴内径，其槽数、槽深的选择必须使出流截面积大于纱道截面积。故一般开纤槽内径 $d_0=(0.8\sim0.9)D$，D 为第一喷嘴纱道直径，槽数取 3～8 个，长度取 8mm 左右，槽深取 0.6mm 左右为宜。

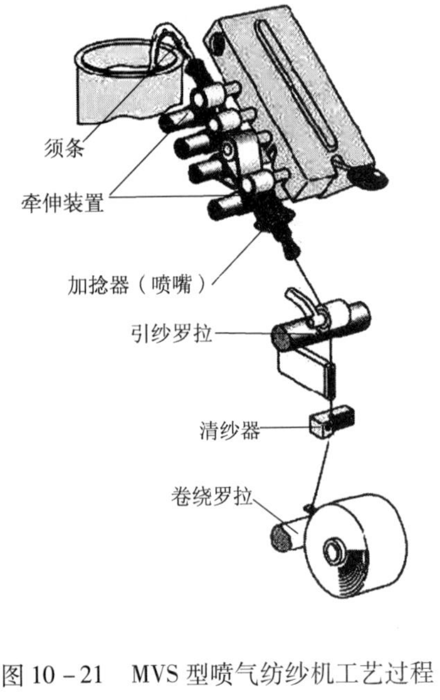

图 10－21　MVS 型喷气纺纱机工艺过程

二、MVS 型喷气纺纱机

（一）MVS 型喷气纺纱机的工艺过程

MVS 型喷气纺纱机的工艺过程如图 10－21 所示，将熟条直接供给牵伸装置，被牵伸的纤维束，通过空气喷嘴和中空锭子，由此可纺成纱线。纺成的纱线经清纱器后，被卷绕到筒子上。

（二）MVS 型喷气纺纱机的喷嘴和成纱机理

如图 10－22 所示，经过罗拉牵伸的须条，被吸入喷嘴前端的螺旋引导面 1，螺旋引导面对纤维有着良好的控制，同时和针状物 2 一起，防止了捻回向前罗拉钳口的传递，使得纤维须条是以平行松散的带状纤维束，输送到空心锭子前端。纺纱器的四个喷射孔 4

与锥形圆锥管道上圆形涡流室 3 相切,形成旋转气流,并沿空心锭锥形顶端在锥形通道旋转下移,从排气孔排出。当纤维的末端脱离喷嘴前端的螺旋引导面和针状物的控制时,由于气流的膨胀作用,对须条产生径向作用力,依靠高速气流与纤维之间的摩擦力,使之足以克服了纤维与纤维之间的联系力,从而达到分解成单纤维的目的。须条中的纤维互相分离,产生大量的边缘纤维(头端自由纤维),从而产生自由端,覆盖在空心锭子 7 上。同时对短绒也有清除作用。纤维的另一端根植于纱体内,在空心锭子入口的集束和高速回转涡流的旋转作用力的共同作用下,使边缘纤维沿着锭子旋转,当纤维被牵引到锭子内时,纤维沿着锭子的回转而获得一定捻度。纤维束沿着锭子包缠的角度及回转角度都是可以控制的,纤维束完成凝聚和加捻成纱 8。图中 5 为凝聚纤维,6 为圆锥形凝聚面。

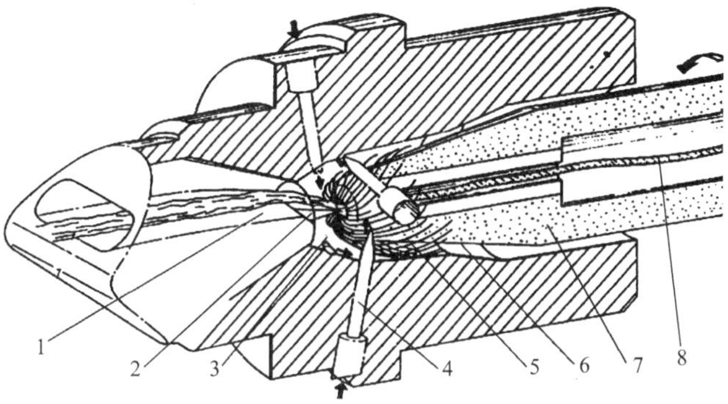

图 10 - 22　MVS 型喷气纺纱机喷嘴结构与成纱机理

三、喷气纱的结构与特点

(一)喷气纱的结构

喷气纺纱的特殊成纱机理,形成了喷气纱的特殊结构,MJS 喷气纱的结构如图 10 - 23 所示,喷气纱是由芯纤维和包缠纤维两部分组成的。

图 10 - 23　MJS 喷气纱结构

包缠是随机的,呈多种形态,大体可分为螺旋包缠、无规则包缠和无包缠三类,如图 10 - 24 所示。螺旋包缠可分为螺旋紧包缠、螺旋松包缠及规则螺旋包缠三种;无规则包缠可分为捆扎包缠、紊乱包缠两种;无包缠可分为螺旋无包缠、平行无包缠两种。各种包缠形态纤维的比例见表 10 - 6。

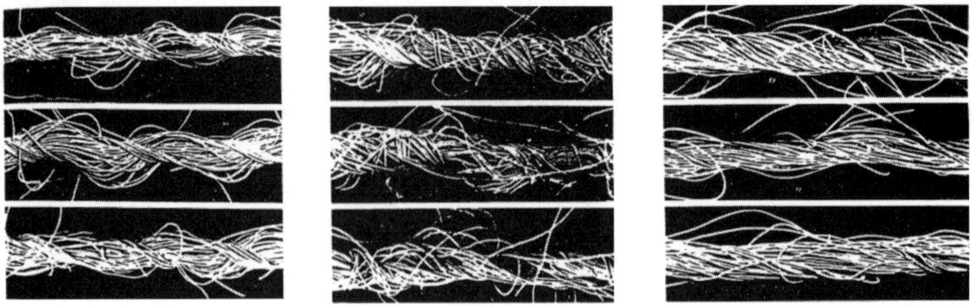

(a) 螺旋包缠　　(b) 无规则包缠　　(c) 无包缠

图 10－24　包缠纤维的形态

表 10－6　各种包缠形态所占的比例

种　类	包缠形态	数量(%)	总量(%)
螺旋包缠	螺旋紧包缠	30.26	62.43
	螺旋松包缠	12.57	
	规则螺旋包缠	19.60	
无规则包缠	捆扎包缠	14.26	24.93
	紊乱包缠	10.67	
无包缠	螺旋无包缠	7.40	12.64
	平行无包缠	5.24	

由此可见，MJS 喷气纱的包缠纤维大都呈螺旋形包缠在芯纤维上，占 62.43%，平行无包缠的比例数最小，只占 5.24%。一般在喷气纱中，包缠部分的纤维比例占 20%～25%，芯纱部分的纤维占 50%～75%，不规则纤维占10%～25%。MJS 喷气纱的强力主要决定于包缠纤维对芯纤维的包缠，当纱线受到拉伸时，包缠纤维受到张力作用，将向心应力施加于芯纤维条上，给予纱体必要的摩擦抱合力以承受外部应力。

由于成纱机理不同，则 MVS 喷气纱的结构与 MJS 喷气纱的结构有区别。MVS 喷气纱也由芯纱和包缠纤维组成，如图 10－25 所示。纱条表面光洁，其成纱结构与环锭纱相似。纱线表面纤维排列紧密，多以规则的螺旋纤维为主，且呈现较整齐清晰的条束状螺旋排列，纱条的芯纤维平行排列基本无捻。

（二）喷气纱的特点

喷气纱的单纱强力约为环锭纱的80%～90%，但强力不匀率则较环锭纱为低。成纱条干较环锭纱为好，粗细节少。喷气纱 3mm 以上的毛羽较环锭纱少。由于喷气纱是表层纤维头端包缠结构，纱线具有方向性，因此其摩擦性能也具有方向性，纱线行进方向耐磨性远大于反向，然而其总的耐磨性优于环锭纱。由于喷气纱体积密度小，纱较蓬松，表现为直径较粗，染色性能接

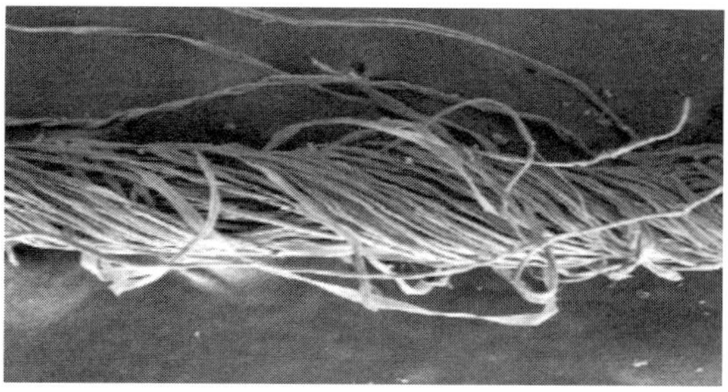

图 10－25　MVS 喷气纱结构

近环锭纱。喷气纱捻度稳定，织前不需蒸纱。

四、喷气纺纱的特点

1. 纺纱速度高　喷气纺采用压缩空气在喷嘴中产生高速旋转的气流对纱条加捻，纱条加捻转速可达（2～3）×10^5r/min，故一般喷气纺纱机的速度可达 200～400m/min，目前最新的 MVS861 型喷气涡流纺纱机的速度可达 450m/min，纺纱速度为环锭纺的 10～20 倍。

2. 占地面积小　采用条子直接纺纱卷成筒子，卷装 3～4kg，机上设有电子清纱器，纱疵少，流程短，占地比环锭少 40%。

3. 改善劳动环境和劳动强度　喷气纺无高速件，噪声大为降低；牵伸、加捻部分均有吸尘装置，而且车上还装有自动巡回清洁装置，所以车间比较清洁；装有自动接头，挡车工只需检查和处理故障、换条筒的劳动强度大为减轻，用工较环锭纺少 60%。

4. 品种翻改方便　翻改品种时，除了正常调节牵伸部分工艺外，加捻部分一般只需调节喷嘴的气压。如果纺纱线密度范围变化不大，加捻部分可不需调节。

5. 织造效率高　喷气纱除成纱强力比环锭纱稍低 10%～15%外，其他性能优于环锭纱，如纱的条干均匀度好、弱环较少，故机织或针织的织造效率比环锭纱高。

第四节　其他新型纺纱

一、摩擦纺纱

（一）摩擦纺纱机的工艺过程

1. DREF—Ⅱ型摩擦纺纱机　DREF—Ⅱ型摩擦纺纱属自由端纺纱方法，如图 10－26 所示。棉条 1 经喇叭口喂入牵伸装置 2，经低倍牵伸后，由分梳辊 3 进行分梳，从而使纤维条转化成单纤维流。经分梳辊松解成的单纤维流，靠离心力把纤维从分梳辊上甩出，由吹风管 4 吹出的向下气流，把纤维吹向两个同向回转的尘笼 6 的楔形缝隙处。尘笼内装有内胆 7，内胆的一端连着抽风机，因此在加捻区的尘笼表面形成很大的吸力，经分梳辊分梳的纤维流就会不断地、

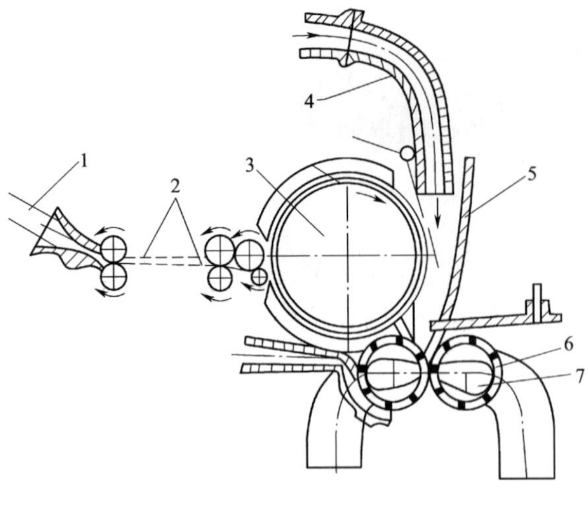

图 10－26　DREF—Ⅱ型摩擦纺纱机的工作过程

紧紧地吸附在加捻区的尘笼表面，当两只尘笼同向回转时，其表面就对纱条施加相同方向的加捻力矩，受两尘笼表面搓转加捻成纱。经导纱钩与引纱罗拉，由卷绕机构直接绕成筒子。由于尘笼和纱线的直径比值很大，尘笼转一转可以给纱线加许多捻回，所以尘笼能实现低速生产。图中 5 为挡板。

2. DREF—Ⅲ型摩擦纺纱机

DREF—Ⅲ型摩擦纺纱机是在 DREF—Ⅱ型摩擦纺纱机的基础上，引入包缠纺纱的原理，以增加成纱结构中平行纤维的数量，提高纺纱细度、成纱强力和纺纱速度。其成纱结构为双组分的包芯纱。

DREF—Ⅲ型摩擦纺纱机的工作过程如图 10－27(a)所示。它是由两套喂入、牵伸机构和一对尘笼加捻机构组成，第一牵伸机构是四罗拉双胶圈牵伸装置，第二牵伸机构由三对罗拉和一对分梳辊组成，如图 10－27(b)所示。第一牵伸机构喂入的须条经过 100～150 倍的牵伸后从水平方向喂入尘笼间的楔形区，形成纱芯。第二牵伸机构喂入的须条经分梳辊松解成单纤维后，经封闭的输棉管道由垂直方向喂入尘笼间的楔形区，在尘笼的作用下，包缠在由第一牵伸机构送来的纱芯上，形成包缠纱结构。然后由输出罗拉将纱线引出，卷绕成筒子纱。

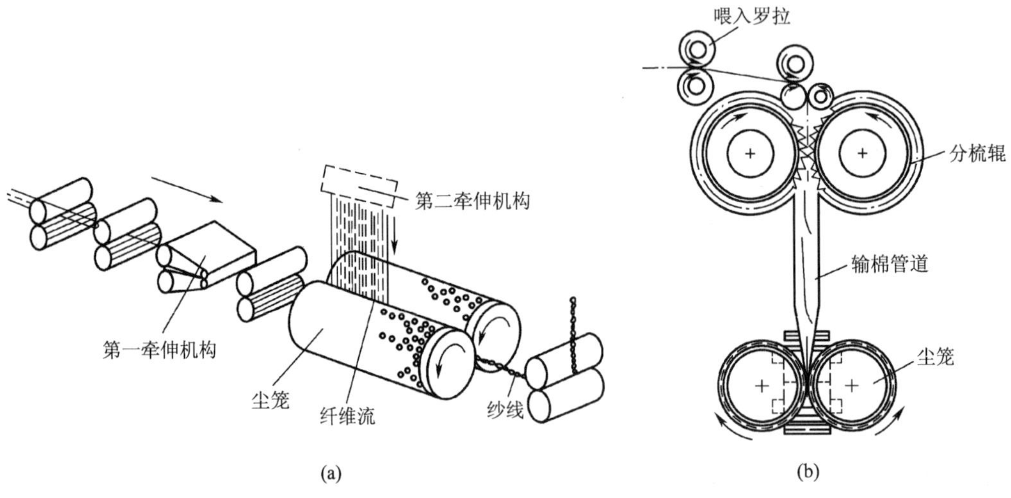

图 10－27　DREF—Ⅲ型摩擦纺纱机的工作过程

DREF—Ⅲ型摩擦纺纱机可配有微机控制的花式纱装置，控制喂入须条的速度，生产竹节纱等花式纱。

(二)摩擦纺纱的结构与性能

1. 摩擦纱的分层结构　在摩擦纺纱过程中,纤维是沿成纱输出方向在尘笼凝聚区内逐渐地被添加并捻入纱尾,从而使摩擦纱形成从纱芯到外层逐层包覆的分层结构,因而内层捻度大,外层捻度小,如图 10－28 所示。这种从里到外逐层包覆的结构为摩擦纱产品品种多样化及合理使用原料性能等成为可能,因此被称为“DREF”效应。

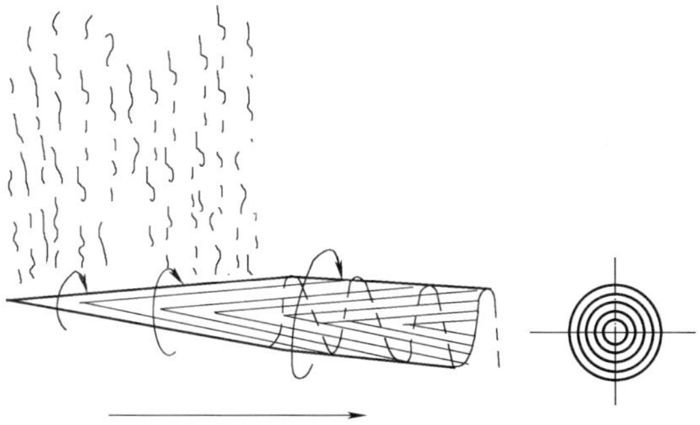

图 10－28　摩擦纱的分层结构

2. 纤维在摩擦纱中的排列形态　纤维须条经分梳辊开松成为单纤维后会加速运动,并在输纤管道中继续加速,而使纤维伸直;同时也以很高的速度冲向尘笼凝集区。由于引纱速度比纤维向凝集区输送的速度小得多,所以部分已经伸直的纤维有可能重新变成弯曲纤维,纤维的有效长度减短,致使成纱强力下降。而且还因纤维在进入凝集区的位置、平行状态以及纤维被捻入纱尾的时间等有差异,所以纤维在成纱中的形态有很大的不同。DREF—Ⅱ型摩擦纱中的形态及其含量见表 10－7。

表 10－7　纤维在摩擦纺与转杯纺中的形态及其含量

纤维类别	转杯纱		摩擦纱	
	棉(%)	涤纶(%)	棉(%)	涤纶(%)
圆锥形螺旋线纤维	2.34	3.23	0.65	1.97
圆柱形螺旋线纤维	14.02	16.77	3.27	1.32
头、中、尾端有缺陷(各种弯钩、卷绕等)纤维	50.28	39.37	45.76	47.39
不规则(前后对折、纠缠等)纤维	33.33	40.64	50.33	49.33

由表 10－7 可知,摩擦纱中按圆柱形和圆锥形螺旋线排列的纤维仅占 3%～4%,而转杯纱中为 16%～20%;在摩擦纺中其他有缺陷或不规则排列的纤维占 96% 左右,摩擦纺中纤维排列形态的众多缺陷,必然会影响摩擦纱的强力和适纺线密度。

3. 摩擦纱的成纱特点

(1)成纱强度:摩擦纱的成纱强度最低,只有环锭纱的 55% 左右,比转杯纺也要低约 15%。主要是由于纤维在纱中排列紊乱、平行伸直度差,纺纱张力小使纤维的内外转移就较困难。但摩擦纱的强力不匀比转杯纱要低,比环锭纱则稍高。另外,纱本身松散,纤维间径向压力小,纤维间抱合力差,摩擦阻力小,易引起相对滑移,同时各种纤维断裂的不同时性也增大,必会导致纱的强力下降。

(2)条干均匀度:一般摩擦纱的条干 CV 值比环锭纱要高,即条干均匀度比环锭纱差,其原因也是纱中纤维伸直平行度差所致。

(3)毛羽:摩擦纱的毛羽多,且毛羽长。

(4)耐磨性:摩擦纱比环锭纱蓬松,耐磨性较差。

(5)重量不匀:摩擦纺采用分梳辊梳理牵伸,重量不匀率较高。

二、涡流纺纱

涡流纺纱是利用空气涡流作用使开松成单根状态的纤维凝聚和加捻成纱的一种新型纺纱方法。由于用涡流代替机械的加捻和凝聚作用而不需要回转的机件,因此其结构简单,纺纱速度较高,一般可比环锭纺纱高6~7倍。

(一)涡流纺纱机的工艺过程

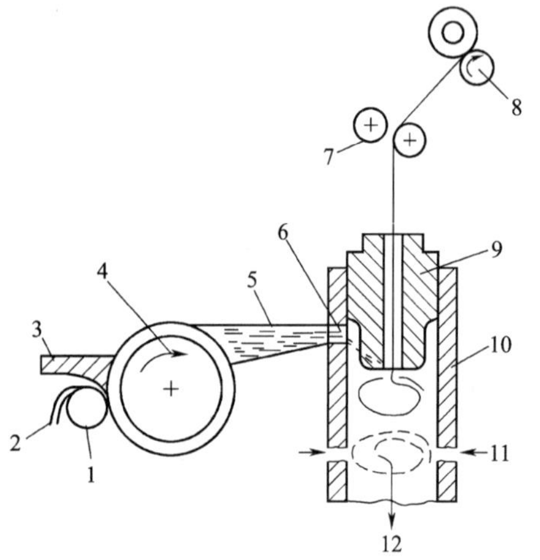

图10-29 涡流纺纱机的工艺过程

涡流纺纱机的工艺过程如图10-29所示,纤维须条2从条筒引出,由喂给罗拉1和喂给板3握持喂入,经分梳辊4开松呈单根纤维状态,然后靠气流的作用使纤维输棉管5、输棉孔6,通过切向通道进入涡流管10内,形成纤维流。在涡流管的适当位置沿圆周切向开若干进气孔11,涡流管的尾端经总风管和过滤网接抽风机,使涡流管内始终保持负压。外界空气沿切向进气孔高速进入涡流管内形成涡流。也可以用一组螺旋形导向片,使空气沿导向片引入管内而形成涡流。高速回转的涡流沿涡流管的轴向运动,与切向通道送入的纤维流同向回转,形成自由端纱尾。不断喂入的纤维与运动着的纱尾相遇而凝聚到纱尾上。自由端在高速回转时,纱条即被加上捻度。涡流纺的加捻效率为30%~50%,纱愈粗,自由端回转的摩擦阻力和加捻的抗扭力矩愈大,加捻效率愈低。根据流体力学原理,在平面旋涡中涡核中心处的压力最低,因此生头时种子纱可以很容易地被从中心孔吸入涡流管内并开始纺纱。纺成的纱由一对引纱罗拉7积极输出,经卷绕罗拉8绕成筒子纱。为了减少回花、提高制成率,在涡流纺纱机上设有断头后喂入自停装置。图中9为纺纱器堵头,12为气流方向。

(二)涡流纺纱的成纱结构

涡流纱中纤维的平行伸直度较差,成纱强力较环锭纱低,成纱条干均匀度一般接近环锭纱的水平,但极短片段的粗细不匀较环锭纱显著。涡流纱的结构膨松,吸色性好。

三、自捻纺纱

(一)自捻纺纱机的工艺过程

自捻纺纱是将两根纤维须条上同时施以具有正反捻向相间的假捻,然后立即将两根单纱条紧靠在一起，依靠两根纱条的抗扭力矩自行捻合成具有自捻捻度的纱线，是一种非自由端新型纺纱方法。

自捻纺纱的工艺过程如图10－30所示，平行喂入的两根纤维须条经牵伸装置后，从前罗拉输出，一端受前罗拉握持；另一端受汇合导纱钩的握持。经过一对既作高速往复运动，又作回转输出运动的搓捻辊，由于这一对搓捻辊对须条的搓动，在搓捻辊前后的纱条上各自得到捻向相反的捻回，即搓捻辊施加的假捻。搓捻辊加捻与须条的输出同时进行，两根捻向交替变化的单纱条离开搓捻辊后在汇合导纱钩处相遇，彼此捻合形成自捻股线输出，最后绕成筒子。

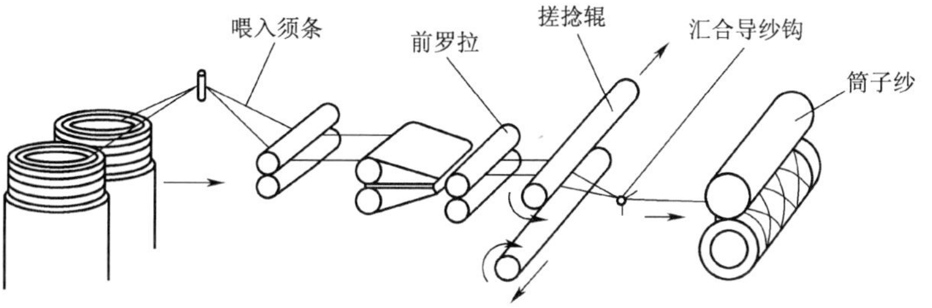

图10－30 自捻纺纱机的工艺过程

（二）自捻纱线

1. 同相自捻纱线和相差自捻纱线 由于搓捻辊的假捻效应，构成自捻纱线的两股假捻单纱条上存在着S捻区、Z捻区和无捻区。如果在汇合时两股假捻单纱条上捻向相同的相应区段与无捻区完全重合，即S捻区与S捻区、Z捻区与Z捻区、无捻区与无捻区完全重合，这样组成的自捻线称为同相自捻线，如图10－31(a)所示。同相自捻线的无捻区是两根单纱无捻区的叠合，且无捻区内纤维都平行无捻，是强力的薄弱环节。如果两根单纱条上捻向相同的区段相互错开，即形成异相自捻线，如图10－31(b)所示。错开距离的大小(长度或相位角)称为相位差。在异相自捻线的无捻区中，通常有一根单纱条是有捻的，另一根单纱条则无捻或有反向捻。有反向捻时，两根异捻单纱条的自捻扭矩等于零，股线在这个区段内无捻。这种结构使两根单纱条原有的无捻区弱环分散交叉配置，从而提高了异相自捻线的强力和耐磨性能。实现相位差的方法是使两根单纱条汇合前的路程不同，亦即造成行程差。行程差大，相位差也大，但不成线性关系。

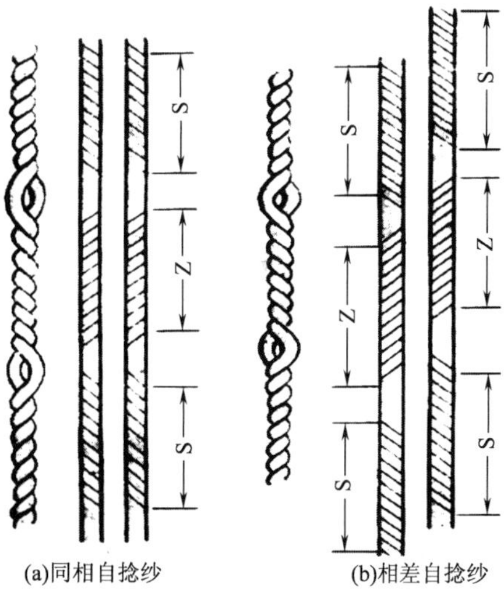

图10－31 自捻纱的相位结构

2. 自捻纱的种类

(1)自捻纱(ST纱)：它是由两根或两根以上的纤维须条组成，各根纤维须条的特数和捻度都相同。ST纱上明显存在着S捻向和Z捻向的交替出现，结构较稳定。这种纱线不能承受织造开口时交替的张力和综筘的刮擦,故只能作为针织用纱和纬纱。

(2)加捻自捻纱(STT纱):把自捻纱在捻线机上再补加一个捻向的捻度,使整根线上捻向基本趋向一致,形成只有单向捻回的加捻自捻纱。这种纱的捻度实际上仍有周期性的不匀。

(3)STM纱:STM纱是用一根经过搓捻辊而获得正反捻向的纤维须条和一根不经过搓捻辊的无捻细单丝发生自捻作用而形成的。自捻时,纤维须条将被单丝所包缠。这种纱强力低,稳定性差,实用价值较小。

由以上三种型式派生,可以形成种类繁多的纱线结构。有2ST纱与(2ST)T纱,这是两组自捻纱以相位差90°的配置并合而成的四股纱,或再在捻线机上加上弱捻。$(ST)^2$线是2次自捻纱,或3股2次自捻纱。用一根长丝代替自捻线中一根单纱条时,可以形成STM线和(STM)T线。采用这些纱线可以生产大批新型的产品。

(三)自捻纺纱的特点

1. 低速高产 自捻纺纱机的经济输出速度目前已达到200~270m/min,为环锭纺纱机输出速度的10~20倍。全机除了搓捻辊及其传动件有特殊加工和安装精度要求外,不再有特别高速的部件,因此其动力消耗很低(比环锭纺纱节约60%~70%),是一种低速、低耗、高产的新工艺。

2. 工艺流程短 自捻纺纱直接纺成股线,一道工序可替代传统纺纱的细纱、络筒和并纱三道工序。

3. 适纺纤维长度较长 自捻纺纱适纺的纤维长度为60~230mm。纤维长度大于80mm时,前纺一般采用毛纺设备加工;短于80mm可在棉纺前纺设备上加工。

4. 成纱捻度分布不匀 特殊的成纱机理,使得自捻纱的捻度不匀,故成纱强力、耐磨性能等都较环锭纺差。

5. 其他 自捻纺纱机一般为4~5头/台,有断头自停装置,接头操作比较简便,因此翻改品种方便,适合小批量、多品种、中深色色纱的生产。

四、静电纺纱

(一)静电纺纱机的工艺过程

静电纺纱由纤维开松、输送、静电场凝聚、自由端加捻、筒子卷绕等组成,如图10-32所示。由于纤维的开松方法不同,静电纺纱机分为两类。一类以罗拉牵伸作为开松机构,纤维的输送和凝聚利用静电场的作用;另一类以刺辊作为开松机构,利用气流输送纤维,而纤维的凝聚利用静电场的作用。棉条在喂棉罗拉与喂棉板间输入,被高速回转的小刺辊开松成单纤维,借输棉管的气流作用吸入由高压电极(+)、加捻器电极(-)和封闭罩壳组成的静电场内。棉纤维被电离和极化的作用下被伸直、排列并凝聚成纤维条。引纱由空心加捻器引入后不断捻取纤维条中的纤维,高速回转的加捻器加捻成纱,并由槽筒卷绕机构绕成筒子。

(二)静电纺纱成纱特点

与环锭纱比较,静电纱的纤维伸直度较差,结构分层,各层捻度不同,成纱捻度较多,弹性较差,手感较硬。但静电纱的条干较均匀,毛羽和棉结杂质较少,织物耐磨性能较好,吸色性好。

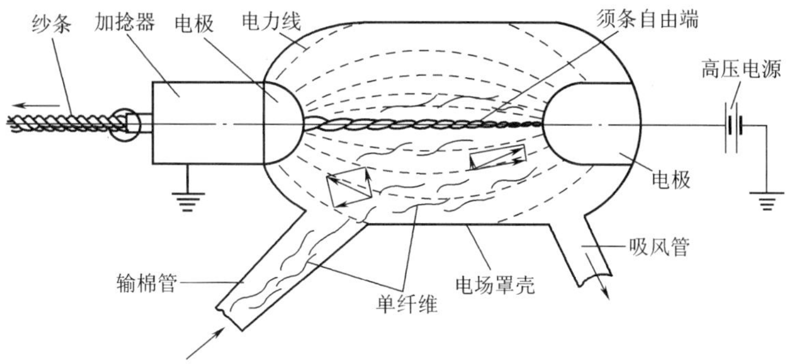

图 10－32　静电纺纱机的工艺过程

由于电场罩壳内黏附纤维和输棉管、刺辊壳体内钩挂纤维而造成粗节纱疵，是静电纱的一个主要缺点。静电纺纱还存在制成率低、纱疵较多、劳动生产率无显著提高等问题，在投入工业化生产之前尚有待进一步研究。

思考题

1. 新型纺纱按纺纱原理如何分类？
2. 新型纺纱与环锭纺纱相比具有哪些特点？
3. 简述转杯纺纱对前纺的工艺要求及前纺工艺及设备配置。
4. 叙述转杯纺纱机的工艺过程。
5. 转杯纺喂给喇叭的作用是什么？对喂给喇叭的要求是什么？
6. 影响转杯纺纱分梳效果的因素有哪些？
7. 加工棉和化纤时分梳辊锯齿规格有何不同？
8. 转杯纺喂给板加压大小对生产有什么影响？
9. 分梳辊转速应根据哪些因素来选择？
10. 转杯纺纱机排杂装置按其原理可分为哪两大类？其特点是什么？
11. 自排风式纺杯与抽气式纺杯有什么不同？
12. 凝聚槽的形状对成纱有什么影响？
13. 阻捻盘有什么作用？影响阻捻盘假捻效果的因素有哪些？
14. 隔离盘有什么作用？导流槽的位置应怎样调整？
15. 转杯纺纱加捻效率低的原因是什么？
16. 转杯纺纱凝聚须条是怎样形成的？
17. 转杯纺纱须条顺利剥取要具备哪些条件？正常生产时须条是如何剥离的？
18. 缠绕纤维是怎样产生的？
19. 转杯纺纱的结构与环锭纱有什么不同？
20. 说明喷气纺纱的加捻原理。

21. 什么是喷气纺纱机的超喂比？通常选用范围为多少？
22. 喷气纺纱机的加捻器有哪些规格参数？其作用是什么？
23. 喷气纱有哪些特点？
24. 简述摩擦纺纱的加捻原理。
25. DREF—Ⅱ型和 DREF—Ⅲ型摩擦纺纱加捻原理、成纱结构有何不同？
26. 影响摩擦纺纱加捻效率的因素有哪些？

第十一章　其他纺纱系统及主要设备

本章知识点

1. 毛纺、麻纺、绢纺的纺纱工艺流程及设备。
2. 各种纺纱设备的主要作用和结构。

第一节　毛纺纺纱系统及主要设备

一、毛纺纺纱系统

毛纺工业根据产品的要求、用途及加工工艺不同，分为粗梳毛纺纺纱系统、精梳毛纺纺纱系统和半精梳纺纱系统。

粗梳毛纺纺纱系统纺制纱支比较低，原料性能较差，纺纱工序少，流程短。其工艺流程如下。

羊毛初步加工→粗梳毛纺原料→和毛加油→混料→梳毛→细纱

精梳毛纺纺纱系统纺制纱支较高，成纱质量要求高，因而对原料的要求也高，纺纱工序多，流程长。其工艺流程如下。

羊毛的初步加工→毛条制造→前纺工程→后纺工程

原来的半精纺毛纺系统的特征为与粗纺系统相比使用针梳机，与精纺系统不同的是不使用精梳机。目前，业内所谓的半精纺实质上是由毛纺设备和棉纺设备混合组成，即“普梳短毛纤维纺纱系统”，其特点是成条工艺与毛半精梳相似，纺纱工艺与普梳棉纺相似。

羊毛的初步加工包括羊毛的拣选、开毛、洗毛、烘干、炭化等工序。拣选毛是根据产品质量要求，对不同质量的原毛进行分选，做到经济合理地使用原料，开毛是利用机械方法将羊毛松解，除去其中大量的砂土杂质，为洗毛创造有利条件。洗毛是利用机械和化学相结合的方法，取出羊毛脂汗及黏附的杂质。烘毛是用热空气烘燥羊毛，除去洗净毛中过多的水分，使其达到规定的回潮率。炭化是利用化学及机械方法，除去洗净毛中包含的植物性杂质，使梳理和纺纱过程得以顺利进行。一般粗梳毛纺纺纱系统须经过炭化工序，精梳毛纺纺纱系统不经过炭化工序。

二、粗梳毛纺

粗梳毛制品的纱线较粗，织物较厚，其产品有海军呢、麦尔登、粗花呢等。

(一)粗梳毛纺工程的任务

粗纺原料经初步加工后,原料大多呈小块状或束状,不能适应纺纱需要。通过梳毛机加工,能将块状纤维彻底开松成单纤维;去除原料中的杂质和粗死毛,并能使纤维进一步充分混和;在梳理过程中,使纤维逐步伸直平行;最后将梳理后的毛网制成粗纱,由细纱机纺成细纱。

(二)国产粗纺梳毛机

1. 粗纺梳毛机的工艺流程与技术特征 国产粗纺梳毛机有二联式和三联式,其组成部分包括自动喂毛机、预梳理机、梳理机、过桥机及成条机五大部分,如图 11-1 所示。机型不同,五大组成部分的组合形式有所不同。BC272 型三联式梳毛机的工艺流程如下。

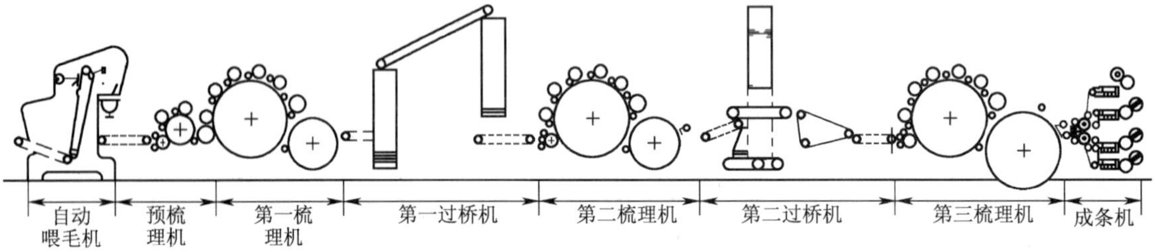

图 11-1 BC272 型粗纺梳毛机

自动喂毛机→预梳理机→梳理机→过桥机→梳理机→过桥机→梳理机→成条机

BC272 型和 BC272B 型梳毛机的主要规格与技术特征见表 11-1。

表 11-1 BC272 型和 BC272B 型梳毛机主要规格与技术特征

项目	机型	
	BC272 型	BC272B 型
节数	3	2
出条根数	80,120	80,120
过桥帘子数	2	1
幅宽(mm)	1550	
毛斗形式	杠杆式	
第一大锡林直径(mm)	1230(+23.8)	
道夫直径(mm)	850(+23.8)	
工作辊只数与直径(mm)	1×180(+20) 4×215(+20)	
风轮直径(mm)	300(+50)	
第二大锡林直径(mm)	1230(+23.8)	—
道夫直径(mm)	850(+23.8)	—
工作辊只数与直径(mm)	1×180(+20) 4×215(+20)	—
刺毛辊只数与直径(mm)	5×80(+20)	—
风轮直径(mm)	300(+50)	—

续表

项目	机型	
	BC272 型	BC272B 型
第三大锡林直径(mm)	1230(+23.8)	
道夫直径(mm)	1230(+23.8)	
工作辊只数与直径(mm)	1×180(+20)　4×215(+20)	
刺毛辊只数与直径(mm)	5×80(+20)	
风轮直径(mm)	300(+50)	
第一过桥帘子形式	狭带过桥帘	—
第二过桥帘子形式	宽带过桥帘	
皮带丝(宽×长×厚)(mm)	80 根(短)17.5×1400×3.5　(长)17.5×1650×3.5 120 根(短)11.5×1400×3.5　(长)11.5×1650×3.5	
上皮板规格(宽×长×厚)(mm)	1635×665×4	
下皮板规格(宽×长×厚)(mm)	1635×710×4	
出条层数×木杆数	4×1	
卷毛辊(直径×宽)(mm)	ϕ128×1545	
出条往复形式	导条杆往复	

2. 自动喂毛机 自动喂毛机的任务是定时定量喂毛，保证每间隔一定时间喂入一定量的混料，保证每一个梳理滚筒上的毛层均匀，从而确保粗纱粗细一致，条干均匀，并进一步混合原料，去除杂质，尤其是金属杂质，防止梳理机受损。

国产自动喂毛机大多采用称重式，其结构如图 11－2 所示。自动喂毛机是周期性工作的。储毛箱 1 中的底帘 11 将储毛箱中的混料向升毛帘 2 方向靠拢。升毛帘向上运动时，靠其针齿抓取混料向上运送，均毛耙 3 不断摆动，将升毛帘上过厚的毛层剥落下来，使其重新落入储毛箱中。当升毛帘带着混料到达最高点时，通过磁铁 4 将混料中的金属杂质去除，然后转到前边向下行。当混料位于称毛斗上方时，剥毛耙 5 将混料全部剥落下来，通过由挡毛板 6 构成的通道进入称毛斗 7。当称毛斗中的混料达到规定的重量后，称毛斗稍稍下降，升毛帘立即停止转动，挡毛板同时闭合，以防止升毛帘上的混料再落入称毛斗中，减少每次称毛量的差异。称毛斗完成称毛动作之后，即自行打开，使称过重的混料落在喂毛帘 10 上。混

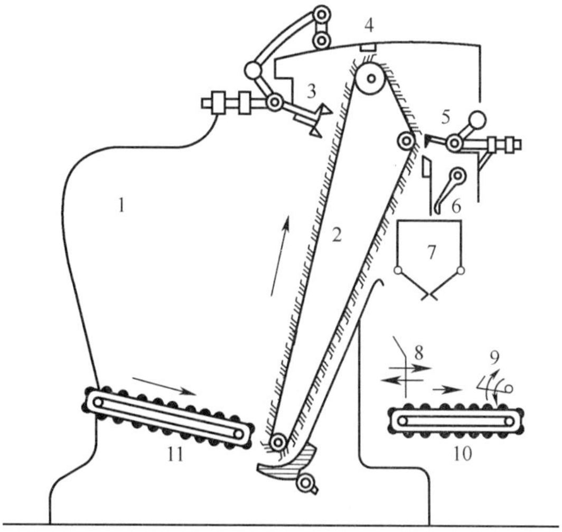

图 11－2 自动喂毛机

料落完后，称毛斗自然稍稍上升，恢复原位。接着称毛斗闭合，为下一个喂毛周期的称毛做准备。自动控制机构启动升毛帘并打开挡毛板开始下一个喂毛工作周期。落到喂毛帘上的混料在推毛板8的推动下向前集中，并与喂毛帘一起向前运动，再经拍毛板9的拍打，以厚薄均匀的状态喂入预梳理机。

3. 梳理机 BC272B型粗纺梳毛机的后车（第一节梳理机）如图11－3所示。梳理机由喂入开毛部分、预梳理部分和主体梳理部分组成，且各部分主要机件的表面都包裹着不同类型的针齿或针布，以完成对混料的梳理和混合作用。

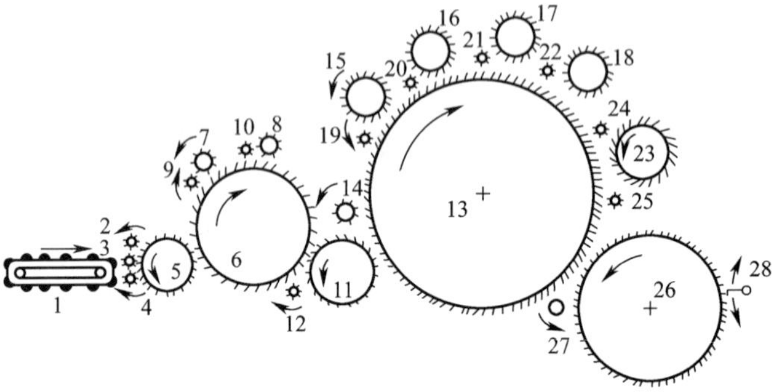

图11－3 梳理机示意图

从称毛斗中落在喂毛帘1上的混料，被喂毛帘送入两喂毛罗拉2、3之间。喂毛罗拉紧紧握持住混料，接受开毛辊5的分梳，达到初步开松。开松后的混料通过开毛辊转移给胸锡林6，在胸锡林两个工作辊7、8及两剥毛辊9、10之间接受预梳理，将块状的混料梳理成束状纤维。经过预梳理的纤维束，通过运输辊11转移到大锡林13上。

在大锡林上有5个工作辊14、15、16、17、18和4个剥毛辊19、20、21、22，纤维束在大锡林与工作辊、剥毛辊之间进行充分的梳理、混合，从束状变成单纤维状。在大锡林上还装有风轮23，将分梳后位于大锡林针隙较深部位的单纤维起出，以利于向道夫26上转移。道夫将大锡林上的部分纤维剥取，由高速摆动的斩刀28剥下，形成连续的毛网，通过过桥机送入下一节梳理机。两个托毛辊12、27的作用是减少落毛。在开毛辊、运输辊和大锡林下面还装有漏底，其作用是减少落毛。图中4为清洁罗拉，24、25为挡风辊。

4. 过桥机 在粗纺梳毛机的每两节梳理机中间都装有过桥机，过桥机型式较多，有毛帘式、宽条式和毛条式等。BC272型和BC272B型梳毛机均采用自动折叠毛帘式过桥机。因为毛网在通过过桥机时要经过一次纵向折叠铺层和一次横向折叠铺层，起到毛层纵向与横向的混合作用。过桥机如图11－4所示。

5. 成条机 成条机是把最后一道梳理机输出的毛网，经过分割、搓捻及卷绕等作用，制成均匀的、有一定强度的小毛条（粗纱），以便供细纱机加工成粗梳毛纱。成条机的工艺过程如图11－5所示，成条部分由割条机构、搓条机构和卷条机构组成。

（1）割条机构：是利用割条轴和皮带丝的作用将从前车梳理机输出的毛网按照工艺要求，

分隔成一定宽度的毛带。割条轴的结构如图 11－6 所示。

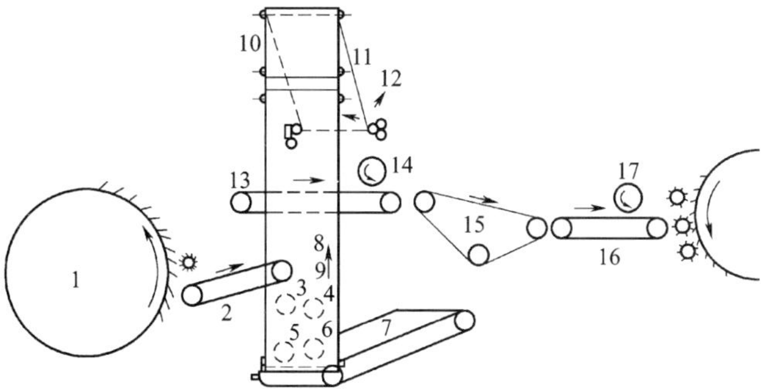

图 11－4　过桥机示意图

1—道夫　2—出毛帘　3,4,5,6—滚筒　7—下斜帘　8,9—立帘　10—横帘　11,12—铺毛帘　13—水平帘　14,17—木滚筒　15—三角过桥帘　16—喂毛帘

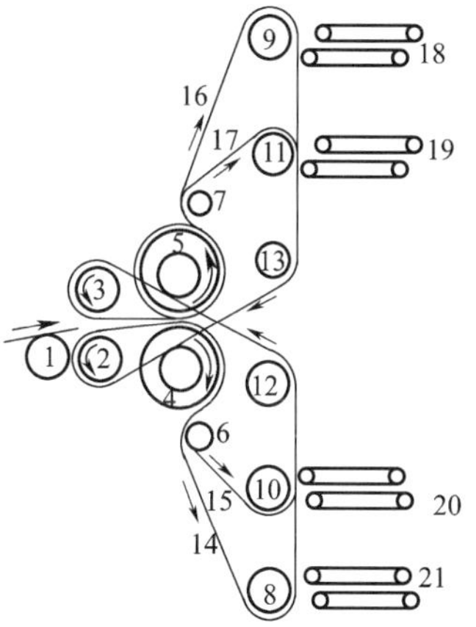

图 11－5　成条机部分结构简图

1—托毛辊　2,3—进网轴　4,5—割条轴　6,7,8,9,10,11—张力辊　12,13—导条辊　14,15,16,17—皮带丝　18,19,20,21—搓板

(2)搓条机构:是将经割条轴制成的毛带,利用搓板的往复运动而完成搓捻作用。搓板的运动有圆周运动和往复运动两种。目前,国产梳毛机上均采用四对搓板,每对搓板搓条的根数,为出条总根数的 1/4。搓板是用牛皮或丁腈橡胶制成的,表面有浅沟槽,以增加其对纤维的摩擦力。

(3)卷条机构:如图 11－7 所示,由搓板间出来的毛条 1 经导条架 2,到达卷绕滚筒 3 上。导条架作往复运动,使毛条在一定的宽度内形成交叉卷绕。卷绕木轴 4 的轴芯铁钉 6,靠在支架 7 的斜坡上,由于滚筒 3 的摩擦传动,使毛条卷绕在木轴 4 上,成空心毛条饼 5。

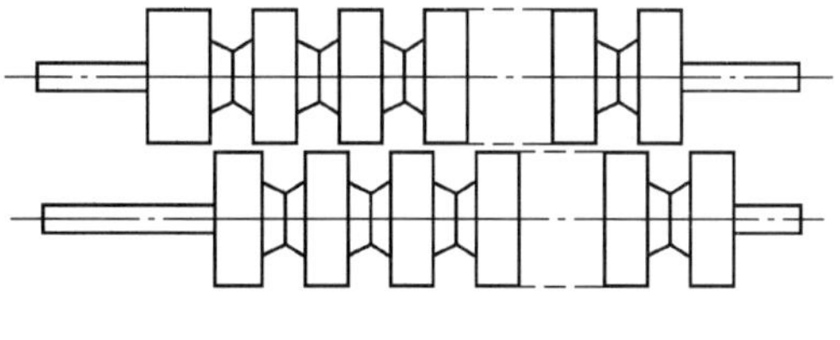

图 11－6　割条轴

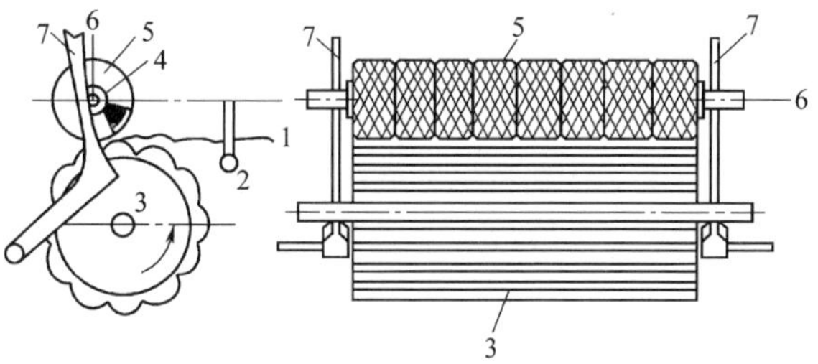

图 11－7　卷绕机构

(三)细纱机

细纱机的任务是牵伸、加捻和卷绕成形。BC583 型细纱机的工艺过程如图 11－8 所示。毛轴 1 经退卷滚筒 2 摩擦传动,其上纱条经分条器 3 进入后罗拉 4 及压辊 5 之间,经导条杆 6 及假捻器 7 进入前罗拉 8、9、10 之间。纱条在通过后罗拉与前罗拉之间时受到牵伸。从前罗拉输

出的须条经导纱器 12,穿过钢领 15 上的钢丝圈 14 绕在紧套在锭子 16 的纱管 13 上。钢丝圈在纱线张力作用下,沿钢领跑道回转。钢丝圈每转一转,就给纱条加上一个捻回。该机每个锭子的前罗拉下方均装有吸毛嘴 11。当细纱断头时,须条被吸毛嘴吸入总风道,进入毛箱成为回毛。

BC584 型细纱机如图 11 –9 所示,该机采用双滚筒单轴式喂入机构,在牵伸机构中以针圈代替 BC583 型中的假捻器来控制纤维运动。

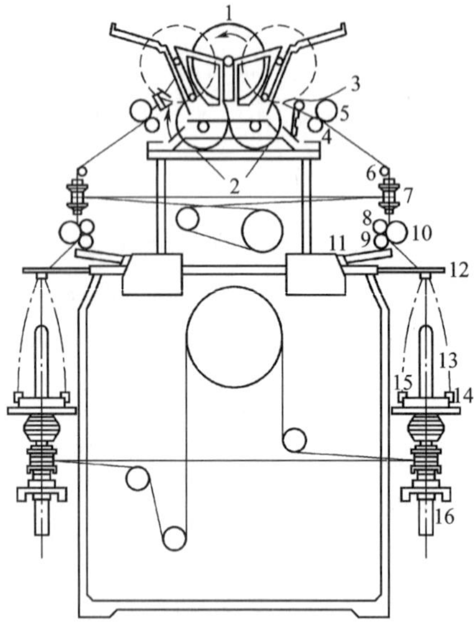

图 11 –8　BC583 型细纱机的工艺过程

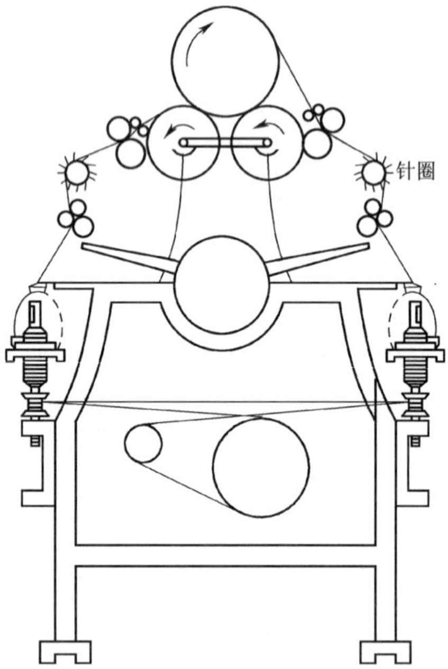

图 11 –9　BC584 型细纱机

三、精梳毛纺

精梳毛纺产品很多,有精梳毛制品、绒线和长毛绒等。精梳毛制品的纱线较细,织物轻薄,一般在 130 ~400g/m^2,如哔叽、华达呢、啥味呢、派力司、女士呢等。

精梳毛纺一般分为毛条制造和纺纱两个阶段。毛条制造是将洗净毛按精梳毛纱的品质要求,加工成精梳毛条。精梳毛条制成后,再经前纺和后纺制成毛纱,其工艺流程如下。

梳毛机→针梳机→精梳机→针梳机→针梳机→末道针梳机→粗纱机→细纱机

(一)精纺梳毛

精纺梳毛一般采用双联式梳毛机,其任务是将块状或束状原料开松梳理成单纤维状态,去除羊毛中残留的植物性杂质、沙土、粗腔毛及羊粪等,同时使不同品种、长度、色泽的原料充分混和,然后制成具有一定规格的条子。

B272 型梳毛机如图 11 –10 所示,该机由电气控制自动喂毛构、第一预梳机构、第二预梳机构、梳理机构、圈条机构五部分组成。

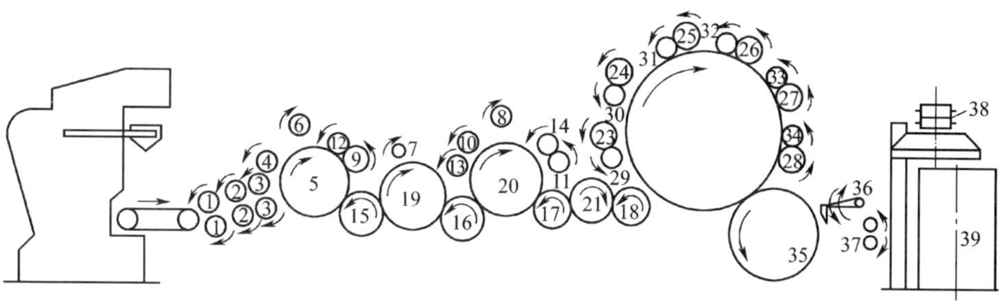

图 11－10　B272 型精纺梳毛机的工艺过程

1—上、下后喂入罗拉　2—上、下沟槽罗拉　3—上、下前喂入罗拉　4—毛刷辊　5—第一锡林　6,7,8—打草辊　9,10,11—胸锡林工作辊　12,13,14—胸锡林刺毛辊　15,16,17,18—转移辊　19—除草辊　20—第二胸锡林　21—分梳辊　22—大锡林　23,24,25,26,27,28—大锡林工作辊　29,30,31,32,33,34—大锡林剥毛辊　35—道夫　36—斩刀　37—出条压辊　38—圈条压辊　39—条筒

(1)喂入部分:是附有自动称重的自动喂毛机,通过机械—电气控制系统,周期性地喂入混料。

(2)预梳部分:混料经慢速回转的水平喂毛帘进入喂毛罗拉。混料在后喂毛罗拉与沟槽罗拉之间受到约 7 倍的牵伸,使毛层减薄,纤维受到一定的松解与伸直作用。

(3)梳理部分:经过预梳部分充分开松的混料,由转移辊交给梳理部分,接受大锡林及其上六对工作辊和剥毛辊的彻底梳理,大锡林与道夫之间,具有分梳条件,在分梳作用的基础上,慢速回转的道夫将大锡林上的一部分纤维凝聚转移。

(4)输出部分:由斩刀将毛网从道夫上剥下,经漏斗聚集成条,再经出条压辊及圈条器,有规律地圈放在毛条筒中。

(二)针梳

针梳是将毛条内的纤维理直,使之平行排列,改善与提高毛条的条干均匀度。牵伸区中的平面针排,用来控制纤维在牵伸区的运动。细羊毛用双针排,粗羊毛用单针排,毛条用 2 ~ 3 道交叉针梳机,每道用 4 ~ 8 根毛条并合牵伸,成为纤维平直的毛条,以便精梳加工。B306 型针梳机的工艺过程如图 11－11 所示。

图 11－11　B306 型针梳机工艺过程

(1)喂入机构:B306 型针梳机为毛球喂入,其余针梳机均为条筒喂入。本机采用纵列式喂入架,喂入毛球经导条棒 1、导条叉 2、导条辊 3 和导条压辊 4 组成钳口,呈平展状态按一定宽度

进入牵伸区。

(2)牵伸梳理机构：由梳箱6与针板、喂入罗拉5、前罗拉7组成。梳箱结构如图10-12所示，在牵伸过程中针板上的梳针控制纤维的运动并梳理纤维。

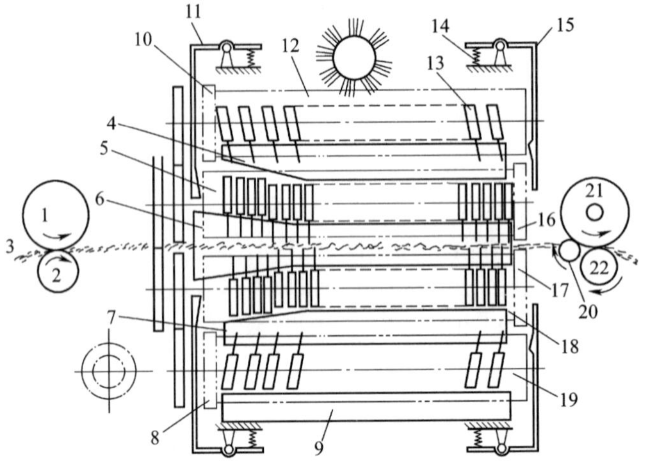

图11-12 针梳机梳箱结构简图

1—大压辊 2—后罗拉 3—毛条 4,6,7,9—导轨 5,18—工作螺杆 8,10,16,17—打手
11—后挡板 12,19—回程螺杆 13—针板 14—弹簧 15—前挡板
20,22—前下罗拉 21—前上罗拉

(3)卷绕成形机构：B306型针梳机是球形卷绕形式。它是由毛条的往复横动及定向回转两种运动合成的，图10-11中的卷条滚筒往复运动则由游车带动。

新型针梳机有F2392型、F2342型、F2342A型、F2352型、F2362型等，梳箱采用交叉式针板，双头螺杆传动，精确度较高。主传动为同步齿形带传动、变频调速，常用输出速度80~120m/min，最大输出速度为150m/min。

(三)精梳

精梳工序的任务是清除毛条中的毛粒、细小草杂和短纤维，使纤维在梳理中进一步顺直平行，并使混料进一步混和均匀。

B311A型精梳机的工艺过程如图10-13所示，10只毛条筒中的20根毛条，经导条辊导出后，穿过导条板1和2的孔眼，移至托毛板3上，均匀的排列形成毛片，送向喂毛罗拉4。喂毛罗拉作间歇转动，使毛片沿着第二托毛板5周期性的前进。当进入给进盒6中时，受给进梳7上的梳针控制，每次以一定的喂毛长度(5.8~10mm)送向上、下钳板8组成的钳口。在钳口闭合时，上、下钳板能有力钳持毛层，此时装在上钳板上的木毛刷，将须丛纤维的头端压下，接受圆梳14的梳理，纤维得以顺直，并分离出短纤维与杂质。杂质与短纤维由圆毛刷15从圆梳针板上刷下来，被道夫16凝聚，经斩刀17剥下，落入短毛箱18中。杂草等经尘道19，被抛入尘杂箱20中。当圆梳梳理须丛纤维头端时，拔取车向钳板方向摆动，拔取罗拉13作反方向运动，向机内倒入一定长度的已被梳理好的纤维须丛，以备和新梳理的纤维头端搭接。下打断刀12起挡

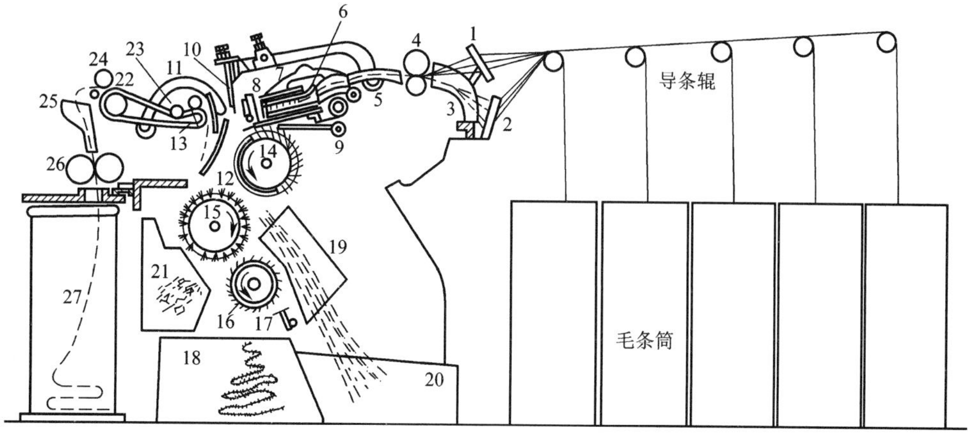

图 11－13　B311A 型精梳机的工艺过程

护须丛的作用,以防退出的纤维被圆梳梳针拉走。当圆梳针排转离钳板后,上、下钳板张开并上抬,拔取车后退向钳板靠近,拔取罗拉正转,铲板 9 自钳板下伸出,托持已梳理过的须丛头端,送向拔取罗拉钳口,并与拔取罗拉退出的须丛尾端接合。此时,顶梳 10 下降刺入须丛,使须丛尾端接受顶梳的梳理。部分短纤维、杂质和疵点被顶梳阻留于针排后方的须丛中,待下一次圆梳梳理时除去,分离拔取的同时,给进梳、给进盒前移进行喂条,拔取车前摆,借助上、下打断刀 11 和 12 完成须丛的分离。须丛纤维被拔取后,成网状铺放在拔取皮板 22 上,由拔取导辊 23 使其紧密,再通过卷取光罗拉 24、集毛斗 25 和出条罗拉 6,将拔取的毛网集聚成毛条后,送入毛条筒 27 中。精梳机的主要技术特征见表 11－2。

表 11－2　精梳机的主要技术特征

项目＼机型	B311 型	B311A 型
形式	固定钳板式	
适用原料范围	纤维长度在 200mm 以内	
喂入方式	毛球喂入	条筒喂入
喂入罗拉形式	斜沟槽(1°30′)	直沟槽
喂毛盒工作宽度(mm)	360	
锡林工作宽度(mm)	418	
钳板工作宽度(mm)	360	
锡林梳针排数	19	
道夫和斩刀工作宽度(mm)	450	
拔取罗拉工作宽度(mm)	520	
皮板宽度(mm)	510	

（四）复洗

复洗的目的是洗去油污和油剂，对染色毛条复洗清洗浮色，同时消除纤维的疲劳与静电，并对纤维进行一次定形。原色细毛条，需要经过复洗；供染色的细毛条，可在染色以后进行复洗；染色的化纤条也要经过复洗；一般粗羊毛和化纤条可不经复洗。

LB334A 型热风式复洗机的工艺过程如图 11－14 所示。本机适用于本白色毛条复洗，进条部分为毛球架退卷滚筒，喂入 24 根，每根条重 12～25g/m。LB334 型复洗机进条部分采用托盘，适用于染色湿毛条复洗。全机由进条、洗槽、烘房、卷球、主传动五部分组成。

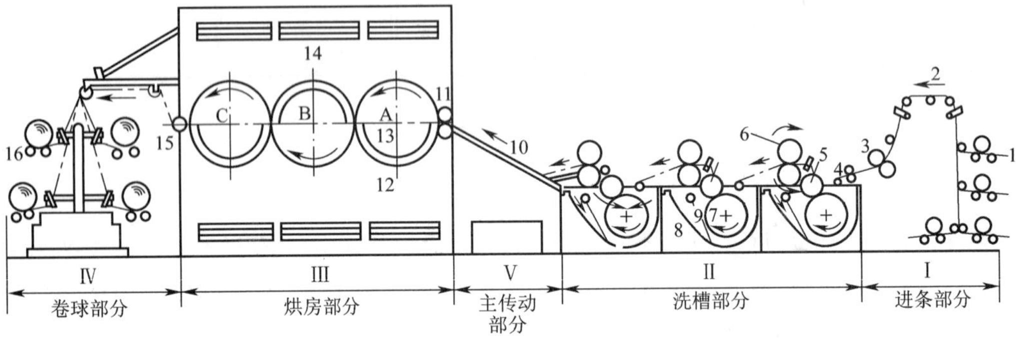

图 11－14　LB334A 型热风式毛条复洗机工艺过程

1—退卷滚筒　2—导条滚筒　3—进条压辊　4—导条辊　5—压条辊　6—上、下轧辊　7—网眼锡林　8—抛物线形洗槽　9—夹层板　10—导条托板　11—烘房进条辊　12—圆网锡林　13—圆网密封板　14—加热器　15—烘房出条辊　16—卷条滚筒

（五）混条

混条的任务是将不同颜色、不同性质的毛条，利用并合的方法在混条机上均匀混和，利用针梳梳理，使毛条中的纤维进一步伸直平行，并适量给油以改善纤维的机械性能，防止静电产生。

B412 型混条机的工艺过程如图 11－15 所示，毛球 1 自退卷滚筒 2 退出毛条后，经导条轴 3、导条棒 4、喇叭口 5，到达后罗拉 6 处，经针板 7 的梳理和控制，由前罗拉 8 输出，再经导条器 9（产生压力压住微动开关 10，使电路呈常闭状态），到达假捻装置 11，由卷绕滚筒 12 卷成毛球

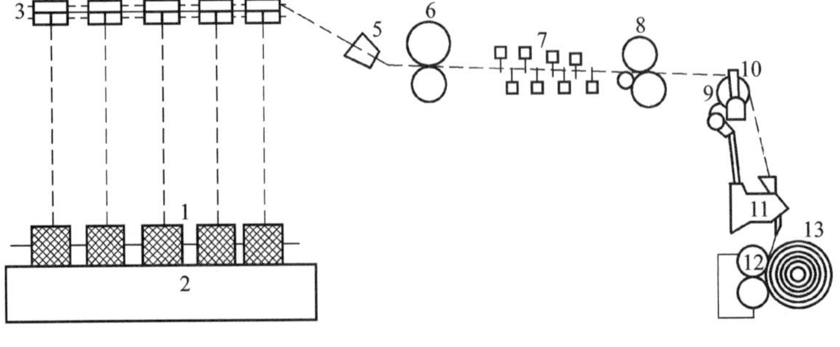

图 11－15　B412 型混条机工艺过程

13。混条机的主要技术特征见表 11 －3。

表 11 －3　国产混条机的主要技术特征

项　目 ＼ 机　型	B411 型	B412 型
喂入方式	双排双层卧式横列退卷	双排双层卧式纵列退卷
最大喂入重量(g/m)	160	300
针板传动方式	双线螺杆,双头打耳	三线螺杆,三头打耳
针板数	39 块圆针	88 块扁针
针板最高击落次数(次/min)	600	1000
牵伸形式	单区交叉针排牵伸	单区交叉针排牵伸
牵伸倍数	5. 14 ~ 11. 12	5 ~ 11
并合数	8 ×2，8 ×3	10 ×2
前罗拉出条速度(m/min)	27. 46 ~ 31. 48	50 ~ 80
前罗拉加压方式	杠某些重锤加压	油泵加压
头 × 球	双头一球,三头一球	双头一球,双头双球
最大出条重量(g/m)	60	50,30
加和毛油方式	毛刷飞溅式	喷雾式
自停装置	无	进条、出条、定长、前罗拉绕毛、门罩开启自停
静电消除器	无	高压低频微电流针棒式
成球往复机构	龙筋往复(毛球往复)	导条器往复

(六)针梳

针梳机的作用是使精梳毛条在充分混合的基础上,经过牵伸、并合、梳理,使条干更加均匀,纤维排列顺直平行、且可去除部分小杂和短毛。前纺使用的针梳机和毛条制造中的针梳机,在结构上并无显著区别。

1. B452 型针梳机　如图 11 －16 所示,该针梳机牵伸机构采用开式扁针针板结构,针板区长度为 150mm,对纤维控制良好,针板打击速度最高可达 1000 次/min。每个梳箱上装有保险装置,当发生故障和卡针板时,保险装置可自动脱开。牵伸采用牵伸齿轮箱,牵伸范围广,且改换

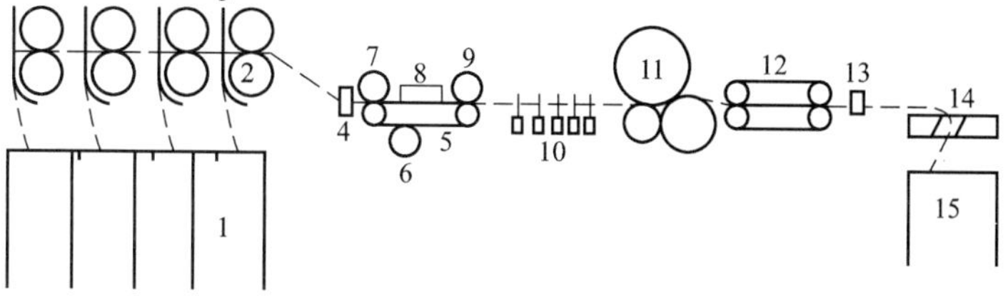

图 11 －16　B452 型针梳机工艺过程

1—毛条筒　2—导条罗拉　3—导条叉　4—导条钩　5—喂入皮板　6—张力轮　7,9—喂给罗拉　8—导条槽　10—开式针板　11—前罗拉　12—搓捻机构　13—导条器　14—圈条器　15—毛条筒

牵伸方便。

2. 高速链条针梳机 国产高速链条针梳机共有三道，即头道B424型、二道B433型和三道B443型。三道针梳机都由喂入、牵伸及卷绕成形三部分组成。其中喂入部分与B452型针梳机基本相同，只牵伸部分略有差异，如图11－17所示，牵伸装置由两个牵伸区组成。后区由两对罗拉组成，牵伸1～2倍；前区由前罗拉和针棒机构组成，牵伸5～9.33倍。

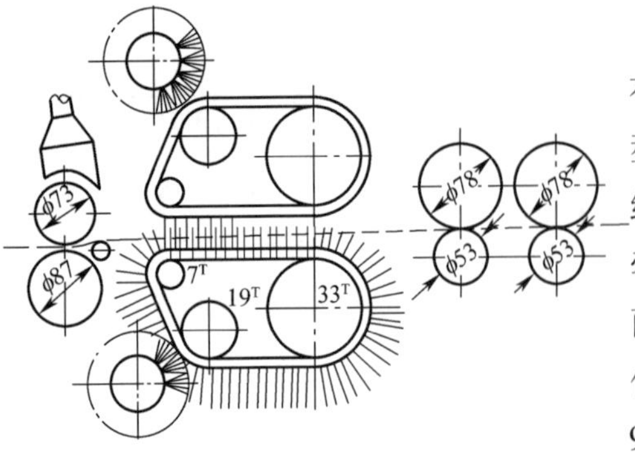

图11－17 高速链条针梳牵伸部分

（七）粗纱

精梳毛纺粗纱机分为无捻粗纱机和有捻粗纱机。

1. B463型翼锭粗纱机 B463型翼锭粗纱机用于混合式纺纱系统，其工艺过程如图11－18所示，毛条自毛条筒中引出，经导条辊及分条架进入压条辊1，经导纱钩2进入牵伸区，牵伸装置由后罗拉3、双胶圈4、集合器5和6、前罗拉7组成。经牵伸后的须条由前罗拉7输出，锭翼8回转而加捻，然后利用成形机构，使粗纱以一定形状卷绕于筒管9上。

2. B461型针圈无捻粗纱机 B461型粗纱机工艺过程如图11－19所示，针圈粗纱机上有三层粗纱架，架上放有粗纱管1。粗纱由筒管退解下来，经导条辊2、分条架3、横动导纱杆4而进入牵伸区。牵伸区由后罗拉5和6，两对中罗拉7和8、9和10，针圈11，前罗拉12和胶辊13组成。纱条经牵伸后，由前罗拉输出，经搓皮板14和15的搓捻而得假捻，再经卷取罗拉16卷绕到筒管17上。

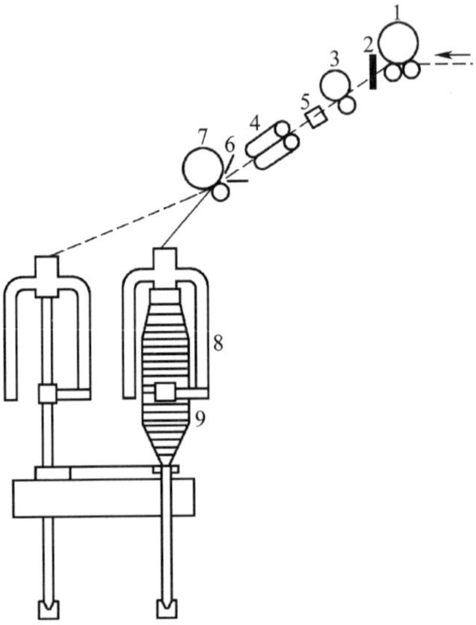

图11－18 B463型翼锭粗纱机工艺过程

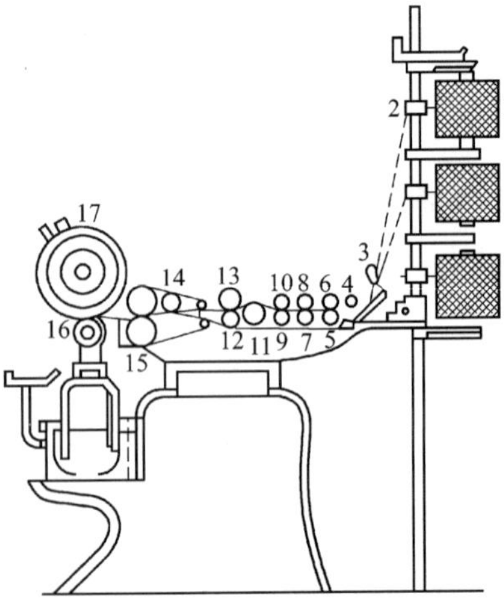

图11－19 B461型针圈粗纱机工艺过程

3. B471 型无捻粗纱机　B471 型无捻粗纱机的工艺过程如图 11－20 所示。这种粗纱机用于前纺末道，可与高速链条针梳机配套使用。毛条自毛条筒 1 引出，经导条辊 2、导条杆 3 进入牵伸装置。牵伸装置由前后罗拉及双胶圈 4、5、6 组成，构成双区滑溜牵伸。经牵伸后的须条，通过双偏心搓捻机构 7 搓成粗纱。粗纱由作往复运动的开槽塑料导管 8，送到卷绕罗拉 9，被卷绕到筒管 10 上。

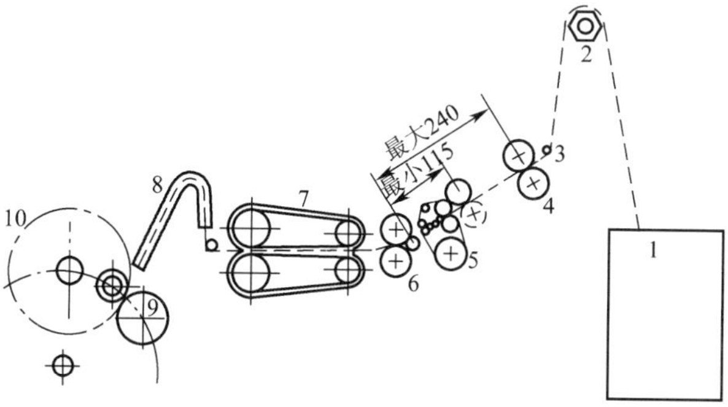

图 11－20　B471 型粗纱机工艺过程简图

（八）细纱

精梳毛纺细纱机的结构和工艺过程与棉纺细纱机相似，适于羊毛、羊毛与化纤的纯纺和混纺。细纱机的主要技术特征见表11－4。

表 11－4　细纱机的主要技术特征

型　号	B582 型	B583 型	B591 型	B593 型
纺纱特数(tex)	12.5～27.8	12.5～50	40～200	83.3～166.7
适用原料	58 支以上羊毛及 3～5 旦化纤	64 支以下羊毛及 3～5 旦化纤的纯纺或混纺	46～64 支羊毛及 3～10 旦化纤的纯纺或混纺	64 支以下羊毛及 10 旦以下化纤
喂入粗纱定量(g/m)	0.18～0.6 弱捻	单根弱捻 0.18～0.6 双根无捻 0.12～1.2	0.7～4 无捻或弱捻	4～6 假捻
粗纱卷装(mm)	ϕ140×280	弱捻单根 ϕ140×280 无捻双根 ϕ200×(190～230)	管装 ϕ150×280 筒装 ϕ400×900	条饼 ϕ360×650
喂入形式	双排直立，前排吊锭，后排托锭	单层四列，伞形顶，粗纱吊锭支承	双排直立吊锭，筒装为双排导条辊	双退绕滚筒积极喂入式
牵伸形式	四罗拉双胶圈双区或单区牵伸	三罗拉双胶圈单区大摇架牵伸	四罗拉双胶印圈双区或单区牵伸	单区短工作面双胶圈曲线滑溜牵伸
牵伸倍数	11～33	羊毛 12～25，化纤 12～40	12～36	22～55
罗拉座角度	60°	45°	60°	45°

续表

型　号		B582 型	B583 型	B591 型	B593 型
罗拉直径（mm）	前	35	35	40	40
	二	18	中罗拉 35	18	25
	三	35	—	35	65 沟槽盘
	后	35	35	35	30
压辊直径（mm）	中	35	50	35	25
	后	52	35	52	52
前胶辊直径（mm）		52	52	52	52
下胶圈（长×宽×厚）（mm）		420×30×（1～1.5）	内径 ϕ116 364×32×（1～1.5）	420×45×（1～1.5）	308×35×1.5
上胶圈（长×宽×厚）（mm）		320×30×（1～1.5）	内径 ϕ88 （276）×32×（1～1.5）	320×45×（1～1.5）	116×35×1
加压（cN/双锭）	前	350～500 弹簧	230、265、300 弹簧	350～500 弹簧	0～900 气袋集体
	中	120 弹簧	80 弹簧	120 弹簧	—
	后	200～300 弹簧	120 弹簧	200～300 弹簧	200 弹簧
捻度范围（捻/m）		200～1050	250～1200	80～350	90～240
锭子型号		B1301—230 型	D1301A—230 型	D2401 型	D2601 型锭端纺
锭速（r/min）		6800～9500	5000～13000	1500～5000	3000～5000
锭距（mm）		75	75	100	150
每台锭数		396	396、384、372、108	280	200
钢领形式及内径（mm）		锥面 51	锥面 51	锥面 75	竖边 SGH6—112
卷绕总高（mm）		230	230	280	380
管纱成形		凸钉式	凸钉式	凸钉式	—

四、半精纺纺纱系统

目前，半精纺工艺生产色纱主要有两种工艺路线。

（1）散纤分别染色（原色纤维）→晾晒或烘干→加和毛油→清花→梳棉→并条→粗纱→细纱→络筒。该种工艺路线流程长，但有利于原料的混合和对成纱均匀度的控制。

（2）散纤分别染色→晾晒或烘干→和毛加油→喂毛→梳棉→并条→粗纱→细纱→络筒。该种工艺路线流程短，需加强对原料的混合。

半精纺对原料的适应性比较广泛，不仅用于各种棉、麻、丝、毛等天然纤维和棉型短纤维，也适用于中长纤维和毛型纤维的纺制加工。纺纱支数可高可低，技术易于普及，设备投资低，占用厂房面积小。半精纺产品多为散毛染色，原料成分中混纺居多。在纺制毛型纤维时可以把粗纱、细纱的控制牵伸形式改为滑溜牵伸形式。在生产管理上适应小批量、多品种、多色号的生产方式。所纺纱可达 7.1～83.3tex（12～140 公支），纱线既可作针织纱，又可作机织纱。

第二节　麻纺纺纱系统及主要设备

一、麻纺纺纱系统

由于各种麻的工艺性能、成纱要求不同,因而纺纱系统及工艺过程也有差异。一般分以苎麻、亚麻为代表的长麻纺纱系统和以黄麻为代表的短麻纺纱系统两大类。现以苎麻纺纱为例来介绍麻纺的纺纱系统和主要设备。

1. 精梳毛纺式梳理工艺的纺纱系统

初步加工→梳麻→精梳→头道并条→二道并条→三道并条→四道并条→粗纱→细纱

2. 绢毛纺式梳理工艺的纺纱系统

初步加工→大切→圆梳→小切→圆梳→拣麻、分磅→延展机→制条机→头道并条→二道并条→三道并条→粗纱→细纱

3. 加工精梳落麻的纺纱系统

(1)棉纺纺纱系统:多用于精梳落麻与棉纤维混纺,混纺比一般为麻 55/棉 45,纺制 40 ~ 100tex 混纺纱。其工艺流程如下。

开清棉→梳棉→头道并条→二道并条→粗纱→细纱

(2)中长纤维纺纱系统:以苎麻精梳落麻与其他化纤制成 20.8 ~ 100tex 混纺纱。其工艺流程如下。

开清棉→梳棉→头道并条→二道并条→粗纱→细纱

(3)细丝纺纺纱系统:精梳落麻纯纺或与棉及其他纤维混纺,纺制 55.6 ~ 250tex 纯苎麻纱或混纺纱。其工艺流程如下。

开清棉→ BC272 型双联式梳毛机→ BC584 型细纱机

二、梳理前准备

梳理前准备工程的目的是改善纤维的柔软度和松散度;增加纤维的回潮率,减少静电现象;分磅定量。

(一)机械软麻

机械软麻有两种机型,一种是往复式直型软麻机;另一种是往复式圆型软麻机,前者应用较广。CZ141 型往复式直型软麻机的工艺过程如图 11 - 21 所示。

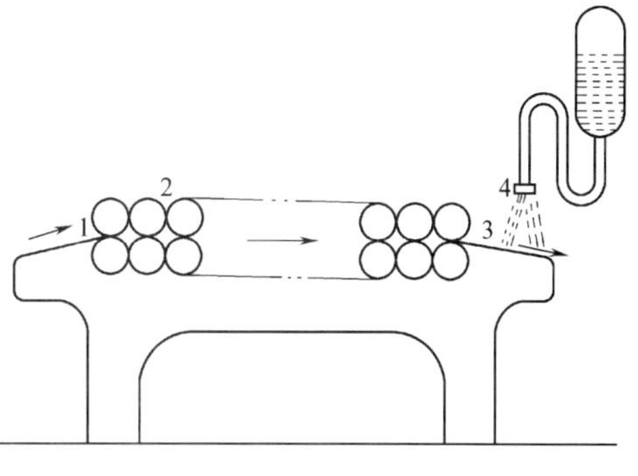

图 11 - 21　CZ141 型往复式直型软麻机的工艺流程

铺放在喂麻帘子 1 上的精干麻,通过软麻沟槽罗拉 2 反复搓揉后(增加纤维的柔软度和松散度,以利乳化液的渗透),由出麻帘子 3 送

出机外,自动给湿喷嘴4将乳化液喷射到精干麻上。

(二)给湿加油

给湿加油是采用油和水制成的乳化液,使精干麻达到一定的回潮率,减少纺纱时的静电现象,同时增加纤维的柔软度和润滑性,减少纤维间的摩擦因数,改善表面性能。

(三)分磅与堆仓

分磅是把已给湿加油的精干麻,分成重量为650~900g的麻把。堆仓是为使油水能在麻的内外层均匀分布,需在一定室温(冬季15℃,夏季28℃)下堆仓3~7天。经堆仓后精干麻的回潮率要达到10%~13%。

(四)开松

精干麻的开松使用梳麻机,梳麻机有C111B型、C111B型等,其结构如图11-22所示。

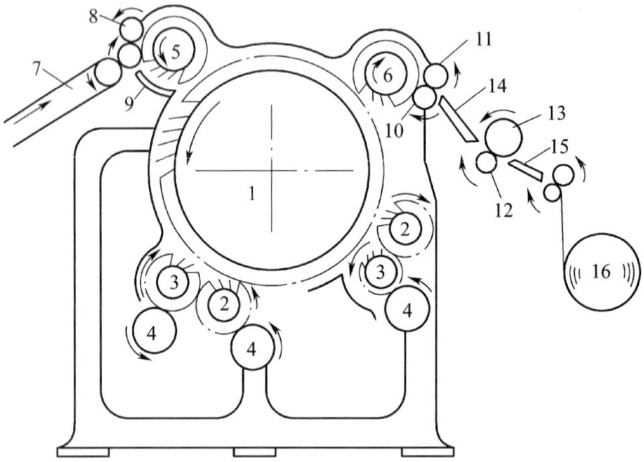

图11-22 C111B型回丝梳麻机

1—锡林 2—工作罗拉 3—剥麻罗拉 4—白铁罗拉 5—喂麻罗拉 6—道夫 7—喂麻帘子 8—沟槽罗拉 9—铁托板 10—牵伸罗拉 11—压辊 12—出麻罗拉 13—自重压辊 14—导麻斗 15—小导斗 16—麻卷

三、梳麻(粗梳)

CZ191型梳麻机的工艺过程如图11-23所示,麻卷1置于退卷罗拉2上,经喂麻板3,由一对沟槽罗拉4和一对喂给针辊5握持,并借其回转,麻层向前输送给分梳罗拉6。分梳罗拉上包有针布,因而麻层受到梳理。然后经转移罗拉8而与锡林9相遇。锡林表面包有金属针布,锡林针齿将转移罗拉上的纤维剥为己有,并将纤维依次带到四个分梳区。每一分梳区均由锡林、工作罗拉10和剥麻罗拉11组成。锡林上的纤维在工作区中反复受到梳理作用后,有部分凝聚到道夫12上,在道夫针面上形成薄薄的纤维层。道夫上的纤维层被剥取辊13剥取,经转移辊14,由上、下压辊15剥下成为麻网。再经喇叭口16集合,大压辊17压缩后由圈条器18将麻条有规律地圈放在麻条筒19中。图中7为毛刷。

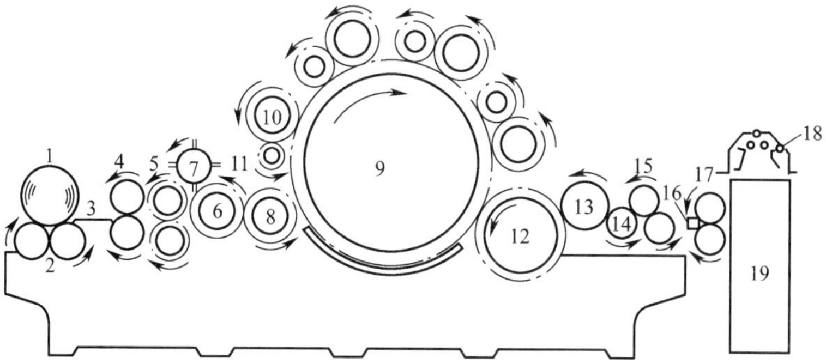

图 11-23 CZ191 型梳麻机的工艺过程

四、精梳

苎麻纺采用 B311—CZ 型精梳机，该机为一固定钳板式直行精梳机，其与毛纺和绢纺的 B311 型、B311A 型基本相同。

五、并条（针梳）

苎麻纺的并条道数一般采用四道。并条机有针梳式和双皮板式两种，而针梳式牵伸又有单针和重针之分。国产苎麻纺并条机型号较多，有 CZ304 型、CZ304A 型、CZ423 型、CZ304B 型等。CZ304A 型并条工艺过程如图 11-24 所示，麻条自麻条筒引出，经导条罗拉、导条棒送给后罗拉，经针板牵伸后，由前罗拉输出。须条利用前后罗拉表面速度的差异、达到牵伸的目的，并借针板的控制，使纤维与针齿及纤维与纤维之间增加摩擦力，从而使这一区域的附加摩擦力界得到补充，以便控制浮游纤维运动，使纤维变速点向前钳口集中。牵伸后的须条，经出条罗拉、喇叭口、圈条压辊，将麻条有规律地圈放在麻条筒中。苎麻纺并条机的主要技术特征见表 11-5。

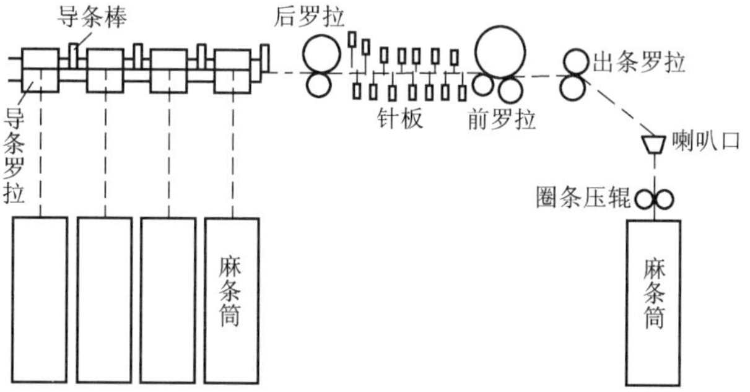

图 11-24 CZ304A 型并条机工艺过程

表 11－5　苎麻纺并条机的主要技术特征

项目＼机型		CZ304 型	CZ304A 型	CZ423 型	CZ304B 型
梳理形式		交叉针板式			
梳针针板数(块)		88(工作针板 52)			
工作螺杆	直径(mm)	三头 50			
	导程(mm)	27/39.49			
针密(针/25.4mm)×植针幅度(mm)×针数		10×193×77	10×193×77	13×193×99	16×193×122
针板规格(P.W.G 号数)(扁针):长×宽		16×20	16×20	17×23	17×23
罗拉直径(mm):大×小×后		67×24×53			
导条罗拉直径(mm)		53			
前罗拉加压(N/cm^2)(油泵加压)		78～118			
最大并合数		8/2	12	12	12/2
最大出条重量(g/m)		13	15	13	10
牵伸倍数		5～11			
常用针板打击次数(次/min)		847	1056	1056	1056
前罗拉出条速度(m/min)		40～80			
张力牵伸	后罗拉—导条辊	0.860～1.142	0.818～1.241	0.860～1.142	0.860～1.142
	针板—后罗拉	0.954～1.043	0.953～1.121	0.954～1.043	0.954～1.043
	出条—前罗拉	0.972～1.057	0.972～1.057	0.972～1.057	0.972～1.057
	圈条—出条	1.011～1.054	0.958～1	1.011～1.054	1.011～1.054

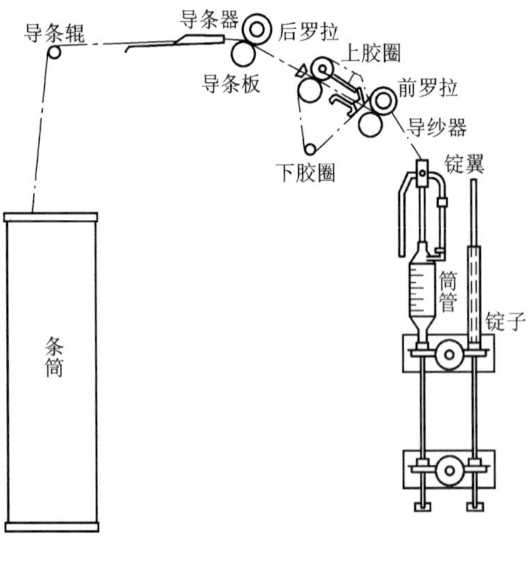

图 11－25　CZ431 型单程粗纱机工艺过程

六、粗纱

目前使用的有 CZ411 型头道粗纱机、CZ421 型二道粗纱机和 CZ431 型单程粗纱机。CZ431 型单程粗纱机工艺过程如图 11－25 所示。麻条从条筒引出，经导条辊、导条板、导条器，进入后罗拉钳口。通过三罗拉双胶圈牵伸机构的牵伸，由前罗拉输出，经导纱器，由锭翼加捻，最后卷绕到无边筒管上。粗纱机的主要技术特征见表 11－6。

七、细纱

细纱工序的任务是将粗纱抽长拉细 8～25 倍，纺成 10～167tex 的细纱，给纱加上一定的捻度，然后卷绕成一定形状。DJ562(CZ)型细纱机的工艺过程与棉纺细纱机的工艺过程基本相同,在此不再详述。

表 11－6　粗纱机的主要技术特征

项目 \ 机型	CZ411 型(头道)	CZ421 型(二道)	CZ431 型(单程)
罗拉直径(由前至后)(mm)	25,38(二列)	65,20,25,25,28(二列)	38,32,38
罗拉加压型式	重锤杠杆	重锤杠杆	摇架弹簧
牵伸型式	双头螺杆开式针板	五罗拉轻质辊	三罗拉双皮圈
牵伸倍数	6～14	5～12	7～15
锭距(mm)	132	133	216
锭速(r/min)	200～500	400～700	400～600
卷装形式	有边筒管	有边筒管	无边筒管
卷装尺寸(mm)	76×180	76×180	135×280
每台锭数(枚)	48(单排)	48(单排)	88(双排)
适纺特数(tex)	1667～333	667～250	1250～250

第三节　绢纺纺纱系统及主要设备

一、制绵

绢纺制绵工艺可分为两类。借圆形梳绵机完成精梳的,称圆梳制绵工艺;借直形精梳机完成精梳的,称直型精梳制绵工艺。此外,也有采用圆梳、精梳相结合的制绵工艺。

(一)圆梳制绵工艺流程

圆梳制绵的工艺流程如下。

(精干绵)→选别→给湿→配绵→开绵→Ⅰ道中切→

→Ⅰ号圆梳(Ⅰ号落绵)→Ⅱ道小切→Ⅱ号圆梳(Ⅱ号落绵)→Ⅲ道小切→Ⅲ号圆梳(Ⅲ号落绵)→至细丝纺

↓（Ⅰ号圆梳）　↓（Ⅱ号圆梳）　↓（Ⅲ号圆梳）

精绵Ⅰ→精绵Ⅱ→精绵Ⅲ→排绵→（至细丝纺）

1. 开绵机　它的作用是把纤维扯松,使之初步伸直;去除部分杂质,如草屑、芦苇、蛹屑等;制成大小及重量一定、厚薄均匀的绵张。

DJ261 型开绵机的工艺过程如图 11－26 所示。把配绵球中各种成分,按一定顺序平铺在帆布带 1 上,并按箭头方向送至喂绵刺辊 2,它与持绵刀 3 组成握持纤维的钳口。利用刺辊回转的离心力和锡林 4 上与刺辊的速比(170～330 倍),纤维被锡林抓取,完成第一次扯松,同时清除了部分杂质。浮于锡林针面上的纤维团通过工作罗拉 5 时,又被工作罗拉与锡林再次扯松。毛刷 6 与工作罗拉间及毛刷与锡林间均为负隔距。它一方面把工作罗拉上的纤维转移到锡林上;另一方面又把锡林表面的纤维压入针根,使锡林钢针保持良好握持纤维能力。由于锡林与

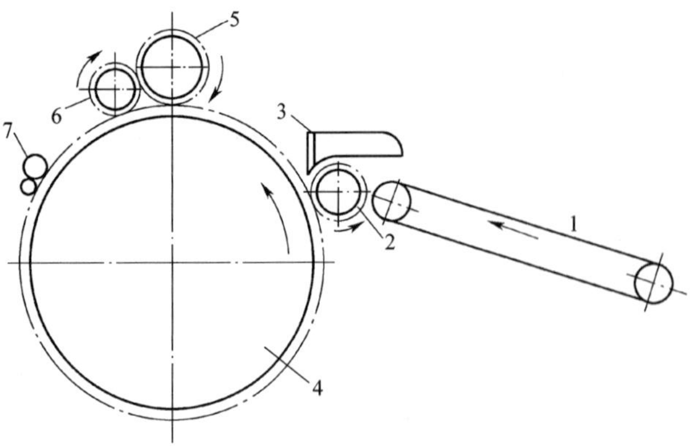

图 11－26　DJ261 型开绵机工艺过程

刺辊的速比很大，因此当纤维转移到锡林表面的同时，也就完成了纤维的混和作用。当一定量的配绵喂入完毕后，即行关车，并用制动装置把锡林刹住，沿锡林表面无针处，把锡林表面的绵层剪断，最后借剥绵罗拉 7 的作用，将锡林上的绵层输出，并用手工绕成开绵球。

2. 切绵机　切绵工序的目的是把丝纤维切截成一定长度、以便梳理、除杂和牵伸；卷成棒绵，以适应圆形梳绵机加工；扯松丝纤维，并除去部分杂质。

切绵机分大切绵机、中切绵机和小切绵机三种。国内除极少数工厂使用大切绵机之外，大多数采 DJ171 型中切绵机进行头道切绵，并采用 CZ181 型小切绵机进行以后各道切绵。切绵机的工艺流程如图 11－27、图 11－28 所示，由给绵帆布帘 1、沟槽罗拉 2 及喂给针辊 3 组成的喂给机构来完成喂绵。纤维在喂给针辊 3 的控制下，被高速回转锡林 4 的针板抓取。纤维在遇到锡林时，纤维间联系力比较小的短纤维易被锡林所抓取，并从其周围的纤维束中分离出来。而较长的、结构紊乱的、联系力大的纤维就不易被抓取。在这种情况下，锡林钢针对纤维起到扯松与梳理作用。在喂给一定长度绵层后，依靠专门的自停机构自行停车，以保证棒绵达到规定的重量。

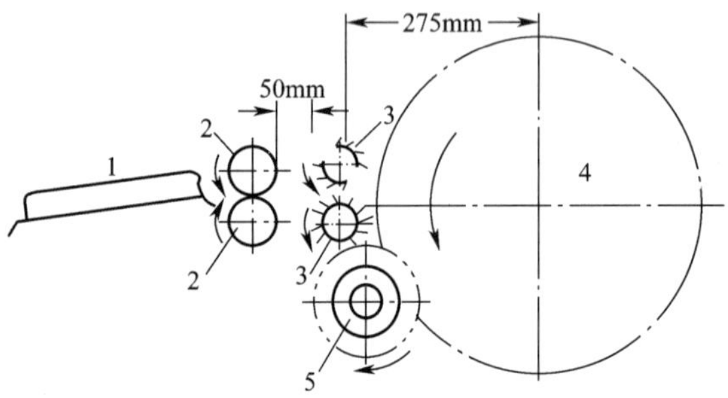

图 11－27　DJ171 型中切绵机工艺过程

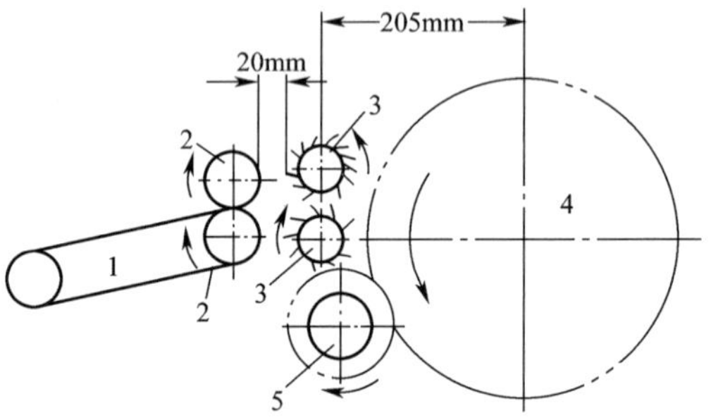

图 11－28　CZ181 型中切绵机工艺过程

3. 梳绵机　双滚筒圆型梳绵机主要由圆梳锡林 1、前梳理滚筒 2、后梳理滚筒 3 以及圆毛刷 4 等组成，如图 11－29 所示。圆梳锡林共分成五个工作区，俗称五门，每门中装有相同数量的夹绵板。国产圆型梳绵机有 CZ161A 型、CZ162A 型、CZ163A 型三种型号。

（二）精梳制绵工艺流程

加工桑蚕绢纺原料时，一般采用以下工艺流程。

精干绵选别→给湿→配绵→开绵→罗拉梳绵→理条（两道）→精梳

直形精梳落绵进入绌丝纺。

1. 梳绵 梳绵工序的任务是通过梳理使纤维束(块)分解成单纤维;清除纤维束中的杂质;依靠各机件针面吞吐纤维的作用,实现单纤维的混和。制成生条,圈放在绵条筒中。国产DJ191型梳绵机的工艺过程如图10-30所示。

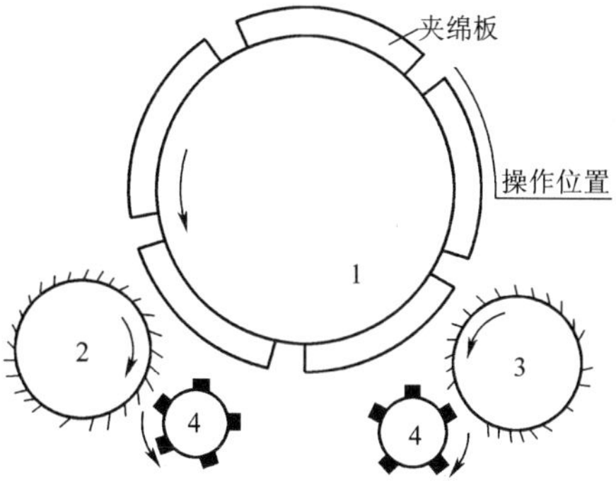

图11-29 双滚筒圆型梳绵机的工艺过程

2. 理条 目前绢纺厂普遍采用两道理条,第一道使用针梳机、罗拉牵伸机或BR211型双胶圈牵伸机等设备,第二道则广泛使用针梳机。

3. 精梳 绢纺精梳制绵工艺基本上采用国产毛型B311型直型精梳机。

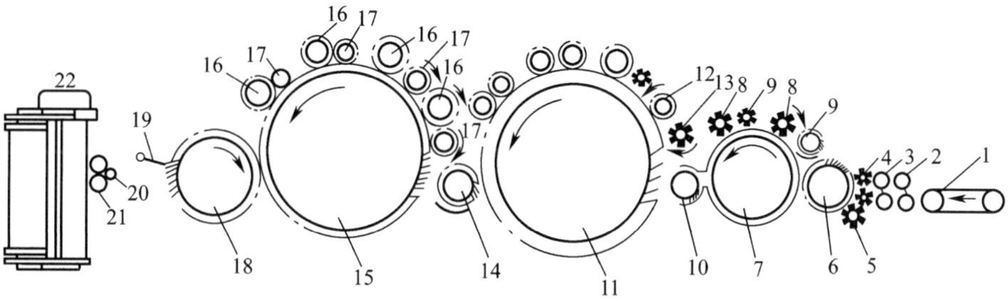

图11-30 DJ191型梳绵机的工艺过程

1—喂绵帘子 2,4—喂给刺辊 3—喂入沟槽罗拉 5—清洁辊 6—开绵辊 7—预梳锡林
8,12,16—工作辊 9,13,17—剥绵辊 10,14—运输辊 11—中锡林 15—前锡林
17—道夫 19—斩刀 20—喇叭口 21—出条压辊 22—圈条器

(三)圆形和直形精梳相结合的精梳系统

所谓结合就是精干绵先经圆形精梳机梳Ⅰ道,精干绵按圆形精梳机制绵系统纺低特绢丝;而Ⅰ号落绵经直型精梳系统,绵条从纺部纺高、中特绢丝。

二、成条

成条的目的是根据所纺绢丝的品质要求,把精绵进行适当的配合;利用绵层的叠合,使原料进一步均匀混和,并在牵伸中达到单纤维之间的混和;把片状的精绵,连接成一定长度、一定均匀度、一定粗细的绵条,以便在粗纱机及细纱机上继续加工。

1. 圆梳精绵成条的工艺流程

精绵配绵→延展Ⅰ→延展Ⅱ→制条→并条Ⅰ→并条Ⅱ→并条Ⅲ

精绵成条工程所采用的设备是传统的绢纺机械。定型设备有CZ231型延展机、CZ241型制条机、CZ251型并条机(又称练条机)和CZ252型末道并条机。

2. 精梳绵条成条的工艺流程

精梳绵条→针梳Ⅰ→针梳Ⅱ→针梳Ⅲ→针梳Ⅳ

精梳绵条工程常用的型号有DJ304型、DJ423型、DJ432型和DJ442型等，也可以用CZ型并条机。

3. 圆梳、粗梳结合的成条工艺流程

→排绵→延绵Ⅰ→延绵Ⅱ→制条→并条Ⅰ→并条Ⅱ→并条Ⅲ
（精绵）|（落绵）
(甲级开球绵)→切绵→圆梳→罗拉梳绵→理条Ⅰ→理条Ⅱ→精梳→针梳Ⅰ→针梳Ⅱ→针梳Ⅲ
(乙级开球绵)——↑
→针梳Ⅳ

（三）成条机械

1. 延展机 延展工序的任务是将精绵绵片经牵伸后，使纤维进一步得到伸直与平行；使牵伸后的纤维层反复卷绕在延展机木滚筒上，由于绵层的叠合而获得均匀混和作用；制成一定长度(3m)的绵带，为以后工序的定量控制奠定基础。

CZ231型延展机的工艺过程如图11－31所示。把一定重量的精绵片，按一定搭头长度依次平铺在喂绵皮带1上，由皮带将精绵送入牵伸机构。牵伸机构由梳箱2和前罗拉3组成。梳箱有上、下两组针板，两者针尖相对，相互交错。在靠近喂绵皮带处，上、下两组针板插入绵层，然后针板以接近后罗拉的速度将绵层引向前罗拉，由于前罗拉速度快，因而纤维的后端从梳箱的针间抽出时发生了牵伸作用，一般牵伸8～14倍。针板运动到梳箱的最前端（靠近前罗拉处）就从绵层中退出，并向后罗拉处移动，以便重新参加工作。经牵伸后的绵层，通过铜罗拉4送至大皮板5，最后卷绕于木滚筒6上。大皮板借助于前、后导辊8、7及张力辊9的作用，以一定的张力包围在木滚筒的下半部分，使绵层能平整、紧密地包绕在木滚筒上，防止大皮板黏附纤维。木滚筒由齿轮传动，转速10～14r/min，当一定重量的精绵片完全绕上木滚筒后，把木滚筒上的绵层扯断，绕成球状，称为延展球，然后送入第二道延展机或制条机上进行加工。图中10为压辊。

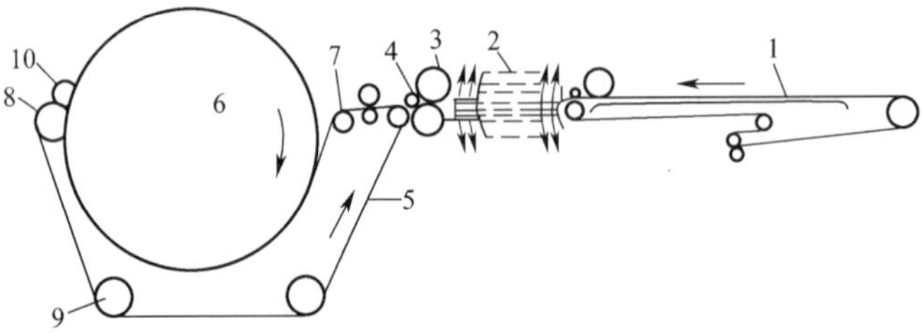

图11－31 CZ231型延展机工艺过程

2. 制条机 制条机的任务是把延展机上制得的绵带接续起来；经牵伸后制成适当特数的

绵条。

CZ241 型制条机的工艺过程如图 11－32 所示，把延展球铺放在喂绵皮带 1 上，绵带经过牵伸机构梳箱 2 与前罗拉 3、4 的牵伸后，呈极薄的绵网，由前罗拉送出，然后经集绵板 5 和喇叭口 6 集合成绵条，再送入圈条器 7，最后有规律地圈放在绵条筒 8 中。

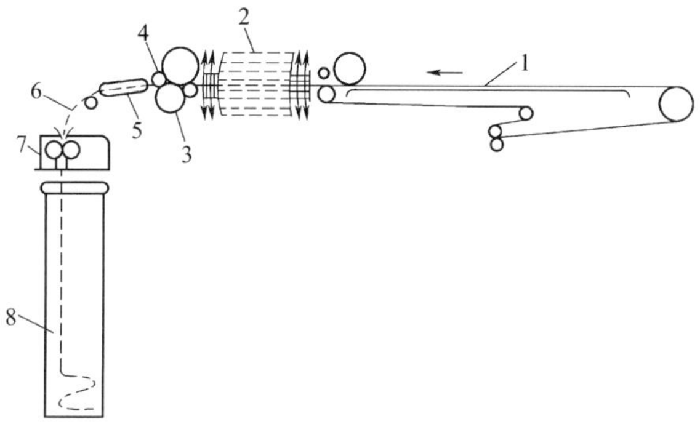

图 11－32　CZ241 型制条机的工艺过程

3. 并条（练条）　并条机的工艺过程如图 11－33 所示，制条机制得的绵条从绵条筒内引出，经导条孔 1，导条辊 2、分条槽 3 并列地进入一对后罗拉 4，再由喂绵皮带 5 送入梳箱 6，由前罗拉 7 送出，完成牵伸工作。牵伸后的绵条，自前罗拉引出后，通过集绵板 8、喇叭口 9 集合成条，由圈条器 10 圈入绵条筒 11 中。

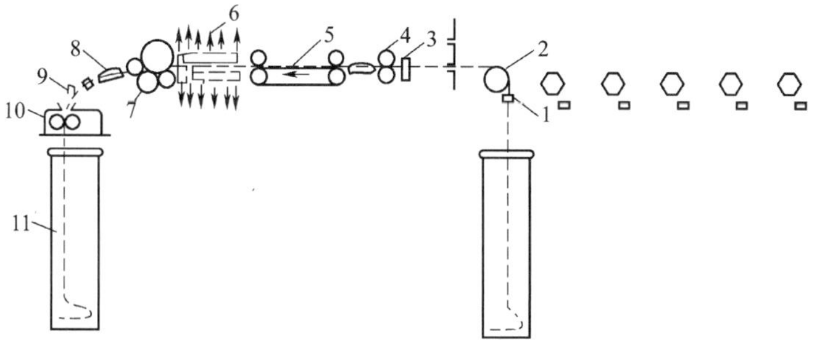

图 11－33　CZ251 型并条机的工艺过程

三、粗纺

粗纱工序有延绞机和粗纱机两类。DJ431 型延绞机的工艺过程如图 11－34 所示。绵条自绵条筒引出，经导板喂入喂绵罗拉 1、2，再经针辊 3、4、5 的梳理，到达两列罗拉 7 和 8。针辊上的小压辊 6，借自重压在须条上，以获得较好的牵伸效果。经牵伸后的须条，由搓条皮圈 11、12 进行搓捻、集合器 13 集合，再经紧压罗拉 14、15 和出条管 16，最后进入绵条筒 17 中。图中 9 为胶辊，10 为毛刷。一般是以 1～2 根延绞绵条喂入粗纱机。当不采用延绞工序时，则将末道并条机的绵条直接喂入粗纱机制得粗纱。

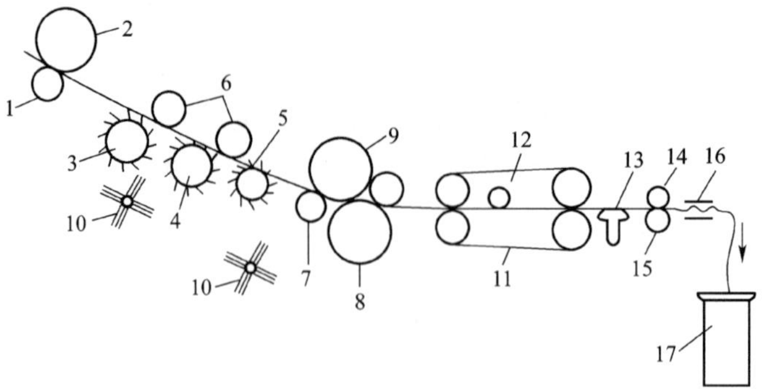

图 11－34　DJ431 型延绞机工艺过程

四、精纺

绢纺细纱机的粗纱架、横动装置及加捻与卷绕成形机构等均与棉纺细纱机的机构相同。由于绢丝纤维长，牵伸机构与棉纺细纱机不同。

1. 四罗拉式牵伸装置　如图 11－35 所示，由四列罗拉组成，前下罗拉和后下罗拉为沟槽罗拉，中间两对罗拉是由轻质木辊和光面下罗拉组成，前上罗拉和后上罗拉为胶辊，前罗拉为杠杆加压，后罗拉为弹簧加压，中间罗拉不加压，只是借轻质辊的自重给纱条一些压力，因此牵伸机构实质上只有一个牵伸区，中间罗拉只起控制纤维的作用，罗拉倾斜角为 73°。这种牵伸机构，结构简单，看管方便，但中间罗拉太小，其间隔距较大，对短纤维的控制能力较差，易造成条干不匀，因而适纺长绵。

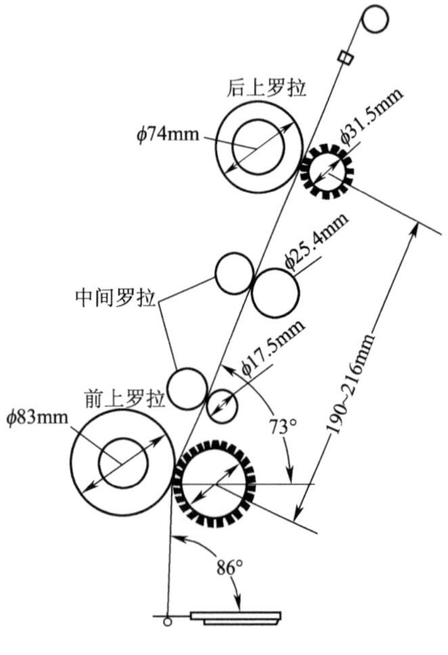

图 11－35　四罗拉式牵伸机构

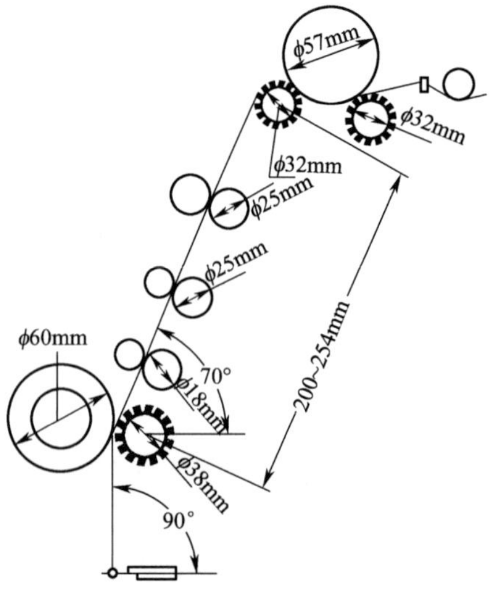

图 11－36　六罗拉式牵伸机构

2. 六列罗拉式牵伸装置　如图 11－36 所示，这种牵伸机构的牵伸区长度、罗拉列数和各罗拉间中心距离都比较适中。对于长短绵和不同特数的绢丝都适用，后罗拉用大铁辊和一对沟槽罗拉组成。机构较为简单、加压稳定，操作方便。

3. 轻质辊式牵伸装置　DJ561 型细纱机的牵伸形式如图 11－37 所示，这种牵伸机构由前、后罗拉及 2～5 列中间罗拉组成。前后罗拉积极握持须条，各中间罗拉的上罗拉系木制轻质辊。借轻质辊较轻的压力及粗纱本身捻度所产生的摩擦力界控制纤维运动。

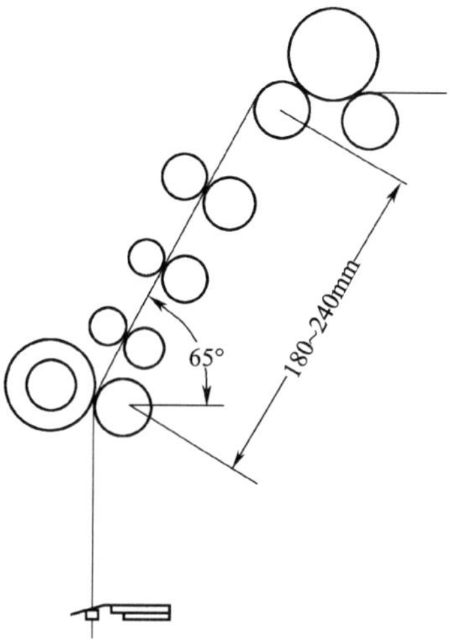

图 11－37　DJ561 型细纱机轻质辊式牵伸机构

4. 双胶圈式牵伸机构　国产 DJ562 型和 FK501 型细纱机均采用三罗拉上短下长的双胶圈式牵伸机构。这种牵伸机构借胶圈产生的摩擦力界，能有效地控制纤维运动。

思考题

1. 毛纺纺纱有哪几种纺纱系统？
2. 粗纺梳毛工序的任务是什么？国产粗梳毛机主要有哪几部分组成？其作用是什么？
3. 精纺梳毛工序的任务是什么？B272 型梳毛机结构分为哪几部分？其各部分的作用是什么？
4. 有捻粗纱机和无捻粗纱机在牵伸结构上的主要区别是什么？
5. 细纱工序的任务是什么？B583 型细纱机采用了什么样的牵伸形式？
6. 目前半精纺纺纱有哪几种工艺？半精纺纺纱的主要特点是什么？
7. 写出麻纺精梳毛纺式纺纱的工艺流程及各工序的作用。
8. 绢纺制绵工艺分为哪几类？切绵机和梳绵机的作用有哪些？
9. 写出精梳制绵工程的工艺流程。
10. 绢纺细纱机牵伸机构有哪几种形式？

参考文献

[1] 刘国涛. 现代棉纺技术基础[M]. 北京:中国纺织出版社,1999.

[2] 李济群,瞿彩莲. 紧密纺技术[M]. 北京:中国纺织出版社,2006.

[3] 史志陶. 棉纺工程[M]. 3 版. 北京:中国纺织出版社,2004.

[4] 中国纺织大学棉纺教研室. 棉纺学[M]. 2 版. 北京:纺织工业出版社,1990.

[5] 杨锁廷. 纺纱学[M]. 北京:中国纺织出版社,2004.

[6] 棉纺手册编写组. 棉纺手册[M]. 3 版. 北京:中国纺织出版社,2004.

[7] 周金冠. 现代精梳生产工艺与技术[M]. 北京:中国纺织出版社,2006.

[8] 张曙光. 现代棉纺技术[M]. 上海:东华大学出版社,2007.

[9] 郁崇文. 纺纱系统与设备[M]. 北京:中国纺织出版社,2005.

[10] 陆再生. 棉纺设备[M]. 北京:中国纺织出版社,1995.

[11] 任家智. 纺纱原理[M]. 北京:中国纺织出版社,2002.

[12] 沈廷椿. 棉纺工艺学(上)[M]. 北京:纺织工业出版社,1990.

[13] 任家智. 纺织工艺与设备(上)[M]. 北京:中国纺织出版社,2004.

[14] 孙卫国. 纺纱技术[M]. 北京:中国纺织出版社,2005.

[15] 徐少范. 棉纺质量控制[M]. 北京:中国纺织出版社,2002.

[16] 陶丽珍. 集聚纱线质量及其对后续工序的影响[J]. 北京纺织,2004(2):27-29.

[17] 薛少林. 国内外紧密纺纱技术的最新进展[J]. 棉纺织技术,2005(6):8-10.

[18] 刘林兵,高卫东. 紧密纺纱系统结构特征的比较[J]. 纺织导报,2005(2):38-43.

[19] 徐朴,叶奕梁. 牵伸过程消除纤维弯钩的作用[J]. 纺纱技术,1963(6):1-9.

[20] HIRENI MANKODI, SATYAJEET B CHAUDHAR. A new advance in spinning technology[J]. Textile Asia, 2003(4):33-37.

[21] 梅自强. 棉纺织行业 2007 年运行情况和 2008 展望[C]//"常纺院"杯全国前织生产技术管理经验交流会论文集. 2008.

[22] 青岛宏大纺织机械股份有限公司梳棉机械资料.

[23] 郑州纺织机械股份有限公司开清棉机械产品资料.